生物安全学

郑　涛　主编

本书得到了全军医药卫生科研基金课题(JKLY102528)和“艾滋病和病毒性肝炎等重大传染病防治”国家科技重大专项课题(2008ZX10004-013)的资助。

科　学　出　版　社
北　京

内 容 简 介

本书在阐述生物安全学定义、发展背景、学科属性、研究对象与研究方法的基础上，着重围绕风险管理和能力建设，系统介绍了生物安全所属各领域的国内外进展概况及前瞻，并结合实际，就我国生物安全战略管理的目标、原则和重点进行了阐述，是我国第一本系统介绍生物安全学的专著。

本书可作为高等学校生物学、医学、农学、林学、公共安全、军事学、国际关系及管理类等专业的高年级本科生和研究生的学习教材，也可作为各级党政管理干部的培训教材，亦可作为国家安全学研究及军地规划部门人员的参考材料。

图书在版编目(CIP)数据

生物安全学／郑涛主编．—北京：科学出版社，2014
ISBN 978-7-03-041913-2

Ⅰ.①生… Ⅱ.①郑… Ⅲ.①生物工程－安全管理 Ⅳ.①Q81

中国版本图书馆 CIP 数据核字(2014)第 217902 号

责任编辑：马 跃／责任校对：张晓静 周 扬
责任印制：张 伟／封面设计：无极书装

科学出版社出版
北京东黄城根北街 16 号
邮政编码：100717
http://www.sciencep.com
北京厚诚则铭印刷科技有限公司 印刷
科学出版社发行 各地新华书店经销

*

2014 年 12 月第 一 版 开本：720×1000 1/16
2023 年 8 月第八次印刷 印张：20 1/4
字数：408 000

定价：112.00 元

(如有印装质量问题，我社负责调换)

国家安全和社会稳定是改革发展的前提。只有国家安全和社会稳定，改革发展才能不断推进。

——习近平

序

中国共产党十八届三中全会决定成立中央国家安全委员会，这一重大决定对保证国家安全有着深远的历史意义。在国家安全诸多威胁中，生物威胁因具有其他威胁所没有的特殊性而使生物安全研究与发展具有特殊重要性。生物威胁所使用的物质主体除由生物产生的毒素外均是活体，使其具有威胁本质的特殊性；生物威胁涵盖生物战、生物恐怖、突发传染病、生物入侵、生物遗传资源流失、实验室意外泄漏等多种形式，具有手段的复杂性；生物威胁使用的物质主体绝大多数是活的生物体，它的目标可能针对人，也可能针对动物、植物，具有影响的深远性；生物威胁物质种类繁多，具有防御的艰巨性；随着现代科学技术的发展，不同种类的生物威胁从内容到形式也随之发展和更新，具有发展的高科技性。因此，近些年，国际社会特别是发达国家显著加强生物安全发展战略研究，积极构建有效防御体系，充分反映出生物安全研究与发展的重要性和紧迫性。

进入 21 世纪，随着全球化时代的到来，世界格局发生了重大变化，而且随着现代科技的发展，特别是现代生物技术的发展，生物安全的概念、内涵也都发生了很大变化。该书编写人员密切跟踪国际生物安全动态，围绕生物威胁形势变化、生物风险管控措施、生物危害成灾规律、生物防御能力体系、生物安全发展战略等，深入系统地开展了大量研究，提出了一系列新见解、新理论，部分研究成果多次获得国务院领导批示肯定，已经成为我国生物安全领域一支富有鲜明特色的重要战略研究力量。

生物安全是多学科交叉的新兴研究领域，把生物安全从问题导向研究，进而提升为一门学科并提出生物安全学，是一个艰巨的挑战，更是一个巨大的跨越。一代科学巨匠钱学森先生提出，“所谓交叉学科是指自然科学和社会科学相互交叉地带生长出的一系列新生学科”。我很欣喜地看到该书编写人员深入科研一线，通过长期研究与思考，破除传统思维桎梏，大胆创新，实现了生物安全基本理论的突破，虽稍显粗糙，但实属不易，可喜可贺。

生物安全是国家安全的重要组成部分，其研究任重而道远。生物安全能力建设是未来相当长时间内维护国家安全稳定的重要任务，是国家的生命工程，任务十分艰巨。只有进一步加强生物安全战略研究，做好顶层设计，才能实现中央提出的国家安全“聚焦重点，抓纲带目”的要求，从而保证国家生物安全的顺利发展。

我国生物安全研究与发展面临重大机遇。我希望我们的年轻科技人员在富国强军的征途中发扬科学精神，不拘一格，勇于创新实践，为实现中华民族的伟大复兴及中国梦做出应有贡献。

黄培堂

2014 年建军节

目　录

第1章

生物安全学概述

生物安全学是指研究生物风险与威胁的现象、成因和属性，揭示生物事件成灾和防控规律，保障国家安全利益的科学。生物安全是21世纪全球重大安全，生物安全学是全球化趋势下安全领域的新兴综合交叉学科。

1.1 生物安全概述

1.1.1 基本概念

生物安全是指全球化时代国家有效应对生物及生物技术的影响和威胁，维护和保障自身安全与利益的状态和能力[1]。本质上，生物安全的核心目的是保证人的生命安全，因此，生物安全是国家的生命工程。生物安全不同于生物安全问题，生物安全反映的是安全状态和能力，而生物安全问题属于简化口语，通常是指在生物安全方面存在的问题，本质上是指存在或面临的生物风险或威胁，因此，二者不能混淆。另外，也有专家认为生物安全应该包括核与辐射、化学、电子等因素对人产生生理危害及其防护等领域，这实际上反映了部分专家对生物安全的重视，更反映了他们对生命安全的重视，但这将使生物安全的内容泛化。

美国、英国等以英语为母语的国家在介绍有关“生物安全”的内容时，经常使用两个词，即“biosafety”和“biosecurity”。这两个词在内容上有许多相同之处，但在使用上稍有区别，主要体现在意图上的刻意区分。一般涉及防止实验室感染事故或防止向环境中无意排放时使用“biosafety”，涉及防止有意的滥用或偷窃则使用“biosecurity”。但在概念、法律及组织实施上，它们广泛交叉重叠，就生物安全国际发展而言，现在已普遍使用“biosecurity”，而把“biosafety”从属于“biosecurity”。在我国除某些特殊情况外，也已广泛使用“biosecurity”，这样既便于实际工作需要，又有利于生物安全的研究、发展及国际交流。有些研究和管理人员可能因着意于生物安全行业系统属性及其管理特点，从生物安全细分出农业生物安全、环境生物安全、林业生物安全、医学生物安全、实验室生物安全及国防生物安全等概念，这是生物安全研究与发展的有益探索。另外，有些人员把研制防御生物威胁的疫苗药物等活动等同于生物安全，属于以偏概全。应对生物威胁的疫苗药物及检测诊断技术是生物安全极其重要的组成部分，但只是它的其中一小部分内容[1~3]。

为了更准确地理解生物安全，以下对生物安全领域容易混淆的相关概念做一简要介绍。

病原体是指可造成宿主(人、动物或植物)感染疾病的微生物(包括细菌、病毒、立克次氏体、寄生虫、真菌)或其他媒介，主要是细菌。自然界微生物种类繁多，但能感染人并致病的微生物只有几百种，而烈性病原体相对更少。

生物剂是指对其他生物(如人、畜、农作物)具有有害效应的生物或生物产物与制品。生物剂可以是病原体或生物产生的生物毒素，也可以是经过人工处理加工的病原体或生物毒素的制品。

生物恐怖剂是指用于恐怖袭击的有害生物及其产物或制品，有害生物一般是指病原微生物，有时也简称生物剂，二者之间没有本质区别。

生物战剂是指在战争中用来伤害人、畜或毁坏农作物的致病微生物及生物毒素，旧称细菌战剂。生物剂一般需要经过特殊加工处理后才能成为生物战剂。

生物武器由生物战剂、施放装置及运载工具三部分组成。生物战剂是生物弹药的装料，运载工具是将生物弹药运载到目标区的工具，施放装置是把生物战剂分散成为有杀伤作用的气溶胶发生器或昆虫布洒器，也是把生物战剂通过运载工具运送到目标区的容器。

生物风险是指生物物质引起的风险。

生物威胁是指怀疑但未被证实施放生物剂的威胁行为。

生物犯罪是指使用生物剂实施的犯罪行为。

生物暴力是指故意制造疾病或疫情的行为，如恐怖分子或犯罪分子通过使用病原体引起灾难性疾病。

生物恐怖是指利用生物剂对特定目标实施袭击的恐怖活动。

生物战是指应用生物武器完成军事目的的行动，旧称细菌战。

生物事件是指已经发生或可能发生的，对民众健康、社会稳定、环境生态安全及国家安全等造成或者可能造成严重损害的事件，包括突发生物恐怖袭击事件、公共卫生事件、实验室生物泄漏事件、外来生物入侵事件及生物武器袭击事件等。

生物防御是为了保护军人和民众免遭人为故意施放的生物剂威胁，或者预防或应对自然发生的新发传染病和疫情所采取的策略和行动的总称，通常是指应对军事战争、生物恐怖袭击和重大疫情等措施。因此，生物防御具有比较突出的国防安全和军事安全色彩。也有人把生物防御等同于生物安全，实际上，生物防御只是生物安全的重要组成内容之一，也是生物安全的核心内容。

在我国，生物犯罪、生物暴力和生物恐怖等生物事件具有高度相似性，在性质上都属于“暴恐”范畴。生物恐怖与生物战有相同之处，随着现代战争和恐怖袭击活动形式和手段的发展变化，它们之间的界限可能越来越模糊。但是，战争与恐怖毕竟有严格的本质区别，因此，生物恐怖与生物战属性不同，混淆它们容易导致“战争”概念的泛化，造成社会的整体恐慌，进而导致许多严重的政治和法律问题，甚至误导或诱发战争。在国际安全形势激烈动荡、生物威胁日趋严峻的形势下，克服和平麻痹症，对任何潜在威胁保持高度警惕是非常必要的。但“一朝被蛇咬，十年怕井绳”，在持续高度紧张的情况下，人们可能容易把不明原因的传染病、疾病谱的显著变化(如新发病原体的不明来源)等归因于敌人实施的“巧妙”攻击。这时候就迫切需要科学家的严谨和政治家的冷静，否则极易人云亦云，以讹传讹，造成社会恐慌，干扰管理层决策。当然，不论是通过技术手段人为造成疾病或传染病，还是实施生物恐怖活动，二者都是对国家安全利益的严重破坏。从防御角度而言，把事件原因和态势设想得严重一些，有利于把防御能力建设和应对工作做得更深刻、更周全。然而，在事件定性方面，必须遵守法律法规并以科学证据为依据。

1.1.2　生物安全范畴

生物安全范畴包括“四防两保”，即防御生物武器攻击、防范生物恐怖袭击、防止生物技术滥用(误用和谬用)、防控传染病疫情、保护生物遗传资源与生物多样性及保障生物实验室安全，与保障国防安全、社会安全、健康安全及人类社会赖以生存的环境安全密切相关[4]。

防御生物武器攻击是生物安全的核心内容。《禁止发展、生产、储存细菌(生物)、毒素武器与销毁此类武器的公约》(简称《禁止生物武器公约》)的效力不断受到挑战。鉴于生物武器的巨大危害[5~7]，20 世纪冷战期间，虽然美国、苏联两大阵营的军备竞赛异常激烈，但是《禁止生物武器公约》仍然在 1975 年生效。《禁止生物武器公约》对于禁止全球各国研制发展生物武器、促进国际和平与安全发挥了重要作用，是维护国际生物安全的基石。但是由于《禁止生物武器公约》核查机制的缺陷，生物武器禁而难止，少数国家仍然在 1975 年后秘密发展生物武器，甚至个别国家曾经研制经过基因改造的新型生物武器和种族基因武器[8~10]。伊拉克战争表明，一些所谓小国可能利用生物武器容易隐蔽制造的特点而发展生物武器，并将其作为应对外部威胁的“鱼死网破”的非对称手段。近年来，在外部强权势力蓄意制造和干预下，国际局部战争不断，伊拉克战争、阿富汗战争、利比亚战争、叙利亚战争等极大加剧了所谓小国的生存危机，核武器扩散给它们树立了“榜样”，发展生物武器可能成为其增强“自卫”能力的选项，因此，生物武器研究可能存在“井喷”式的潜在风险。在此形势下，切实维护和履行《禁止生物武器公约》具有特别重要的意义。

防范生物恐怖袭击是生物安全的最重要内容[11]。20 世纪中后期以来，恐怖活动日趋活跃，生物恐怖袭击已经成为全球最大的恐怖威胁[12~14]。2001 年，美国发生“炭疽邮件”生物恐怖袭击事件(简称“炭疽邮件”事件)，造成 22 人感染和 5 人死亡，其对人类的伤害后果甚至远小于一次普通疫情。与此前 1 周发生的美国“9 · 11”恐怖袭击事件(简称“9 · 11”事件)所造成的人员伤害后果更是不可比拟。但是相比之下，人们却更为深刻地记住了“炭疽邮件”事件，因为它是分水岭事件，标志着生物恐怖已经严重威胁人类社会安全。仅涉及 7 个信封的“炭疽邮件”事件产生了蝴蝶效应般的影响，迅速在全球掀起了防范生物恐怖袭击、加强生物防御能力建设、全面发展生物安全的热潮。

防止生物技术滥用(误用和谬用)是生物安全的根本保证。生物技术是一把双刃剑，具有典型的两用性特征。自从 20 世纪 70 年代基因重组技术出现以来，尤其是 20 世纪末随着组学等技术的发展，生物技术的两用性特征日益引起人们的担忧。现代生物技术的快速发展和信息资源的共享机制，为极端分子发展生物武器提供了更多便利选择，生物技术滥用威胁加速。经历了此前美国科学家人工合成病毒等多起争议之后，2012 年年底，荷兰科学家对禽流感病毒进行的基因改构实验再次引起了全世界广泛持续的争议，这也是近年生物技术两用性的里程碑事件，至今余波未息[15~17]。虽然科技人员的出发点是研究疫情防控措施，但是工作内容的敏感性和科研过程的私密性使人们普遍担忧生物技术日益增加的谬用或误用风险。历史上，科学研究中“好心做错事”的例子并不少见，今天的蜜橘也许就是明天的毒果，民众对转基因食品安全性的关注和抵制实际上正反映了国际社会对生物技术可能滥用的深刻担忧。在缺乏有力的安全评价和监管机制的情况下，如果被科技人员误用或被犯罪分子恶意利用，这类研究活动很可能如打开的“潘多拉盒子”，引发对国际安全的重大威胁，甚至彻底改变世界。

防控传染病疫情是生物安全的最急迫内容。疫情频发预示着世界已经进入传染病高发期[18,19]。自 2003 年发生严重急性呼吸综合征(severe acute respiratory syndromes，SARS)疫情以来，国内外又陆续暴发了 H5N1 禽流感、H1N1 流感、H7N9 禽流感及中东 SARS、霍乱、西尼罗热、手足口病等重大疫情，频率之高令人诧异，而艾滋病(acquired immune deficiency syndrome，AIDS)、结核、登革热、疟疾等传染病仍然长期高位流行。一次瘟疫即一次浩劫，使人类社会疲于应对频频发生的传染病，同时又对减少和消除传染病充满期待。据 2013

年 9 月的《科学美国人》报道，新近解密的美国政府报告《2009 国防部计划》预测并描述了大流感暴发的恐怖情景。根据该报告，如果发生大流感，约 30%的美国人会感染，约 300 万人住院，200 万人死亡，医疗等众多基础服务机构将被迫瘫痪。科学家正在努力研制通用广谱流感疫苗，但是在可见的将来，通用广谱流感疫苗研制步伐仍将缓慢。此外，病原体耐药性日趋严重。根据美国疾病预防控制中心(Centers for Disease Control and Prevention，CDC)研究报告，每年美国有超过 200 万人感染耐药菌，其中，至少 23 000 人最终死亡。研究估计，因为耐药菌问题，美国每年在直接健康医疗支出外，增加了 200 亿美元的支出，社会因此造成的生产力流失达到 35 亿美元。病原体耐药性日趋严重已经成为全球卫生健康面临的重大挑战。我国抗生素滥用严重，耐药菌威胁形势尤为严峻。

保护生物遗传资源及生物多样性是生物安全的长期课题[20]。从生物安全的角度，这种威胁主要来自三个方面：一是外来物种的入侵，典型的如紫茎泽兰、水葫芦、美国白蛾等。据报道，外来物种入侵使我国多地生物多样性遭到严重破坏，每年造成的经济损失高达 574 亿元。二是生物遗传资源的流失有可能给国家利益造成巨大损害。我国野生大豆资源的流失就是突出例证。民族遗传资源的保护事关民族安危和国家重大经济利益，必须引起高度重视。三是遗传修饰生物(genetically modified organisms，GMOs)环境释放所致的安全问题。

保障生物实验室安全是生物安全的基础工作[21]。生物实验室管理上的疏漏和意外事故不仅会导致实验室工作人员的感染，也可造成环境污染和大面积人群感染。西方国家一直认为，1979 年，苏联斯维尔德洛夫斯克城暴发的炭疽病，是生物战剂泄漏导致的突发疫情。据称，苏联国防部微生物与病毒研究所炭疽芽孢干粉制剂车间的加压系统爆炸，约 10 千克芽孢粉剂泄漏，造成大量人员伤亡。国内外实验室意外感染的事故并不少见，严重者不得不宰杀成千上万只实验动物，并导致实验室工作人员死亡。管理越不规范，防护条件越差，发生意外事故的可能性就越大[22]。

1.1.3　生物安全的特征

生物安全的特征体现在性质、状态和能力三个方面。

(1)在性质上，生物安全兼有传统安全与非传统安全的特征。传统安全着重于政治安全与军事安全，其核心是维护国家主权和领土完整，安全目标主要是御敌于国门之外。在生物安全领域，防御生物武器攻击是传统安全的重要内容。生物武器作为大规模杀伤性武器，危害巨大，受到国际社会的严格禁止。第二次世界大战发生至今，我国是世界上遭受生物武器大规模攻击的唯一国家。在第二次世界大战期间，日本残酷地对我国实施了生物战，导致我国大量军民伤亡，祸害至今，成为国际公认的日本第二次世界大战罪行之一。上述历史，铁证如山，时刻警醒我们充分认识生物武器的危害并做好防御工作的重要性[15]。同时，作为非传统安全的典型代表，生物安全呈现出有别于传统安全的典型特征：一是生物风险来源的国际性。生物风险既可以源自国内也可以来自国外，尤其是随着国际交通的便捷化和人员流动的密集化，来自国外的生物风险因素将不可避免地日益增多。二是生物威胁形式的多样性。生物威胁既表现为暴力性的生物恐怖甚至生物武器威胁，也表现为相对比较温和的传染病或生物事故；既可表现为直接或显性的威胁，也可表现为间接或隐性的威胁。三是生物事件后果的灾难性。生物事件后果往往影响到一个地区、一个国家，甚至跨越国界，影响其他国家或地区，既会造成人员伤亡，也会造成很难清除的长期环境污染，甚至使重灾区的设施不得不废弃；既会造成国家生物资源的破坏与流失，也会引起国际纷争甚至战争；既会造成巨大的经济损失，也会引起社会动荡甚至政权不稳。

需要特别保持清醒的是，生物安全的传统安全与非传统安全之间并没有严格和明确的界限。它们之间是可以相互转化的，可以是因为事件的性质而发生转化，也可以是因为事件的态势而发生转化。例如，一国对另一国实施生物恐怖袭击，可能对受害国的政治、经济、社会甚至民众健康等多方面造成严重后果。不论袭击方的方式、方法多么巧妙、隐蔽，受害方很可能认为这是受到了敌方的生物武器袭击，那么事件的性质就可能从生物恐怖袭击转化为生物战争。另外，转基因食品的例子也很有代表性。地球上耕地面积有限，随着全球人口数量急剧增加，保障粮食安全成为许多国家的优先发展任务，通过生物科技手段改造作物特性以提高粮食产量应该是选项之一。但是，不考虑饮食习惯、保护自身农业和农民利益及环境影响等因素，民众普遍担心甚至抵制转基因食品的一个重要原因是担心吃了“来历不明”的食物可能造成体质甚至遗传等方面的长期影响。有专家认为这是杞人忧天，但是屡见不鲜的食品安全事件也表明了民众担忧的合理性。而民众越来越高的质量安全意识、转基因食品安全性验证中实验规程本身的科学性与民众心中标尺之间不协调的现实，则加剧了民众对转基因食品的负面认识，这种安全与不安全、科技与民心的博弈可能在短期内很难获得一致意见，还需要经历比较长期的过程，长此以往，对现代农业发展肯定不利，对我们国家的粮食安全也是一个严峻挑战。科学技术本身无罪，但使用者可能有不同意图。国外有专家认为，就科技手段本身而言，生物技术既可以使粮食产量提高、品质改善，也可以使粮食具有破坏人体生理机能甚至破坏生殖遗传的可能。如果有科技狂人或敌对势力恶意为之，那么既是全社会的梦魇，也是国家不可逆的毁灭性的灾难，确实不得不警惕。鉴于此，生物技术在提高粮食产量方面前景广阔，我国转基因作物研究人员责任重大，在保持科研自主性、维护国家粮食安全方面应该有更大作为，对此，国家应该支持研究、加强管理、呼应民意、增强透明、稳妥发展。我们民众也要理解科研的必要性、重要性和客观性，不能偏信道听途说，要对转基因作物和食品研究予以理解，相信法律法规及政府管理人员和科技人员的职业道德。同时，我们也不能效仿欧洲一些国家为抵制转基因作物而出现的过激行为，毕竟我们国家地少人多，按照人均国内生产总值衡量，我国还处于中等落后国家，加之所面临的被打压的国际形势，粮食供给还得自力更生，大量依赖进口不现实；而欧洲国家相对地多人少，人均国内生产总值远高于我国，国际现行环境有利于欧洲国家，且其国际贸易发达，很容易进口粮食。凡此种种，生物安全兼有传统安全与非传统安全的特征要求我们深刻认识生物安全的复杂性，保持战略清醒。

(2)在状态上，生物安全具有常态化的特征。生物风险威胁与防范防御始终处于社会发展过程中的博弈状态，始终处于不同区域、不同国家间的博弈状态，并且通常处于动态平衡之中，因此，具有较强的时空特点。风险与威胁是绝对的，且以不同形式一直存在，但是其来源、种类、程度甚至性质是动态的，是不确定的。在有效防范防御措施下，风险和威胁得到有效抑制或威慑，阻止了成灾演化和生物事件的发生，从而使生物安全呈现出不确定性很强的常态化的特征。生物安全具有的常态化特征，要求我们时刻注意发现和认识不断变化的生物风险与威胁，保持战略警惕。

(3)在能力上，生物安全具有不断发展的特征。生物安全能力主要包括监测、检测、预警、鉴别、处置、恢复及全过程风险管理能力。随着科学技术尤其是生物技术的迅猛发展，生物技术的误用和谬用风险显著增加；随着环境条件的变化，近年来新发、突发传染病呈现出相对增多的趋势；随着西方一些国家冷战思想的延续及其对其他发展中国家主权和发展权的肆意妄为，政治军事斗争也势必将反映在生物安全领域；暴力恐怖活动显著加剧，除独狼式暴力恐怖活动增多之外，组织严密的暴力恐怖组织甚至“准国家”形态的暴力恐怖组织发展迅速，且活动国际化。上述种种因素均给脆弱的国际条约带来挑战，造成国际安全形势的激烈变化。在上述背景下，生物安全风险与威胁也势必增大，对安全防御的能力要求越来越高，不仅要面对已知来源的威胁，而且要面对未知来源的威胁，因此，对生物安全能力建设的系统性、周密性和预见性要求很高。同时，随着人口数量的增加、城市化的发展、交通工具的便捷等，未来生物事件的发生可能来源方式更多、影响范围更大、危害人员更多、后果更严重，这种趋势对于生物安全的能力建设提出了新要求和新挑战，因此，我国不能采取一阵风、一劳永逸式的生物安全能力建设策略，必须做好打战略性持久战的准备。总之，生物安全具有的不断发展的特征，要求我们注意发现和重视自身能力建设中的不足和缺陷，实施战略发展。

1.2 生物安全是21世纪全球重大安全

生物安全起初源于对传染病和生物武器的关注。人类社会在长期发展过程中，一直在与传染病进行博弈，而且在古代历史中，很早就有在战争中使用病原体伤害对方的先例，因此，人类社会面临生物威胁并不是新事物。鉴于生物武器的巨大危害，20世纪初以来，国际社会即禁止在战争中使用生物武器。第一次世界大战结束后不久，1925年6月17日，国际联盟在瑞士日内瓦召开的“管制武器、军火和战争工具国际贸易会议”上通过了《禁止在战争中使用窒息性、毒性或其他气体和细菌作战方法的议定书》，并于1926年2月8日生效，无限期有效。该议定书是第一个生物军控国际协议。第二次世界大战期间，日本对中国发动大规模生物武器攻击，成为日本军国主义残暴侵略史中的国际著名事件。越南战争结束后不久，1971年12月，第26届联合国大会讨论通过了《禁止生物武器公约》，于1975年3月26日生效，该公约对遏制生物武器威胁发挥了非常重要的作用。20世纪后期，全球人口的迅速增长、现代工业的迅速发展及环境保护重要性的日益显现，促使全球对保护生物资源与生态安全给予极大关注和高度重视。2001年，美国相继发生了“9·11”事件和“炭疽邮件”事件，使全世界猛然认识到恐怖袭击尤其是生物恐怖威胁的严重性，而且“炭疽邮件”事件还成为国际生物安全的分水岭，从此全面认识和加强生物安全研究与能力建设成为国际共识。生物威胁虽然是国际社会的一个老生常谈的问题，但在生物技术发展和国际安全形势等多种因素的共同影响下，它已经成为21世纪国际社会普遍关注的新兴安全领域[23]。其发展速度之迅猛、范围之广泛、影响之深远、后果之难料，现今唯有信息安全可与之相比。

1.2.1 国际公约的履约谈判孕育了生物安全

《禁止生物武器公约》是国际上有关生物安全的最重要公约。自1975年3月生效以来，其在禁止和彻底销毁生物武器、防止生物武器扩散方面发挥了不可替代的重要作用。为加强该公约的履约措施，《禁止生物武器公约》成员国于1980年开始举行5年1次的审议会议(第2次审议会议于1986年举行)，至今已经举行7次。1994年，《禁止生物武器公约》缔约国特别大会授权特设工作组制定关于全面加强公约有效性的议定书。但是自从2001年美国发生了“9·11”事件和“炭疽邮件”事件，美国对履约谈判失去兴趣。在2001年12月举行的第5次审议会议上，因美国要求会议“明确终止”特殊工作组的使命，反对就进一步加强《禁止生物武器公约》的措施进行谈判而被迫休会。2002年11月11日，《禁止生物武器公约》第5次审议会议在日内瓦复会，但谈判基本缺乏实质性进展[24]。

《生物多样性公约》于 1993 年 12 月 29 日正式生效。《生物安全议定书》是依据《生物多样性公约》的相关条款而制定的。1995 年 11 月，在印度尼西亚首都雅加达召开的“生物多样性公约缔约国大会第二次会议”通过Ⅱ/5 号决议，确定制定《生物安全议定书》，并特别注重由现代生物技术产生的转基因生物的越境转移。2000 年 1 月 24～29 日，在加拿大蒙特利尔召开的《生物多样性公约》缔约国大会特别会议续会上达成了《生物安全议定书》最终文本。

因应履约谈判及期间的专家组会议等，需要对会前准备开展大量研究工作，这客观上促进了政府机构对生物安全的研究工作。同时，国际组织及非政府组织的代表参加了履约谈判和工作会议，促进了一些大学和非政府组织研究机构生物安全研究工作的开展，上述机构基本形成了目前国际上生物安全理论和对策研究的主力。

在上述背景下，我国生物安全基础理论研究和对策研究得以发展，并依托履约专家形成了一支精干的研究队伍，他们为我国的履约工作做出了重要贡献。

1.2.2　生物技术滥用威胁催生了生物安全

人类在追求科学技术发展并使之造福人类的同时，客观上也给人类自身造成了威胁和损害[25]。所谓生物技术，就是指以现代生命科学理论为基础，利用生物体及其细胞、亚细胞和分子的组成部分，组合工程学、信息学等手段，开展研究及制造产品，或改造动物、植物和微生物等，并使其具有所期望的品质、特性等，为社会提供商品和服务的综合性技术体系。自 20 世纪 70 年代现代生物技术出现以来，其发展非常迅速，已经形成了基因工程(genetic engineering)、蛋白质工程、细胞工程、微生物工程、组学、合成生物学等学科体系，广泛应用于医疗健康、农业、环境、工业等领域，不但成为引领世界科技发展的带头技术之一，甚至还成为许多国家优先发展的领域和支柱产业。但是生物技术是一把双刃剑，人们在开发利用生物技术的同时，有可能造成意想不到的负面结果或安全事故，如目前广受关注的各类 GMOs 向环境中释放后对当地环境和生物多样性所构成的影响。被许多国家作为支柱产业大力发展的生物技术产业化产品，如基因工程药物与疫苗、转基因食品及基因治疗在给人类带来巨大利益的同时，实际上也可能存在着类似风险。尤其使人们担心的是，生物技术的滥用可能产生非常严重的安全隐患[5,16,18,26～29]。

20 世纪 70 年代，基因重组技术出现伊始，现代生物技术的安全问题就引起了国际社会的广泛关注和重视。1973 年，许多科学家在哥敦会议上表示了对基因工程技术安全性的担忧，1975 年，在美国加州阿西罗玛的一次国际会议上首次讨论了基因工程生物的安全问题。1976 年，美国国立卫生研究院(National Institutes of Health，NIH)发布了国际首个《重组 DNA 分子研究准则》，并成为国际本领域科学家的共同行为指南，至今仍在发挥安全指导作用。但因为该准则不是法规，因而实战中更多依靠的是科学家的道德和自律。进入 21 世纪，集中暴发的几起标志性生物安全事件加剧了国际社会对生物安全的担忧。

20 世纪 90 年代后期，国际社会广泛报道了有关基因武器的消息。1997 年 10 月，Wayne Nathanson 博士(英国医学学会科学与伦理部首席科学家)在英国医学学会的年会上警告说，基因治疗有可能被用于开发基因武器，从而威胁拥有某些基因组的人群。

2001 年 2 月，澳大利亚科学家 Jackson 等报告了他们的一项本意是研制老鼠避孕疫苗，以便根除澳大利亚鼠患而进行的研究工作[30]。在此项研究工作中，他们使用分子生物学常规技术手段把鼠类的白细胞介素-4(IL-4)基因插入鼠痘病毒的基因组中，获得了毒力更强的基因工程鼠痘病毒。不久，美国圣路易斯大学布勒等在美国重要生物防御研究机构国家过敏和传染病研究所的资助下，为研究更有效的防治天花及类似病毒的疫苗和药物，对上述澳大利亚研究人员的工作进行了稍作变化的研究，结果病毒毒性显著增强。一些生物安全专家认为，通过本实验，可以预见到通过免疫调节因子可以增强病毒毒力，从而可以获得制造新病毒的方法。2002 年，Rosengard 等研究比较了牛痘病毒和天花病毒人体免疫反应差异的机制。针对该研究，一些科学家认为 Rosengard 的研究比澳大利亚科学家 Jackson 将 IL-4 基因插入鼠痘基因组中的试验引发了更大的忧虑，因为 Rosengard 的研究实际上给犯罪分子提供了如何增加天花病毒的毒力及如何将毒力轻微的病毒转化为毒力更强的病毒的途径。天花病毒及基因工程天花病毒对全世界而言意味着极其严重的公众健康、生物恐怖和生物武器威胁。

2002 年 7 月，Cello 等在美国国防高级研究项目署基金资助下，利用公开购买的试剂(当时每个碱基对 40 美分)和从互联网上获取的脊髓灰质炎病毒基因组序列信息，在世界上首次化学合成出了人工病毒[31]。

2003 年，美国科学家文特博士又实现了 $\varphi \times 174$ 噬菌体的基因组人工全合成，这一工作推动了合成生物学的迅速发展。2004 年 10 月，以美国威斯康星大学麦迪逊校区专家河冈义裕为首的研究组报告，他们利用逆向遗传基因工程技术，从 1918 年流感病毒抽取两个重要的基因(血凝素、神经氨酸酶)成功插入人类流感病毒，重新合成的病毒具有导致 1918 年西班牙大流感的特殊病状的能力。1918 年，西班牙大流感造成 2 000 万～5 000 万人死亡，是 20 世纪造成死亡人数最多的一次疫情。

此后，世界上多个实验室对流感等病毒又进行了多次轰动性基因改构研究，在争议之中有关研究已得到公开发表。从目前形势看，研究病原体改构和人工合成病毒已经成为国际生物医学的热点领域，但是伴随而来的生物风险和生物威胁必将越来越大，同时也势必促进生物安全的研究[32,33]。

天花病毒的销毁至今未果，存在死灰复燃的风险。天花曾是危害人类的重大传染病，1967 年，世界卫生组织(World Health Organization，WHO)开始领导全球公众健康监视和针对性免疫接种计划并最终消灭了天花，成为迄今为止人类社会消灭重大传染病的唯一成功案例。经世界卫生大会(World Health Assembly，WHA)批准，目前，世界上仅美国和俄罗斯分别有一个实验室保存有天花病毒。自 20 世纪 90 年代以来，WHA 决定销毁所有保存在实验室的天花病毒样本，但在美国等个别国家的影响下，销毁时间几次被迫延期，虽经 WHO 多次督促，但至今没有实现完全销毁。美国对天花病毒的态度特别令人担忧。其一方面宣称天花病毒仍然是目前全球最危险的生物战剂和生物恐怖剂，大量生产储备天花疫苗(最终目标是达到全民接种免疫需要的储备量)；另一方面借口需要研究新的天花疫苗和药物，长期投入巨资对天花病毒进行基础研究，并从 20 世纪 90 年代末期以来展开了天花病毒的基因工程研究，而且至今仍在努力企图迫使 WHA 同意它的基因工程天花病毒研究，从而使天花病毒的基因工程研究合法化。美国对待天花病毒的态度耐人寻味，国际社会需要警惕美国的意图。

总之，科学与魔鬼往往就是一念之隔，日益增多的生物技术争议性研究大大增强了生物武器和生物恐怖的潜在威胁，催生了生物安全。第一，生物技术将使传统生物战剂性能进一步增强，甚至可以人工制造出新的微生物、毒素和战剂。通过针对性基因修饰可使生物战剂毒力更强，对环境和抗生素产生抗性，使原本有效的侦、检、消、防、治等措施失去作用。据报道，苏联曾利用基因工程改造出血热病毒和鼠疫杆菌，使其对多种抗生素产生抗性，并使现有疫苗失去保护作用。第二，生物技术使基因武器成为可能。随着人类基因组计划(Human Genome Project)的完成及对人类基因背景的逐步深入认识，极有可能针对不同种族或人群的基因差异，设计出攻击特定人种或人群的人种基因武器。第三，生物技术可以大大提高生物战剂的生产能力。近年来，随着微生物工程、细胞工程、蛋白质工程、基因序列测序与合成等生物技术的快速发展及相关仪器设备的研制普及，一方面使生物战剂的迅速大规模制造成为可能，另一方面也为病原体的小规模隐蔽生产提供了条件。第四，生物科学和生物技术研究及生物制品生产机构的众多和技术的普及使生物技术被谬用的潜在风险增加。与核武器、化学武器相比，与生物武器研制密切相关的生物技术更广泛地存在于生物科学、生命科学和医学方面的研究机构、教学机构和生物技术公司，许多技术手册可以在书店买到，掌握这些技术的人员数量非常多，而且没有相关的限制措施，这使生物技术发生谬用的可能性进一步加大。上述因素，直接催生了生物安全并使之成为国际安全的主要研究领域[34～36]。

1.2.3　国际安全形势加速了生物安全发展

生物安全的发展与国际安全形势密切相关。20 世纪 90 年代是生物技术及应用非常火热的时期，中东地区冲突等开始引起人们对生物武器扩散的高度关注。中东地区存在阿拉伯国家与以色列的长期冲突及阿拉伯国家之间的内部冲突，这些冲突相互交织，错综复杂，使中东地区成为全球著名的“火药桶”。伊朗和伊拉克之间的战争持续多年，双方甚至动用了化学武器。非专业人士往往对化学武器与生物武器不作区分，将其混合，称为“生化武器”。1990 年 8 月 2 日伊拉克军队入侵科威特，以美国为首的多国部队在取得联合国授权后，于 1991 年 1 月 16 日开始对伊拉克军队发动军事进攻，重创伊拉克军队，迫使伊拉克最终接受联合国 660 号决议，并从科威特撤军。这次战争虽然告一段落，但是事实上加剧了中东的冲突局势，使人们对中东局势的未来发展忧心忡忡。这次战争为第二次伊拉克战争埋下了火种，导火索就是美国怀疑伊拉克拥有大规模生化武器。在此背景下，英国媒体《星期日泰晤士报》于 1998 年 9 月报道，长期与阿拉伯国家不和的以色列正在研究犹太人与阿拉伯人之间的基因差异，并以此制造专门针对阿拉伯人的种族基因武器，并且断言，被称为第三代生物战剂的基因武器即将问世。此报道一出，世界哗然，从此，更加厉害的生物武器——“基因武器”成为国际热词，引起了国际社会的重视。

正当国际社会对以色列研制基因武器的消息关注未息之际，有关南非研制基因武器的消息进一步引起人们的极大关注。1948～1994 年，南非实行种族隔离制度，饱受世界抨击和反对。南非的种族隔离政策不但引发国内的反弹与抗争，更引发国际社会的攻击与经济制裁，成为当时国际热点地区。2001 年有专家披露，南非军方曾致力于研制一种专门针对黑人的生物制剂，他们对如何使有色人种的妇女绝育特别感兴趣。后来南非有关专家证实了上述消息，表明有关基因武器的外界报道并非空穴来风，这进一步加剧了国际社会对新型生物威胁的关注，促进了生物安全研究与发展。

21 世纪伊始，国际社会遭受了多起重大灾害事件，促进了国际生物安全步入新的发展时期。首当其冲的是美国，其于 2001 年发生的“9 · 11”事件共造成 3 201人遇难。同时，这次事件也对美国和全球经济产生了重大影响。美国国家安全专家、俄亥俄大学国际关系学教授约翰 · 米勒与澳大利亚纽卡斯尔大学的马克 · 斯图尔特合作撰文推断，2002～2011 年，美国国土安全直接花费总计约为 6 900亿美元。这次历史事件是继第二次世界大战期间珍珠港事件后，美国历史上遭受的第二次重大伤亡事件。“9 · 11”事件不仅使美国对恐怖袭击形成全国性重大恐慌，而且令全世界深感震惊，并深刻认识到了遭受恐怖袭击威胁的严峻形势，进而导致了全球范围内的反恐怖合作行动。

2001 年“9 · 11”事件硝烟未尽之际，美国又陷入了由“炭疽邮件”事件引发的更大的恐慌之中。美国“炭疽邮件”事件是指在美国发生的一起从 2001 年 9 月 18 日开始，为期 8 周的生物恐怖袭击事件。第一批含炭疽芽孢杆菌的信件的邮戳是

2001年9月18日在新泽西州特伦顿盖的，正好是在“9·11”事件之后1个星期，最后1封信件于2001年11月16日在一个被扣押的邮袋里被发现。这次生物恐怖袭击是用邮寄炭疽粉末信件实施攻击，恐怖分子分两批共寄出7封信，事件共导致22人感染，其中5人死亡。从危害后果而言，这次“炭疽邮件”事件的人员伤亡和直接经济损失并不大(污染设施消毒大约花费了2亿多美元)，但是给美国和全球造成的影响可能比“9·11”事件更为巨大和深远。由于美国当时刚刚发生“9·11”事件，因此令人不由地怀疑这次事件与“9·11”事件的关系。虽然有美国媒体报道，制造“9·11”事件的恐怖分子之一可能曾感染过炭疽芽孢杆菌并与“炭疽邮件”事件有直接联系，但是经过美国政府调查，结果却令美国自身相当难堪。美国对此事件的调查工作历时近7年，调查人员共审问了6个大洲的9 000多人，进行67次搜索和6 000多次传讯，直到2008年联邦调查局将怀疑对象锁定为美国人艾文斯。艾文斯曾经在美国军方的前生物武器研究实验室中工作。他得知将被逮捕的消息后，于2008年7月27日自杀。2008年8月6日，联邦调查局宣布艾文斯为唯一嫌疑犯。但是艾文斯之死留下了两个悬而未决的问题，即艾文斯缺乏把炭疽变成可以吸入的粉末的技巧，同时也缺乏动机，因此至今仍有许多人对美国联邦调查局的结论表示怀疑。事件中部分炭疽样本具有生物战剂特征，而生物武器是受到包括美国政府在内的国际社会坚决反对和严格禁止的大规模杀伤性武器，美国政府之后还以怀疑伊拉克拥有生物武器为由发动了伊拉克战争。因此，虽然美国联邦调查局的调查结论受到多方质疑，但是以美国政府的一贯霸道作风，其中秘密很可能难以大白于天下[37]。

接连发生的“9·11”事件和“炭疽邮件”事件，促使美国政府深刻认识到恐怖威胁的严重性和提升应对能力的迫切性，把防范和应对恐怖袭击确定为国家安全的首位任务，并且在分析评估多种潜在恐怖威胁的基础上，把核与辐射、化学和生物恐怖威胁作为需要防范的最主要恐怖威胁，而且把生物威胁作为重中之重，显著加强以反生物恐怖为主的反恐工作，引领了全球反恐工作的快速发展。

在美国国内，2001年10月26日美国总统小布什签署《美国爱国者法案》。该法案延伸了恐怖主义的定义，扩大了警察机关可管理的活动范围。2002年，美国总统小布什于11月25日在白宫签署《2002年国土安全法》，宣布成立国土安全部。成立国土安全部是美国自1947年成立国防部以来最大规模的一次政府机构调整。国土安全部由海岸警卫队、移民和归化局及海关总署等22个联邦机构合并而成，有17万多名工作人员，年预算额近400亿美元。国土安全部的主要职责是保卫国土安全及其相关事务，在美国国家反恐怖战略部署、反恐怖能力和力量建设、科学技术研究及保障国内日常防范和处置恐怖工作有序进行方面发挥统一指挥协调的“牵头”作用，能够更加协调和有效地应对恐怖袭击威胁。在生物安全领域，2004年，美国国会通过了生物盾牌计划(Project BioShield)，在此后的10年里投入56亿美元研制和储备应对生物恐怖及核与放射、化学恐怖威胁的疫苗和药物[38~40]，同时大力强化生物监测预警计划[即生物监测计划(Project BioWatch)和生物传感计划(Project BioSense)]等系列法案、战略、规划和计划[41,42]。此外，美国政府还以防扩散为主线加强病原体的管理和生物技术谬用的控制及相应的国际合作，以生物防御为重点加强生物威胁的全国性监测预警能力建设及疫苗药物等医学措施研究，利用军民结合优势充分发挥其国内安全资源的效用。大力发展多学科领域的交叉融合研究，提升其综合应对生物事件的能力，并大力强化国土生物安全与控制战略，带动了国际社会生物安全能力建设高潮的到来。

在国外，美国政府一方面在2001年12月举行的《禁止生物武器公约》第5次审议会议上反对就进一步加强《禁止生物武器公约》的措施进行谈判，从而导致第5次审议会议被迫休会，同时推动联合国反恐怖工作等；另一方面则实施军事报复。2001年10月7日，“9·11”事件过去不到1个月，美国总统小布什宣布，以美国为首的多国联军向阿富汗基地组织和塔利班开战，这标志着反恐战争正式开始。2011年5月1日，美军在巴基斯坦实施突袭并击毙本·拉登。2003年3月20日，美国以伊拉克藏有生物武器并暗中支持恐怖分子为由，单方面向伊拉克宣战。结果伊拉克萨达姆政权被推翻，萨达姆被处死，而美国最终并没有找到所谓的大规模杀伤性武器。在这两场因“9·11”事件和“炭疽邮件”事件而引发的战争中，美军出动了总计20多万人的兵力和几千架的战斗机，美军死亡6 300余人(不含北约联军死亡人数)。据美国国会研究所计算，在未经通货膨胀率和国债利率调整的前提下，美国总共支出了1.4万亿美元军费。由于美国还大量背负外债，仅利息这一项就将面临几千亿美元的支出。据统计，“9·11”事件给美国造成的直接与间接经济损失及相应的各项花费的总费用高达26 792.7亿美元。昂贵的战争代价，使得美国国内尤其是国际社会对美国发动上述军事行动的动机产生了怀疑，但无论怎样，对恐怖分子实施军事打击也许是应对严峻恐怖袭击威胁的有力手段。

同时，美国通过国际卫生组织、国际刑警组织、国际生物军控组织等国际组织在全球推动生物安全多边机制，通过国际传染病防控和反生物恐怖等，大力强化抵御生物威胁于国土之外的防御与威慑战略，但对国际《禁止生物武器公约》履约谈判转而采取了消极态度，其中玄机耐人寻味。

总之，美国“炭疽邮件”事件是国际生物安全发展的分水岭，从此生物安全在全球得到前所未有的重视，世界各国纷纷开始加强生物安全能力建设，生物安全进入加速发展期。

SARS疫情与我国生物安全发展有密切关系，也是其最大的外部推力。2002年岁末，SARS疫情突然于我国广东省暴发，短短几个月之内迅速传播、蔓延至我国内地26个省(自治区、直辖市)和世界上19个国家和地区。这次SARS事件，前后仅几个月，临床诊断病例数达 8 000 余人，我国临床诊断 5 327 例，死亡 349 人，对社会经济影响巨大[43]。当时美国的“炭疽邮件”事件的影响尚未平息，这次 SARS 疫情不是生物恐怖事件，却给我国造成了极其深远的影响，突出体现在显著推进了我国主要官员处置重大事件担责制度的建立健全，极大地推动了疫情信息公开制度的建设，促使全民经受了共抗重大瘟疫的洗礼，促使各级政府和应急机构进行了应对处置突发公共卫生事件的实践锻炼，促使国家迅速投入巨资建设疫情报告系统等，显著促进了我国传染病防治处置等科学技术研究与能力建设，同时也推动了我国生物安全研究进入新的、更广泛的快速发展时期。2004 年 4 月，我国疾病预防控制中心某病毒实验室发生的 SARS 病毒泄漏事故，则显著推动了我国实验室生物安全建设和管理工作。总之，SARS 事件催生了我国生物安全的兴起与发展。

总体而言，虽然美国“炭疽邮件”事件发生后，我国有关部门采取了一些行动，但是对我国生物安全甚至反生物恐怖的影响并不明显，应该说 SARS 事件才是我国生物安全发展的分水岭。从此，我国生物安全开始得到前所未有的重视，众多研究机构纷纷开始生物安全研究，一些大学和研究机构开设了生物安全本科和研究生课程，初步形成蓬勃发展的局面。

1.3　生物安全学的基本属性

1.3.1　生物安全学的学科任务

生物安全学的学科任务是以国家安全利益、民众健康和环境保护为主要研究和服务对象，以自然科学与社会科学相结合为特征，以宏观与微观相结合的方法，研究评估生物因素特别是其在生物资源研究利用及生物技术发展的过程中给人类社会带来的安全隐患与威胁及相应应对措施与能力建设，并为生物科学、预防医学、农学、计算机科学、信息科学及社会科学等学科发展做出贡献。

1.3.2　生物安全学的研究对象

从能力构成而言，生物安全学的研究对象包括以下几个：①生物安全理论研究，包括国际战略、国家战略及相关法规与政策措施等。②风险评估能力，主要包括评估要素、评估方法、模拟与计算等。③风险预警能力，包括近期、中期、长期预警科学技术体系与标准等。④防御能力，主要包括能力评估的指标体系、科技资源配置、生产储备等。⑤处置能力，主要包括能力组成、触发机制、启动机制、处置效果评估及灾后恢复等。⑥国际合作机制，主要包括参与国际有关条约及履约、与国际组织和国家开展双边或多边合作交流等。

从研究的问题而言，生物安全研究对象包括生物安全发展战略及防御生物武器攻击、防范生物恐怖袭击、防控传染病疫情、防止生物技术滥用(误用和谬用)、保护生物遗传资源与生物多样性及保障生物实验室安全等领域中的生物风险与威胁的形成与识别机制、威胁与危害的发展动力学与演化机制、事件应急管理机制和国际政治背景下的国际合作机制及基本规律。

1.3.3 生物安全学的学科基础

生物安全学的学科基础包括以下几方面。

(1)马克思主义哲学。哲学是科学的最高集成，哲学思想对于指导具体科学研究意义重大。辩证唯物主义认为，事物是发展的，事物的发展是有规律的，研究事物发展规律可以进一步认识事物发展的内在过程并指导人们的实践。马克思主义哲学为生物安全学提供方法论指导。

(2)生物学。生物安全学所研究的对象都是由生物因素所引起的安全问题，而生物安全能力的建立与生物危险因素的认识、疫苗药物及检测诊断技术的研究与生产等密切相关。生物学是生物安全的主要学科基础。

(3)医学。生物安全所研究的对象都是由生物因素引发的安全问题，其中，尤为突出的是生物剂引起的宿主生理病理变化、医学防御措施的有效性评价及对疫情规律的认识等。

(4)农学。农学是研究农业发展的自然规律和经济规律的科学。现代生物技术已经在动植物新品种等现代农业研究领域得到广泛应用，转基因动植物及其产品安全性已经成为社会关注的热点，其安全评价成为当代生物安全研究的重要领域。

(5)环境学。环境学是指研究人类生存的环境质量及其保护与改善的科学。生物战争、生物恐怖、实验室生物泄漏及外来生物入侵等生物事件往往引起环境污染、生物多样性破坏等环境灾害，现代生物安全已经成为国际生物安全领域的关注热点。

(6)管理学。生物安全中的发现潜在危险、规避风险、防御能力建设和应对处置等，全程涉及大量管理科学理论与技术，生物安全的管理特点相当突出。因此，管理学是生物安全学极其重要的学科基础。

(7)安全学。生物安全是国家的生命工程，与国土安全、军事安全、社会安全、健康安全、食品安全、生态安全、环境安全、资源安全、经济安全、科技安全、信息安全、文化安全、政治安全等密切相关，直接关系到国家安全和人民安全。

(8)国际关系学。生物安全问题已经成为国际外交领域的重要内容。随着全球化的发展和我国国际利益的拓展，我国参与国际生物安全有关条约谈判及履约的力度势必越来越大，与国际组织和其他国家在生物安全领域的合作关系也将更为密切，如何推动国际生物安全发展成为我国外交工作的当务之急。

(9)计算机与信息科学。生物安全涉及生物事件在不同地理区域发展态势的预测分析，其中涉及大量计算机与信息科学和技术，而且它们往往密不可分。

(10)数学。生物安全问题可通过抽象建模转化为相应的数学问题，利用数学的概念、方法和理论进行深入分析和研究，定量评估潜在风险和危害程度等。数学是生物安全学的基础学科。

1.3.4 生物安全学的学科属性

生物安全学是综合性学科，兼有自然属性和社会属性，二者之间既相辅相成又有本质区别。生物安全学的自然属性主要体现在它的风险来源是具有危害的生物及其产物或制品及生物技术的谬用活动，而在防御与应对措施方面，如基于生物学和医学的疫苗、药物和诊断试剂等医学防御措施，基于计算机与信息科学技术的监测、检测器材和预警系统等都是客观存在的现实物质。生物安全学的社会属性主要体现在生物事件对国家安全、军事安全、社会经济的影响，相应的安全文化、安全意识、安全伦理及大量管理法规甚至安全管理过程等都具有显著的社会性特征。

由于生物安全学是新兴学科，生物安全学兼有自然属性和社会属性的特性决定了生物安全学不仅具有强烈的自然科学学科地位，同时也具有明显的社会科学学科地位，从而使得它的发展面临学科归属困境，这也是现行学科体制下我国新兴交叉学科面临的共同局面。在我国科研环境中，目前，不同学科背景的人员对生物安全的认识可能相差比较大，部分人员认为生物安全属于生物学、农学和生态学领域，而也有人认为生物安全属于公共安全、军事学等领域，而还有不少人认为生物安全属于软科学甚至是情报学。生物安全作为一个快速发展中的新兴交叉学科，对其的上述认识都有不同程度的合理性，但均有失偏颇。就学科渊源和关联度而言，生物学和管理学是生物安全学的最基本的学科基础，而数学、计算机科学技术、信息科学技术及预防医学、军事医学、经济学是它的重要学科基础，因此，生物安全是“硬”科学。从国际上看，许多大学和研究机构开展了生物安全研究，主要分布在国家安全与战略、医学与健康安全、反恐怖、国际关系与国际安全、军控与防扩散、社会学与复杂系统研究及军队生物防御研究部门。生物安全研究在我国现行学位授予专业目录中，属于自主设置的硕士和博士授权点，分属于理学(生物学)和农学(植物保护)等学科领域，而在 2009 年版的国家学科目录标准中设有一级学科“安全科学技术”，但是下属二级学科具有强烈的工程科技色彩，包括生物安全在内的许多新兴安全领域在其中难以找到“地位”。军事医学科学院率先在国内从国家安全战略需要出发对生物安全开展了综合研究，而一些农业与食品研究机构则着重于转基因动植物和转基因食品的生物安全研究。因此，我国安全科学任重道远，但我国安全科学必将步入创新发展的春天，包括生物安全学在内的安全科学学科地位应将得到充分体现。

在国内，通过查询全国研究生招生专业目录可以发现，目前有军事医学科学院、中国农业科学院、河北农业大学、湖南农业大学、西南大学和四川大学等院校开设有自主设置的生物安全硕士、博士招生二级学科，其中，农业类院校开设的生物安全学科全部是有关转基因生物、转基因食品、生物入侵、生物多样性与环境安全研究方向，而仅有军事医学科学院的生物安全学科的研究是紧密围绕国家和军队的生物安全战略管理、生物武器防御、生物军控履约、反生物恐怖、重大疫情防控、生物信息安全、实验室生物安全及防止生物技术谬用等研究方向，国家安全和国防安全特点突出，与上述院校生物安全研究范围存在显著区别，有很强的互补性，共同构成了我国生物安全学科的完整体系。国外开展研究生教育相对较早，而且覆盖范围比较广泛，而我国开展相对较晚。西方发达国家多个院校和研究机构设立了生物安全研究生教育体系，并且开设了大量研究生课程。在生物武器防御与反生物恐怖方面，主要是从事国际和国家安全的综合研究机构开设类似的研究生课程，而在重大疫情防控等方面，大量研究分布在流行病与计算机信息科学的交叉领域，论文研究内容主要以国际关系为背景，以维护国际和国家安全为目标，以生物军控、反生物恐怖、重大疫情防控和防止生物技术谬用为重点，如美国蒙特雷研究所、兰德公司、麻省理工学院、匹兹堡大学、乔治敦大学、马里兰大学、杨百翰大学、圣路易斯大学、宾夕法尼亚州立大学，瑞典国际和平研究所及英国布拉得福德大学等，而在农业(动物、植物)及生态环境等生物安全方面，美国和欧洲也有多个院校开展了生物安全研究生教育。

1.4 我国生物安全学迎来新的发展机遇

2013 年 11 月 12 日召开的中国共产党第十八届中央委员会第三次全体会议通过了《关于全面深化改革若干重大问题的决定》，决定设立中央国家安全委员会，负责制定和实施国家安全战略，推进国家安全法治建设，制定国家安全工作方针政策，研究解决国家安全工作中的重大问题。2014 年 4 月 15 日，习近平主席在主持召开中央国家安全委员会第一次会议讲话中强调，要准确把握国家安全形势变化新特点和新趋势，坚持总体国家安全观，走出一条中国特色国家安全道路。贯彻落实总体国家安全观，必须既重视外部安全，又重视内部安全；既重视国土安全，又重视国民安全；既重视传统安全，又重视非传统安全，构建集政治安全、国土安全、军事安全、经济安全、文化安全、社会安全、科技安全、信息安全、生态安全、资源安全、核安全 11 种安全于一体的国家安全体系。

虽然我国多年来从各级政府到基层各个单位一直在强调安全工作，执行的是“一票否决制”，安全工作的重要性已经耳熟能详，但是我国安全事故仍然频发，其中原因各不相同，但是应该与对安全科学的研究与发展重视不够有很大关系。中央国家安全委员会现在提出在总体国家安全观基础上构建集 11 种安全于一体的国家安全体系，正本清源，首次从国家顶层明确了我国安全科学的发展方向和近期发展重点，对于我国安全科学发展具有提纲挈领的重要而及时的指导作用，意义重大。

在习近平主席提出在总体国家安全观下构建的 11 种安全中，虽然没有明确提及生物安全，但是其中的 10 种安全均涉及生物安全(图 1.1)。生物安全与战争防御密切相关，生物武器危害巨大，生物安全涉及国家安全、军事安全和军民健康安全，也是一个重大的传统安全问题；生物安全涉及大量非传统安全问题，生物安全事件极容易造成社会剧烈动荡，严重危害社会的安全稳定，破坏经济发展，造成人员伤亡，涉及政治安全、社会安全、健康安全、经济安全；生物安全与防止生物技术谬用、病原体扩散及基因序列、个体生理数据等生物信息滥用密切相关，直接关系到国家的生物科技安全和生物医学信息安全；生物恐怖、传染病疫情、转基因作物等很可能产生跨国影响，因此，生物安全也是国际外交领域的重要组成部分；种植资源的流失及生物多样性的保护密切关系到生物遗传资源安全；几乎所有生物事件都会造成污染物的扩散和消除，关系到环境安全；工作中遵守安全操作规程以避免生物事故，自觉防止危险生物泄漏或扩散，善于及时发现生物风险与威胁苗头，是作风养成问题，更是文化安全问题。因此，生物安全是复杂的系统工程，是国家总体安全观的重要组成部分，是当之无愧的国家生命工程。

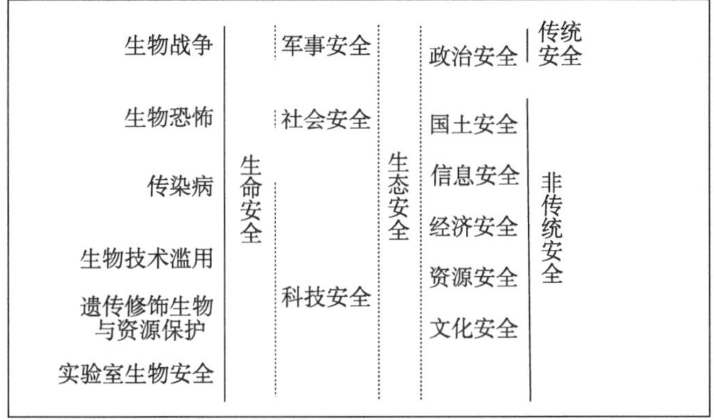

图 1.1　生物安全的影响示意图

参考文献

[1]郑涛．我国生物安全学科建设与能力发展．军事医学，2011，35(11)：801～804.

[2]黄培堂，沈倍奋．生物恐怖防御．北京：科学出版社，2005.

[3]贺福初，高福锁．生物安全：国防战略制高点．求是理论网，http://www.qstheory.cn/zxdk/2014/201401/201312/t20131230_307386.htm，2014-01-01.

[4]郑涛，黄培堂，沈倍奋．认清形势解决问题，加快我国生物安全能力建设步伐．军事医学，2014，38(2)：83～85.

[5] Frischknecht F. The history of biological warfare. EMBO Reports，2003，4(Suppl)：S47～S52.

[6] Lindler L E，Lebeda F J，Korch G. Biological Weapons Defense：Infectious Disease and Counterbioterrorism. New York：Humana Press，2005.

[7] Kellman B. Bioviolence：Preventing Biological Terror and Crime. Cambridge：Cambridge University Press，2007.

[8] Ainscough M J. Next generation bioweapons：genetic engineering and BW(2002). http://www. fas. org/irp/threat/cbw/nextgen. pdf，2013-11-16.

[9] Alibek K，Handelman S. Biohazard：The Chilling True Story of the Largest Covert Biological Weapons Program in the World. New York：Dell Publishing，2000.

[10] Carroll M C. Lab 257：The Disturbing Story of the Government's Secret Germ Laboratory. New York：William Morrow Paperbacks，2005.

[11] Graham B. World at Risk：The Report of the Commission on the Prevention of WMD Proliferation and Terrorism. New York：Vintage Books，2008.

[12] Fong I W，Alibek K. Bioterrorism and Infectious Agents：A New Dilemma for the 21st Century (Emerging Infectious Diseases of the 21st Century). Berlin：Springer，2009.

[13] Ryan J R，Glarum J F. Biosecurity and Bioterrorism：Containing and Preventing Biological Threats. Koutantou：Elsevier，Butterworth-Heinemann，2008.

[14] Espejo R，Yount L. Fighting Bioterrorism. San Diego：Greenhaven Press，2004.

[15] Maher B. Bird-flu research：the biosecurity oversight. Nature，2012，485(7399)：431～434.

[16] Couzin J. A call for restraint on biological data. Science，2002，297(5582)：749～751.

[17] Gaudioso J，Salerno R M. Biosecurity and research：minimizing adverse impacts. Science，2004，304(30)：687.

[18] Morens D M，Folkers G K，Fauci A S. The challenge of emerging and re-emerging infectious diseases. Nature，2004，430(8)：242～249.

[19] Webster R G，Peiris M，Chen H，et al. H5N1 outbreaks and enzootic influenza. Emerging Infectious Disease，2006，12(1)：3～8.

[20]环境保护部自然生态保护司．中国自然环境入侵生物．北京：中国环境科学出版社，2012.

[21] U. S. Government Accountability Office. Preliminary observations on the oversight of the proliferation of BSL-3 and BSL-4 laboratories in the United States. http://www. gao. gov/products/GAO-08-108T，2007-10-04.

[22] U. S. Government Accountability Office. Emergency preparedness and response：some issues and challenges associated with major emergency incidents. http://www. lhc. ca. gov/studies/184/emergprep06/JenkinsFeb06. pdf，2006-02-23.

[23] Leitenberg M. Assessing the biological weapons and bioterrorism threat. http://www. cissm.

umd. edu/papers/display. php? id=133，2005-12.

[24]National Research Council. Life Sciences and Related Fields：Trends Relevant to the Biological Weapons Convention. Washington D C：The National Academies Press，2011.

[25]National Research Council. Globalization，Biosecurity，and the Future of the Life Sciences. Washington D C：The National Academies Press，2006.

[26]de Francesco L. Throwing money at biodefense. Nature Biotechnology，2004，22(4)：375～378.

[27]Couzin J. Biodefense. U. S. agencies unveil plan for biosecurity peer review. Science，2004，303(5664)：1595.

[28]Atlas R M. Bioterrorism and biodefence research：changing the focus of microbiology. Nature Reviews Microbiology，2003，1(1)：70～74.

[29]National Research Council. Seeking Security：Pathogens，Open Access，and Genome Databases. Washington D C：The National Academies Press，2004.

[30]Jackson R J，Ramsay A J，Christensen C D，et al. Expression of mouse interleukin-4 by a recombinant ectromelia virus suppresses cytolytic lymphocyte responses and overcomes genetic resistance to mousepox. Journal of Virology，2001，75(3)：1205～1210.

[31]Cello J，Paul A V，Wimmer E. Chemical synthesis of poliovirus cDNA：generation of infectious virus in the absence of natural template. Science，2002，297(5583)：1016～1018.

[32]Gibson D G，Glass J I，Lartigue C，et al. Creation of a bacterial cell controlled by a chemically synthesized genome. Science，2010，329(5987)：52～56.

[33]Petro J B，Plasse T R，McNulty J A. Biotechnology：impact on biological warfare and biodefence. Biosecure Bioterror，2003，1(3)：161～168.

[34]National Research Council. Biotechnology Research in an Age of Terrorism. Washington D C：The National Academies Press，2004.

[35]National Research Council. Science and Security in a Post 9/11 World：A Report Based on Regional Discussions Between the Science and Security Communities. Washington D C：The National Academies Press，2007.

[36]Institute of Medicine. Microbial Threats to Health：Emergence，Detection，and Response. Washington D C：The National Academies Press，2003.

[37]U. S. Government Accountability Office. Capitol hill anthrax incident：EPA's cleanup was successful；opportunities exist to enhance contract oversight. http://www. gao. gov/new. items/d03686. pdf，2003.

[38]U. S. Government Accountability Office. Anthrax：federal agencies have taken some steps to validate sampling methods and to develop a next-generation anthrax vaccine. http://www. gao. gov/products/GAO-06-756T，2006-05-09.

[39]U. S. Government Accountability Office. National preparedness：improvements needed for acquiring medical countermeasures to threats from terrorism and other sources. http://www. gao. gov/new. items/d12121. pdf，2011.

[40]U. S. Government Accountability Office. Homeland security：actions needed to improve re-

sponse to potential terrorist attacks and natural disasters affecting food and agriculture. http://www. gao. gov/new. items/d11652. pdf，2011.

[41]U. S. Government Accountability Office. Biosurveillance：efforts to develop a national biosurveillance capability need a national strategy and a designated leader. http://www. gao. gov/products/GAO-10-645，2010-07-01.

[42]U. S. Government Accountability Office. Biosurveillance：nonfederal capabilities should be considered in creating a national biosurveillance strategy. http://www. gao. gov/products/GAO-12-55，2011-10-31.

[43]U. S. Government Accountability Office. SARS outbreak：improvements to public health capacity are needed for ersponding to bioterrorism and emerging infectious diseases. http://www. gao. gov/new. items/d03769t. pdf，2003.

（郑涛）

第 2 章

生物安全学的研究方法

生物安全学是研究生物风险与威胁的现象、成因和属性，揭示生物事件成灾和防控规律，保障国家安全利益的科学，因此，生物安全学的科学本质主要是研究全球化背景下人、生物、环境等组成的复杂体系中多因素交互下的安全机制与规律。在这个复杂体系中，安全主体主要是人，但也可以是动物(如家畜)或植物(如农作物)；所谓的生物不仅包括病原体，也包括与生物有关的科技安全(如人工制造病原体)等；所谓的环境不仅包括自然环境，也包括社会环境(如法律法规及管理制度等)。生物安全学最重要的研究对象是生物安全能力建设中科技(科学技术研究与发展、产品研制与完善等)与管理(管理科学与管理实践等)的相互作用。因此，生物安全学是横纵联合、多层次融合、点线结合的复杂研究体系，具有很强的时空动态特征，这使得生物安全学的研究方法呈现出多学科交叉融合的显著特征，兼有定性与定量及实证与模拟的统一性。因此，生物安全学的研究方法比较多样，主要包括信息资源管理学方法、生物医学方法及系统科学方法等。

信息资源管理学方法是生物安全基本理论和形势趋势研究的基本方法，也是目前常用的研究方法。信息资源管理学是一门建立在数学、管理科学、信息科学与技术的基础上，为服务目标任务而进行的有关知识、文献、资料、实物、声音、图形、图像、数据和消息等信息的收集、加工、处理、传递、储存、交换、检索、利用、反馈等活动，涉及多学科和多领域的综合性学科，实际上就是信息时代信息流的建立、维护与应用，与传统的情报学有很大区别。在信息爆炸和大数据时代，这个方法虽然表面上看相对简单，但是高质量的研究活动对研究者的知识背景和学习能力，文献信息的敏锐洞察能力，有用信息的捕获、拼接和梳理能力及综合归纳能力等综合能力要求很高。当然，所谓高质量的研究报告也是对智者或有心者而言的，“细节决定成败”，“浓缩的是精华”，情报信息史上视宝贝如垃圾的案例屡见不鲜，因此，文献信息的应用者也需要具备很高的素质能力。随着全球信息化的发展，大量研究论文、政府机构报告，以及基因序列、蛋白质结构、疾病信息、疫情动态、个体与群体社会行为特征等信息数据可以通过网络等渠道免费或有偿获得，因此，该研究方法还有很大的发展空间，尤其是借助计算机与信息科学技术手段进行高效数据挖掘是目前许多信息分析机构的研究热点。

生物医学方法是生物安全的主要研究方法。生物安全学作为新兴交叉学科，其核心是生物防御，而生物防御的核心是生物事件预防和救援处置中的医学措施。生物安全能力建设中对于病原体等生物体及其产物的实验分析、风险识别与威胁程度的鉴别，有害生物的检测、诊断和预警，疫苗、药物等预防治疗的医学措施甚至灾后恢复等，需要依赖生命科学、医学及生物技术等的强力支撑，上述领域也是国家“973”计划和“863”计划、国家科技支撑计划、国家科技重大专项及国家自然科学基金等多个国家科技计划的重点支持领域，与之相关的专著、论文繁多，本书不再赘述。

系统科学方法是研究和认识生物安全规律极其重要的手段，是研究生物安全时空动态规律的最基本方法。本章重点介绍数学、系统科学和复杂系统三个研究方法。它们在自身领域都已经发展为成熟的学科理论体系，但与生物安全的结合总体上尚处于迅速发展的融合阶段，并显示出广阔的发展前景。它们不仅为生物安全研究提供了极其重要的研究方法，更重要的是提供了认识和解决问题的方法手段，对于生物安全学的研究与发展及指导生物安全管理实践具有重要作用。

2.1 数学

作为最基本的科学，生物安全学与数学研究的融合是新生学科交叉前沿领域之一，前景广阔，意义重大。诚如法国数学家拉普拉斯所言：“在数学中，我们发现真理的主要工具是归纳和模拟。”数学建模是使用数学方法解决实际应用问题的一种思想，能够帮助人们有效地探索物质的量与量关系的规律性。

对于生物事件这种不可能在现实中进行“实验”的研究对象，数学通过对生物事件进行抽象，忽略生物事件中与所研究的内容不相关的因素，将复杂的生物事件的发展演化过程归结为相应的数学问题，并在此基础上利用数学的概念、方法和理论进行深入的分析和研究，从而从定性或定量的角度来刻画生物事件发生、发展机理，实现情景重构，分析评估潜在风险和危害后果，为生物事件的应急准备和应急处置提供更为精确的数据支持或辅助决策，从而推动生物防御冲破狭隘经验的束缚，向着定量、精确、可计算、可预测、可控制的方向发展。

2.1.1　随机数学：由“不确定”推导“确定”

随机数学是研究随机现象统计规律性的一个数学分支，涉及四个主要部分[1]，即概率论、随机过程、数理统计和随机运筹。它应用概率论的结果深入地分析研究统计资料，通过对随机现象的观察来发现其内在规律性，并做出一定精确程度的判断和预测，之后将这些研究的结果加以归纳整理，逐步形成数学模型，为采取决策和行动提供依据或建议。

随机数学是研究“确定”与“不确定”的学科。美国前财政部长罗伯特·鲁宾曾说：“世界充满了不确定性，只有在你回顾历史的时候，才知道结果。”但爱因斯坦却说：“没有侥幸这回事，最偶然的意外，似乎也是有必然性的。”“不确定”与“确定”、“偶然”与“必然”，看似矛盾的两个方面，却统一于世间万物的发展变化之中。随机数学正是基于历史资料或实时数据，以概率和统计量为基本语言，通过描述和分析随机事件的“不确定”，从中找出“确定”规律的一种理论方法

随机数学在生物安全领域中一个典型的应用实例就是生物监测预警。生物监测预警是指连续地、系统地收集疾病或其他健康事件的数据，经分析和解释后形成信息，并将这些信息分发给需要信息的人员和机构，在一定范围内采取适当的方式预先发布事件威胁警告并采取相应级别的预防行动，最大限度地防范事件的发生和发展。根据有限的已知数据，及早识别未知的生物恐怖袭击，并做出迅速而有效的应急响应是国家生物安全核心能力建设的重要内容之一。2004 年，Foldy 等利用数字信号检测理论研究表明，如果未能早期识别大规模炭疽芽孢杆菌气溶胶生物恐怖袭击，卫生系统的应对每延迟 1 小时，就会导致 2 亿美元的经济损失[2]。监测预警模型是将随机数学与传染病流行病学、气象学、流体力学、计算机科学等有关学科相结合的一种统计分析方法，应用于各种生物威胁的预测、预警，对生物威胁的预防与控制有积极意义。随着计算机的推广应用及预测理论的迅速发展，已有多种预测方法在生物防御中得到了实际应用，成为应对生物威胁的一项有效手段，在监测技术手段逐步改进、监测数据报告体制逐步完善的今天，建立实时、高效、准确的监测预警数据分析理论，对于生物防御能力建设具有极为重要的现实意义。目前，广泛应用于监测预警的随机数学理论主要分为定性方法和定量方法两大类[3]。

定性方法利用历史数据或专家咨询数据，通过对疾病发生、发展规律及有关因子强度的分析，判断该病的流行趋势和强度。该方法不需要知道输入量与输出量之间的函数关系，在先验信息不充分的情况下，对疾病的发展规律和相关因素给出定性的分析结论，是一种结构化的决策支持技术，具有较为广泛的适用性。例如，Randremanana 等[4]采用空间聚类方法分析了塔那那利佛岛肺结核病例的空间分布，说明疾病发生与社会经济条件及医疗条件的关系，其呈现区域性发病

的特征。又如，彭志行等[5]用加权马尔科夫链理论对 1991 年 1 月至 2000 年 10 月江苏省伤寒副伤寒发病资料建立模型，应用有序聚类方法建立发病人数状态的定性分级标准，以规范化的各阶自相关系数为权重，预测和分析发病人数的变化情况，使预测结论的长期效果趋于最优，以 2000 年 11 月和 12 月发病资料作为样本，发现该模型拟合效果满意，预测效果良好。定性分析的方法主要有 Delphi 法、模糊聚类理论、马尔科夫链预测法等。

定量方法一般将观测数据看做离散的时间序列而进行统计处理与分析，从而找出预测对象与影响因素之间的函数关系，这类模型对样本容量和概率分布有一定要求，预测效果较好，适合于对流行因素较稳定的疾病进行预测。在有相当量基础数据的前提下，定量方法比定性方法能够更为准确和客观地说明问题。例如，Wu 等[6]采用小波理论进行数据预处理，再使用支持向量机改进的遗传算法进行特征分析，建立了登革热预测模型，该研究表明登革热发病率与平均温度和季节特性密切相关，并进一步指出，运用该模型处理 5 年的气象学数据就可以为疾病防控提供至少 2 年的准确预测。又如，许晴等[7]和 Legrand 等[8]根据初期的 10 个炭疽病例，采用马尔科夫链蒙特卡洛（Markov Chain Monte Carlo，MCMC)方法解算 Bayes 概率方程，快速反演出炭疽芽孢杆菌施放的地理空间位置，为疾病预警提供了有力支持。定量方法主要有回归预测理论、Box-Jenkins 模型、灰色动态模型、小波模型、Bayes 理论等。

表 2.1 总结了随机数学中的一些代表性算法，这些算法已被应用于一个或多个监测系统中。

表 2.1 代表性统计算法[9]

算法		简述	使用代表性统计算法的监测系统	特征和存在问题
时间分析	静态循环回归模型	拥有已定义的参数并通过训练数据来优化	美国实时疫情监测及预警系统（real-time outbreak and disease surveillance，RODS)、美国流感样疾病监测系统、法国流感样疾病监测系统	适合该模型的数据不佳，必须预先定义
	自回归综合移动平均法	一个从历史数据学习参数的线性函数，可调整季节性影响	RODS	适用于静态环境
	递推最小二乘法	一个动态、自回归线性模型，通过历史数据预测每一个症候群的当前值，能基于误差不断调整模型系数	RODS	适用于动态环境

续表

算法		简述	使用代表性统计算法的监测系统	特征和存在问题
时间分析	指数加权移动平均法	根据同一个移动段内不同时间的数据对预测值的影响程度，分别给予不同的权重，然后再进行平均移动以预测未来值	社区疾病流行早期报告监测系统（electronic surveillance system for the early notification of community-based epidemics，ESSENCE）	允许用不同的加权值调整移动灵敏度
	累积求和法	是一个基于控制图的方法，监测观测平均值的偏移	广泛应用于当前的症状监测系统中，包括美国生物传感计划、早期异常报告系统（early aberration reporting system，EARS）、ESSENCE 等	此方法对观测平均值微小变化的检测能力较好，缺点是对季节性影响或周内效应缺乏适应性
	隐马尔科夫模型	使用一个隐含的未知参数，来捕捉某个特定疾病的流行情况，学习流行状态下的观测值概率模型	国外多用于流感样疾病监测	模型灵活性好，可以自动适应趋势、季节性影响、协变量，以及不同的分布（正态、泊松、高斯等）
	小波算法	是以局部频率为基础的数据分析方法，它们可以自动调整到每周、每月、每季度数据的波动	美国国家药品零售监控系统	同时适用于长期效应（如季节性影响）和短期趋势（如周内效应）
空间分析	广义线性混合模型	评估相对小区域内的观察值是否大于基于以自然发生的疾病流行史所得出的预期值	在明尼苏达州采用	对少量的空间聚集个案敏感，但被监测的邻近域的观测值升高时，检测能力不如扫描统计和空间累积和方法
	小区域回归测试	一种广义线性混合模型改进算法，考虑多重比较和包括区域编码、工作日、假日及季节性周期变化等参数	BioSense、美国国家生物恐怖症状监测示范项目	在回归模型中，季节、周内效应及其他参数能够调整
	空间扫描统计和变化	基本模型依赖于使用简单成型面积扫描感兴趣的整个区域，基于已定义好的可能比率，它需要可考虑的变化因素（如人的流动性）	被许多症状监测系统广泛应用、美国生物门户系统（BioPortal 系统）进行了可视化应用	对各种暴发情况都有很好的检测效能，但对几何形状热点的鉴别有限
	贝叶斯空间扫描统计	将贝叶斯模型技术和空间扫描技术方法结合，可输出疾病暴发的后验概率，以及可能暴发地区的概率分布	RODS	计算效能高，能够很容易地整合先验知识，如暴发规模、暴发特征或者对疾病感染率的影响

续表

算法		简述	使用代表性统计算法的监测系统	特征和存在问题
时空分析	时空扫描统计	是空间扫描统计的一种扩展，使用多个似然比检验搜索在时间和空间上可能有聚集的所有子区域	广泛应用于许多区域性监视系统，包括美国国家生物恐怖症状监测示范项目	所鉴别的流行地区的覆盖面可能过大
	异常模式探测方法	使用特定特征来分组扫描，如与某一疾病历史模式相比有异常变化的某地区近期模式、年龄及与疾病有关的诊断等	RODS、ESSENCE	相对于传统的方法，该方法允许使用用于监测的代表性特征，但是基线分布必须是已知的
	人口范围异常检测与评估	是一种因果贝叶斯网络方法，为全区域人口或个案患者，模拟人口分布和推断疾病的时空概率分布	RODS	计算量大
	前瞻性支持向量聚类	利用风险调整后的前瞻性支持向量聚类方法，进行热点聚类分析，以累积和的模式持续追踪并随时间推移的空间分布变化	BioPortal 系统	可识别在线环境中不规则形状的热点分析

2.1.2 数值分析：用“离散”求解“连续”

数值分析，又称计算方法，是研究分析用计算机求解数学计算问题的数值计算方法及其理论的学科，它以数字计算机求解数学问题的理论和方法为研究对象，是计算数学的主体部分。数值分析的主要内容分为函数逼近论、数值微分、数值积分、误差分析等。数值分析的常用方法有迭代法、差分法、插值法、有限元素法等。

有限差分是生物安全领域中应用最为广泛的理论之一。有限差分是采用数值计算方法求解微分方程和积分微分方程的一套理论方法。其基本思想是把连续的定解区域用有限个离散点构成的网络来代替，这些离散点称作网格的节点，把连续定解区域上的连续变量的函数用在网格定义的离散变量函数来近似；把原方程和定解条件中的微商用差商来近似，积分用积分和来近似，于是原微分方程和定解条件就近似地代之以代数方程组，即有限差分方程组，解此方程组就可以得到原问题在离散点上的近似解，然后再利用插值方法便可以从离散解得到定解问题在整个区域上的近似值。这一理论被广泛应用于生物恐怖剂大气扩散模式之中。

生物恐怖剂的扩散介质具有多样性，其中大气扩散作用的影响范围最为广泛[10]。一方面，生物恐怖剂因其本身性质的特殊性，扩散实验条件不易控制，费用昂贵，且无法进行大范围的实验模拟；另一方面，由于大气自身结构及其物理、化学性质的复杂性，生物恐怖剂的扩散是一个非线性的复杂问题[11]。生物恐怖剂的大气扩散，归根结底是一个离散时间内连续介质中浓度场动态变化的过程。数值模拟就是用连续方程拟合扩散过程，再对其进行离散求解。所以说，扩散危害评估的基点就是“连续”和“离散”。采用微分方程合理地连续拟合现实过程，用有限差分理论高效离散求解连续方程，是这一过程的核心理论问题。

国内外关于大气扩散模型的研究层出不穷，按照描述方法和应用尺度的不同，生物恐怖剂大气扩散模型可以分为以下几种类型，即欧拉模型、高斯模型、拉格朗日模型、计算流体力学(computer fluid dynamic，CFD)湍流模型和基于以上几种模型的耦合模型[12]。

欧拉模型相对于固定坐标系来描述污染物的输送与扩散，它运用连续介质梯度输送理论，将已知的气象长作为输入或把流动方程与物质守恒方程相耦合，差分求解模式区域每个网格的浓度变化，较易处理源项及气象场的时空变化，可以有效处理污染物的动态输送转化。欧拉模型的基础是湍流半经验理论的一个基本假设[13]，即由湍流引起的动量通量与局地风速梯度成正比。比例系数 K 即湍流交换系数，亦称湍流扩散系数。因此，梯度输送理论也被称为 K 理论。推广应用于广义物理量，则有

$$\begin{cases} \rho\,\overline{u'S'} = -\rho K_{sx}\dfrac{\partial \overline{S}}{\partial x} \\ \rho\,\overline{v'S'} = -\rho K_{sy}\dfrac{\partial \overline{S}}{\partial y} \\ \rho\,\overline{w'S'} = -\rho K_{sz}\dfrac{\partial \overline{S}}{\partial z} \end{cases}$$

式中，K_{sx}、K_{sy}、K_{sz}分别表示三个方向的比例系数，即广义物理量的脉动量与该特征量的平均值的梯度成线性比例关系。若该物理量为扩散物质的质量浓度 q，则有

$$\begin{cases} \rho\,\overline{u'q'} = -\rho K_{sx}\dfrac{\partial \overline{q}}{\partial x} \\ \rho\,\overline{v'q'} = -\rho K_{sy}\dfrac{\partial \overline{q}}{\partial y} \\ \rho\,\overline{w'q'} = -\rho K_{sz}\dfrac{\partial \overline{q}}{\partial z} \end{cases}$$

此式表明了由湍流运动引起的局地质量通量与该地被扩散物质的平均浓度梯

度成正比，式中负号表示质量输送方向与梯度方向相反。这就是梯度输送理论的基本关系式，也是导出湍流方程的基础。K_{sx}、K_{sy}、K_{sz}分别表示三个方向的湍流扩散系数。这个理论处理是欧拉方式的，研究流体相对于空间固定坐标系的运动性质。例如，Querzoli[14]在研究中提出，历史上大气边界层的实验数据都是由欧拉方法提供的，因此，理论研究也主要基于欧拉方法，因为它是比较理论预测值和实验数据的唯一方法。以欧拉方法为基础，美国环境保护总局(Environmental Protection Agency，EPA)开发了社区多尺度空气质量评估模型(community multiscale air quality modeling，CMAQ)用于空气质量评估，通常与中尺度数值模式MM5(fifth-generation Penn State/NCAR mesoscale model)或天气预报及研究模式(weather research and forecasting，WRF)结合，以获得气象场的模拟结果。

高斯模型为欧拉模型的特殊形式，一般用于下垫面平坦、流场稳定的情况，其适用范围一般小于 20 千米。很多研究利用高斯模型进行了污染物大气扩散模拟。例如，Leelossy[15]利用美国国家海洋大气管理局提出的高斯大气扩散模式对福岛核泄漏之后一年内辐射烟羽扩散方向的变化情况进行了模拟，该研究对生物实验室气溶胶泄漏有一定的借鉴意义。又如，丹麦应急管理处开发的事故报告和指导操作(accident reporting and guidance operational system，ARGOS)系统中的城市扩散模型(urban dispersion model，UDM)将一个大烟团分成很多小烟团，对其中的每一个从建筑顶部或周围扩散，或者沿着城市街谷扩散的情况进行高斯烟团扩散模拟，是更先进的高斯烟团模型，能够更好地进行城市环境中的扩散模拟[16]。

然而，在不稳定边界层中污染物浓度的分布不符合高斯特征，欧拉数值模式对污染物扩散的预测不是很准确；而拉格朗日方法能自然地描述污染物扩散过程，与欧拉模式相比，污染源附近地区浓度的预测值精确度更高，但在实际应用中，拉格朗日方法的局限性在于速度湍流场和拉格朗日时间尺度是必需的输入参数，适用性不强。此外，对于城市大气污染问题，污染源在城市区域分布通常是分散的，而不是仅集中于几个点，欧拉模型的精确度虽然不能同气象特定的烟羽运输模型相比，但是它可以在不调用广泛的气象信息的前提下提供总的平均值评价，因此，就控制这些污染源而言，欧拉方法好于拉格朗日方法[17]。

拉格朗日模型用大量离散粒子的释放来表征气溶胶的连续排放，用一系列的随机位移来模拟湍流扩散，再采用有限差分理论求解扩散方程。统计粒子在时间和空间上的总体分布，不存在闭合问题，能够处理点源，详细地模拟湍流扩散。拉格朗日相似方法的基本假设如下[13]：在近地层，流体质点的统计特性完全可以用确定欧拉特性的参量来确定。在近地面层的中性大气中，表征流场欧拉性质的参量是 u_*，在非中性层结时除 u_* 外还有热通量 H_T，两个参量同时考虑，可以用莫宁-奥布霍夫长度 L 来表示。

设质点从原点出发，铅直方向位移的平均值为$\overline{Z}$，相应的水平位移为$\overline{X}$。对于从位于 $z=0$ 处的点源施放的质点，用量纲分析方法，可以得到释放质点中每个质点都移动了 t 时间之后，移动质点的平均垂直位移$\overline{Z}$的增长率必然具有以下形式：

$$\frac{\mathrm{d}\overline{Z}}{\mathrm{d}t}=bu_*\varphi\left(\frac{\overline{Z}}{L}\right)$$

式中，b 和 φ 为待定的普适常数和普适函数。进一步假设相应的平均水平位移$\overline{X}$的增长率等于在与$\overline{Z}$有关的高度上的平均风速，表示为

$$\frac{\mathrm{d}\overline{X}}{\mathrm{d}t}=\overline{u}\,(c\,\overline{Z})$$

以上两式给出了当迁移时间为 t 时施放质点的平均垂直速度和水平速度，它们是决定施放质点平均扩散状况的方程，若给定风廓线和函数的具体形式，则可对以上两式进行求解，所以，以上两式是数学处理的基础。它可以连续地追踪扩散物质的运动变化，克服了高斯烟团模型的局限性，在复杂条件下可以较为真实地模拟气溶胶在大气传输中的时空分布。

国内外针对拉格朗日模型的研究很多，由美国国防威胁降低局主导、美国橡树岭国家实验室完成的，用于预测及评估核、化、生及放射性武器攻击或设施事故对军队或民众可能造成的杀伤效应的美军危害预测与评估能力(Hazard Prediction and Assessment Capability，HPAC)软件系统，就是以典型的拉格朗日扩散模型——二阶闭合积分烟团模型(second-order closure integrated PUFF，SCIPUFF)为理论基础开发的。HPAC 软件系统目前已经部署于美军欧洲司令部、太平洋司令部、战略司令部、中央司令部及北大西洋公约组织各国军队最高指挥部门，用于军队进攻及防御的战略规划。美国国防情报局、美军参谋长联席会议、美国国家指挥当局、美国化学生物事故应急部队及美国疾病控制预防中心等使用 HPAC 软件系统评估潜在的大规模杀伤性武器对美军或美国平民的杀伤效果，并以此制定相应的防御政策。除此之外，HPAC 软件系统在 1990 年波斯尼亚战争等重大军事行动，以及在 1996 年亚特兰大奥运会、2001 年乔治·布什总统就职仪式、2002 年盐湖城冬季奥运会等重大活动的风险评估与安保中均曾被使用。

以上提到的拉格朗日模型和欧拉模型通常用于 2～2 000 千米的中、大尺度扩散模拟，却不能很好地解释距离源项 2 千米范围内的风雨障碍物相互作用所产生的湍流扩散过程，CFD 湍流模型则可以很好地描述这一问题。具有复杂几何学特征的高密度建筑物区域的扩散过程，其风场模型受到复杂的城市空间结构的

影响，导致小尺度的气溶胶扩散需要更为精细的边界条件和湍流运动的描述。CFD 以质量和动量守恒为基础，在三维模型中用有限差分和有限体积法解 Navier-Stokes 方程[18]，公式如下：

$$\frac{\partial \boldsymbol{u}_i}{\partial t}+\boldsymbol{u}_j\frac{\partial \boldsymbol{u}_i}{\partial x_j}=-\frac{\partial p}{\partial x_i}+\upsilon\ \nabla^2\boldsymbol{u}_i$$

$$\frac{\partial \boldsymbol{u}_i}{\partial x_i}=0$$

式中，$\boldsymbol{u}_i$ 为速度矢量；p 为修正后的压力；υ 为流体的动力黏性。CFD 湍流模型提供了流体运动的复杂分析。它用流体力学的控制方程进行描述，通过计算机数值模拟求解控制方程，求得整个流场中指定未知量的数值解，如炭疽芽孢杆菌的浓度分布。尽管 CFD 湍流模型的计算量巨大，计算时间相对较长，但精度却要高于高斯模型和拉格朗日模型。虽然目前在生物恐怖危害评估方面还没有直接的应用，但是，CFD 湍流模型在很多城市环境中的污染物扩散模拟中已经得到广泛的应用。

2.1.3 微分方程：用“定性”描述“定量”

微分方程是指描述未知函数的导数与自变量之间的关系的方程，是数学的一个重要分支[19]。从微分方程求出的解是一个函数表达式，通常表示为一条平面的或空间的曲线，根据这个表达式可知曲线的形态和各种性质，从而可以刻画出研究对象的运动规律，并可以定量地预测它的运动趋势，因此，微分方程也就成了最有生命力的数学分支之一。

传染病传播机制建模就是以微分方程定性理论为工具，对非线性微分方程组的解的性质进行分析，定量地研究影响疾病传播的因素，并在此基础上研究疾病传播的速率，研究疾病发生、发展和消失的动态过程，研究疾病传播动力学系统的动态平衡及研究疾病的传播潜势和传播阈值，从而在理论上揭示疾病流行的特征和规律，揭示关键的传播因素或传播的薄弱环节，指出从根本上控制或阻断传播途径的科学。因此，传染病传播机制建模对流行病学研究和防治实践具有理论指导意义[20～23]。

传染病动力学建模由来已久。1906 年，Hanter 建立了离散模型来研究麻疹的再次暴发情况。1911 年，公共卫生医生 Ross 博士利用微分方程模型对疟疾在蚊子与人群之间传播的动态行为进行了研究，结果表明，如果将蚊虫的数量减少到一个临界值以下，那么疟疾的流行将会得到控制，Ross 的这项研究使他第二次获得了诺贝尔医学奖。Kermack 和 McKendrick[24] 为了研究 1665～1666 年黑死病在伦敦的流行规律，构造了著名的 SIR 仓室模型，又在 1932 年提出了 SIS 仓室模型，在分析模型的基础上提出了区分疾病流行与否的“阈值理论”，为传染病动力学的研究奠定了基础[25]。传染病动力学的建模与研究于 20 世纪中叶开始蓬勃发展，其标志性的著作是 Bailey 于 1957 年出版的专著《数理流行病学》。

动力学模型主要使用的方法是仓室模型[26]，基本思想是以地区人口不变为前提，按人群分类不同来描述各种不同的传染病传播规律。在仓室模型中，作为研究对象的人群被划分入几个不同的仓室，研究者对每个仓室的属性和各仓室之间随时间的转换率做出假定。

根据个体感染疾病康复后是否获得对该疾病的免疫能力的不同，仓室模型的结构也不相同。使用 SIR 来描述个体康复后将获得免疫能力的疾病，表示个体的状态转换过程是由易感状态(susceptible)到传染性状态(infective)再到移除状态(removed)。使用 SIS 来描述个体康复后还可再次感染的疾病，表示个体的状态转换过程为由易感状态到传染性状态并再次回到易感状态。此外还有 SEIR 模型和 SEIS 模型，其中“E”表示介于易感状态和传染性状态之间的潜伏期状态(exposed)，还有 SIRS 模型，表示获得性免疫的有效性是暂时的。其基本模型可形式化如下[25]：

$$S'=-\beta SI$$
$$I'=\beta SI-\alpha I$$
$$R'=\alpha I$$

近年来，国际上基于微分方程的传染病动力学研究进展迅速，大量的数学模型被用于分析各种各样的传染病问题。这些数学模型大多适用于各种传染病的一般规律的研究，也有部分是针对诸如麻疹、疟疾、肺结核、流感、天花、登革热和丝虫病等诸多具体疾病的模型[27]。目前，研究人员致力于推动仓室模型向实际靠拢，国内外研究在这一领域大致有三个发展方向：一是模型所涉及的因素增多，如考虑时滞因素、年龄结构、隔离影响、变动人口等[28]；二是模型维数增高，如考虑疾病在多个群体上的传播与交叉感染，这其中集合种群模型最为典型[29]；三是结合某些具体的传染病开展优化控制方法的研究，为具体防疫工作提供指导性建议。

在仓室模型的基础上，杜本根大学的研究人员开发了一款用于应对流感大流行的模拟工具——InfluSim。该模拟工具基于由 1 081 个微分方程所构成的模型系统，是对经典的 SEIR 模型的扩展。模型中采用了德国 2005 年的人口统计学参数，使用者可对这些参数进行修正以使其适用于其他国家。流行病学和临床参数主要来自于已有的文献研究，用户可通过滑动条和参数输入调整这些参数，从而改变疾病的治疗费用、劳动力损失等要素。

InfluSim 在模型中考虑了个体的年龄等因素，对不同年龄组内的个体又细分为高风险个体和低风险个体，各年龄组之间的接触频率由给定的接触矩阵决定。易感染个体在感染之后进入潜伏期，随后具备传染性，在康复后获得对疾病的免疫能力。传染性状态中有一定比例的个体不出现明显的临床症状，其他的个体则需要进行治疗。对不同的年龄和风险组合可以发现，不同比例的临床症状个体均需要进行住院治疗，且具有不同的死亡比例。

2.1.4 博弈论：用“合作”引导“冲突”

博弈论又称为“对策论”、“赛局理论”[30]，主要研究公式化了的激励结构间的相互作用，是研究具有斗争或竞争性质现象的数学理论和方法[31]。在博弈行为中，参加斗争的各方具有不同的利益和目标，各方为了达到各自的利益，就必须考虑到对手的各种可能的行动方案，从而选择一种对自己最有利也最合理的解决方案。古语有云，“世事如棋”，说的就是博弈论在生活中的应用。生活中每个人如同棋手，其每实施一个行为如同在一张看不见的棋盘上布一个棋子，棋手们相互揣摩、相互牵制，人人争赢，从而下出诸多精彩纷呈、变化多端的棋局。而博弈论就是这样一门研究棋手们“出棋”并将其系统化的科学。换句话说，博弈论就是研究个体如何在错综复杂的相互影响中得出最合理的策略的科学[32]。

目前典型的生物安全事件，如“炭疽邮件”事件和 SARS 等重大传染病疫情的暴发，往往是自然因素和人类活动交互作用产生的，具有潜在衍生灾害，破坏性严重，甚至引发综合性社会经济危机。在生物事件发生初期，科学界在难以迅速揭示致病病理进而研制出有效预防疫苗的情况下，运用合适的数理工具剖析生物事件的疫情传播规律，揭示出造成疫情暴发和扩大化的更为深刻的社会经济根源。例如，疫情暴发后，政府如何迅速启动各项防控措施并随着疫情进展及时对社会公众行为方式的演化、疫情信息公开和分享的时机与程度等加以调整，进而完善社会经济系统的防控体系和应急措施，是生物事件应急管理面临的重大挑战之一。

从演化博弈的角度分析，生物安全事件发生后，病毒的传播和防控过程是政府和社会公众采取应急处置策略后，通过观察、学习和调整等行为互动过程，使新的社会危机应急处置模式变为可自我实施的机制的过程。运用演化博弈理论建立动力学模型，可以对社会经济系统中长期收敛速率和行为进行预测。诺贝尔经济学奖获得者托马斯·谢林在其著作《冲突之战略》中写道：“几乎所有的多人决策问题都属于共同利益与利益冲突的混合，二者之间的相互作用可以通过非合作博弈论有效地分析。”[33]博弈理论目前在安全领域应用最多的是战争模拟平台建设与桌面演习，主要包括以下几个方面。

第一，反恐战略制定。反生物恐怖是生物安全领域一个重要的内容。在应对恐怖主义上，政府通常采取两种应对方法[34]：一是消极的应对，主要包括建立以技术为基础的防护屏障，在潜在的易受攻击的目标上增强防卫，制定更严厉的法律，加大情报工作的力度及签订国际反恐协议；二是积极的应对，主要包括报复性袭击、先发制人打击、集团渗透及秘密行动。政府要使其反恐成本最小化、收益最大化，就会采取不同的策略。如果对恐怖分子发动持久进攻的预期成本超过了对恐怖分子做出妥协的预期成本，就可能要对恐怖分子的要求做出一定程度的妥协。

Berman 和 Gavious[35]应用博弈论研究了应对生物恐怖袭击的最优政府决策问题。这是一个策略式博弈，博弈论将每个参与人定义为一个理性人，即总以自身利益预期的最大化为博弈目标。Nash 关于非合作博弈平衡的求解，为这一博弈过程提供了理论描述[36]：参与人集合 $i\in\varphi$，我们设为有限集合$\{1, 2, \cdots, I\}$，对每个参与人 i 有纯策略空间 S_i 及收益函数 u_i，这一函数对每种策略组合 $s=(s_1, s_2, \cdots, s_i)$给出参与人 i 的冯・纽曼-摩根斯坦效用函数预期效用 $u_i(s)$。Nash 指出，在这个理论中，“预期”的概念是重要的，对于每一个参与者，都要寻找一个 $s=(s_1, s_2, \cdots, s_i)$最大化 $u_i(s)$。Kirk 和 Basuchoudhary[37]提出了一个恐怖主义的寻租模型，即恐怖分子把使用暴力作为一种从政府强取租金的手段。如果恐怖主义表现为一种低成本的寻租手段，那么个人就倾向于采用暴力手段。一方面，恐怖分子会选择某一水平的攻击和非暴力政治活动来使其寻租的净收益最大化。另一方面，政府试图通过威慑、设置租金、鼓励非暴力政治活动等手段来使恐怖主义成本最大化。但是政府规模的膨胀将使恐怖袭击的潜在利益增大，从而导致恐怖主义的发生。Mangladevi 和 Ramkrishma[38]用策略博弈的方法研究了三种政策的博弈过程，即谈判策略、不谈判策略和惩罚性攻击策略。恐怖分子通过选择劫持人质的人数、操作媒体来使其效益最大化。每种结果所带来的报酬由恐怖分子自己预测政府在三种情况或政策中进行选择的概率来决定。Siqueira 和 Sandler 进一步研究指出[39]，如果政府不能完全制止恐怖袭击，并发现妥协的成本比不妥协的成本更低，不与恐怖分子谈判的政策可能与经济原则不相协调。如果恐怖分子能够使政府相信对其做出让步的代价要比不做出让步的代价小，那么恐怖分子所采取的行动就获得了成功。但政府需要考虑名誉方面的影响，因为妥协可能反过来刺激更多袭击的发生[40]。由于恐怖分子的狡猾，现实反恐斗争中政府与恐怖分子双方大多处于信息不对称动态博弈中，Sahin 等[41]分别对这种不对称性进行建模，讨论了静态和动态两种情形下政府和恐怖分子最优的策略选择，他指出，短期来看，妥协与让步或许会带来效率，但若用发展的眼光来分析，妥协与让步会增加反恐成本的未来预期，最终意味着长期不经济。因此，从博弈论的框架来分析，反恐斗争的最优策略选择只有一个，即彻底的斗争。这为现实情况下反生物恐怖战略的制定提供了很好的决策辅助。

第二，目标风险评估。由生物技术谬用或生物恐怖造成的生物袭击具有突发性和群体性等特点，发生概率低，危害严重，生物袭击的扩散性使其破坏更加巨大，然而作为被袭击方，政府的经费有限、资源有限，不可能对每一个可能遭受袭击的目标进行全方位的防护。要想科学地评估目标风险、选取重点防护对象、进行合理的经费投入、用最少的费用尽可能多地降低袭击造成的损失，政府就必须根据以往袭击者的行动及预期其将采取的行动来使自己的决策最优化。

对于一个特定的目标，如果袭击者以一定的资源发动袭击，而防御者分配资源对目标进行防御，在袭击者和防御者双方博弈的局势下如何确定目标受损失的概率问题，Major[42]提出的以下目标损失概率模型可以对此进行合理的解释：

$$p(V_i, A_i, D_i)=\exp\left(-\frac{A_iD_i}{\sqrt{V_i}}\right)\times\left(\frac{A_i^2}{A_i^2+V_i}\right)$$

式中，V_i 为目标值；i 为一系列的袭击目标，数目从 1 到 N，每一个目标 i 有一个 V_i；A_i 为袭击者对袭击目标 i 所分配的资源；D_i 为防御者对目标 i 进行防御所分配的资源。基于上述模型，在未知袭击者如何选择目标的情况下，防御者应制定一个策略得到最小的平衡期望损失，这样通过优化算法就可以反求得目标损失概率。

针对防御经费投入的优化，Ender 和 Sandler[43]首先提出了袭击的替代效应，指出现有经费投入策略的弊端。经过观察，他们发现 1973 年 1 月在美国机场安装筛分设备使得劫机更为困难，迫使袭击者临时更换了挟持人质的任务。显然，在不考虑攻击转向其他目标的情况下对重点对象采取防护措施看起来或许是经济合理的，但当恐怖分子仅仅只是改变了攻击目标之后，政府之前的努力就付诸东流。例如，如果大家都知道政府在每一间邮局均安装了炭疽灭菌设备，那么这些设备就会形同虚设，因为袭击者可以通过联邦快递、联合包裹服务公司，甚至自行车快递同样高效地散播炭疽芽孢杆菌。事实上，这样的风险转移并没有在美国邮递服务对现有安全改善措施进行效费评估时加以考虑。

针对防御者和袭击者对不同潜在目标的评估风险值不同，攻防转换中存在信息对冲和风险概率转移，2002 年 Woo 用模拟蚁群组织行为方式的博弈论模型为风险管理处置公司(risk management solutions，RMS)建立了一套完整的恐怖袭击风险评估模型[44]。而美国的危机管理应急反应操作(assistant risk management operation reaction，ARMOR)系统则是以上述博弈论方法发展起来的又一风险评估和应急管理应用实例，它已经被装配到洛杉矶机场(图 2.1)和美国海岸警卫队，实时感知、计算、广播目标防护风险值，为实现防御资源的优化配置提供实践指导。

第三，联盟合作引导。Anderson 和 Moore 认为信息安全在一定程度上就是信息安全产品生产者之间的博弈[45]。同样的，生物安全问题在一定程度上也是进行生物防御的各个成员之间的博弈。不同防御者采用的防御策略对最后博弈结果有着深远的影响。值得注意的是，虽然在健康和安全问题上，所有社会成员的根本利益是一致的，并且大体趋势是合作的，但是在监测、控制、阻断疫情的过

图 2.1　洛杉矶机场的 ARMOR 系统

程中，不同的社会成员之间在生物事件防控的具体措施和不同阶段上可能会产生利益冲突。一些防御行为，如加强安全检疫等，可能实际上会增加其他防御成员遭受攻击的风险。这就会导致防御整体安全投入过大的问题，因为每个成员都会高估风险而加大投资。反过来，一些防御策略又会降低其他成员遭受攻击的风险，如接种疫苗[33]、关闭学校、隔离病患等。这些措施可以降低整体的安全投入，因为这其中可能会存在“搭便车”现象[46]。

Auman 首先给出了无限重复博弈的正式分析框架，证明了在长期博弈中能够实现合作，并因此获得 2005 年诺贝尔经济学奖。分析联盟博弈的最基本工具是特征函数，其主导思想是用数值表示每个联盟的潜在收益。按照 Aumann 和 Peleg 的定义[47]，如果用 n 表示所有行为主体的集合，n 人特征函数是具有 n 个成员的集合 N，与函数 v 一起，它将 N 的每个子集 B 映射到 E^N 的子集 $v(B)$ 上。此集合的任意非空子集 S，$T\subseteq N$ 就被称为联盟。一个博弈的联盟性可以用对联盟的实数 V 来描述，对于任意的 S，$T\subseteq N$，且 $S\cap T=\varnothing$，总有

$$V(S\cup T)\geqslant V(S)+V(T)$$

意味着联盟比单独行动要好，这是联盟博弈中普遍存在的条件[48,49]。

近年来，如何刻画个体行为和传播动力学之间的相互关系成为科学研究的热

点。Kunreuther 和 Heal[50]提出了一个内部安全相关模型，在这个模型中每个成员都有可能被其他成员“感染”，如食物供应链或者机场。他们指出在这样一种情形下，发生一次生物事件就会造成灾难性的后果，一个成员的疏于防范就有可能造成整个防御体系的崩溃。Bauch 和 Bhattacharyya[33]综合采用了博弈论和传染病仓室模型，探讨了天花恐怖袭击发生前实施天花疫苗自愿接种策略的有效性。通过假定个体总是追求自身利益最大化，在接种过程中个体总是不断地平衡接种代价和不接种而在可能的天花疫情中被感染的风险，发现事件前天花疫苗自愿接种政策下的接种比例达不到对天花形成群体免疫力的水平，个体最大化自身利益导致了群体达不到最优结果，该模型很好地解释了在美国自 2002 年 12 月开始实行的大规模天花疫苗接种计划中自愿接种者不多的现象。Cornforth 等[51]认为人们在选择是否接种的时候往往采取少数者原则，通过研究发现，在自愿接种机制下流感不能被有效控制，同时疾病暴发范围和接种比例会随时间呈现周期演化。Fu 等[52]认为人们在选择接种策略的时候倾向于学习成功者的策略，即采取模仿机制，发现在不同的网络结构下，接种代价会对接种范围和感染范围产生巨大的影响。

第四，应急策略优化。事实上，生物安全事件发生后，政府实施防控措施、民众进行风险规避的一系列行为，就是在社会网络背景下的演化博弈，是当事者群体在内部危机和外部冲击下寻求更改博弈规则的群体行为。在这个过程中，政府与民众之间的博弈是应急策略优化的一个重要方面。

刘德海等针对 H1N1 疫情给出了应急策略优化演化博弈的一个推演实例[53]。

H1N1 疫情中政府部门和社会公众的策略互动过程，如图 2.2 所示。其中，政府部门的策略集合 S_1 包括“严格防控”策略 C 和“不作为”策略 N，即 $S_1=\{C, N\}$。随着疫情的发展和人类对疫情认知的更新，政府部门采取的具体应对措施也处于动态调整的过程中，该行为方式符合演化博弈理论参与者采取模仿行为的“有限理性”假设。社会公众面临的策略集合 S_2 包括“自由流动”策略 F 和“自愿隔离”策略 S，即 $S_2=\{F, S\}$。其中，“自由流动”策略 F 是指病毒携带者无视政府有关防控规定和社会公德，或者一些处于潜伏期的患者由于未能发现自身的异常症状，仍然乘坐公交、地铁、大巴等公共交通工具自由流动造成疫情扩散。“自愿隔离”策略 S 是指社会公众积极配合政府有关规定，归国人员主动居家隔离一周；有相关症状的人员，以及与患者有过密切接触者，主动联系定点医疗机构进行医学排查和治疗；积极做好自身防护工作等。分析图 2.2 所示动态博弈模型可知，政府部门与社会公众在甲型 H1N1 流感疫情防控过程中的最佳反应策略分别是“严格防控”策略 C 和“自愿隔离”策略 S，即子博弈完美均衡路径。

生物事件防御方面，政府与民众的博弈研究的另一个重要研究内容是政府信息发布机制。例如，在政府信息不公开的情况下，如果人们对疾病存在恐惧，会

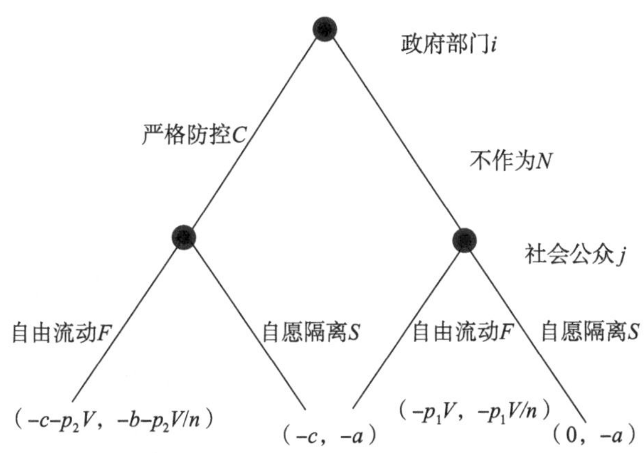

图 2.2　H1N1 疫情中政府部门和社会公众的策略互动过程

导致人们一窝蜂地购买和库存当量的药物。这样会导致商家哄抬物价，引起更大的社会恐慌和动乱[54～56]。Gerth 从社会结构角度研究了计划、宣传和社会道德在社会危机管理中的作用[57]。Laslier 通过研究指出，信息交流并不直接影响博弈参与者的福利，而是间接影响博弈的均衡结果[58]。因此，如何在根本利益一致的基础上进行社会成员之间的冲突管理，从而对社会行为趋于合作产生有力引导，是生物防御面临的一个重要问题。树立科学发展观，及时妥善地处理突发事件，已经成为各级政府部门实施“建立社会主义和谐社会”施政理念的迫切要求。各级政府部门在处理群体性突发事件过程中，进行适当的信息披露控制行业信息，将对突发事件的控制、处理发挥关键性的引导作用，其处理过程是政府部门和当事者群体的双方互动，使得新的社会机制变为“可自我实施的”体质，信息交流的作用并不在于直接影响博弈参与者的收益，而是通过学习、模仿过程影响演化方程达到稳定均衡的收敛速度[59,60]。Kuklan[56]最早将博弈论的理论与危机管理相结合，提出危机压力下决策者产生消极行为倾向和决策过程集中化，并通过实验对上述假设进行了检验。Griffin 等[61]提出了公众风险信息过程模型，论证了公众风险感知与公众风险信息需求、应对行为的逻辑关系。Pfarrer 等[62]通过博弈实验说明，有效的沟通可以引导和形成有益的公众风险感知。刘德海[63]结合演化博弈理论提出了包含学习障碍的传染病扩散方程，表明在群体性突发事件处于制度危机阶段时政府部门应控制信息交流程度，而处于制度转型阶段时则应该及时进行信息披露，引导不同的社会阶层对新体制形成稳定的认知均衡。

法国数学家傅里叶说：“数学主要的目标是公众的利益和自然现象的解释。”总之，以最大限度地保护公众利益为根本出发点，以最深层次地揭示生物事件内在规律为根本目标，数学建模的应用遍布于生物安全的方方面面，为传统生物安全注入了新思想、新动力，为未来生物安全发展提供了科学导向和决策辅助。

2.2 系统工程[64~81]

2.2.1 系统的概念与特征

系统思想来源于人类长期的社会实践活动，其发展经历了古代朴素系统观念、近代辩证系统思想和现代系统科学三个阶段。古代中国和希腊的哲学家们都曾提出以认识事物和宇宙的整体性、秩序性和结构功能性为主体的朴素系统思想；但受限于自然科学发展水平和人类思维能力，当时的系统思想是不完备、不明晰的，带有明显的猜测性和思辨性。15 世纪以来，随着近代自然科学的发展，许多杰出的哲学大师，如莱布尼兹、康德、谢林、黑格尔等都对系统思想做出了巨大贡献，特别是 19 世纪下半叶，马克思和恩格斯将系统思想与辩证唯物主义有机结合，使系统思想得以科学地应用到社会问题的分析和解决中来。20 世纪初，现代系统思想以科学理论的形式开始形成和发展，新的系统理论不断涌现，新的应用领域不断扩展，新的思想流派不断问世；一般系统理论、控制论、信息论等学科的创立和发展，标志着系统科学已经形成完备的理论体系，步入现代科学领域。

《韦氏新世界大学词典》对系统的定义是相互关系、相互联系着而形成一个统一体或一个组织整体的事物的集合分布。我国著名科学家钱学森认为，系统是由相互作用和相互依赖的若干组成部分合成的具有特定功能的有机整体，而且这个系统本身又是它所从属的一个更大系统的组成部分。

根据不同的分类方法，系统可被分为物质系统与抽象系统、人工系统与自然系统、动态系统与静态系统、封闭系统与开放系统、反馈系统与非反馈系统，以及白色系统、灰色系统与黑色系统等。系统的特征主要如下。

(1)整体性。系统由相互依赖的若干部分组成，各部分之间存在着有机的联系，构成一个综合的整体，以实现一定的功能。例如，在生物安全能力建设中，侦查、监测、预警、检测、检定、消毒、预防、治疗、恢复等是相对独立但又相互密切关联的，它们共同组成一个完整的能力体系，缺一不可。这表现为系统具有集合性，即构成系统的各个部分可以具有不同的功能。因此，要充分注意各组成部分或各层次的协调和连接，提高系统的有序性和整体的运行效果。

(2)结构性与层次性。系统结构是指系统内部各经济要素之间的相互联系和相互作用的结合，其反映系统中诸多要素的排列、组合关系。系统层次是指系统中各要素之间的地位和等级关系。在多要素的复杂系统中，系统结构必须是全部联系的集合，这些联系构成纵横交错的网络及系统的框架；结构包含着层次，不同层次间的要素既有共同的运行规律，又有各自的运动规律。例如，在生物安全科技能力建设中，侦查、监测、预警、检测、检定、消毒、预防、治疗、恢复等都是相对独立但又相互关联的能力体系，其每个环节都具有自身规律，其排列顺序具有流向性，前一个或多个环节是后一个环节或多个环节的功能前提或发挥作用的基础，但如果在上述科技能力体系上再加上管理因素，则形成一个新的系统结构和更复杂的系统层次。我们知道，从发展角度看，生物安全是风险或威胁与防御和应对能力的不断博弈过程，这样反映在上述系统结构和系统层次中就又呈现出新的更复杂的系统结构和系统层次。

(3)功能性和目的性。系统的活动或行为可以完成一定的功能。自然系统的目的或不存在，或尚不能为人类掌握，但人造系统大多有其存在目的，并据此设定其功能。这类系统是系统科学研究的主要对象。例如，经营管理系统为实现最佳经济效益，就要运用经济、市场等手段优化配置各种资源；军事系统为保全自己，消灭敌人，就要利用运筹学和现代科学技术组织作战、研制武器等。如上所述，在生物安全科技能力建设中，侦查、监测、预警、检测、检定、消毒、预防、治疗、恢复等组成的系统中每个环节和系统都具有相应功能，都是为了预防、规避生物风险，威慑、降低或消除生物威胁，都具有明确目的即保证生物安全状态，防止发生生物安全事件。生物安全能力系统建设花费高、投入大，而且往往不能即时产生经济效益，因此必须因地制宜，在预测判断风险威胁和自身响应能力的前提下，有针对性地开展科技研究，实现费效比的最佳化，避免浪费，从而实现可持续发展。

(4)开放性与适应性。系统的开放性是指系统与外界物质、能量、信息等环境之间的相互关系。大部分系统是开放系统。物质、能量和信息由外界环境向系统输入，经系统处理后再输出到外界环境中，经过反复的流动、交换和加工处理，推动系统活动的规律进行。在开放系统中，外界环境的变化会引起系统特性的改变，相应地引起系统内各部分相互关系和功能的变化。为了保持和恢复系统原有特性，系统必须具有对环境的适应能力，如反馈系统、自适应系统和自学习系统等。例如，上述生物安全科技能力建设中，侦查、监测、预警、检测、检定、消毒、预防、治疗、恢复等组成的能力系统不是一成不变的，需要随时根据变化万端的内源性或外源性生物风险和威胁发展完善相应薄弱环节，而且在事件处置过程中要因地制宜，综合利用所有相关资源，实施最佳处置和救援，因此，生物安全科技能力建设既有限又无限，既要保持自信又要时刻预计到不足，确保生物安全科技能力系统的开放性和适应性。

(5)动态性与有序性。物质和运动是密不可分的。微观来讲，系统内各要素及其联系都会随着时间发生变化；宏观来讲，系统本身与外界的物质、能量交换也是一个动态过程。系统的动态性使其具有生命周期。同时，系统结构、功能和层次的动态演变具有某种方向性和规律性，因而系统具有有序性的特点，有序能使系统趋于稳定。生物安全具有显著的动态性与有序性。例如，生物安全所面临的风险与威胁来自多个方面，而且难以确定风险源，因此是动态的；生物安全能力建设只能是在特定时期对所面临的风险威胁做出判断的基础上，根据自身科技基础和条件尽力实现能力建设的最强化，因此也是动态的；而在安全管理中，预防第一是我们长期实践证明了的行之有效的宝贵经验，也为国际经验所证明，因此在长期建设中需要首先重视监测预警能力；而在事件处置中，人命关天，一切以救人为第一任务，因而预防性和治疗性医学应对措施的研究就最为重要，具有明显的有序性。在此基础上统筹发展侦查、监测、预警、检测、检定、消毒、预防、治疗、恢复等能力，平战结合，才能使该系统的发展具有合理性，进而实现稳定性。

2.2.2 系统工程概念

系统工程这个词由“系统”和“工程”组成。系统的观念是在人类认识自然和社会的过程中形成的整体观念，工程的观念是在人们改造自然的社会生产过程中所形成的工程方法论，系统工程就是用系统的观点和方法去解决工程问题。具体来讲，系统工程是指把自然科学和社会科学的某些思想、理论、方法、策略和手段等根据总体协调的需要，有机地联系起来，把人们的生产、科研、经济和社会活动有效地组织起来，应用定量和定性分析相结合的方法及计算机等技术工具，对系统的构成要素、组织结构、信息交换和反馈控制等功能进行分析、设计、制造和服务，从而达到最优设计、最优控制和最优管理的目的，以便最充分地发挥人力、物力和信息的潜力，通过各种组织管理技术，使局部和整体之间的关系协调配合，以实现系统的综合最优化。

与一般工程相比，系统工程具有高度综合性，其高度综合性主要表现如下：①研制对象的综合性。一般工程学(如机械工程、电气工程等)有它自己特定的物质对象，而系统工程可以把各种事物作为研究对象，包括自然现象、生态、人类、企业和社会的组织体，以及管理方法和程序等，具有自然辩证法的事物观。②科学知识的综合性。它不仅包括数学、物理、化学等基础自然科学，以及控制论、信息论、管理科学等学科，而且还包括医学、心理学、社会学、经济学等学科，因此是复杂知识体系。③考核效益的综合性。一般工程学较多着眼于技术合理性，如性能、结构、效率等，而系统工程则是从总体的最优化出发，考虑功能、规划、组成、协调等组织管理性质之类的问题，着眼于策略优化。

系统工程研究的对象是复杂的系统。除了一般大系统所具有的结构复杂、因素众多，以及系统内部诸参数随时间而变化等特征外，系统工程认为复杂系统还有一些其他特征。例如，系统都是高阶数、多回路、非线性的信息反馈系统；系统的行为具有反直观性，即其行为方式往往与多数人所预期的结果相反；系统内部诸反馈回路中存在一些主要回路；系统的非线性多次反馈以后，呈现出对外部扰动反应迟钝、对系统参数变化不敏感等倾向。用一般的数量研究方法难以全面把握复杂系统的变化趋势，系统动力学(system dynamics，SD)与其他分析工具最大的不同点在于系统动力学具备处理非线性问题(nonlinearity)、信息反馈(information feedback)、时间延迟(time delay)、动态性复杂(dynamic complexity)的能力，因此在系统工程研究中得到了广泛的应用。

系统工程使得人们在全局观念的指导下能以工程的观念和方法研究解决各种社会系统问题，在自然科学和社会科学之间架设了一座沟通的桥梁。生物安全是一个复杂系统，利用现代数学方法和计算机技术等，并通过系统工程为生物安全研究增加了极为有用的量化方法、模型方法、模拟方法和优化方法，从而为生物安全的研究与管理实践开辟了自然科学与社会科学交叉融合发展的广阔道路。

2.2.3　系统动力学研究方法

综上所述，系统工程是生物安全学的重要研究方法，其中尤其以系统动力学方法为甚，在此予以重点介绍。

1. 系统动力学的定义及发展阶段

系统动力学最早是 20 世纪 50 年代末由美国麻省理工学院 J. W. Forrester 教授提出的，系统动力学遵循系统工程中的“凡系统必有结构，系统结构决定系统功能”这一思想，不是用随机事件或外部的干扰解释系统的行为特性，而是从系统内部结构着手，根据系统内部各组成要素之间因果关系反馈的特点，寻找问题的根源。特别强调系统的整体性和复杂系统的非线性，突出了系统、整体的观点和联系、发展、运动的观点。系统动力学研究处理复杂系统问题的方法是定性与定量结合且从系统整体出发思考与分析、综合与推理的方法。这是一种定性—定量—定性、深化推进认识与解决问题的方法。根据系统动力学理论与方法所建立的模型，可通过计算机模拟仿真分析研究复杂系统的各种问题。因而系统动力学既是一种实验手段，也是一种计算方法。系统动力学大致经历了三个发展阶段，即工业动力学阶段(1956～1961 年)、系统动力学阶段(1962～1968 年)及理论和应用扩展阶段(1969 年至今)。

目前，系统动力学理论的应用与研究日益广泛。其主要涉及经济长波理论与国家模型、全球发展模型、企业管理、系统动力学本身的不稳定性和不确定性的研究，这些研究已同突变理论、协同学理论、耗散结构理论等相结合。

系统动力学于 20 世纪 80 年代后期被引入我国，经过近 20 年的研究和发展，已广泛应用于社会经济课题中的多个方面。它对解决我国宏观经济系统、城市和区域可持续规划、公路水路运量发展预测、社会经济和生态环境等问题起到了重要的作用。

2. 系统动力学基本理论

系统动力学基本理论反映出它的唯物系统辩证思想特征。它强调以系统、整体的观点来看待问题和以联系、发展、运动的观点来分析问题。系统动力学的模型模拟同时注重结构分析和功能模拟，它最适用于研究复杂系统的结构、功能与行为之间动态的辩证对立统一关系。系统动力学研究强调整体和局部的统一，认为系统的行为模式与特性主要取决于其内部的功能结构与反馈机制。

1)反馈的概念

反馈又称回馈，是现代科学技术的基本概念之一。在系统动力学中，系统内同一单元或同一子块输出与输入间的关系称为反馈。因此，对于整个系统而言，反馈是指系统输出与来自外部环境的输入的关系。反馈可以从单元或子块或系统的输出直接关联至其相应的输入，也可以经由其他单元或子块甚至其他系统实现。

反馈系统是指包含有反馈环节及其作用的系统。它受系统本身的历史行为的影响，把历史行为的后果回馈给系统本身，以影响未来的行为。例如，库存控制系统就是一个反馈系统。发货或超过有效期的物品淘汰使库存减少，当库存降低至期望水平以下的一定数值后，库存管理人员立即向生产部门订货补充库存，货物经一定延迟到达，然后使库存量逐渐回升。该反馈系统如图 2.3 所示。

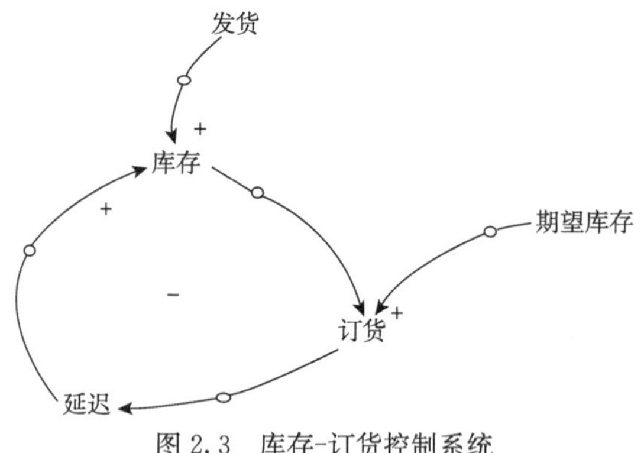

图 2.3 库存-订货控制系统

反馈系统按照反馈过程的特点，可分为正反馈系统和负反馈系统。图 2.3 的库存-订货控制系统是典型的负反馈系统。正反馈系统是正反馈起主导作用的系统，其具有自增强和非稳定性的特点；负反馈系统是负反馈起主导作用的系统，其具有自校正和平衡稳定的特点。

2)系统的结构

系统动力学认为系统的基本结构是一阶反馈回路。一阶反馈回路是耦合系统的状态、速率与信息的回路，它们对应于系统的三个组成部分，即单元、运动与信息。一个复杂的系统通常可以分为若干个子系统，而子系统单元则是由相互作用的反馈回路组成的。

由于系统本身固有的整体性与层次性，系统的结构可分为下述体系与层次：①系统 S 的整体范围与界限；②子系统或子结构 S_i（$i=1$，2，…，p）；③系统的基本结构，一阶反馈回路 E_j（$j=1$，2，…，m）。

图 2.4 以集合的形式描述了系统内部各组成部分的构成关系。

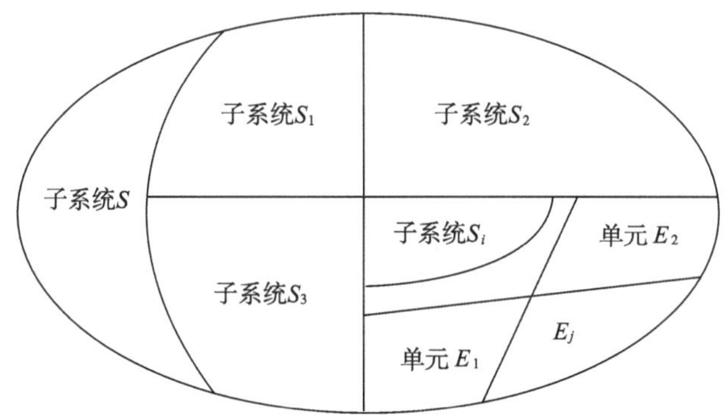

图 2.4　系统内部各组成部分的构成关系

3）系统的描述

系统动力学对系统有其独特的描述方法。根据系统的整体性与层次性，系统的结构一般自然地形成体系与层次。因此，系统动力学对系统的描述可归纳为如下两步。

（1）根据分解原理把系统 S 划分成若干个相互关联的子系统或子结构 S_i。

$$S=\{S_i \in S \mid_{1\sim p}\}$$

式中，S 代表整个系统；S_i 代表子系统，$i=1$，2，…，p。

（2）子系统 S_i 的描述。

子系统是由一阶反馈回路组成的，一阶反馈回路包含三种基本的变量，即状态变量、速率变量和辅助变量。这三种变量可分别由状态方程、速率方程和辅助方程表示。它们与其他一些变量方程、数学函数、逻辑函数、延迟函数和常数一起描述各类系统千姿百态的变化。不论系统是静态的还是动态的、时不变的还是时变的、线性的还是非线性的，都可以用这些变量方程来描述。根据系统动力学模型变量与方程的特点，对子系统 S_i 给出如下描述。

$$\dot{\boldsymbol{L}}=\boldsymbol{PR}$$

$$\begin{bmatrix}\boldsymbol{R}\\ \boldsymbol{A}\end{bmatrix}=\boldsymbol{W}\begin{bmatrix}\boldsymbol{L}\\ \boldsymbol{A}\end{bmatrix}$$

式中，$\boldsymbol{L}$ 为状态变量向量；$\boldsymbol{R}$ 为速率变量向量；$\boldsymbol{A}$ 为辅助变量向量；$\dot{\boldsymbol{L}}$为纯速率

变量向量；**P** 为转移矩阵；**W** 为关系矩阵。

P 矩阵之所以称为转移矩阵，是因为其作用在于把时刻 t 的速率变量转移到下一个时刻 $t+1$ 上去。通常纯速率 $\dot{\boldsymbol{L}}$ 仅为各速率 **R** 的线性组合，因此，**P** 矩阵是一个常值矩阵。**W** 矩阵为关系矩阵，因为它反映变量 **R** 与 **L** 之间在辅助变量 **A** 作用下的同一时刻上的各种非线性关系。如此描述可节省较多的计算机内存。

以上数学描述只涉及实际系统中能定量加以描述的那一部分，然而并不是每一种系统或系统中的全部都可以用微分方程和其他数学函数精确地加以描述。在生物安全等人类参与活动比较多的复杂系统中，因目前尚有诸如特定环境下病原体风险大小、人群行为与心理特征等许多系统单元及其相互作用的机理并不清楚，尤其在涉及事件处置管理过程时或者涉及长远规划制定与实施的战略管理过程时，“拍脑袋”、凭经验的人为决策现象比较普遍，对此很难用明确的数学语言把系统描述表示出来。这些系统中的“不良结构”，只能用半定量、半定性或定性的方法来处理。因此，可以说，系统动力学对系统的描述是定量与定性相结合、定量模型与概念模型相统一。

4)系统框图

在系统待研究的问题已明确及主要变量与参数已确定的情况下，建立系统模型的第一步任务就是研究系统与其组成部分之间的关系及变量之间的关系。为了研究系统的反馈结构，首先，一定要分析系统整体与局部的关系，进而追索因果与相互关系链和回路；其次，把它们重新联结在一起形成回路。所谓系统框图，就是用方块或圆圈简明地表示系统的主要子块，即子系统之间的物质与信息流的交互关系，它能从整体上把握系统的结构，并且在系统分析与系统结构分析的初级阶段显得很有用。一旦初步明确建模目的，下一步就要定义待解决问题的有关变量，并初步确定所研究系统的界限。“明确目的”与“划定边界”是一个逐步深入了解系统并分析问题、认识问题的相辅相成的反复过程。在此过程中，框图的简洁性将十分有助于确定系统界限、分析各主要子块间的反馈耦合关系及系统内可能存在的主要回路。图 2.5 是国家社会经济模型的一个系统框图。

5)因果关系图

因果关系图是系统动力学所特有的一种表示系统内部各主要变量之间因果反馈的图形表示法。图 2.3 所表示的库存-订货控制系统就是一个简单的因果关系图的示例。它表示库存量与期望库存量之间的关系，这种负反馈的因果关系循回图使得库存始终保持在一定水平，不至于缺货也不至于压货。发货使库存量减少，当库存低于期望水平以下一定数值后，库存管理人员即按预定的方针向生产部门订货，货物经一定延迟到达，然后使库存量逐渐回升。因果关系图中某些带正号的箭头，只是代表增加的含义。也就是说，这一类带正号的箭头并不表示被连接的两变量有比例关系。同理，某一些带负号的箭头也不代表两变量之间存在

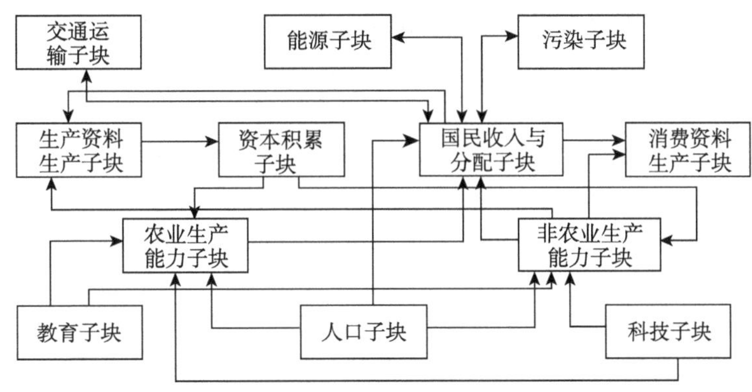

图 2.5　国家社会经济模型的一个系统框图

比例关系。为了确定回路的特性，即回路的极性，可沿着因果关系回路绕行一周，看一看回路中全部因果链的累积效应如何。回路极性可为正或负。

6)流图

因果关系图只能描述反馈结构的基本方面，不能表示不同性质的变量的区别，这是它的根本弱点。例如，状态变量的积累概念，是系统动力学中最重要的量，然而因果关系图忽略了这一点。

在反馈系统中，积累环节被称为库存、贮存、状态变量或位。“位”的含义源自流体在容器中积存的液面高度，如水位。系统动力学认为反馈系统中包含连续的，类似流体流动与积累的过程。速率或称变化率，随着时间的推移，使状态变量的值增加或减少。流图就是这样一种能够清晰地描述影响反馈系统的动态性能的积累效应的图示方法。它一般与因果关系图同时使用以反映系统内部状态的动态变化。流图仿效阀门与浴缸的关系描述速率与状态变量的关系，如图 2.6 所示。

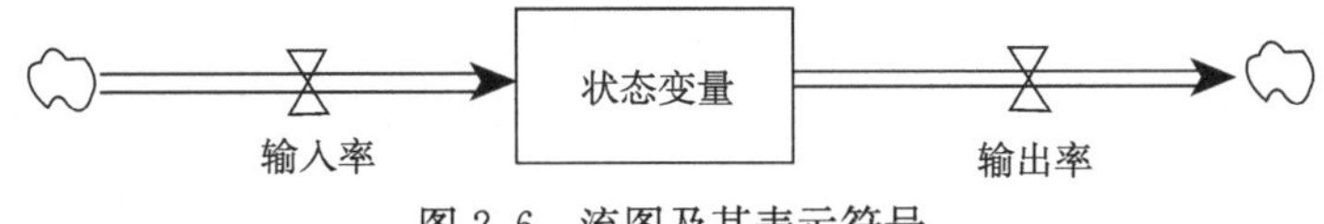

图 2.6　流图及其表示符号

7)仿真语言

DYNAMO 是一种计算机语言的名称，取名来自 dynamic models(动态模型)的混合缩写，其应用十分广泛。DYNAMO 语言致力于建立真实系统的模型，借助计算机进行系统结构、功能与动态行为的仿真和模拟，在系统目前状态的基础上得出未来状态的发展趋势。

用 DYNAMO 写成的反馈系统模型经计算机进行模拟，可得到系统内部各状态变量随时间连续变化的图像。因此，模型能够描述系统的结构并模拟系统的功能与行为。

3. 系统动力学解决问题的方法和步骤

系统动力学研究解决问题的方法是一种定性与定量相结合的分析综合与推理的方法，它以定性分析为先导，以定量分析为支持，二者相辅相成，螺旋上升，逐步深化。按照系统动力学的理论、原理与方法分析实际系统，建立起概念模型与数学模型一体化的系统动力学模型，人们就可以借助计算机模拟技术在专家群体的帮助下，定性与定量地研究社会、经济系统问题，以做出决策。这一过程可以粗略地分为如下五个步骤。

(1)分析实际系统。这是用系统动力学方法解决问题的第一步，主要是分析实际问题，找出系统中的基本矛盾。在系统分析过程中，要在明确系统目标和待解决问题的基础上，调查收集系统相关资料与统计数据，分析系统的基本问题和主要矛盾，初步划定系统的界限，确定系统主要变量与输入量，确定系统行为的参考模式。

(2)确定系统结构。系统结构分析主要处理系统分析得到的系统信息，分析系统的因果关系与反馈机制，建立系统结构。首先要分析系统总体与局部的反馈机制，划分系统的层次与子块；其次分析系统的变量及其关系，并对变量做出定义；最后确定回路及回路间的反馈和耦合关系。

(3)建立系统模型。将模型化的系统进行数学化处理需根据已确定的系统结构建立系统内各变量的方程，用调研所得数据确定或估计系统参数，给方程赋初始值。

(4)模型检验与修正。通过软件实施计算机模拟仿真，通过运行结果检验模型的有效性。如果出现允许范围之外的误差，则需从系统结构分析开始逐步检查，寻找问题所在，修正后再进行模拟，重复这一过程直至模拟结果误差缩小至可接受范围内。

(5)模型模拟与政策分析。若修正后的模型能较为真实地反映实际系统的情况，则可用于模拟和政策分析。以系统动力学的理论为指导，更深入地剖析系统，寻找解决问题的对策并尽可能付诸实施，取得实践结果，获取更丰富的信息，发现新的矛盾和问题。

上述过程与步骤可由图 2.7 表示。

2.2.4 系统工程理论在生物安全中的应用示例

生物事件本身的特点及其发生的环境决定了生物安全管理系统的系统性和复杂性。一是系统与外部环境关系复杂。作为生物事件的总体应对系统，生物安全管理系统与市、省、国家甚至全球都有可能存在着能量、物质、信息的交换，其具体表现为物资、人员、信息的流动，政策的调整，城市与城市、国家之间的互助等，具有极为复杂、不确定、动态连续的环境状态。二是系统的结构层次众

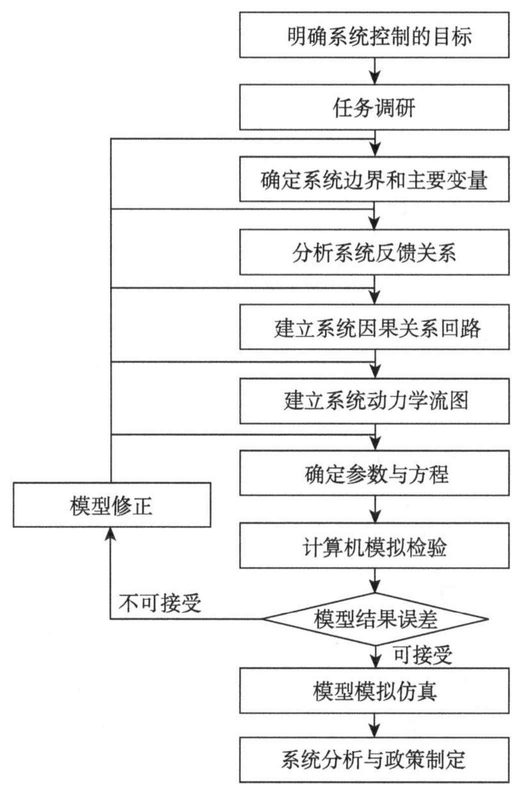

图 2.7 系统动力学分析问题的方法与步骤示意图

多，子系统种类繁多。例如，波士顿根据不同的应急职能，将整个应急响应系统划分为交通子系统、通信子系统、公共工程子系统、消防子系统、情报和调度子系统、后勤资源子系统、健康和医疗子系统、搜救子系统等 16 个子系统。而这些子系统又有各自的子系统和组件，它们之间相互联系，构成了多层次的庞大网络系统。三是系统的子系统之间有各种方式的通信。由于系统中的多级子系统肩负不同功能、执行不同角色，它们之间通过多种交互模式进行通信。例如，应急响应系统各子系统之间可能通过有线公共交换电话网络（public switched telephone network，PSTN）、卫星、网络、掌上电脑、数字 800 兆集群等进行信息的交换和决策的传达。

由此可见，生物安全管理系统具有开放的复杂巨系统相关特性。而开放的复杂巨系统理论研究方法需要把科学理论和经验知识相融合，按照系统工程的思想将多门学科结合起来研究，根据系统的层次结构，从微观到宏观，从生物事件的发生、发展规律到应急管理的整个过程，采用综合集成的管理方法和研究思路，对生物安全管理进行定性到定量的研究。

1. 构建生物安全管理系统

生物安全是一个复杂体系，是一个涉及众多参与方及多个政府部门的多层次、多功能且动态变化的复杂巨系统。生物安全管理系统的建设本身就是一项系统工程，系统内众多要素在物质、信息和能量的流通与交换过程中，通过相互作用、相互影响、相互依赖和相互制约，构成多重反馈从而组成了具有一定结构和功能特点的复合系统。因此，基于信息反馈的行为模式，强调系统正、负反馈回路结构研究的系统动力学成为研究生物安全应急管理系统的有力工具，该理论可以从宏观上把握生物安全应急管理系统的结构和运行机制。系统结构在横向上受社会和经济的影响，纵向上受内部组织运作和外部宏观环境的影响。综合集成思想技术是系统工程的一种有效科学技术方法[82]。综合集成的目的是使整体效益达到最大，综合集成不是“大拼盘”，集成最终效果应是 1 加 1 大于 2，而不是小于或等于 2。美国国土安全部的成立历史就是美国应对国内安全工作专责机构的发展历史，也是系统工程理论应用的典型案例[83]。

2. 制定应急体系标准

生物事件因其社会影响之大、涉及面之广，绝不是单一政府职能部门能够独自解决的问题，需要调动、指挥和协调各方面力量，统一领导、快速行动。在这一过程中，我们需要的不仅是最优的指挥系统结构，还有高效的执行力和约束力。

从 SARS 疫情到禽流感，这些突发事件一次次拷问着各地政府的事故响应能力和处理能力。随着我国政治体制改革的推进和政府职能的不断调整、深化，政府管理城市、服务社会的功能在不断完善，但是在突发事件出现后，拖延隐瞒、随意处置、信息不畅、各部门协调困难等问题仍屡屡出现。张梅颖在研究中指出，造成我国应急管理能力薄弱的原因，除了经济实力和科技发展水平之外，还有其他方面的原因[84]：①城市化伴随的对灾情长期认识不足，导致形成了只强调城市化正面效应的片面发展思路，使大城市同时也是巨大承灾体的“市情”被人们长期忽视。②计划经济体制下形成的分部门、分灾种的单一城市灾害管理模式，造成城市缺乏统一有力的应急管理指挥系统，使表面看来“各司其职”的应急管理体系，在面对复杂局面时，不能及时有效地配置分散在各个部门的救灾资源，造成“养兵千日”却不能“用在一时”的被动局面。③应急管理上形成的“重救轻防”的旧观念，导致在防灾减灾的物质投入上长期不协调，以致造成“前不能治本，后不能治标”的尴尬局面，使城市应对极端事件打击的能力变得更加脆弱。因此，进一步建立健全生物安全应急体系标准，统筹规划应急管理框架，确立优化各级职能部门处置规范，是一个意义重大的现实课题。

针对生物安全应急管理系统这样一个复杂巨系统，传统的二维结构研究框架不能完全体现该系统的完整性，参考 C4ISR 体系结构框架和 Zachman 框架结构模型及国内外学者的一些研究经验[85]，可以得到一个由应急基础维、应急业务维和应急保障维组成的三维立体结构系统工程方法论框架模型，如图 2.8所示。

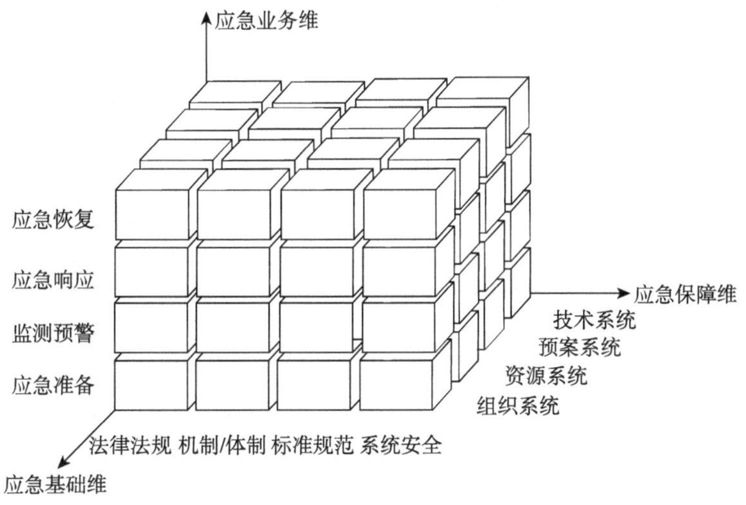

图 2.8　生物事件应急体系标准制定框架

在上述基础上，从 2004 年开始，美国国家突发事件管理系统(national incident management system，NIMS)为联邦、州及地方等各级政府高效地处理各类突发事件提供了一套普遍适用的方法，它包含了应急指挥系统(incident command system)、多部门协调系统(multi-agency coordination system)和公众信息系统(public information system)三个核心系统，以及和应急、培训、认证、资源管理等方面相关的一系列重要概念、原则、协议和标准。表 2.2 列出的是和 NIMS 相关的美国现有标准。

表 2.2　美国 NIMS 相关标准[86]

编号或缩写	名称	概要
NFPA 1561	应急管理系统应急服务标准	描述了管理系统框架和紧急事件发生过程的资源管理方法；描述了事件统一指挥方法
NENA-01-002	NENA 9-1-1 相关术语标准	描述 9-1-1 相关的术语、缩写和定义
NFPA1600	灾害管理及持续计划标准	为公共部门和私营部门有效地进行防灾、响应和灾后恢复提供指导
ASTM 2413-04	HEICSⅢ 医院应急指挥系统	描述医院的应急指挥系统
EMPA	应急管理评估程序	不仅提供了基于 NFPA1600 的评估过程，也是开发、实施、维护灾害的预防、响应和恢复等程序的标准

续表

编号或缩写	名称	概要
PMS 310-1	国家火灾协调出版物管理系统 310-1 文件	该标准描述了 ICS 所有职位所需的培训和工作经验
40 CFR 300	国家意外事故计划	规定了对石油和危险物质响应时应急系统的使用要求
NFPA 1021	火警官员任职资质标准	规定了专业的火警官员的任职资格
（无）	健康保护组织的应急管理标准	规定了相关公共和私人组织的灾害和经济事件管理程序
EC. 1. 4	环境保护 1. 4：应急管理标准	描述了当发生影响环保的突发事件时，相关组织应该采取什么行动和计划。这些计划和行动应该包含应急管理的四个阶段，即减缓、准备、响应和恢复
CAMH	医院全面鉴定手册	包含对医院在应急管理方面的全面鉴定，如应急管理计划、对应急管理四阶段的整合、日常培训和演习等
PSTAA	危险品泄漏事件响应计划	该标准提供危险品泄漏时的快速反应计划。当危险品泄漏事故发生时，该计划利用各级政府的相互合作及国家反应系统来保护公众和环境尽量不受影响
NWCG 1-401	多部门协调组职位说明	描述了多部门协调组的角色、职责和培训要求等
NFPA 1035	公共火灾和人身安全培训员从业资质标准	规定了公共火灾和人身安全培训员所需的专业资质，还描述了公众信息官所需的资质
NFPA 472	危险品泄漏事件处理人员专业技能要求	规定了处理突发危险品泄漏事件的从业人员的专业能力要求

3. 评估脆弱性与应急处置能力

凡事预则立，不预则废。要提高生物事件应急管理能力，就必须掌握和了解所面临的生物风险威胁形势、应急能力构成与水平及自身应对威胁的薄弱性。因此，开展对生物事件应急管理能力评价模型研究，是我国生物事件应急管理能力建设的基础性工作。对生物事件应急能力评价和脆弱性评估，有利于使生物事件应急管理工作步入规范化和科学化的轨道；有利于做好预防和处置各类生物事件的思想准备、组织准备、物质和技术准备；有利于建立健全社会预警体系和应急机制，以不断提高预防和处置生物事件的能力，从而更实际地为推进社会发展打造安全屏障。同时，通过社会评价和自我评价，可以明确我国在应对突发事件时的优势和劣势，了解我国在发展中面临的危机和挑战，从而为强化生物事件应急管理工作添加动力。

由于生物事件应急管理是地理学、环境学、安全学、经济学、生物学、社会科学等学科的交叉科学，所以生物事件应急管理能力评价不仅要研究空间、资源配置、污染源等物质实体，还要研究它们之间的相互作用、影响因素和信息流通，以及整个系统存在的非确定性、随机性、灰色突变、模糊等现象。对于这样一个错综复杂的系统工程，其评价需要多属性综合性的研究方法。系统观点是生物事件应急管理能力评价的指导思想。生物事件应急管理能力评价是从系统的角度，通过对城市突发公共事件应急管理系统的各要素进行综合分析，系统地反映生物事件应急管理中存在的优势与不足，将其评价结果作为反馈信息，可促进生物事件应急管理能力水平的提高。生物事件应急管理系统不是一个孤立的系统，它与城市突发公共事件系统和社会经济运行系统有着密切的联系[87]。生物事件应急管理系统是一个自组织的开放系统，它能够从外界引入负熵而提高自身的有序度。生物事件在一定意义上可以看做一种无序性的破坏。要提高应急系统抗御灾害的能力，就需要从外部的社会经济系统输入物质、能量和信息，改进应急系统的结构，提高系统的稳定度和自组织能力。因此，应急管理系统必须根据自身社会、自然环境特点，通过有效的管理措施，控制突发事件系统，增加社会经济系统防御突发事件的能力，从而减少可能的突发事件损失，满足城市发展的需要。

美国联邦紧急事务管理局和联邦紧急事务管理委员会联合开发了应急能力评估(capability assessment for readiness，CAR)程序。1997 年 6～8 月，美国各州使用 CAR 工具评估了它们的应急能力，成为世界上第一个进行政府应急能力评价的国家。该评估着重于应急管理工作中的 13 项管理职能、209 个属性和 1 014 个指标。其中，13 项管理职能为法律与法规、灾害识别与防御评价、灾害管理、资源管理、规划、指导、控制与协调、通信与预警、行动与程序、后勤与设施、培训与演练、公共教育与信息传播、资金与管理[88]。

评分范围在 1～3 分以及 N/A。在评分标准方面，共分为 4 种，分别为 3 分、2 分、1 分以及 N/A。其分数定义如下：3 分代表完全符合；2 分代表大致上符合；1 分代表急需加强、改进；N/A 代表不需评估。将所有的评分取平均值，即可表示此项目的应急能力，共有 3 个区块来表示整个评估结果，其颜色分别为红色、绿色和蓝色。1～1.5 分代表红色区块(需要加强改进)，1.5～2.5 分代表绿色区块(符合规定)，2.5～3 分代表蓝色区块(非常完善)[89]。

4. 优化应急物流网络

早在 20 世纪 90 年代，美国就开始投入大量的资金建设和完善突发公共卫生事件预警防御体系，从国家安全的高度防范潜在的生物、化学和放射性物质的恐怖袭击，大都市医疗反应系统(metropolitan medical response system，MMRS)就是其中的一个重要组成部分[90]。在“9·11”事件中 MMRS 发挥了重要作用，7 小时内就将 50 吨医药物资送到纽约。在 2001 年 10 月遭受炭疽病生物恐怖袭击时，联邦医药储备库及时向地方卫生部门发放了大量医药物资[91]。“9·11”事件之后，英国、法国、意大利等国相继制订了生物反恐计划，建立了生物反恐预警防御系统。

Khan 等认为，生物反恐的关键挑战是不知何时、何地遭受何种方式的生物恐怖袭击，只能通过疫苗、抗生素、药物和某些手段控制和预防[92]。因此，Venkatesh 和 Memish 指出，一个国家最需要做的就是检查其应对生物恐怖袭击的准备状况[93]。特别是包含紧急救援物资储备和应急配送的应急物流网络的完善程度，以及应对生物恐怖袭击突发事件的应急反应能力。

2002 年，美国投入 11 亿美元用于扩大联邦医药储备，将分布于全国的 8 个储备库增加到 12 个，境内任何地区都可以在 12 小时内得到储备的疫苗、抗生素、药物(包括消毒药械)等紧急救援物资，并投入 9.18 亿美元，用于扩大州和地方卫生部门的药品储备[11]，投资开展国家应急医疗外网(national emergency medical extranet，NEME)项目[94]，生物反恐技术成为 2005 年的技术热点[95]。相比之下，2003 年在我国暴发的 SARS 疫情却用深刻的教训验证了我国紧急救援物资储备和应急配送体系的不健全[96]。2003 年 5 月 9 日，国务院颁布了《突发公共卫生事件应急条例》，我国紧急救援物资的储备和应急配送也进入规范化管理的轨道[97]。丰富的物资储备是做好突发公共卫生事件应急工作的物质保证[98]，在生物恐怖等突发事件应急处理中，紧急救援物资的保障和供应问题，是关乎人民群众生命健康和安全、维持社会安定的重大问题。

鉴于生物恐怖袭击的潜在危机，我国也应该建立具有科学定位和较高技术含量的生物反恐预警防御系统，最大限度地减少生物恐怖袭击事件带来的损失和危害后果。生物恐怖袭击事件的应对是一项复杂的系统工程，如何科学地优化紧急救援物资的储备和应急配送体系，增强整个物流网络的应急保障和应急反应能力，将成为提高生物反恐预警防御系统稳定性、可靠性和时效性的关键问题。

2.3 复杂系统

2.3.1 复杂系统的概念

复杂系统是由众多要素(子系统)组成的、整体行为与特征不能由其要素(子系统)的行为和特征来解释的系统[99]。

复杂系统是相对简单系统而言的，两者具有根本性的区别。简单系统通常由相互作用比较弱的少量要素或具有大量相近行为的个体组成，以至于人们能够应用简单的统计平均的方法来研究它们的行为，如封闭的大气或遥远的星系。复杂系统虽具有一定的规模，但并不是越大越复杂，复杂与系统的规模之间并不具有正比关系。此外，复杂系统中的个体通常具有一定的自适应性，如社会网络关系中的人、股市中的股民、生态系统中的动植物等。这些个体都可以根据内外环境、通过一定的规则进行自适应判断或决策[100]。

2.3.2　复杂系统的基本特征及研究方法

(1)根据复杂系统的定义，可以总结出复杂系统的以下特点：①主体异质性。复杂系统的组成要素数目一般较多，且存在较多的异质性要素，各要素之间存在强烈的耦合作用，传统的分析方法难以有效地解释这类系统的行为。②自适应性。复杂系统内的要素或主体具有一定程度的自适应性，其行为遵循一定的规则，能够根据“环境”接收信息调整自身的状态和行为，有时还能调整规则以适应环境的变化。③局部性。由于信息不完全、主体的有限理性等，每个主体只能从个体集合的一个相对较小的子集中获取信息，处理“局部信息”，做出相应决策。④突发性。在系统演化过程中，当超过某一个条件阈值时，系统将出现新的性质，这种新的性质是原来的系统组成要素所不具备的。⑤不稳定性。在内外机制的作用下，系统的演化方向一般具有多种可能性，同时，存在对初始条件的敏感性，系统的局部结果通常是不稳定的。⑥非线性。系统的组成要素之间、子系统之间、不同层次之间以及系统与环境之间均存在非线性的相互作用。⑦不确定性。异质性的微观要素在变化的环境中，由于随机因素，各自独立的行为决策和适应性调整及其在非线性结构中的相互作用，可以导致系统演化在宏观上的不确定性。⑧不可精确预测性。不可精确预测性主要表现为异质性构成要素之间的相互作用难以精确预测、复杂系统所处的环境因素难以精确预测、组分之间的非线性交互导致系统整体行为难以精确预测等。

(2)复杂系统的研究方法主要有以下三种：①自底向上的“涌现”方法。这是圣达菲研究所研究复杂系统的主要方法，其利用计算机多 Agent 建模技术来模拟复杂系统中个体的行为，整体系统的复杂性行为通过虚拟个体的交互作用而涌现，人工社会就是该方法的典型代表。②自顶向下的“控制”方法。这是人脑处理复杂问题的方法。人脑面对复杂系统，可以通过一些不确定信息和判断，做出宏观上大致合理的决策，通过反馈和调整，最终得到满意的结果，政府的宏观经济调控是该方法的典型代表。③隐喻的方法。当用精确语言难以表述时，人们主要通过比喻、类比等方式的表述形成隐喻型复杂性概念。复杂性科学以复杂系统为研究对象，在其形成和发展中广泛地采用了隐喻方法，如蝴蝶效应、人工生命等[99]。

2.3.3　复杂系统理论在生物安全中的应用

复杂系统理论在生物安全领域中地位凸显与其在社会计算中的广泛应用密不可分。社会计算作为社会科学、管理科学与计算科学等的新兴交叉学科，近年来迅速兴起和发展，成为应对当代信息社会条件下社会问题日益呈现出动态性、快速性、开放性、交互性和数据海量化等特点，处理网络化复杂社会系统的建模、分析、管理和控制等问题的有力方法和手段[101]。社会中的个体是重大生物事件的主要承灾体，基于复杂系统理论和计算方法构建虚拟社会平台，是深入分析和理解重大生物事件演化机理、提升应急处置能力和实现科学管理决策的基础。当前，复杂系统理论在生物安全领域研究中的应用有以下几个主流研究方向。

1. 生物事件风险分析

生物事件风险分析是当前复杂系统理论应用较为广泛的一个研究方向，主要以复杂网络上的传染病传播机理与动力学分析为代表。在考虑传染病在人群中的传播时，社会接触网络可以是静态的[102]，但在真实的情况下往往是动态的[103]。相比传统的数学流行病学方法[25]，基于复杂网络理论对生物事件进行风险分析，更能反映作为承灾体的人群的真实结构特征和交互模式，分析结果更加可信，实践性也更强。基于复杂网络理论，研究者对天花[104]、流感[105]、手足口病[106]等多种疾病的传播动力学和控制策略进行了分析。

上述研究主要关注的是生物事件所造成的人员损失，在研究控制策略时，部分考虑了有限资源情况下的最优化配置策略，研究视野仍然限定于较窄的领域范围内。近年来，一些学者[107]开始立足于全球系统层次来看待生物安全问题。从全球层次来看，经济风险、环境风险、技术风险、社会风险等不同类型的风险相互交织，构成了复杂的全球风险交互系统[108]（图 2.9）。生物安全事件作为该网络中的重要一环，除其本身所造成的危害外，还将对其他网络节点产生继发效应，引起整个风险系统的振荡。而这种振荡又将被复杂系统本身的脆弱性进一步放大，最终造成灾难性后果。因此，生物安全已经成为影响人类生存发展的重大安全问题。

最初，生物事件风险分析结果往往是以数值化的形式存在，一方面降低了结果的直观性，另一方面也不利于管理人员迅速判明当前态势并做出决策。随着地理信息系统（geographic information system，GIS）和计算机可视化技术的快速发展，生物事件风险态势也有了更加丰富的表现形式。当前，地理信息系统和态势可视化已经成为主流的生物事件辅助决策系统的必备组分。

2. 生物事件级联控制

生物事件级联控制可以分为两个不同的层次：一方面，从个体层次来看，面对生物事件重要诱因之一的生物恐怖时，如何有效地识别并阻断生物恐怖从策划到实施的关键环节，最终预防生物事件的发生是重要的研究内容；另一方面，在更高的层次上，如何有效地降低重大生物事件的衍生影响，控制级联效应在整个风险系统上的大范围传导，最大限度地降低对国家社会稳定和经济安全的影响，是最高决策层面临的重要课题。

以对伊拉克恐怖活动的分析为例[108]，乔治亚理工大学的研究人员认为，一

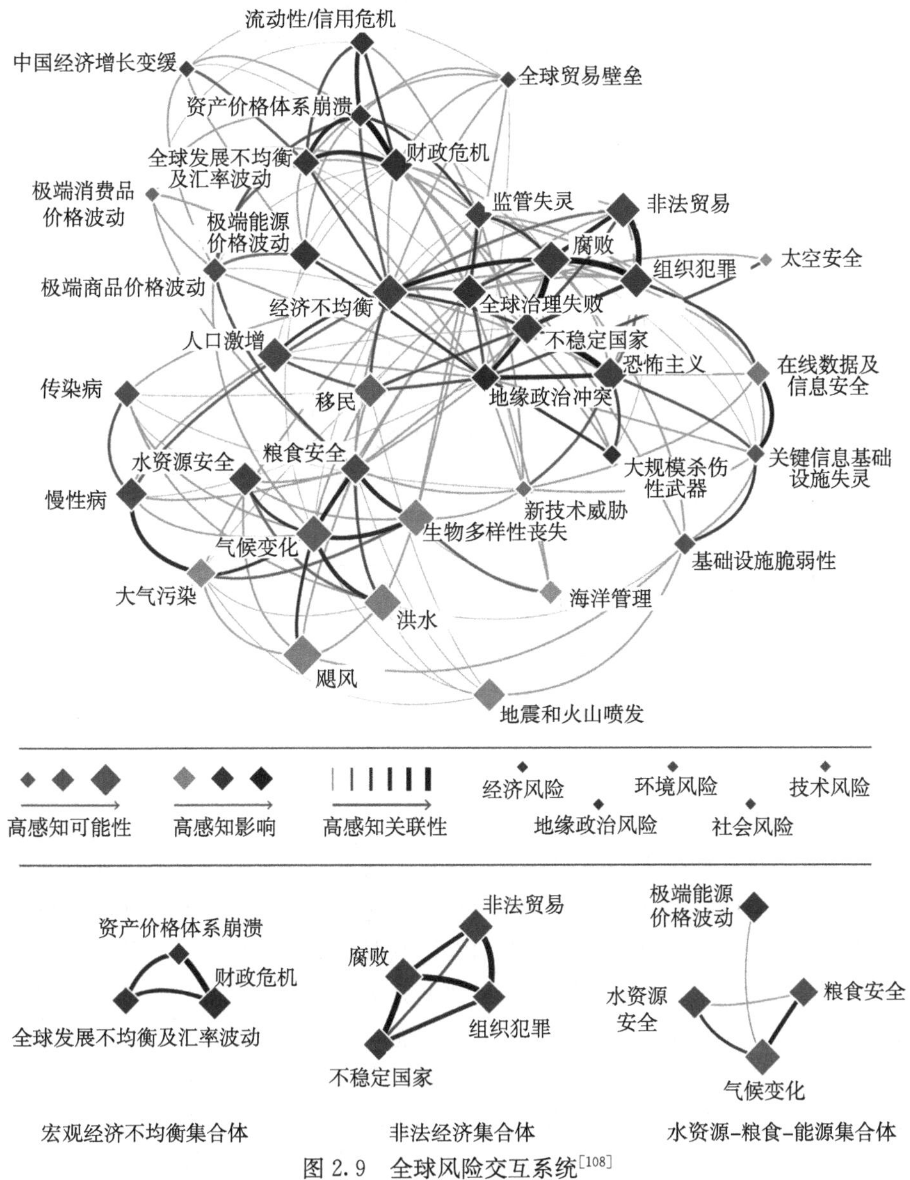

图 2.9　全球风险交互系统[108]

次成功的简易爆炸装置(improvised explosive device，IED)袭击需要包括动机、策划者、支持者、环境、经费、材料、实施者招募、资源获取、策划、装配、实施等要素。最新的 IEDs 袭击核心模型包括 8 个子模型，即原料收集模型、IEDs 中断模型、IEDs 推动模型、激化模型、反激化模型、脱离模型、招募模型、死亡模型。这 8 个子模型通过一定的相互作用构成完整的 IEDs 袭击触发系统

(图 2.10)。分析该系统的脆弱性，识别并阻断该触发系统中的关键节点，促进系统瓦解是降低 IEDs 袭击发生的有效手段。这一分析方法对生物恐怖同样适用。

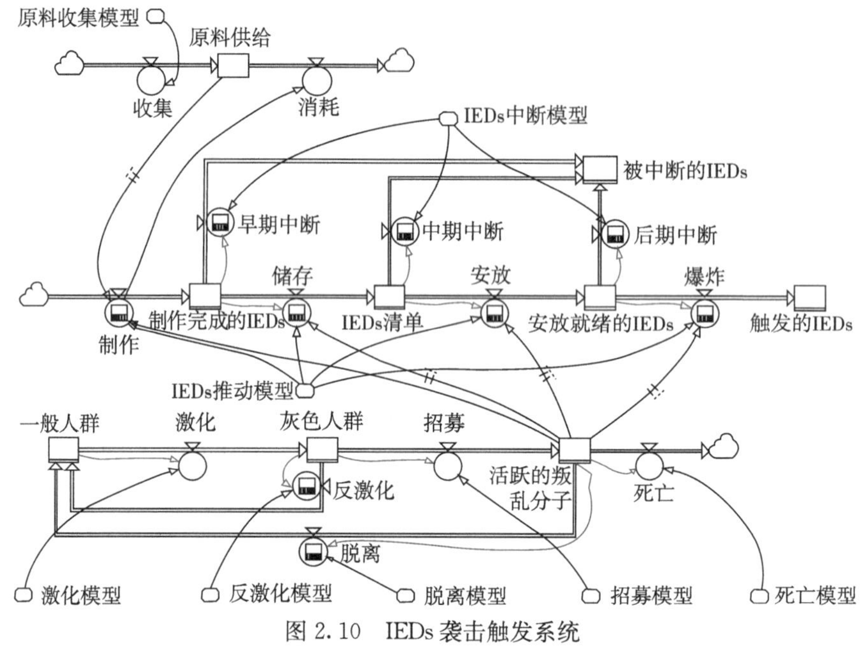

图 2.10 IEDs 袭击触发系统

3. 社会计算实验平台

生物事件直接和衍生的影响巨大，导致生物事件的影响具有不可实验性和不可再现性，对应急管理和决策构成重大挑战。进入 21 世纪，计算机科学与互联网的快速发展，使得人类的计算能力和数据获取能力空前提高。大数据时代为人类提高社会认知带来了机遇，同时也对数据分析和处理构成挑战。基础数据和计算理论的发展使得构筑虚拟社会系统成为可能。在该虚拟系统中，个体之间、个体与环境、个体与资源、个体与其他有机体、有机体与环境构成了复杂交互的相互作用网络。采用“虚拟现实”方法形成的社会计算实验平台为生物事件风险分析和危害评估提供了可能性，其可重复性也为提高统计置信度提供了基础。事实上，一些社会计算实验平台，如 EpiSims[109] 系统，已经实现了部署并在生物安全战略管理实践中发挥了重要作用。

相比上述的 EpiSims 系统，欧盟和美国海军研究署(Office of Naval Research，ONR)更加雄心勃勃。2009 年，欧盟提出了 FuturICT 计划，目标是把影响人类社会与国际安全的主要因素，如社会结构、文化传统、行为特征、地理气候、卫生、健康等综合考虑，通过数学建模和计算机模拟，研究社会演化的基本规律，从根本上改变人们对世界的认识，指导国际组织、国家机构等不同管理主体的政策制定和措施应对等。同时期，美国 ONR 提出了“人类社会文化行为科学”(Human Social Cultural Behavioral Science，HSCB)研究计划，旨在通过发展跨文化技能、计算社会科学模型和仿真，增强作战人员训练和任务方案演练，提供辅助决策支持。本小节后续部分将对 HSCB 研究计划进行简要介绍。

HSCB 作为美国 ONR 资助的一项研究计划，目的是充分了解可能影响作战人员行动能力的社会、文化和认知要素，以在未来全维军事行动中最大限度地影响敌方行为，最优化军事行动效能。HSCB 计划资助了包括基础研究和应用开发在内的一系列研究项目，主要研究方向包括以下几个方面：①社会、文化和认知因素对人类行为的影响；②新的数据采集方法；③构建计算模型；④验证作战工具效能。

2008 年，美国国防大学技术和国家安全政策中心(Center for Technology and National Security Policy，CTNSP)就 HSCB 建模在美国政府所提出的《军方对于维稳、维安、过渡和重建作战的支援》(美国国防部指导文件第 3000.05 号)中的应用撰写了研究报告。报告在检视现存工具的基础之上，提出了一种生成计算机虚拟实体的新方法，即动态自然属性(dynamic natural attribute)建模。

根据美国国防部部长办公室下属的反恐技术支持办公室(the Combating Terrorism Technology Support Office，CTTSO)发布的“广领域公告”(broad area announcement，BAA)，当前尚不存在可以充分描述复杂的人类、社会、文化行为交互的模型。CTTSO 的目标是获得一个易于使用、即插即用的混合模型，该模型需要结合至少两种以上的建模技术(如基于游戏建模、基于 Agent 建模和系统动力学建模等)，并使用系统导向的体系结构。CTNSP 检视了现存的一些可部分满足 CTTSO 的需求模型，包括美国空军的系统有效性及分析仿真(system effectiveness and analysis simulation，SEAS)和英国国防部的支持和平行动模型(peace support operation model，PSOM)。其中，SEAS 是基于Agent的模型，而 PSOM 则应用于人在回路(human-in-the-loop，HITL)的战争模拟推演。

在上述回顾分析的基础上，CTNSP 提出了动态自然属性模型。动态自然属性模型是 HSCB 在人类个体微观层次上研究成果的体现。动态自然属性模型设计的目标是支持虚拟个体的模拟，尽管事实上它也能够用做人群模拟。动态自然属性模型是为了解决传统的高分辨率战斗模型无法回答的问题而设计的，这些问题包括：①为什么一些士兵会扑到手榴弹上，选择牺牲自己来保护战友？②为什么一些士兵英勇顽强，而另外一些却战场逃逸？③什么样的训练可以减少非战斗人员伤亡或战伤死亡？动态自然属性模型考虑了个体的性格和品质上的差异，这些差异最终反映到个体的战场行为之上。初步的分析结果表明，动态自然属性模型有助于分析个体在高危环境下的行为反应，从而提升战斗人员的训练效果。

由欧盟 FuturICT 计划和美国 HSCB 具体应用可见，研究社会复杂系统中个体行为演化规律，提高对社会结构、文化传统、行为特征的认知水平，是发展可信社会计算实验平台的基础，也是抢占未来生物安全战略制高点的重大使命性课题。

2.4 前瞻

随着科学技术水平的发展和人们对世界认识的不断深入，科学研究的方法论也在不断发展。从最初的还原论到后来的整体论，生物学在人类认知世界的方法论的演变过程中起到了巨大的推动作用。事实上，理论生物学家贝塔朗菲是认识到还原论局限性最早的科学家之一。20 世纪 30 年代，生物学研究已经到了分子层次，出现了分子生物学，但贝塔朗菲认为对生物整体的认识反而变模糊了，这使他转向整体论，经过多年研究，他最终提出了一般系统论方法，即整体论方法。20 世纪开始，人类对事物的认识开始从简单性、简单系统向复杂性、复杂系统转变，单就还原论方法或整体论方法都无法满足需求，复杂系统方法论应运而生。在此次方法论转变的过程中，生物学走在了时代潮流之后。在复杂系统方法论产生近 10 年之后，系统生物学在人类基因组计划及高通量技术等推动之下开始起步，复杂系统方法论的价值开始在生物学领域得到体现。

进入 21 世纪，各类公共安全问题不断涌现，新发、突发传染病成为人类生存发展的最重大威胁之一。重大生物事件应急需求促使生物安全学由单纯的科学问题向科学与社会问题融合转变。社会系统作为一个复杂巨系统，传统的还原论和整体论研究方法已经不适用于面向重大生物事件应急管理需求的生物安全问题，复杂系统方法论开始在该领域的生物安全研究中起到中流砥柱的作用。以此方法论为指导，国外在生物安全应急管理领域的研究迅速发展，形成了众多卓有成效的研究成果。反观国内，近年来虽对生物安全问题关注度日益上升，然而，思想上很多人仍然停留于用还原论和整体论的观点去看待复杂社会系统中的生物安全问题，这导致国内该领域的研究认可度普遍不高，步履维艰。伴随着虚拟现实技术的广泛应用，近年来国内外的科学家提出了“平行地球”的概念，以“虚拟地球”分析“真实地球”中的风险态势，以拟定最优化控制策略，对“真实地球”施以外力控制，促使事件向着“虚拟地球”所预测和期望的方向发展，最终完成人在回路的“正反馈”过程。从这个角度上来看，将“虚拟地球”视为一个伪命题已经不符合时代的进步和发展。因此，用以描述复杂社会系统的社会计算实验平台已不仅仅是真实社会系统的虚拟化，同时也是真实社会系统中事件控制的方向和目标。

在本章中我们综述了数学、系统工程和复杂系统理论在生物安全学研究中的应用，既包括这些方法论的基本概念，也囊括了具体的应用实例分析。从较为简单的数值分析到极其复杂的非线性动力学过程，我们由浅到深地给读者勾勒出国际上最前沿的生物安全学研究图谱，而这一图谱的支撑就是数学和计算科学。需要指出的是，无论是生物安全领域的研究者还是生物安全战略管理者，在阅读本章节的过程中，都需要打破既定思路，切忌走入传统思维的误区，不要用传统的生物实验科学的眼光来看待本章所讨论的生物安全学问题，而应站在一个更高的层次，从复杂系统方法论的高度来看待生物安全问题，并逐层深入，从大处着眼，小处着手，方能真正把握我们所讨论的生物安全学方法论的真正要义。

参考文献

[1]胡建庭，徐沥泉．随机数学与模糊数学中的直觉与逻辑．数学教学研究，2012，10：1～4.

[2]Foldy S L，Biedrzycki P A，Baker B K，et al. The public health dashboard：a survey for bioterrorism preparedness. Journal of Public Health Management and Practice，2004，11(1)：3～11.

[3]Kman N E，Bachmann D J. Biosurveillance：a review and update. Advances in Preventive Medicine，2012，2010(2012)：301～408.

[4]Randremanana R V，Sabatier P，Rakotomanana F，et al. Spatial clustering of pulmonary tuberculosis and impact of the care factors in Antananativo City. Tropical Medicine and International Health，2009，14(4)：429～437.

[5]彭志行，鲍昌俊，赵杨，等．加权马尔科夫链在伤寒副伤寒发病情况预测分析中的应用．中国卫生统计，2008，35(3)：92～99.

[6]Wu Y，Lee G，Soh H，et al. Mining Weather Information in Dengue Outbreak：Predicting Future Cases Based on Wavelet，SVM and GA. Netherlands：Springer Netherlands，2009.

[7]许晴，祖正虎，张文斗，等．基于 MCMC 方法的生物气溶胶袭击施放源项参数反演．军事医学，2012，36(10)：732～735.

[8]Legrand J，Egan J R，Hall I M，et al. Estimating the location and spatial extent of a covert anthrax release. Public Library of Science Computational Biology，2009，5(1)：e1000356.

[9]Yan P，Chen H，Zeng D. Syndromic surveillance systems. Annual Review of Information Science and Technology，2008，42：433～438.

[10]姜庆五．生物恐怖的威胁及其对策．疾病控制杂志，2003，1：16～23.

[11]Huert M，Leventhal A. The epidemiologic pyramid of bioterrorism. The Israel Medical Association Journal，2002，4：134～137.

[12]Majid A，Bensebaa F，L'Ecuyer P，et al. Modification of the metallic surface of silver by the formation of alkanethiol self-assembled monolayer with subsequent reaction with chlorosilanes. Reviews on Advanced Materials Science，2003，4：25～31.

[13]蒋维楣，孙鉴泞，曹文俊，等．空气污染气象学教程．北京：气象出版社，2004：17～51.
[14]Querzoli G A. Lagranging study of particle dispersion in the unstable boundary layer. Atmospheric Environment，1996，30(16)：325～333.
[15]Leelossy A. Short and long term dispersion patterns of radionuclides in the atmosphere around the Fukushima Nuclear Power Plant. Journal of Environmental Radioactivity，2011，102：1117～1121.
[16]Pedersen U，Leach S，Hansen J S. Biological incident response：assessment of airborne dispersion. http://www. ec. europa. eu/health/ph _threats/com/preparedness/docs/biological. pdf，2007-07-14.
[17]Terada H，Furuno A，Chino M. Improvement of the computer-based decision support system "WSPEEDI" for nuclear emergency by introducing MM5 and its application to the Chernobyl Accident. Journal of Nuclear Science and Technology，2008，45(9)：920～931.
[18]Camelli F E，Lohner R，Hanna S R. VLEs study of flow and dispersion patterns in heterogeneous urban areas. 44th AIAA Aerospace Sciences Meeting and Exhibit，Reno，Nevada，2006.
[19]Shilnikov L P. 非线性动力学定性理论方法．金成桴译．北京：高等教育出版社，2010：8～11.
[20]Morens D M，Folkers G K，Fauci A S. The challenge of emerging and re-emerging infectious disease. Nature，2004，430(8)：242～249.
[21]Webster R G，Peiris M，Chen H，et al. H5N1 outbreaks and enzootic influenza. Emerging Infections Diseases，2006，12(1)：3～8.
[22]Dimitrov N B，Ancel L. Mathematical approaches to infectious disease prediction and control. Tutorials in Operations Research Informations，2010，10：1～26.
[23]吴开琛．疟疾数学模型和传播动力学．中国热带医学，2004，4(5)：873～876.
[24]Kermack W O，McKendrick A G. A contribution to the mathematical theory of epidemics. Proceedings of the Royal Society of London Series A，1932，138(834)：55～83.
[25]Bacaer N. A Short History of Mathematical Population Dynamics. London：Springer，2011：65～69.
[26]徐致靖，祖正虎，许晴，等．传染病动力学建模研究进展．军事医学，2011，35(11)：828～833.
[27]Abramson G. Mathematical modeling of the spread of infectious diseases. PANDA，UNM，2001，9：13～24.
[28]Park A W，Gubbins S，Gilligan C A. Extinction times for closed epidemics：the effects of host spatial structure. Ecology Letters，2002，5(6)：747～755.
[29]Epstein J M. Modeling to contain pandemics. Nature，2009，35(11)：805～809.
[30]Fudenberg D，Tirole J. Game Theory. Cambridge：MIT，1995：1～6.
[31]Myerson R B. Game Theory—Analysis of Conflict. Cambridge：Havard University Press，2001：1～2.
[32]张迪．复杂网络及其上的病毒传播和演化博弈的研究．西安电子科技大学硕士学位论文，

2010：35～41.

[33]Bauch C T，Bhattacharyya S. Evolutionary game theory and social learning can determine how vaccine scares unfold. PLOS Computational Biology，2012，8(4)：el002452.

[34]Siqueira K，Sandler T. Terrorist backlash，terrorism mitigation，and policy delegation. Journal of Public Economics，2007，91(9)：1800～1815.

[35]Berman O，Gavious A. Location of terror response facilities：a game between state and terrorist. European Journal of Operational Research，2007，177：1113～1133.

[36]Nash J F Jr. Equilibrium points in n-person games. Proceedings of National Academy of Sciences，1950，36：48～49.

[37]Kirk H，Basuchoudhary A. On ehnic conflict and the origins of terrorism. Defence and Peace Economics，2010，20(1)：65～87.

[38]Mangladevi M，Ramkrishma D. Role of game theory in eliminating terrorism. International Journal of Advanced Computer and Mathmatical Sciences，2013，4(1)：114～118.

[39]Siqueira K，Sandler T. Games and terrorism：recent developments. Simulation & Gaming，2009，40：164～192.

[40]Daniel G，Arce M，Sandler T. Counterterrorism：a game-theoritic analysis. Journal of Conflict Resolution，2005，49(2)：183～200.

[41]Sahin C S，Kusyk J，Urrea E，et al. Game theory and genetic algorithm based approach for self positioning of nodes. Ad Hoc & Sensor Wireless Network，2012，16(3)：93～118.

[42]Major J A. Advanced techniques for modeling terrorism risk. Journal of Risk Finance，2002，4(1)：15～24.

[43]Ender W，Sandler S. What do we know about the substitution effect in transnational terrorism? Risk Analysis，2004，3：110～115.

[44]Woo G. Quantitative terrorism risk assessment. Journal of Risk Finance，2003，4：7～14.

[45]Anderson R，Moore T. The economics of information security. Science，2006，314(5799)：610～613.

[46]Zhang H F，Yang Z，Wu Z X，et al. Braess's paradox in epidemic game：better condition results in less payoff. Nature，2013，3(3292)：1～8.

[47]Aumann R J，Peleg B. Von neumann-morgenstern solutions to cooperative games without side payments. Bulletin of the American Mathematical Society，1960，3(1)：66.

[48]Chalkiadakis G，Elkind E，Wooldridge M，et al. Computational aspects of cooperative game theory. San Rafael：Morgan & Claypool Publisher，2011.

[49]Bejan C，Gomez J C. Using the aspiration core to predict coalition formation. International Game Theory Review，2012，14(1)：291～295.

[50]Kunreuther H，Heal G. Interdependent security. Journal of Risk and Uncertainty，2003，26：231～249.

[51]Cornforth D M，Reluga T C，Shim E C. Vaccination emerges from shot-sighted behavior in contact networks. PLOS Computational Biology，2011，7(1)：e1001062.

[52]Fu F，Rosenbloom D I，Wang L，et al. Imitation dynamics of vaccination behavior on social networks. Proceedings of the Royal Society B：Biological Sciences，2011，278(1702)：42～49.

[53]刘德海，王维国，孙康．基于演化博弈的重大突发公共卫生事件情景预测模型与防控措施．系统工程理论与实践，2012，32(5)：937～945.

[54]Valley K，Gibbons L T R，Bazerman M H. How communication improves efficiency in bargaining games? Games and Economics Behaviour，2002，38：127～155.

[55]Blume A，Arnold T. Learning to communicate in cheap-talk games. Games and Economic Behavior，2004，46：240～259.

[56]Kuklan H. Perception and organizational crisis management. Theory and Decision，1988，25(3)：259～274.

[57]Gerth H H. Crisis management of social structures：planning，propaganda and societal morale. International Journal of Politics，Culture，and Society，1992，5(3)：337～359.

[58]Laslier J F. Evolutionary games and communication. http://www. cenecc. ens. fr/EcoCog/Livre/Drafts/jfl. pdf，2013-10-23.

[59]May R M，Lloyd A L. Infectious dynamics on scale-free network. Physical Review Letters，2001，64：102～106.

[60]Barthelemy M，Barrat A，Pastor-Satorras R，et al. Velocity and hierarchical spread of epidemic outbreaks in scale-free networks. Physical Review Letters，2004，92：171～178.

[61]Griffin R J，Dunwoody S，Neuwirth K. Proposed model of relationship of risk information seeking and processing to the development of preventive behaviours. Environmental Research Section A，1999，80：230～245.

[62]Pfarrer M D，Pollock T G，Rindova V P. A tale of two assets：the effects of firm reputation and celebrity on earnings surprises and investors' reactions. Academy of Management Journal，2010，53(5)：1131～1152.

[63]刘德海．信息交流在群体性突发事件处理作用中的博弈分析．中国管理科学，2005，13(3)：96～102.

[64]蔡丽影，贾希胜，程中华，等．基于系统动力学的核心保障能力建设研究．系统仿真科技，2011，7(11)：29～35.

[65]董华，胡军，薛梅．系统论方法在城市公共安全系统构建中的应用．中国安全科学学报，2003，13(6)：36～39.

[66]韩亮．基于系统动力学的港口经济外部性研究．大连海事大学硕士学位论文，2011.

[67]黄培堂，沈倍奋．生物恐怖防御．北京：科学出版社，2006.

[68]贾红丽，苏坤洋，宋义刚．部队装备信息化建设的系统动力学模型．装甲兵工程学院学报，2011，25(1)：12～17.

[69]贾俊秀，刘爱军，李华．系统工程学．西安：西安电子科技大学出版社，2013.

[70]吉荣荣．美国提升生物威胁医学应对能力的管理创新研究．安徽科技大学硕士学位论文，2013.

[71]李佳．系统动力学仿真在城市化政策分析中的应用．哈尔滨工业大学硕士学位论文，2010.
[72]田德桥，朱联辉，王玉民，等．美国生物防御能力建设的特点与启示．军事医学，2011，35(11)：824～827.
[73]田德桥，朱联辉，黄培堂，等．美国生物防御战略计划分析．军事医学，2012，36(10)：772～776.
[74]汪应洛．系统工程．北京：机械工业出版社，2008.
[75]王磊，舒东．美国生物防御 2001 年以来进展及启示．解放军预防医学杂志，2013，31(2)：191～192.
[76]王众托．系统工程．北京：北京大学出版社，2010.
[77]张波，袁永根．系统思考和系统动力学的理论与实践．北京：中国环境科学出版社，2010.
[78]郑涛．我国生物安全学科建设与能力发展．军事医学，2011，35(11)：801～804.
[79]郑涛，沈倍奋，黄培堂．我国生物安全能力可持续发展的重点．军事医学，2012，36(10)：728～731.
[80]郑涛，黄培堂，沈倍奋．认清形势解决问题，加快我国生物安全能力建设步伐．军事医学，2014，38(2)：83～85.
[81]Wenger A，Mauer V，Dunn M. International Biodefense Handbook. Zurich：Eidgenössische Technische Hochschule Zürich，2007.
[82]林冲，赵林度．城际重大危险源应急管理协同机制研究．中国安全生产科学技术，2008，4(5)：54～57.
[83]U. S. Government Accountability Office. National preparedness：DHS and HHS can further strengthen coordination for chemical，biological，radiological，and nuclear risk assessments. http://www. gao. gov/products/GAO-11-606，2011-06-21.
[84]张梅颖．公共危机管理与危机法制研究．北京：中国检查出版社，2006：23～27.
[85]周晓莉．城市突发公共事件应急管理相关规范和标准体系框架研究——以上海市为例．同济大学硕士学位论文，2007.
[86]Stenner R D，Schwartz D S，Kirk J L，et al. National incident management system standards review panel workshop summary report. Prepared for the U. S. Department of Energy，2006.
[87]赵玲，唐康敏．城市灾害应急能力评价指标体系的研究．职业卫生与应急救援，2008，26(1)：31～33.
[88]James L W A. Report to the unite states senate committee on appropriations：state capability assessment for readiness. Federal Emergency，1997，6(12)：122～125.
[89]邓云峰，郑双忠，刘铁民．突发灾害应急能力评估及应急特点．中国安全生产科学技术，2005，1(5)：56～58.
[90]张慧，黄建始，胡志民．美国大都市医疗反应系统及其对我国公共卫生体系建设的启示．中华预防医学杂志，2004，38(4)：276～278.

[91]李立明．试论21世纪中国公共卫生走向．中华预防医学杂志，2001，35(4)：219～220.
[92]Khan A S，Morse S，Lillibridge S. Public-health preparedness for biological terrorism in the USA. Lancet，2000，356(9236)：1179～1182.
[93]Venkatesh S，Memish Z A. Bioterrorism—a new challenge for public health. International Journal of Antimicrobial Agents，2003，21(2)：200～206.
[94]Barthell E N，Pemble K R. The national emergency medical extranet project. The Journal of Emergency Medicine，2003，24(1)：95～100.
[95]孙石康．美国研发投入预测和热点技术．全球科技经济瞭望，2005，5：26～31.
[96]葛洪．突发公共卫生事件预防控制中的消毒工作．中国公共卫生管理，2004，20(4)：314～316.
[97]郭存三．突发公共卫生事件的流行病学调查与应急处理．中华预防医学杂志，2004，38(1)：65～67.
[98]孙立．应急环境下需求与储备网络协同动态优化研究．东南大学硕士学位论文，2008.
[99]盛昭瀚，张军，杜建国，等．社会科学计算实验理论与应用．上海：上海三联书店，2009.
[100]刘恩东．不确定组合系统的若干控制问题研究．东北大学博士学位论文，2005.
[101]王飞跃，曾大军，毛文吉．社会计算的意义、发展与研究状况．科研信息化技术与应用，2010，1(2)：3～14.
[102]Pastor-Satorras R，Vespignani A. Epidemic spreading in scale-free networks. Physical Review Letters，2001，86(14)：3200～3203.
[103]Eubank S，Guclu H，Kumar V A，et al. Modelling disease outbreaks in realistic urban social networks. Nature，2004，429(6988)：180～184.
[104]Burke D S，Epstein J M，Cummings D A，et al. Individual-based computational modeling of smallpox epidemic control strategies. Academic Emergency Medicine，2006，13(11)：1142～1149.
[105]Coburn B J，Wagner B G，Blower S. Modeling influenza epidemics and pandemics：insights into the future of swine flu (H1N1). BMC Medicine，2009，7(1)：30.
[106]Keeling M，Woolhouse M，May R，et al. Modelling vaccination strategies against foot-and-mouth disease. Nature，2002，421(6919)：136～142.
[107]Helbing D. Globally networked risks and how to respond. Nature，2013，497(7447)：51～59.
[108]Weiss L，Whitaker E，Briscoe E，et al. Modeling behavioral activities related to deploying IEDs in Iraq. Georgia Tech Research Institute，Technical Report # ATAS-D5757-2009-01，Atlanta，GA，2009.
[109]Eubank S. EpiSims assessment of responses to smallpox attack (report to the Office of Homeland Security). Technical Report LA-CP-02-254，Los Alamos National Laboratory，2002.

（刘巾杰、徐致靖、许晴、祖正虎、郑涛）

第 3 章

生物武器与履约

3.1 生物武器概述

生物武器属于大规模杀伤性武器。因生物武器最初多使用病菌，并以诸如老鼠、苍蝇、跳蚤等病媒生物为施放载体，所以也常被称为“细菌武器”。

3.1.1 生物武器的构成与种类

生物武器在《国际法词典》中的定义是，以细菌、病毒、生物毒素等使人类、动物或植物致病或死亡的物质、材料、器具。这种武器的使用有可能不加区别地危害战斗人员与和平居民，它是一种无法控制的盲目性武器[1]。《国际法律大辞典》对其的定义是，以细菌、病毒、肿瘤、立克次体、生物组织、毒素等使人类、动物或植物致病或死亡的物质、材料、器具等称为生物(细菌)武器。其特点是活的微生物或其产生的感染物在人、动物或植物中繁殖，使后者致病或死亡。这类武器在时间和空间方面潜在地起作用，使用一次后其效果不只是局限于特定目标，有可能不加区别地对战斗人员和一般平民产生危害，所以，这种武器是一种无法控制的盲目性武器[2]。《国际公法百科全书》将用于战争的生物剂定义为，不管什么性质的活的生物体或从这些生物体中提取出来的传染性物质，旨在引起人类、动物和植物患病或死亡，而其效果取决于它们在受其影响的人体或动植物机体中的增殖能力[3]。

因此，综上所述，生物武器是一种利用生物战剂进行杀伤和破坏的武器，由生物战剂、施放装置及运载工具三部分组成。生物战剂是生物弹药的装料，运载工具是将生物弹药运载到目标区的工具，施放装置是把生物战剂分散成为有杀伤作用的气溶胶发生器或昆虫布洒器，也是把生物战剂通过运载工具运送到目标区的容器。在生物武器中，生物战剂是生物武器的核心部分，而施放工具属于辅助部分，甚至没有施放工具的生物战剂也能单独作为生物武器使用。但是施放工具往往对生物武器的定向性、隐蔽性等有较大影响，而且还能影响到施放范围和效果，因此，施放工具是否先进往往也能影响到生物武器的性能。

根据生物武器所依赖的技术水平尤其是生物战剂的技术特点，国外有专家将生物武器分为传统生物武器、现代生物武器等种类。所谓传统生物武器，即通常所称的细菌武器，主要是利用细菌、病毒等微生物作为战剂，采用空投或传统武器载具作为施放工具。传统生物武器因受制于气候、地形等因素，难以有效控制施放范围和方向，有专家认为其军事价值有限。但是因其技术难度低、制造成本低，还是被一些国家和恐怖组织所青睐。所谓现代生物武器，就是在传统生物武器的基础上，利用生物、化学等技术对生物战剂加以改进而成的新型生物武器。改进以后的生物战剂通常比传统生物战剂具有更强的毒性或抗药性，更能适应气候、地形等外部环境的变化，具有潜伏期更长、更难以辨认和检测等特点。据苏联生物武器专家证实，苏联生物武器计划中曾研究能够抵抗十几种抗生素的"超级耐药"细菌，如炭疽、鼻疽、类鼻疽、鼠疫等。其中，所谓的基因武器，就是应用基因重组技术来改变非致病微生物的遗传物质，以产生具有显著抗药性的致病菌，并利用人种生物学特征上的差异，使这种致病菌只对特定遗传特征的人们产生致病作用，以达到有选择性地杀死敌方有生力量的目的，从而克服普通生物武器在杀伤区域上无法控制的缺点。因此，基因武器是现代生物技术制造出的新型生物武器，是令人恐怖的"末日杀手"[4~9]。1997 年 10 月，英国医学学会科学与伦理部首席科学家 W. Nathanson 博士警告说，基因治疗有可能被用于开发基因武器，从而威胁拥有某些基因组的人群。

但是，上述所谓现代生物武器多数仅限于国外专家的技术推测，报道实例比较少。但是，美国在 2001 年发生"炭疽邮件"事件之后，以反生物恐怖名义持续投入巨资大力加强生物防御能力的系统研究，其意图耐人寻味，鉴于其既往生物武器研制历史和霸权作风，包括美国在内的国际上许多专家对此深感担忧。

3.1.2 生物武器的使用方法

施放生物战剂气溶胶是生物武器的主要使用方法。生物战剂分散成微小的粒子悬浮在空气中，这种微粒和空气的混合体即是气溶胶。它能随风漂移，污染空气、地面、食物，并能渗入无密闭设施的人工防御工程，人员吸入即可致病。直接施放生物战剂气溶胶是生物武器最基本的使用方式。它可从空中直接喷洒，也可把喷洒器投至地面喷放，还可人工投放。

投放带菌昆虫、动物和其他媒介物也是历史上生物武器的常用使用方法。昆虫、动物和杂物被生物战剂感染或污染后，用多格炸弹等多种方式投放到被袭击地域，它们便可将病原体传给人类，使人类致病。也可利用生物战剂污染水源、食物、通风管道，遗弃带菌物品、尸体或遣返战俘等方法，通过间接使人感染疾病等方式达到生物武器使用的目的。

3.1.3 生物武器的危害

生物武器主要的攻击目标是杀伤人员。生物战最早可以追溯到14世纪。这一时期进行生物战比较简单，主要是直接投放致病菌，施放方式也很简单，一般是投放感染了病原体的动物尸体或其他媒介物，去污染敌对方的水源、食物和饲料等。例如，14世纪鞑靼人用鼠疫杆菌对意大利热亚那人进行的生物战。1346年鞑靼人猛投感染了鼠疫的尸体攻击意大利热亚那人建造的海港卡法城，造成城内鼠疫大流行，人员大量死亡，迫使热亚那人放弃该城乘船逃回意大利，并在逃亡的过程中将鼠疫带到意大利和整个欧洲，使鼠疫一度横行欧洲[10～12]。又如，1763年，驻北美的英军派人将天花病患者用过的毛毯和手帕送给印第安人，随后天花在俄亥俄州猖狂流行，致使100多万人死亡。谈到近期的生物战，人们就会不寒而栗地想到日本731部队对我国人民犯下的罪行。1937年，日本侵略者在我国哈尔滨市附近建立了一个代号为“731”的生物武器实验室，随后相继建立了多个类似机构，其生物武器研究一直持续到1945年。短短几年时间，731部队便建立起生物武器生产线，生产能力达到每个月生产炭疽芽孢杆菌200千克、霍乱菌500千克、伤寒菌500千克、鼠疫菌250千克。仅在1939～1942年就生产炭疽芽孢杆菌等生物战剂10余吨。据有关专家估计，731部队进行了大量人体试验，对大约1 000具尸体进行了解剖，其中大部分人曾吸入过炭疽芽孢杆菌。日本侵略者在我国黑龙江、浙江、湖南、河北、云南、江苏等多个地方使用了生物武器，造成了长期危害，致使大量人员死亡。在侵华战争期间，日本曾在我国20多个省市进行细菌战。在1938～1944年，据不完全统计，日军用细菌武器杀害我国人民达20万人左右。在我国从事细菌武器研究和使用的日本陆军总人数达2万余人，侵华日军中有18个师团建立了细菌部队组织(图3.1)[13～17]。

朝鲜战争期间，美国在我国东北及朝鲜北部进行了细菌战[18]。1952年年初，美国飞机多次入侵我国东北地区，对沿铁路及公路的70个县展开生物武器袭击，投下多种生物弹和容器，如四格弹、空爆弹、带降落伞的纸筒等，媒介物有蝇类、蚊类、蚤类等。使用的致病菌有炭疽芽孢杆菌、鼠疫杆菌、霍乱弧菌、伤寒沙门氏菌等。当时以英国李约瑟教授为首的国际科学委员会做出结论称，朝鲜及我国东北人民，确已成为细菌武器攻击的目标；美国军队以许多不同的方法使用了细菌武器，其中有一些方法可能是把日军在第二次世界大战期间进行细菌

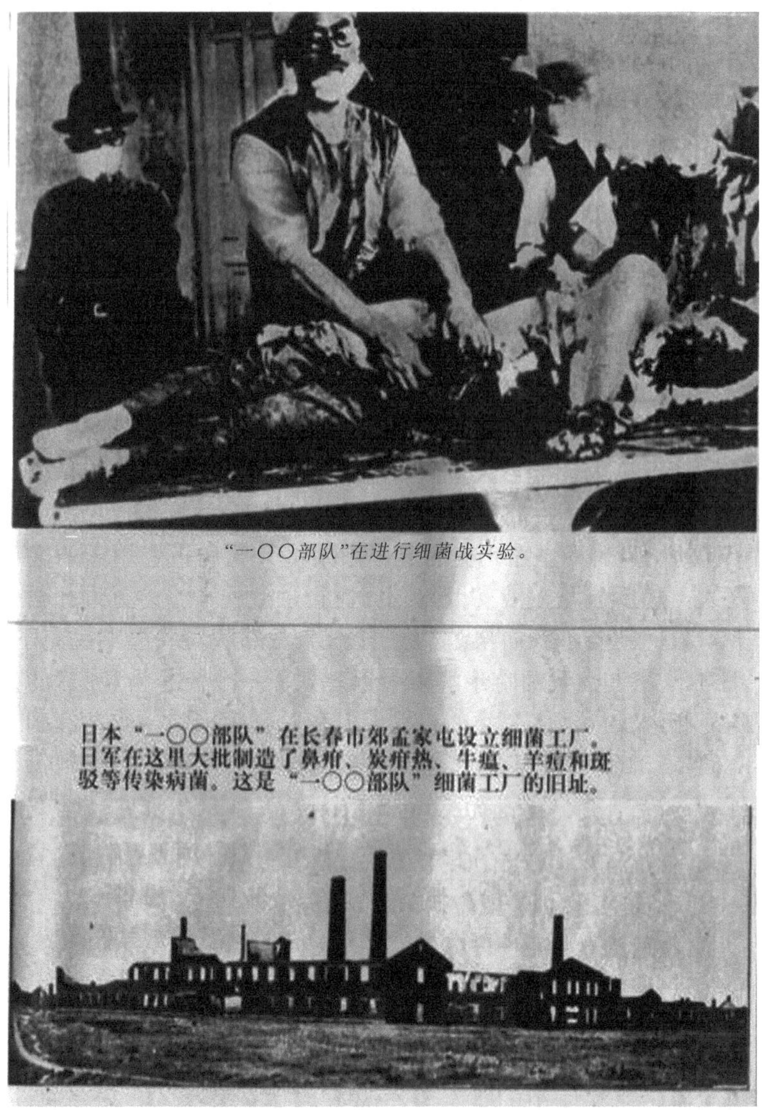

图 3.1　侵华日军细菌战实验[17]

战所使用的方法加以发展而成的。1975 年以来，印度支那难民传言，越南军队在老挝苗族人地区使用了一种新的毒剂，是用飞机或火炮撒布的黄色雨滴，当地人称之为“黄雨”(yellow rain)。所谓“黄雨”毒剂，是指单端孢霉烯类毒素(trichothecences ，TS)，简称 TS 或镰刀菌毒素，是三线镰刀菌(fusarium tricinetam)产生的 T-2 毒素。这类毒素中毒的主要症状是剧烈的恶心、呕吐和腹泻，剧烈头痛、呕血、便血直至形成全身出血等症状。该事件被美国等怀疑是苏联和越南在当地使用了毒素武器。虽然几经调查，但由于其复杂性，其真相至今不明。苏联自 20 世纪 20 年代开始有计划地进行生物武器研制工作，至 20 世纪 90 年代初已经拥有世界最庞大、最先进的生物武器研制计划和研制系统[19]。另外，针对农业的生物战是许多国家生物战计划的有机组成部分。第一次世界大战期间，德国间谍使用炭疽和鼻疽病原体攻击美国、阿根廷、罗马尼亚、法国等的军马和食用动物，目的在于中断盟军的运输补给线。第二次世界大战中，日本曾企图用真菌、细菌和线虫污染生长于我国东北和西伯利亚的植物及蔬菜。美国在 20 世纪 50～60 年代曾经针对我国研制农业生物武器，试图通过破坏我国的粮食生产以达到制造粮食饥荒和社会动乱的目的[20]。他们不仅在国内实验室进行了大量生物武器研究，而且依托日本基地进行效果评价。20 世纪 60 年代，美军在朝鲜半岛使用脱叶剂破坏非军事区的绿色植被，并曾在越南战争期间使用脱叶剂；而伊拉克曾企图对伊朗实施小麦黑穗病攻击。

1970 年，WHO 对使用生物武器可能造成的人员伤亡进行了比较权威的估计预测，如果在一个拥有 100 万人口的发达城市以飞机播撒 50 千克的炭疽芽孢杆菌，在此期间生物剂至少可以传播 20 千米，大约使 18 万人暴露，其中，3 万人失去行动能力，9.5 万人死亡。虽然该预测模型的预测结果高度依赖于攻击的性质、所使用的生物战剂及其使用浓度和施放方式及施放时的天气情况，且该估计数据还是比较保守的，但这也是目前生物武器伤亡情况最权威的预测(表 3.1)。

表 3.1　WHO 对一个 100 万人口的城市进行生物战剂攻击所造成伤亡情况的理论预测(单位：人)

生物战剂	危险人数	死亡人数	失能人数
炭疽芽孢杆菌	180 000	95 000	30 000
布鲁氏菌	100 000	400	79 600
普氏立克次体	100 000	15 000	50 000
鼠疫杆菌	100 000	44 000	36 000
Q 热贝氏柯克斯体	180 000	150	124 850
土拉菌	180 000	30 000	95 000
委内瑞拉马脑炎病毒	60 000	200	19 800

2001 年在美国对伊拉克战争中，美国借口伊拉克装备并威胁使用生物战剂，为部队更换具有三防性能的主战坦克装甲；紧急生产和购买防护器材、药品、疫苗；召回已派遣部队，紧急预防接种；强化化学生物防护训练演习。这一系列的措施使战争难度倍增，原定 10～14 天的空袭计划被迫延长到 38 天，造成了巨大的社会心理恐慌。这些都反映了生物武器威胁所带来的巨大影响。

生物武器除对人民、农作物、家畜等产生巨大危害外，还可以造成巨大的经济损失等次生危害[16,21～26]。

总体而言，除第二次世界大战期间日本对中国进行了大规模生物武器攻击之外，近代以来生物武器的使用案例有限，而且迄今再也没有发生过大规模生物武器战争。一方面可能是因为生物武器的使用效果相对比较有限，其使用受到很多环境条件的限制，难以控制、容易自伤等，但这并不影响生物武器巨大的潜在危害；另一方面是因为《禁止生物武器公约》得到了全世界民众的普遍接受，使用生物武器将引发全球舆论和公众道德的批判，对潜在的使用者给予了很大的国际压力。虽然《禁止生物武器公约》对于避免和防止研制及使用生物武器、促进和维护世界和平发挥了巨大作用，但是有关该公约执行的履约核查议定书谈判多年却无果。尤其在 2001 年 7 月召开的第 24 次工作组会议上，美国代表团以议定书无法有效应对生物武器威胁，并有可能损害美国安全和商业利益为由，拒绝接受议定书草案，致使特设工作组未能如期完成公约议定书的谈判。2011 年 11 月《禁止生物武器公约》第五次审议会上，美国又提出特设工作组授权问题，明确要求终止特设工作组使命，并反对进一步的公约议定书谈判，使国际社会长达 7 年的禁止生物武器的努力彻底毁于一旦[27]。这是美国一意孤行的霸权产物，同时也是国际生物安全的不幸事件。

3.2 国际公约

鉴于生物武器的巨大危害，早在 20 世纪初国际社会就开始制定针对性的限制措施(公约)。

3.2.1 《日内瓦议定书》

1925 年 5 月，在国际联盟全体会议上，波兰代表最先提出，在考虑限制和禁止化学和有毒气体武器时，应同时考虑细菌武器问题，并提出了关于细菌战的案文。1925 年 6 月 17 日，国际联盟在瑞士日内瓦召开“管制武器、军火和战争工具国际贸易会议”，并通过了《禁止在战争中使用窒息性、毒性或其他气体和细菌作战方法的议定书》。《日内瓦议定书》于 1928 年 2 月 8 日生效，是人类社会禁止使用化学和生物武器的首个重要国际性条约。

《日内瓦议定书》首次针对禁止在战争中使用细菌作战方法制定了法律机制。该议定书明确宣布：禁止在战争中使用窒息性、毒性或其他气体，以及使用一切类似的液体、物体或器件；禁止使用细菌作战方法。同时指出，使用这类武器(化学和细菌武器)早已为文明世界所普遍谴责。

截至 2010 年年底，世界上共有 137 个国家批准加入《日内瓦议定书》。1929 年 8 月 24 日，国民党政府代表中国加入了《日内瓦议定书》，且无保留条件。新中国成立后，中国政府认为《日内瓦议定书》有利于巩固国际和平与安全，并符合人道主义原则。1952年7月13日，周恩来外长以中华人民共和国中央人民政府的名义正式承认该议定书，并做了保留。

3.2.2 《禁止生物武器公约》

1. 背景与生效情况

一直以来，国际社会反对进攻性生物武器研发、销毁生物武器、控制生物武器技术扩散的呼声十分强烈，生物武器一直是国际军事和政治斗争中的一个极为重要而敏感的问题。目前，国际生物军控多边进程以《禁止生物武器公约》为核心。《禁止生物武器公约》是国际社会第一个禁止一整类武器，且是大规模杀伤性武器的国际公约。

《禁止生物武器公约》诞生于冷战时期。1969年11月25日，美国总统尼克松在迪特里克堡发表了著名的《关于化生防御政策与项目的声明》，正式宣布美国无条件终止所有进攻性生物武器项目，命令销毁美国保有的全部生物武器，仅保留防御性研究，并重申美国不首先使用化学武器，同时敦促国会尽快批准《日内瓦议定书》。尼克松政府的这一重大政策转变极大地促进了国际生物军控发展进程。从1969年起，联合国裁军谈判会议正式改名为裁军委员会会议，着重讨论全面禁止化学和生物武器问题。以美英为主导的西方国家经过与苏联的激烈谈判后达成协议，将生物武器与化学武器分开考虑，首先力图在限制生物和毒素武器方面有所突破。

1971年9月28日，美国、英国、苏联等12个国家向第26届联合国大会联合提出了关于全面禁止生物武器的草案。1971年12月16日，由联合国裁军委员会(其前身是十八国裁军委员会)大会拟定的公约文本得到了第26届联合国大会的赞同，通过了《禁止生物武器公约》，并于1972年4月10日开放签署，于1975年3月26日正式生效。截至2014年6月，该公约共有170个缔约国，尚有26个国家未加入该公约。

冷战时期，在以美国和苏联为代表的东西方对抗日趋激烈之时，美国政府突然转变态度放弃生物武器并推动《禁止生物武器公约》，以及苏联和英国等积极赞同制定该公约，其中原因是冷战史研究的一个谜团。对此虽有多种推测性研究，但是谜底似乎并未彻底解开。

2. 主要内容

《禁止生物武器公约》由序言和15个条款组成。

1)序言

本公约缔约国，决心采取行动，切实推进普遍而且彻底的裁军，包括禁止并且消除一切种类的大规模杀伤性武器在内，确信用有效的措施来禁止化学和细菌

(生物武器)的发展、生产及储积，以及消除这类武器，以便在严格及有效国际管制下达成普遍彻底裁军。确认1925年在日内瓦签订的关于《禁止在战争中使用窒息性气体、毒性或其他气体及细菌作战方法的议定书》的重要意义，并且深切知道这件议定书对于减少战争恐怖已经做出贡献，而且将来仍有贡献。

重申各缔约国都遵守这件议定书的原则和目标，并且促请所有国家严格遵守；按联合国大会曾经一再谴责违反1925年6月17日《日内瓦议定书》原则和目标的一切行动；希望对各国人民间互相信任的巩固加强、国际气氛的普遍改善做出贡献；并愿对《联合国宪章》宗旨和原则的实现做出贡献；确信用有效措施，将使用化学或细菌(生物)剂之类危险性大规模毁灭武器从各国军备中消除是十分紧要的事；确认对禁止细菌(生物)及毒素武器达成协议，是对禁止发展、生产及储积化学武器的有效措施达成协议可行的第一步骤，决心继续谈判，以达到这个目的；决心为全体人类完全排除使用细菌(生物)剂和毒素作为武器的可能；确信这样使用是人类良心深恶痛绝的，应该竭尽全力使这种危险降到最低限度。

2)具体条款

第1条，本公约各缔约国担允在任何情况下，决不发展、生产、储积或用其他方法取得或保留：①微生物或其他生物剂，或任何来源或任何方法生产的毒素，只要种类或数量不是预防、保护或其他和平用途所应当有的；②为敌对目的或在武装冲突中使用这类用剂或毒素而设计的武器、设备或投送工具。

第2条，本公约各缔约国担允尽速但最迟也应在本公约发生效力后9个月内，将本国所持有或在本国管辖或控制下的本公约第一条所称一切用剂、毒素、武器、设备或投送工具销毁或改供和平用途。实施本条规定的时候，应遵守一切必要的安全预防方法，以保护人民和环境。

第3条，本公约各缔约国担允决不将本公约第1条所称任何用剂、毒素、武器、设备和投送工具，直接或间接让与任何接受者，也决不用任何方法，协助、鼓励或劝诱任何国家、国家集团或国际组织制造或用其他方法取得上述用剂、毒素、武器、设备或投送工具。

第4条，本公约各缔约国应依照本国宪法程序，采取必要措施来禁止及预防在其领域内、其管辖或控制下的任何地方，发展、生产、储积、取得或保留本公约第1条所称的用剂、毒素、武器、设备和投送工具。

第5条，本公约各缔约国担允互相咨商合作，来解决对本公约的目标或本公约条款的适用可能引起的任何问题。依本条进行的咨商合作，也可以在联合国体制内，依照符合《联合国宪章》的适当国际程序来进行。

第6条，本公约各缔约国任何一个国家发现另一缔约国的行为违反因本公约规定而起的义务时，可以向联合国安全理事会提出控诉。这种控诉应附有证明控诉成立的一切证据，并且提出请安全理事会审议的要求；本公约缔约国对于安全理事会依照《联合国宪章》规定，根据所接控诉可能发动的调查担允协力进行。安全理事会应将调查结果通知本公约各缔约国。

第 7 条，本公约各缔约国担允，在安全理事会决定因违反本公约而对本公约任何缔约国发生危险的时候，经这个缔约国的请求，依照《联合国宪章》给予协助或支援。

第 8 条，本公约的所有规定，不得解释为对于任何国家依 1925 年 6 月 17 日在日内瓦签订的关于《禁止在战争中使用窒息性气体、毒性或其他气体和细菌作战方法的议定书》所担负的义务，有任何限制或减损的意思。

第 9 条，本公约各缔约国明确申明有效禁止化学武器的公认目标，为了达到这个目标，担允继续诚意谈判，就禁止此种武器的发展、生产及储积以及销毁此种武器的有效措施和关于特为生产或使用武器用途的化学剂而设计的设备和投送工具的适当措施，早日达成协议。

第 10 条，本公约各缔约国关于使用细菌(生物)剂及毒素于和平用途，担允便利并且有权参加设备、材料及科学和技术资料的尽量充分交换。本公约缔约国中有能力者，并应合作、单独或会同其他国家或国际组织，协助促进与应用细菌学(生物学)方面的科学发现，以预防疾病或供其他和平用途；本公约的实施，应该设法避免妨碍本公约缔约国的经济或技术发展，或和平细菌(生物)工作的国际合作，包括依照本公约规定，为和平用途而在国际上交换细菌(生物)剂及毒素以及加制、使用或生产细菌(生物)剂和毒素的设备在内。

第 11 条，任何缔约国可以对本公约提出修正。修正内容对于接受修正的每一缔约国，应该在本公约多数缔约国接受时发生效力，以后对于其他每一缔约国应该在其接受的日期起发生效力。

第 12 条，本公约发生效力满 5 年时，应在瑞士日内瓦举行公约缔约国会议，检讨公约的施行情况，以确保前文的宗旨和公约的规定，包括关于化学武器的谈判在内，都在实施中。如果本公约多数缔约国向保管国政府提出提议，请求提前举行这个会议，就应该照办。这项检讨应该顾到与本公约有关的任何新的科学和技术发展。

第 13 条，本公约无限期施行；本公约每一缔约国在行使国家主权的时候，如果断定和本公约主题有关的非常事件已经危及本国的最高利益，有权退出本公约。这个国家将这种退出在三个月前通知本公约所有其他缔约国和联合国安全理事会。通知内应说明这个国家认为已经危及其国家利益的非常事件。

第 14 条，本公约听由所有国家签署。凡未在本公约依本条第 3 项发生效力前签署本公约的国家，可以随时加入本公约；本公约需要经过签署国批准。批准书和加入书应该送交经本公约指定为保管国政府的大不列颠及北爱尔兰联合王国、苏维埃社会主义共和国联盟及美利坚合众国三国政府存放；本公约应该在

22 国政府，包括指定为本公约保管国的政府交存批准书后发生效力；对于本公约发生效力后交存批准书或加入书的国家，本公约应该在其交存批准书或加入书的日期起发生效力；保管国政府应将每一国签署的日期，每一国批准书或加入书交存的日期及本公约发生效力的日期，以及收到的其他通知，立即通知所有签署国和加入国；本公约应由保管国政府依《联合国宪章》第 102 条办理登记。

第 15 条，本公约应存放保管国政府档案，其英文、中文、法文、俄文及西班牙文各本同样作准。保管国政府应将本公约正式副本分送各签署国及加入国政府。

3. 意义与局限性

1)意义

《禁止生物武器公约》较《日内瓦议定书》有很大进步，较好地弥补了《日内瓦议定书》存在的缺陷，即禁止生物战剂和毒素的发展、生产和储存，禁止获得为战争目的而设计生物战剂或毒素，认识到因生物技术的发展增加了生物武器的潜在危险性。《禁止生物武器公约》对于严格禁止生物武器的发展及其在战争中的使用、禁止企图国家获得研制生物武器所需的设备和材料、消除全球的生物武器威胁、防止生物武器及其技术扩散、促进国际生物技术和平利用等方面发挥了极其重要的作用，是国际生物军控的基石，也是国际生物安全的一个里程碑，对国际安全做出了巨大贡献。

(1)有效约束了国际社会对生物武器的追求。首先，截至 2014 年 6 月，《禁止生物武器公约》共有 170 个缔约国，尚有 26 个国家未加入该公约。上述数字反映了全球绝大多数国家对《禁止生物武器公约》的承认，体现了全球绝大多数国家对禁止生物武器的一致态度。其次，总体而言，不论是否签字国或批准国，没有一个国家宣布其在研究开发生物武器、威胁使用生物武器或证实使用生物武器。最后，非国家组织(包括恐怖组织)对《禁止生物武器公约》也在很大程度上予以认可。多年来，非国家组织中除少部分极端恐怖组织外，几乎没有使用生物武器袭击的记录，而使用或威胁使用生物武器(生物剂)进行恐怖袭击的事例相比它们的其他活动也很少。同时，《禁止生物武器公约》也促进或迫使了曾经隐蔽研究发展生物武器的国家(如南非)放弃生物武器活动。

(2)促进了对第二次世界大战以来生物武器使用历史的清算。认可批准《禁止生物武器公约》的“前提”是对既往历史的“坦白”，美国、俄罗斯(前苏联)、英国、加拿大等国家都宣布了它们研制生物武器的历史，而日本在第二次世界大战期间对我国发动的生物武器攻击的历史事实及其遗留问题的解决也受到了该公约的极大促进，并成为国际上生物武器教训的典型案例，受到全世界的谴责。

(3)促进了在全球形成禁止生物武器的主流认识和舆论。《禁止生物武器公约》的多种会议及核查议定书的长期谈判，使全世界各阶层人员广泛而普遍认识到生物武器危害巨大，必须禁止研究、扩散和使用，而使用生物武器进行战争攻击和恐怖袭击是对人类社会和国际大家庭的犯罪行为；在全世界逐步形成了反对生物武器研究发展与使用的浓厚道德优势，谁做此事谁都应该受到谴责[28,29]。

(4)促使全球高度生物技术发展的两用性。科学技术既可以促进人类社会的发展，也可能毁灭人类社会。军事应用是科学技术发展的重要原动力。核技术发展带来了核武器，核武器的巨大威力促使人们反对核武器的使用和扩散。生物武器呈现了类似的情况。20世纪70年代后，现代生物技术发展迅速，特别是进入21世纪后，计算机与信息技术、先进制造技术等技术的发展和化学、物理等科学技术的发展及其在生物科学和生物技术领域的大量应用，极大地促进了生物技术的突飞猛进。基因组、蛋白质组、代谢组等组学技术，信号传导与网络调控，合成生物学与系统生物学，基因打靶与转基因技术等，在推动和促进生命科学、医学等发展的同时，也带来了误用、谬用等潜在威胁，特别是现代生物技术为生物武器的发展提供了前所未有的新技术、新途径，给《禁止生物武器公约》的履约带来了严峻挑战，日益引起国际社会对生物技术发展两用性的担忧和对生物技术谬用风险的重视，促进了国际生物安全发展[30~38]。

2)局限性

《禁止生物武器公约》存在的不足之处主要如下：①《禁止生物武器公约》不反对用于防御目的的生物防护研究；②《禁止生物武器公约》对生物武器的研究与发展没有规定明确的界限；③《禁止生物武器公约》对生物武器研制相关设备、生物扩散及部队的防护训练未加限制；④《禁止生物武器公约》中没有明确生物战剂清单和阈值；⑤《禁止生物武器公约》迄今没有一个授权对缔约国的设施进行核查的议定书，有关谈判由于美国等国家的反对在2001年破裂；⑥《禁止生物武器公约》无专门的常设履约执行机构或组织，仅按2006年第六次审议会议的要求设立了一个临时性的“履约支持机构”(Implemention Support Unit，ISU)负责相关会务工作。

新形势下，通过多边努力切实加强《禁止生物武器公约》的权威性、普遍性和有效性，促进生物军控进程，防止和应对生物安全威胁，仍是各缔约国肩负的共同历史使命。

3.2.3 《禁止生物武器公约》审议会议

根据《禁止生物武器公约》第12条的规定，每5年应举行一次审议会议。审议会议由全体缔约国参加，集体审议《禁止生物武器公约》的执行情况，并明确未来《禁止生物武器公约》的发展方向。审议会议是目前《禁止生物武器公约》发展进程中唯一具有决策权的机制，任何与《禁止生物武器公约》相关的重大决定，包括条款修改、机制建设、机构变化等，都必须经审议会议以协商一致的方式通过才能生效，审议会议对于确保《禁止生物武器公约》的有效执行极为重要。目前，审议会议的主要议程包括一般性辩论、公约条款逐条审议和“最后文件”磋商等。审议会议上所形成的决定将在会后以“最后文件”的形式公开发布。

自《禁止生物武器公约》1975 年正式生效以来，已于 1980 年、1986 年、1991 年、1996 年、2001 年、2006 年和 2011 年在联合国驻日内瓦总部(万国宫)举行了 7 次审议会议，中国代表团除缺席第一次审议会议外，参加了自第二次审议会议以来的历次审议会议[39]。

1. 第一次审议会议

1)概况

第一次审议会议于 1980 年 3 月 3～21 日在瑞士日内瓦召开。53 个缔约国、9 个签约国，以及 3 个非政府组织参加了会议。

2)主要议题

会议审查了《禁止生物武器公约》的实施情况，以确保《禁止生物武器公约》序言的宗旨及《禁止生物武器公约》条款的实现。各国围绕国家履约、科学技术发展、国际合作等议题，展开了重点讨论。

3)取得的主要成果

第一次审议会议就《最后宣言》达成一致。会议审议第 1 条时，认为已充分证明了《禁止生物武器公约》第 1 条完全适合于本公约相关最新科学技术的发展。会议欢迎几个缔约国关于第 4 条的声明，并认为这些自愿声明有助于增进对《禁止生物武器公约》的信任，而且相信未做自愿声明的国家也将会这样做。审议第 4 条时，会议邀请缔约国向联合国裁军部提交国家履约专门立法或其他履行措施的文本等。审议第 5 条时，会议认为任何新加入的缔约国均有权要求召开向所有缔约国开放的专家级协商会议。会议指出还没有任何缔约国执行第 6 条的相关规定。审议第 8 条时，会议号召已参加《日内瓦议定书》的缔约国严格履行《日内瓦议定书》的规定，并保证所有尚未加入《日内瓦议定书》的国家应尽可能早地批准或加入《日内瓦议定书》。审议第 9 条时，会议强烈要求裁军委员会为达成彻底、有效的《禁止化学武器公约》进行谈判；同时，会议还关注了美国、苏联双方提交给裁军委员会的关于它们为向该委员会提交联合倡议而进行谈判进程的双边报告。审议第 10 条时，会议呼吁缔约国，特别是发达国家，应单独或与其他国家或国际组织一起，在细菌(生物)剂和毒素的和平利用方面加强科学和技术合作，尤其是与发展中国家的合作。

2. 第二次审议会议

1)概况

第二次审议会议于 1986 年 9 月 8～26 日在瑞士日内瓦举行。63 个缔约国和

4 个签约国参加了会议，1 个非缔约国以观察员身份参加了会议，3 个非政府组织列席了会议。

2)主要议题

在一般性辩论中，40 多个缔约国的代表进行了发言。苏联、美国、英国 3 个《禁止生物武器公约》文本保存国政府强调进一步加强《禁止生物武器公约》的重要性，都表示支持《禁止生物武器公约》第 10 条。苏联指出，本国履行了所承担的义务，关心其他国家遵守《禁止生物武器公约》的情况。美国认为的确发生过不遵守《禁止生物武器公约》的情况，并指出，缔约国有义务了解对缔约国活动的关切，以及调查提出的问题。英国认为，提高《禁止生物武器公约》权力的最佳途径是通过适当核查规定加强信任，英国还指出，为保证《禁止生物武器公约》的效力，必须对关于提供资料的要求做出充分和坦率的反应。

保加利亚、匈牙利等国家强调，《禁止生物武器公约》在限制军备竞赛方面发挥了作用。瑞典深入讨论了本国认为控诉和调查条款中不能令人满意的内容。许多国家，包括中国、阿根廷、印度、尼日利亚等国对《禁止生物武器公约》能否得到遵守的问题表示担心，并表示支持加强《禁止生物武器公约》。一些国家也强调了科学进步的重大意义，提倡增加这一方面的情报交流。巴基斯坦认为，加强《禁止生物武器公约》的工作应集中在以下 3 个方面：改进核查和解决控诉的程序；在研究生物剂方面更加公开；加强和平应用生物科学方面的合作。欧洲共同体(European Community)12 个成员国表示了相同的观点。

3)取得的主要成果

缔约国就不同条款向会议提出了 50 多项建议，绝大多数建议是关于协商(第 5 条)、调查控诉(第 6 条)及和平利用细菌剂方面的合作(第 10 条)的。

全体会议对《禁止生物武器公约》进行了逐条审议。在审议第 1 条时申明，“公约明确适用于一切自然产生或人为制造的微生物或其他生物剂或毒素，不论其来源或生产方式如何”。审议第 4 条时，具体规定了可在国家一级采取的某些防止违约行动的措施。缔约国对第 5 条制定了程序，以解决有关《禁止生物武器公约》目标所引起的任何问题，还确定了一些防止或减少产生含糊不清、疑虑和猜疑等商定措施。会议重申第 8 条和《日内瓦议定书》的重要性，还注意到联合国安全理事会 1986 年 3 月 12 日关于对宣称在两伊战争中使用化学武器一事进行调查的报告，呼吁所有签字国承担《日内瓦议定书》规定的义务。审议第 9 条时缔约国敦促裁军谈判会议尽早缔结《禁止化学武器公约》。审议第 10 条时敦促缔约国采取具体措施，促进和平利用生物剂等国际合作。第二次审议会议就第 12 条的范围内容决定，1991 年之前在瑞士日内瓦举行第三次审议会议。

此外，第二次审议会议拟定了初始的建立信任措施模式。根据第二次审议会议的要求，1987 年召开的缔约国科学和技术专家特别会议制定了包括 4 项内容的交换资料和信息的方式(即建立信任措施宣布)；关于违约问题，规定联合国安全理事会如果认为必要，可向 WHO 就提交联合国安全理事会违约问题的调查事宜寻求建议等。多数代表团认为，这次审议会议是成功的，体现了良好愿望和互相谦让的精神。在会议过程中，虽然在执行问题、核查程序等问题上产生了一些分歧，但会议还是成功地以协商一致的方式通过了《最后宣言》。

3. 第三次审议会议

1)概况

第三次审议会议于 1991 年 9 月 9～27 日在瑞士日内瓦举行。78 个缔约国和 6 个签约国参加了会议，联合国(包括联合国裁军研究所和联合国环境规划署)及 11 个非政府组织和研究机构列席了会议，3 个非缔约国、联合国教育科学及文化组织、WHO 和阿拉伯国家联盟以观察员身份参加了会议。

2)主要议题

会议的主要议题集中在履约机制、建立信任措施和国际合作等几方面。

(1)履约机制。德国介绍了本国禁止生物武器的立法工作及其最新进展；罗马尼亚提出对生物武器有关设备和可用于生产生物及毒素武器的技术实行出口管制；加拿大介绍了本国化学和生物防御计划的透明度机制，并提出建立实验室生物安全准则。

(2)建立信任措施。法国就修改初始的建立信任措施提出了两条建议，即对于申报了国家生物防御计划的国家，缔约国应当组织对其相关设施进行访查工作，以增强透明度；关于异常流行病学的统计数据，缔约国应当描述数据的收集方式，同时改善各国的流行病监测系统。瑞典也就改进和完善资料交换所用表格提出了具体建议。

(3)国际合作。在会议进行一般性辩论时，不少发展中国家呼吁加强在生物研究与和平利用生物技术领域的国际合作。一些发展中国家的代表指出，不能以防止生物武器扩散为借口，阻止发展中国家获取生物技术。

3)取得的主要成果

第三次审议会议围绕各缔约国执行《禁止生物武器公约》的状况、加强《禁止生物武器公约》的权威性和有效性等问题进行了为期三周的讨论。与会代表一致同意采取建立信任的新措施，以增强《禁止生物武器公约》的有效性。会议结束时通过的《最后宣言》重申，各缔约国继续禁止使用生物和化学武器。

为了避免或减少各缔约国之间的相互猜疑，第三次审议会议决定扩大原有建立信任措施，增加新的信任措施，并通过了经修订的建立信任措施内容。这些措施包括各缔约国加强在生物研究、疫情等方面的信息交换，公布与生物研究活动有关的立法、过去在进攻性或防御性生物研究发展计划方面所进行的活动、疫苗生产设施等。

第三次审议会议认为，《禁止生物武器公约》第1条禁止的微生物剂、生物剂或毒素应涵盖对人类、动物、植物有害的物质；欢迎联合国大会关于联合国秘书长调查机制有关决议中所载的建议等。为解决《禁止生物武器公约》自诞生以来就缺乏有效核查机制的问题，第三次审议会议建立了一个由各国政府专家组成的特设政府专家组，从科学技术角度评估合适的核查措施。特设政府专家组认为，实施核查措施将有助于增强《禁止生物武器公约》的有效性，并促进履约工作。1994年召开的缔约国特别会议授权设立特设工作组，并授权特设工作组谈判制定包括核查措施在内的全面加强《禁止生物武器公约》的法律文书。

4. 第四次审议会议

1)概况

第四次审议会议于1996年11月25日至12月6日在瑞士日内瓦举行。77个缔约国和3个签约国参加了会议，联合国(包括联合国裁军研究所和联合国环境规划署)及16个非政府组织和研究机构列席了会议，4个非缔约国和国际红十字会以观察员身份参加了会议。

2)主要议题

会议的主要议题集中在国家履约和国际合作等几方面。

(1)国家履约。虽然《禁止生物武器公约》第1条规定禁止发展、生产、储积或以其他方法获取或保有生物及毒素武器，但并未明文规定禁止使用这些武器。为了强调第1条已含有禁止使用生物及毒素武器的含义，南非提议审议会议《最后宣言》中给出合理的解释，即缔约国认为使用生物及毒素武器也是违反公约规定的情况。

(2)国际合作。突发疾病的全球监测对各缔约国至关重要，尤其是当时正在谈判拟定具有法律约束力的《禁止生物武器公约》议定书。因此，南非建议各缔约国应支持WHO建立新型传染病和其他传染病的全球监测系统，并认为此举有助于加强以和平为目的的生物学研究和发展的多边国际合作。

此外，加拿大介绍了本国在微生物学和医学方面的合作情况。

3)取得的主要成果

第四次审议会议发表的《最后宣言》重申，各缔约国决心“为禁止和销毁所有形式的大规模毁伤性武器、实现全面彻底的裁军取得有效的进展而努力”；各缔约国认为应向联合国裁军研究所提供销毁或转换活动相关证明文件以增进信任；各缔约国要求非缔约国在加入公约前完成销毁或转换活动等。关于《禁止生物武器公约》议定书，本次会议没有接受美国和欧盟提出的关于在1998年内完成《禁止生物武器公约》议定书的要求，因为与会的许多发展中国家的代表认为，提出时间表是不科学的做法。但是第四次审议会议鼓励特设工作组用具有法律约束力的文书作为对其工作的总结，并在2001年第五次审议会议前提交。

5. 第五次审议会议

1)概况

第五次审议会议于2001年11月19日在瑞士日内瓦召开，为期3周。在2001年12月7日举行的第六次全体会议上，审议会议以协商一致方式决定休会，并于2002年11月11～22日在瑞士日内瓦复会。94个缔约国和4个签约国参加了审议会议续会，联合国(包括联合国裁军研究所)及11个非政府组织和研究机构列席了续会，1个非缔约国、国际红十字会、WHO、国际原子能机构、国际遗传工程和生物技术中心以观察员身份参加了续会。

2)主要议题

第五次审议会议在首期会议期间共举行了6次全体会议，在续会期间又举行了3次全体会议。会议的主要议题集中在以下几方面。

(1)国家履约。德国介绍了本国禁止生物武器的立法工作及其最新进展，并指出其通过递交建立信任措施宣布资料、举行生物学与医学会议、在互联网上发布德军医务部门开展的医学研究与发展项目等措施，加强了本国在生物防御活动方面的透明度。巴西介绍了本国关于第4条的遵守情况，其具体措施包括制定相关立法、拟定敏感产品清单、成立管制敏感产品出口管理委员会等。

中国、古巴和印度等国家认为，《禁止生物武器公约》第3条妨碍了用于和平目的的设备和生物材料的转让，建议根据《禁止生物武器公约》第10条的有关规定，适当修改第3条的解释或说明。

(2)国际合作。澳大利亚介绍了本国在生物技术领域的技术援助、交流与合作；法国介绍了本国在生物学和医学及卫生领域的科学合作政策。澳大利亚、法国和意大利提交工作文件，建议采取措施加强《禁止生物武器公约》第10条。

不结盟运动和其他国家也建议采取措施加强《禁止生物武器公约》第10条，并建议建立国际合作和援助体制机制。

(3)建立信任措施。南非就加强建立信任措施提出了建议，其认为第三次审议会议确定的建立信任措施仅仅关注了与人类相关的研究和生产设施，建议增加动物和植物病原体的相关设施的申报。

(4)会间会进程。第五次审议会议就2003～2005年举行的会间会讨论议题进行了讨论，最终确定了5项议题，并对会议费用进行了预算。

(5)特设工作组。缔约国在1994年的特别会议上决定成立特设工作组，制定一份对于成员国具有法律约束力的协议草案。但是在2001年举行的第五次审议会议上，由于美国的反对未能如期通过这份协议草案。在2002年续会上，成员国主要讨论了三方面的问题，包括特设工作组的职权、对《禁止生物武器公约》执行情况的监督机制及一旦未能通过协议草案，成员国将进行的后续工作。

3)取得的主要成果

第五次审议会议上，美国提出特设工作组已经“死亡”，提议中止特设工作组及其职权，并反对重启多边谈判。最终，第五次审议会议仅通过“临时”程序性报告，休会1年。在欧盟等大力推动下，2002年第五次审议会议复会，通过了“后续行动”决定和此后会议的安排，然而《禁止生物武器公约》议定书的谈判进程已经就此搁浅。

在2002年11月11日第七次全体会议上，第五次审议会议核准了续会费用估计，并通过了主席关于续会工作计划保持灵活性的提议，也就是说，会议时间表将视需要与总务委员会及各区域集团协调员磋商后决定。

根据第五次审议会议复会决定，2003～2005年，每年举行一次缔约国会议及为缔约国会议作筹备的专家组会，讨论“国家履约措施”“生物安全”“对使用生物武器或可疑疫情的调查”“疫情监控”“科学家行为准则”5项议题。这5项议题具体内容如下：①采取必要的国家措施，包括制定有关刑事法律，以执行《禁止生物武器公约》所载的禁止规定；②确保和维护生物剂和毒素病原体的安全并进行监督的国家机制；③加强对指称使用生物及毒素武器的案件或可疑的疾病突发事件做出反应、进行调查和减轻后果的国际能力；④加强和扩大国家机构及国际机构在监测、检测、诊断和防治影响人类、动物和植物的传染性疾病方面所做的努力及现有的机制；⑤科学家行为准则的内容、公布和执行。

6. 第六次审议会议

1)概况

第六次审议会议于2006年11月20日至12月8日在瑞士日内瓦召开。103个缔约国和10个签约国参加了会议，联合国(包括联合国裁军事务部、联合国裁军研究所及联合国监测检查和视察委员会)及33个非政府组织和研究机构列席了会议，1个非缔约国、联合国粮食和农业组织、国际红十字会、国际刑警组织、阿拉伯国家联盟、禁止化学武器组织、WHO和世界动物卫生组织(World Organisation for Animal Health，OIE)以观察员身份参加了会议。

2)主要议题

在第六次审议会议上，缔约国研究了最近5年国际形势对《禁止生物武器公约》的影响，特别是恐怖主义威胁、生物技术迅速发展和SARS、禽流感等疾病引起的忧虑。大会逐条审议了《禁止生物武器公约》，讨论加强信任的措施，公约普遍性，科学合作与交流，生物恐怖主义，监督执行和核查，与WHO、国际刑警组织等相关机构的协调等问题。会议主要议题包括以下几个方面。

(1)国家履约。会议呼吁缔约国采取立法、行政、司法和其他措施，防止发展、生产、储存或以其他方式取得、保有或使用生物及毒素武器，用于武装冲突或敌对目的，并确保实验室和设施中的微生物、其他生物剂或毒素的安全。

加拿大提出建立问责机制，即实行“一揽子问责方案”，提高缔约国相互之间的问责程度。问责机制包括四个方面：第一，加强国家履约行动，鼓励缔约国定期报告国家履约立法进展情况；第二，要求缔约国更踊跃地递交建立信任措施宣布资料；第三，建立履约支持机构，监督缔约国《禁止生物武器公约》义务履行情况；第四，要求缔约国年度会议除了审议已确定的议题之外，也应讨论与《禁止生物武器公约》相关的最新情况。

德国就《禁止生物武器公约》第 6 条和联合国秘书长对指称使用化学武器与生物武器进行调查的机制发表观点。德国认为，在怀疑另一缔约国不遵守《禁止生物武器公约》的情况下，第 6 条为缔约国提供了一个程序；在这种情况下，缔约国可向联合国安全理事会提出指控，联合国安全理事会随后可按照《联合国宪章》的规定，在该指控的基础上着手进行调查。德国还建议审议会议邀请联合国秘书长在第七次审议会议上向缔约国通报对德国提议采取的措施。

美国就应对不遵守《禁止生物武器公约》的情况发表观点，提出不遵守《禁止生物武器公约》义务的缔约国对整个条约制度构成根本性挑战，必须认真加以对待。并指出美国已经采取了直接讨论、“遵约外交”(即美国通过与其他国家协商，帮助它们建立有效评估和应对不遵约情况开展工作的机制)、“锁定来源”(即针对指称使用情况进行调查，锁定生物武器来源及使用的行为方)等方式处理遵约问题。美国表示还将继续投入大量时间和精力评估不遵守《禁止生物武器公约》的情况，并酌情提出问题和关注。

(2)建立信任措施。法国代表欧盟提交工作文件，认为建立信任措施的执行没有达到最初的预期，为了在普遍性方面取得进展，应当通过技术改进和政策激励两类措施推进建立信任措施的进程。

阿根廷、玻利维亚、巴西等缔约国建议在新一轮缔约国年度会议中，讨论并改进建立信任措施。

瑞士提出了修订建立信任措施制度的建议，并提出了建立信任措施表格格式的具体修订建议，以使现有建立信任措施表格更加有效。

南非也注意到建立信任措施参与的普遍性问题，并认为如果建立信任措施目标清楚，对所要求的资料做出恰当规定，参与程度将有所增加。南非还建议加强对建立信任措施资料的管理，使全体缔约国都易于获取，从而促进建立信任措施进一步发挥加强《禁止生物武器公约》的作用。

(3)国际合作。第六次审议会议敦促缔约国采取积极措施，促进在平等和无歧视基础上的国际合作和技术转让，确保《禁止生物武器公约》的基本目标，并确保科学技术的普及完全符合《禁止生物武器公约》的和平目标和宗旨。欧盟、不结盟国家、伊朗和阿根廷等建议加强科学合作和技术转让，建议缔约国积极参与全球性的国际合作，并采取具体行动支持《禁止生物武器公约》第 10 条的执行。

(4)会间会进程。第六次审议会议讨论了2003～2005年缔约国年度会议工作成果。美国、欧盟、南非、新西兰、日本和不结盟国家分别在工作文件中，充分肯定了2003～2005年会间会发挥的作用，及其对实现《禁止生物武器公约》目标和宗旨做出的贡献，并建议在2006年以后审议会议闭会期间继续实行会间会进程，并讨论了新一轮会间会的讨论议题。

(5)履约支持机构。荷兰代表欧盟建议设在联合国裁军事务部的履约支持机构经过审议会议授权后，承担额外任务。例如，针对缔约国所有《禁止生物武器公约》相关事项设立联络中心，建立缔约国之间进行交流的标准渠道，协助缔约国努力促进普遍加入《禁止生物武器公约》等。

此外，加拿大、挪威和阿根廷等国也建议成立履约支持机构，并明确其职责。

(6)生物安全教育。英国提出通过建立科学家行为准则，解决生物科学两用性及生物科学滥用带来的挑战。英国认为应当建立一种工作伦理，让科学家认识到其工作有可能被滥用。具体措施包括：在教学中增加生物安全教育入门课程及滥用科学的潜在风险评估教育；鼓励研究资助者根据政策和程序，建立一种其所资助工作可能被滥用的风险管理程序；考虑到互联网公开发表工作成果可能被滥用所涉及的风险。与此同时，应当认识到科学家行为准则的落实是一项长期工作；行为准则数量可能不断增长；如果可能，需要从《禁止化学武器公约》的工作中吸取经验和教训。

3)取得的主要成果

第六次审议会议各缔约国就《最后宣言》达成一致，并为2007～2010年的专家组会和缔约国年度会议制订了工作计划，并取得了以下实质性成果。

(1)维持缔约国年度会议机制并确定六大议题。第六次审议会议决定，在2011年第七次审议会议之前，每年8月召开为期一周的专家组会，12月召开为期一周(2010年为期两周)的缔约国年度会议。并为2007～2010年的缔约国会议确定了6项讨论议题：①增强国家履约的途径和方法，包括加强国家立法的执行，强化国家及国家执法机构间的合作；②关于国家履约的区域间及亚区域间合作；③促进生物安全和生物安保的国家、区域和国际措施，包括实验室安全和病原体、毒素的安全监控问题；④旨在防止可能被用于《禁止生物武器公约》禁止目的的生物科学和生物技术成果的滥用，涉及监督和教育，提高认识，通过或拟定行为准则；⑤加强出于和平目的的生物科学和技术的国际合作、援助和交流，促进在疾病监测、检测和诊断及传染病遏制等领域的能力建设；⑥在任何指称使用生物及毒素武器的情况下，提供援助，并与相关国际组织协调，包括提高国家疾病监测、检测、诊断和公共卫生系统能力。

(2)成立联合国履约支持机构。第六次审议会议决定在联合国裁军事务部瑞士日内瓦办事处设立临时性履约支持机构。其职责如下：①推动缔约国之间的交流，以及国家、学术团体、非政府组织之间的交流；②帮助缔约国执行审议会议的决议；③承担缔约国建立信任措施宣布资料的编译、分发及建立在线数据库等任务。

此外，会议鼓励缔约国指定国家联络点，负责协调国内履约及其他缔约国和相关国际组织的联系。

(3)加强建立信任措施。第六次审议会议决定由履约支持机构制定建立信任措施宣布资料的电子格式，并创建向缔约国开放的建立信任措施网站，负责将各缔约国提交的建立信任措施宣布资料通过电子方式提供给所有缔约国，定期向缔约国通报建立信任措施填报材料，促进建立信任措施参与的普遍性信息的交流和使用。

7. 第七次审议会议

1)概况

第七次审议会议于 2011 年 12 月 5～22 日在瑞士日内瓦召开。104 个缔约国和 5 个签约国参加了会议，联合国(包括联合国裁军事务部、联合国裁军研究所及联合国区域间犯罪和司法研究所)及 47 个非政府组织和研究机构列席了会议，2 个非缔约国、非洲联盟、欧盟、国际红十字会、国际刑警组织、北大西洋公约组织、禁止化学武器组织、WHO 和世界动物卫生组织以观察员身份参加了会议。

2)主要议题

(1)国家履约。国家履约涉及《禁止生物武器公约》第 1～6 条，是《禁止生物武器公约》的核心内容，围绕国家履约的问题，各方均积极参与了磋商与谈判。大会经协商后决定，将国家履约问题作为下一轮会间会进程的常设议题之一，重点讨论内容如下：①全面履行《禁止生物武器公约》的各项特定措施，特别是《禁止生物武器公约》第 3 条和第 4 条；②加强国家履约的途径与方法，分享相关实践与经验，包括自愿性交换国家履约信息、加强国家立法、加强国家制度建设与执法等；③开展区域性与次区域性合作；④加强实验室生物安全与生物安保的国家性、地区性和国际性举措；⑤其他可能的与遵约相关的举措。

(2)科学技术审议。第七次审议会议一致同意，将与《禁止生物武器公约》相关的科学技术进展作为下一轮会间会的常设议题，拟重点讨论：①可能有悖公约条款的科技新进展；②可能对公约有益的科学技术新进展，包括与疾病的监测、诊断和消除有特别相关意义的进展；③加强国家生物风险管理的可能举措；④鼓励在科学家、学术界和企业界采取负责任的行为和自愿性的行为准则；⑤关于生命科学与生物技术的风险与获益的教育与意识提升；⑥与 WHO、世界动物卫生组织、联合国粮食及农业组织、国际植物保护公约、禁止化学武器组织等国际多边组织相关的科学技术进展；⑦其他与公约相关的科学技术进展。

第七次审议会议还确定了未来 4 年中每年的特定讨论内容：①2012 年讨论各种“使能技术”(enabling technology)的进展，如高通量 DNA 测序、合成和分析技术、生物信息学技术及其计算分析工具，还将讨论系统生物学；②2013 年讨论传染病的监测、发现、诊断和消除技术进展，包括能够引起人类、动物和植物患病的毒素；③2014 年讨论致病性、毒性、毒理学、免疫学及相关问题的研究进展；④2015 年讨论生物剂及毒素的生产、播撒和投送技术研究进展。

(3)国际合作与援助。国际合作一直是发达国家与发展中国家在生物军控领域分歧较大的议题，美国虽然会前反对建立国际合作的专门机制，但在第七次审议会议上表现出较为积极的姿态，愿意就国际合作问题与发展中国家进行讨论。第七次审议会议上，美国表示，愿意致力于传染病的监测、发现、诊断和防控能力建设及基础设施建设。对于南非提出的建立国际合作数据库的提议，不结盟运动和发展中国家表示支持，美国及其他西方国家未明确表示反对。

第七次审议会议最终决定，将国际合作作为下一轮会间会进程的常设议题之一，重点讨论：①缔约国在履行《禁止生物武器公约》第 10 条方面的进展报告，以及履约支持机构关于援助供求数据库的报告；②用于和平目的的国际生物科技援助、合作与交流面临的挑战与障碍及可能的克服手段，包括相关设备及材料；③全面履行《禁止生物武器公约》第 10 条的各项特定措施；④确定和动员各类资源的途径与方法，包括财政资源，特别是从发达国家到发展中国家的援助及来自国际或地区性组织的援助；⑤生物科技人力资源的教育、培训、交流、互访项目，特别是针对于发展中国家的；⑥通过国际合作开展生物安全与生物安保能力建设，以发现、报告、应对传染病疫情暴发或生物武器袭击，包括应急准备、响应、危机管理与消除等领域；⑦协调与其他相关国际或地区性组织的合作。

(4)建立信任措施。各方就修改建立信任措施宣布内容展开多轮磋商，主要围绕德国、挪威、瑞士三国提出的修改方案和南非提出的修改方案进行讨论。关于建立信任措施的地位问题，德国提出，建立信任措施不能解决遵约关切，呼应美国所提出的提高透明度与遵约信任的提法，发展中国家对此表示反对。

第七次审议会议最终决定：①修改建立信任措施宣布表格；②将加强建立信任措施作为新一轮会间会讨论的重点内容；③要求履约支持机构继续开发电子申报手段。

(5)促进公约普遍性。《禁止生物武器公约》目前有 165 个缔约国，与其他国际多边军控、裁军或不扩散条约相比，普遍性不足的问题依然突出。第七次审议会议上，各方就促进《禁止生物武器公约》普遍性问题无分歧，同意采取进一步实质性举措，促使更多的非缔约国加入《禁止生物武器公约》。

第七次审议会议最终在促进普遍加入问题上采取了与第六次审议会议相似的表述，要求缔约国：①通过与非缔约国的双边交往促进普遍加入；②通过区域及多边论坛和活动促进普遍加入；③酌情就它们的活动在缔约国年度会议上作汇报；④酌情就关于促进普遍加入的活动情况向履约支持机构汇报。

第七次审议会议要求各次缔约国年度会议的主席负责协调普遍加入方面的活动，与非缔约国联系，并就促进普遍性情况在缔约国年度会议上提交报告，向第八次审议会议提交进度报告。

第七次审议会议要求履约支持机构：①协助各次缔约国会议的主席执行相关决定；②综合、提供非缔约国在批准或接触方面的进展情况。

(6)履约支持机构。各方对履约支持机构5年来的表现表示高度赞赏，一致同意延长其授权至第八次审议会议，即2012～2016年。由于不结盟国家对履约支持机构扩大职能范围持谨慎态度，第七次审议会议最终明确其主要职能如下：建立并管理国际援助供求数据库，促进缔约国间相关信息交流；酌情协助缔约国落实本次审议大会所做出的决定和建议。

在是否同意向履约支持机构自愿捐款问题上，西方国家同不结盟国家存在较大分歧，第七次审议会议最终决定任何此类捐款必须完全透明、必须在履约支持机构的年度报告中详细说明、必须仅用于所授权的职能范围。

在是否同意履约支持机构扩大人员编制问题上，不结盟国家与发展中国家出于经费考虑持谨慎态度，第七次审议会议最终未能通过其编制扩大为5人的提议，并强调在人员编配上应遵循《联合国宪章》的地区平衡原则。

3)取得的主要成果

第七次审议会议取得的主要成果主要有以下几个方面。

(1)确定新一轮会间会程序及议题。经过各方多次谈判，第七次审议会议最终确定了新一轮会间会的程序及议题。关于英国等提出的建立常设工作组及美国等提出的赋予会间会决策权问题，发展中国家表示反对，最终未能获得第七次审议会议通过。第七次审议会议决定，沿用此前的会间会模式，即每年召开为期一周的专家组会和为期一周的缔约国年度会议。

新一轮会间会将设立3项常设议题，每年进行讨论，这3项议题如下：①合作与援助，特别是加强《禁止生物武器公约》第10条；②审议与《禁止生物武器公约》相关的科技进展；③加强国家履约。第七次审议会议还确定，以下两项议题将在下一轮会间会进程中分别讨论：在2012年和2013年将讨论如何更全面地参与建立信任措施宣布；在2014年和2015年将讨论如何加强《禁止生物武器公约》第7条，包括讨论缔约国提供援助与合作的详细程序与机制。

(2)改进建立信任措施宣布内容。第七次审议会议实现了对建立信任措施宣布内容的全面审查与改进，这是自1991年第三次审议会议以来，时隔20年首次修改建立信任措施申报表格。从修改结果来看，新的建立信任措施宣布在篇幅上有所精简，有利于缔约国减轻宣布负担，在内容上适当增加了与生物安全实验室和生物安全及生物安保相关的信息。

具体来看，原申报表格的C表(发表文章)、F表(既往进攻性生物武器计划)和G表(疫苗生产设施)无变化，主要修改集中在A表(生物安全实验室及国家生物防御计划)、B表(疫情信息)、D表(学术交流情况)和E表(相关立法)中。在A表中：一是明确最高等级生物安全实验室的判定标准依据最新版本的《WHO实验室生物安全手册》或世界动物卫生组织的《陆生动物手册》或其他相关国际组织制定的指南；二是在A1表增加第2部分，即如果没有4级实验室，应申报是否拥有3级和2级生物安全实验室。在B表中删除了原来的B1表，即传染病疫情暴发的背景信息，仅保留B2表，即非正常疫情信息，同时明确"目前尚无'非正常疫情'的通用判定标准"。原D表被全部删除，但在"0号宣布"中增加了鼓励缔约国公开学术交流情况的表述。在E表中增加了生物安全与生物安保相关立法及规章制度的申报内容。

(3)建立国际合作供求数据库。第七次审议会议决定建立一个数据库，以便在缔约国间促进援助与合作的供求信息交流。在自愿的基础上，邀请缔约国向履约支持机构提交关于国际援助的任何请求、需求或意向，包括和平利用生物剂及毒素的相关装备、材料和科技信息。这些请求或意向将存储在一个数据库中，该数据库由履约支持机构负责建立并管理，向所有缔约国开放。缔约国利用数据库信息，寻找匹配的援助请求和援助意向，并自行开展进一步联系。一旦匹配成功，缔约国将通知履约支持机构进行相应的数据库更新。缔约国也可以要求履约支持机构协助进行信息交流。

履约支持机构应每年就数据库使用情况提交报告，统计援助请求、援助意向和匹配情况，第八次审议会议将根据这些报告和年度缔约国会议的相关建议审议数据库的运行情况。

3.2.4　会间会

在2001年第五次审议会议上，美国退出核查议定书谈判，导致会议仅通过"临时"程序性报告，休会一年。在欧盟等大力推动下，在2002年举行的第五次审议会议复会上，通过了"后续行动"决定和此后会议的安排。根据第五次审议会议复会决定，2003～2005年，即到第六次审议会议之前，每年举行一次缔约国年度会议(meeting of the states parties)和一次缔约国专家组会(meeting of experts)，按年度分别讨论审议会议确定的议题。缔约国年度会议和缔约国专家组会统称为会间会(intersessional process)。

缔约国年度会议为期一周，会议的工作由下一次审议会议审议。在召开缔约国年度会议前举行为期两周的缔约国专家组会，其实质是缔约国年度会议的筹备会议，为缔约国年度会议作技术准备，缔约国专家组会的工作也将由下一次审议会议予以审议。会间会是一种论坛性质的多边会议，有利于促进各缔约国间的互相交流、达成共识，为国际社会探寻全面加强《禁止生物武器公约》的有效途径和措施保留了磋商与研究的平台。但是，会间会不具有决策权，只有建议权，《禁止生物武器公约》的任何重要决定必须在审议会议上以协商一致的方式通过。至今，《禁止生物武器公约》已经经历了两轮会间会进程，在 2011 年年底举行的《禁止生物武器公约》第七次审议会议上，确定了第三轮会间会程序及议题。

1. 2003～2005 年会间会

根据第五次审议会议《最后文件》规定，2003～2005 年举行了 3 次缔约国专家组会和三次缔约国年度会议，讨论第五次审议会议确定的 5 项议题。

1)2003 年缔约国专家组会

(1)概况。2003 年缔约国专家组会于 2003 年 8 月 18～29 日在瑞士日内瓦召开。这次会议是根据 2001 年第五次审议会议决议而召开的首次专家组会议，是国际社会为加强《禁止生物武器公约》采取的首次实质性举措，同时也是美国拒绝《禁止生物武器公约》核查议定书后在《禁止生物武器公约》多边框架下召开的第一次国际会议，具有重大和深远的意义，因此得到了各缔约国和国际组织的普遍重视。83 个《禁止生物武器公约》缔约国、2 个签字国、1 个非签字国、4 个联合国机构参加了会议，8 个政府间国际组织、15 个非政府组织和研究机构列席了会议。

2003 年缔约国专家组会主要以论坛形式，由各缔约国陈述本国履约立法及生物安全防护情况，并提交工作文件。与会的各缔约国会前都做了大量准备工作，多数代表团在会上做了发言，共提交工作文件 60 余份，各缔约国会下双边磋商频繁。会议期间，非政府组织及政府间国际组织还分别做了多项专题发言。

与过去进行议定书谈判的政府专家组会议完全不同，本次专家组会议形同学术研讨会，各代表团的发言更像是学术报告，听会者提问，报告者解答，会上不再出现针锋相对的激烈场面。会上也很难看出过去议定书谈判中以谈判立场划分的不同国家阵营。以美国、英国、德国为代表的西方大国在会上异常活跃，积极阐述各自的立场、观点及具体做法。

(2)主要议题及进展。2003 年缔约国专家组会集中讨论了两项议题：一是各国履行《禁止生物武器公约》禁止条款的国家措施，包括刑事立法情况；二是各国建立与维护致病微生物及毒素安全的保障措施，以及建立生物安全监督机制的情况。会上，各国专家进行了广泛而有益的交流，达成了一些共识，如各缔约国有必要制定、加强涵盖《禁止生物武器公约》各禁止条款的国家刑事立法，制定生物安全标准、程序及相应的监督机制等。这些共识有利于各国采取必要措施，防止和禁止发展、生产、储积、获取和保有生物武器，防止致病微生物和毒素被用于生物武器或生物恐怖目的，也有利于维护公众的健康和安全。

美国政府代表团向2003年缔约国专家组会议主席提交了工作文件，建议根据美国的做法(包括颁布执行《禁止生物武器公约》第4条的刑事立法、颁布针对限制接触某些特定生物制剂的法律法规、制定与人类疾病有关的生物制剂与毒素清单等措施)，要求缔约国在会议上讨论并建立相应的法律措施。我国代表在会上共做了15项发言，全面介绍了我国相关履约立法、生物防护与生物安全管理方面的情况，与美国、英国、日本、德国、澳大利亚、南非、意大利、伊朗等十几个国家进行了双边磋商，显示了积极的参会态度与负责任的大国形象。

2003年缔约国专家组会闭幕会议上，专家组会以协商一致的方式通过了程序性报告(BWC/MSP.2003/MX/4Part Ⅰ和Part Ⅱ)，但没有形成任何实质性措施。

2)2003年缔约国年度会议

(1)概况。2003年缔约国年度会议于2003年11月10～14日在瑞士日内瓦召开，由匈牙利的蒂博尔·托特大使担任会议主席。92个缔约国和4个签约国参加了会议，联合国(包括联合国裁军研究所、联合国监测核查和视察委员会)及9个非政府组织和研究机构列席了会议，2个非缔约国、国际红十字会和WHO以观察员身份参加了会议。此次会议是在2001年关于制定《禁止生物武器公约》核查议定书的谈判失败后，国际社会为加强《禁止生物武器公约》的有效性而采取的实质性行动，因而引起了舆论的关注。

(2)主要议题及进展。2003年缔约国年度会议主要围绕两个议题展开讨论：一是如何采取必要的国家措施，包括制定有关刑事法律，以执行《禁止生物武器公约》所载的禁止规定；二是确保和维护微生物及毒素病原体的安全并进行监督的国家机制。

在2003年缔约国年度会议上各缔约国注意到，尽管151个《禁止生物武器公约》缔约国的法律和宪法程序各不相同，但基本做法相差不多，且奉行共同的原则。各缔约国强调，有必要根据其义务和责任在国家一级开展活动，以加强和执行《禁止生物武器公约》。其建议的具体做法如下：①审查各项可确保有效执行《禁止生物武器公约》的禁止规定，审查可加强病原体及毒素安全的国家法律措施，包括管制措施和刑事措施，并在必要时制定或修订这类措施。②法律和宪法程序不同的各缔约国之间进行合作可产生积极的效应。有能力的缔约国不妨向提出请求的其他缔约国提供法律和技术援助，以协助它们拟定或加强其在国家执行和生物安全领域的法律和管制条例。③需要采取全面而具体的国家措施，以维护病原体保藏的安全，并确保其用于和平目的。各方一致确认生物安全措施和程序的重要作用，它们可确保这类危险物质不致落入危险人物手中以用于违反《禁止生物武器公约》之用途。

3)2004年缔约国专家组会

(1)概况。2004年缔约国专家组会于2004年7月19～30日在瑞士日内瓦万国宫召开，由南非的彼得·古森大使担任主席。87 个缔约国和 4 个签约国参加了会议，联合国(包括联合国裁军研究所)及 11 个非政府组织和研究机构列席了会议，2 个非缔约国、联合国粮食及农业组织、国际红十字会、WHO 和世界动物卫生组织以观察员身份参加了会议。

(2)主要议题及进展。2004 年缔约国专家组会上，各国就传染病疫情监测、加强对指称使用生物武器和可疑突发疫情调查及应对的国际能力两项议题进行了讨论，交流了经验和做法，并提出了有益的意见和建议，充分体现了各国对多边进程的高度重视和支持。会议主席负责编写了一份文件，总结了各国代表团的观点、建议、结论和提案，为 2004 年 12 月的缔约国年度会议作准备。

中国代表团在 2004 年缔约国专家组会上提交了《关于加强对指称使用生物武器及可疑突发疫情调查和应对的国际能力》的文件。该文件指出，无论是指称使用生物武器调查，还是可疑突发疫情调查，既要保证严格履约，又要公正、合理、有效，以切实保护被查国正当、合理的权利，避免浪费调查资源及给被查国造成不必要的损失。为提高应对指称使用生物武器和可疑突发疫情的能力，各缔约国和国际社会可在以下几方面多做工作：①加强国内立法，建立严格的法律体系；培养专业队伍，重视资源投入，在人力和物力上予以保障；加强公共卫生基础设施建设，完善疾病监测、预防与控制体系；加强科学研究，提高疾病预防控制能力和科学技术水平，增强民众的自我保护意识和防范意识。②有能力的缔约国可应疫情受害国的请求，提供资金、技术等方面的支持，相关国际组织也可发挥人才和技术优势，提供援助。③相关国际组织和缔约国可举办一些相应的培训班和研讨会，探讨在新形势下如何消除和避免疫情暴发造成的不良后果。

4)2004 年缔约国年度会议

(1)概况。2004 年缔约国年度会议于 2004 年 12 月 6～10 日在瑞士日内瓦万国宫召开，由南非的彼得·古森大使担任主席。89 个缔约国和 5 个签约国参加了会议，联合国(包括联合国裁军研究所)及 14 个非政府组织和研究机构列席了会议，2 个非缔约国、联合国粮食及农业组织、国际红十字会、WHO 和世界动物卫生组织以观察员身份参加了会议。

(2)主要议题及进展。2004 年缔约国年度会议主要围绕两个议题展开讨论。

第一议题是如何加强和扩大国家机构与国际机构在监督、检测、诊断，以及防治影响人类、动物和植物传染性疾病方面所做的努力及现有的机制，促进共识并推动采取有效行动。缔约国一致认为：①应当支持相关国际组织在监测、检测、诊断和防治传染性疾病方面的现有网络，并致力于加强 WHO、联合国粮食及农业组织、世界动物卫生组织按其职权范围，继续发展、强化和研究迅速、有效和可靠的传染性疾病监测、检测、诊断和防治活动的方案，包括针对受到国际关注的紧急情况的方案；②应当尽可能提高国家和区域的疾病监测能力，并在有能力和达成必要协议的情况下帮助和鼓励其他缔约国提高此种能力；③应当致力于改善疾病监测方面的信息交流，包括与 WHO、联合国粮食及农业组织和世界动物卫生组织的通信及各缔约国之间的信息交流。

第二议题是如何加强对指称使用生物或毒素武器或可疑的疾病突发事件做出反应、进行调查和减轻后果的国际能力，促进共识并推动采取有效行动。缔约国一致认为：①应当继续与相关国际组织和区域组织合作，发展本国在做出反应、进行调查和减轻后果方面的能力，并在有能力和达成必要协议的情况下帮助和鼓励其他缔约国提高此种能力；②应当在第六次审议会议上特别考虑进一步发展在指称使用生物武器或发生可疑疾病突发的情况下，有能力的国家向其他缔约国提供援助的现有程序。

5)2005 年缔约国专家组会

(1)概况。2005 年缔约国专家组会于 2005 年 6 月 13～24 日在瑞士日内瓦万国宫召开，由英国的约翰·弗里曼大使担任主席。82 个缔约国和 3 个签约国参加了会议，联合国(包括联合国裁军事务部、联合国裁军研究所及联合国监测核查和视察委员会)及 16 个非政府组织和研究机构列席了会议，1 个非缔约国、联合国粮食及农业组织、国际遗传工程和生物技术中心、国际红十字会、经济合作与发展组织、禁止化学武器组织、联合国教育科学及文化组织、WHO 和世界动物卫生组织以观察员身份参加了会议。此外，应 2005 年缔约国专家组会主席的邀请，23 个学术和实业团体作为嘉宾参加了公开会议的非正式讨论。

(2)主要议题及进展。2005 年缔约国专家组会的主要议题是科学家行为准则。中国代表团在此次专家组会上提交了《中国关于制定和实施科学家行为准则的观点和做法》的工作文件。该文件介绍了中国各界采取的一系列规范科学家行为的措施，指出中国高度重视生物科学家和从业人员的行为准则问题。会议主席负责编写了一份文件，总结了各国代表团的观点、建议、结论和提案，为 2005 年 12 月的缔约国年度会议作准备。

6)2005 年缔约国年度会议

(1)概况。2005 年缔约国年度会议于 2005 年 12 月 5～9 日在瑞士日内瓦万国宫召开，由英国的约翰·弗里曼大使担任主席。87 个缔约国和 7 个签约国参加了会议，联合国(包括联合国裁军事务部、联合国裁军研究所及联合国监测核查和视察委员会)及 18 个非政府组织和研究机构列席了会议，2 个非缔约国、国际遗传工程和生物技术中心、国际红十字会、经济合作与发展组织、禁止化学武器组织以观察员身份参加了会议。

(2)主要议题及进展。2005 年缔约国年度会议主要讨论了科学家行为准则的内容、公布和履行，促进共识并推动采取有效行动。通过一般性辩论和讨论，各缔约国认识到，虽然缔约国对执行《禁止生物武器公约》负有首要责任，但从事与

《禁止生物武器公约》相关领域工作的科学家若自愿遵守行为准则，将有助于实现《禁止生物武器公约》的宗旨和目标，可与包括国家立法在内的其他措施一道，对抵御生物及毒素武器目前和未来造成的威胁做出重要的实质性贡献，并可提高对《禁止生物武器公约》的认识，有助于履行其法律、管理和专业义务及道德原则；所有对行为准则负有责任或拥有正当权益的人士都应参与行为准则的制定、公布和通过；行为准则的内容要遵循国内立法和规章；必须利用和协调现有的努力，并避免采取代价高昂的重复措施履行行为准则；行为准则只有在准则本身及其基本原则为人们广泛知悉和理解的情况下才能发挥最大的效力，需要通过适当的渠道，在公布准则一事上做出持续的努力。

2. 2007～2010 年会间会

根据《禁止生物武器公约》第六次审议会议《最后文件》规定，2007～2010 年举行了 4 次缔约国专家组会和 4 次缔约国年度会议，讨论第六次审议会议确定的 6 项议题。

1)2007 年缔约国专家组会

(1)概况。2007 年缔约国专家组会于 2007 年 8 月 20～24 日在瑞士日内瓦万国宫召开，由巴基斯坦的马苏德·汗大使担任主席。93 个缔约国和 5 个签约国参加了会议，联合国(包括联合国裁军事务部和联合国裁军研究所)及 10 个非政府组织和研究机构列席了会议，1 个非缔约国、非洲联盟委员会、国际红十字会、国际刑警组织、阿拉伯国家联盟及禁止化学武器组织以观察员身份参加了会议。

(2)主要议题及进展。2007 年缔约国专家组会深入讨论加强国家履约措施和区域履约合作两项议题。各方全面介绍在履约立法、执法及相关国际合作方面的做法和建议，达到了互通有无、增进理解、促进合作的目的。会议主席根据专家组会议成果提交的《各方履约相关做法和建议汇编》及《综合文件》全面总结了会议情况和各方主张，提出了很多有益建议，为 2007 年 12 月的缔约国年度会议作准备。

中国裁军大使成竞业介绍了中国不断完善国家履约能力的情况：第一，建立健全履约立法，采取有效措施，确保严格执法。在立法方面，中国政府颁布和实施了一系列法律法规，内容涵盖《禁止生物武器公约》禁止条款、出口管制、生物安全及安全保卫、公共卫生、传染病监控等领域，形成了较为完备的履约法律体系，并不断加以完善和更新。在执法方面，中国政府严格执法，依法惩处违法行为。第二，建立职能明确、协调有效的国家履约机制。中国建立了由外交部、国防部、农业部、卫生部、商务部、海关总署等相关政府主管机构组成的履约机制。各部门各司其职，形成了明确分工和协调机制，确保各项履约法规和措施的贯彻落实。第三，加强履约法律法规的宣传和普及，举办各种研讨会、培训班，重点提高相关企业、科研教育机构和人员知法、守法和自律意识。成竞业还指出，促进全面、忠实履行《禁止生物武器公约》义务需要国际社会的共同努力，中国支持在促进国家履约方面开展全球、区域及次区域合作，在平等、协作、互相尊重的基础上，通过技术交流、资金资助、地区性研讨会等形式，帮助有关国家提升履约能力和水平。成竞业表示，中国愿与各方一道，充分利用缔约国专家组会，进一步就履约相关问题加强沟通与合作，共同维护多边生物军控进程。

2)2007年缔约国年度会议

(1)概况。2007年缔约国年度会议于2007年12月10～14日在瑞士日内瓦万国宫召开，由巴基斯坦的马苏德·汗大使担任主席。95个缔约国和6个签约国参加了会议，联合国(包括联合国裁军事务部和联合国裁军研究所)及20个非政府组织和研究机构列席了会议，2个非缔约国、欧盟委员会、联合国粮食及农业组织、国际红十字会、国际刑警组织、阿拉伯国家联盟、禁止化学武器组织、WHO、世界动物卫生组织以观察员身份参加了会议。

(2)主要议题及进展。2007年缔约国年度会议主要围绕两个议题展开讨论：一是制定国内落实，包括执行国家立法的方式方法，加强国内体制及国内执法机构之间的合作；二是执行《禁止生物武器公约》的区域和次区域合作。缔约国审议了如何加强《禁止生物武器公约》的国家执行，并认识到必须考虑到各国的国情及法律和宪法程序，同意有效的国家措施在履行《禁止生物武器公约》义务方面具有关键作用。缔约国还同意有必要在全国管理、协调、执行和定期审查这些措施，以确保其有效性。2007年缔约国年度会议认识到，充分执行《禁止生物武器公约》的所有规定有助于经济和技术发展，有助于推动和平生物领域的国际合作。

中国代表团团长王群在2007年缔约国年度会议上指出，中国一贯高度重视《禁止生物武器公约》全面、有效实施，积极致力于并认真做好履约立法、执法、履约机制建设和参与履约合作的各项工作，并对切实加强国家履约措施和履约合作提出4项建议：①建立健全涵盖《禁止生物武器公约》各方面的履约立法体系，并采取有效措施，确保严格执法；②设立职能明确、协调有效的国家履约机制，确保履约法规和措施的贯彻落实；③通过各种形式加强《禁止生物武器公约》和履约立法的宣传普及，培训履约人员，加强履约能力建设；④遵循平等、协作和相互尊重的原则，积极参与区域、次区域和双边履约合作，向有需要的国家特别是发展中国家提供履约协助，共同促进生物领域的国际交流，提高履约水平。王群还指出，自《禁止生物武器公约》生效以来，《禁止生物武器公约》普遍性稳步提高，在全面禁止和彻底销毁生物武器、防止生物恐怖活动和防止生物武器扩散方面发挥了不可替代的重要作用。面对恐怖主义和传染病流行等新挑战，各国应充分利用《禁止生物武器公约》的重要多边平台，加强合作与交流，促进履约及其他各项能力建设。

3)2008 年缔约国专家组会

(1)概况。2008 年缔约国专家组会于 2008 年 8 月 18～22 日在瑞士日内瓦万国宫召开，由前南斯拉夫的马其顿共和国乔治·阿夫拉姆切夫大使担任主席。此次会议共有 500 余名代表参加。94 个缔约国和 4 个签约国参加了会议，联合国(包括联合国裁军事务部、联合国裁军研究所、联合国环境规划署、联合国安全理事会)及 15 个非政府组织和研究机构列席了会议，3 个非缔约国、欧盟委员会、基因工程和生物技术国际中心、国际红十字会、经济合作与发展组织、联合国教育科学及文化组织、WHO、世界动物卫生组织以观察员身份参加了会议。此外，应 2008 年缔约国专家组会主席的邀请，13 个学术和实业团体作为嘉宾参加了公开会议的非正式讨论。

(2)主要议题及进展。2008 年缔约国专家组会有两个议题：一是制定生物安全和生物安全保障的国家、地区和国际措施，包括病原体和毒素实验室安全及安保；二是监督、教育、提高认识、拟定和通过行为守则，争取防止在生物科学和生物技术研究的进展中发生可能用于《禁止生物武器公约》禁止目的的滥用情况。在此次会议上，各参会代表共进行 79 次发言或陈述，参会国家共提交 35 份工作文件，非政府组织做了 11 次主题发言，主要取得了以下进展。

第一，明确“生物安保”和“生物安全”的不同含义。2008 年缔约国专家组会深入讨论了“生物安保”和“生物安全”这两个概念的差别，以及如何通过国家及国际两个层面的努力改善生物安保和生物安全。澳大利亚等代表团强调区分这两个概念的重要性，指出“生物安保”是指降低故意利用生物剂造成人为伤害的可能性，而“生物安全”是指保护人员及环境免遭非故意的生物剂损害，包括防止生物剂的意外泄漏等。会议讨论认为，二者之间有本质差别，即“生物安全”是保护人员免受危险病原体的侵害，而“生物安保”是保护病原体以防止被危险人员所用。

第二，就科学家行为准则的重要性达成共识。2008 年缔约国专家组会与会代表普遍认为，对于接触敏感生物材料的科学家来讲，加强教育和从思想上重视非常重要。伊朗代表指出，应同时在国有和私有机构中提高科学团体对此的重视程度，这是促进国家履约的重要且有效的因素。布拉德福德大学和日本国防医科大学的代表指出，世界上许多生命科学家对《禁止生物武器公约》及自身义务的认知度还比较低。在欧洲，虽然生物安全教育已经比较普及，但针对生物安保、两用技术及科学家行为准则的教育还很少。英国埃克塞特大学的代表呼吁，各缔约国在 2008 年 12 月的缔约国年度会议上应就以下两点达成共识：①个人的良好愿望不足以防止科学的滥用；②所有研究人员都应接受有效的培训和指导，以防止出现谬用。

第三，深入研讨增加生物防御研究透明度的机制。增强生物防御研究的透明度问题也得到了与会专家的广泛关注。其中，来自美国军控与防扩散中心的阿兰·皮尔森的报告引人注目。皮尔森指出，近年来许多国家的生防研发计划发展很快，容易引起误解，应该增加这些活动的透明度。但是，许多国家担心，信息的过度公开将导致本国防御体系更加脆弱。皮尔森认为，各国之间可以建立一种国家履约综述机制，这种综述可采用不同的模式。例如，一些缔约国对其生防计划及活动进行年度综述，而其他一些缔约国则在每一项研究活动开始之前就进行综述。皮尔森认为，缔约国在综述过程中共享它们的研究信息，有助于防止出现“生防军备竞赛”。

第四，广泛讨论了其他相关议题。2008 年缔约国专家组会还就如下议题展开了广泛讨论，即建立国际标准、加强实验室防护措施、防止未经授权接触高危设施、通过设立外部认证程序改进生物安全和生物安保的标准、加强病原微生物管理、改进风险评估方法、加强地区及国际合作、改进运输方法、对科学家及学生进行培训以增强他们对《禁止生物武器公约》的认识、针对官员及科学家举办培训班或研讨会等。

(3)值得关注的问题。2008 年缔约国专家组会值得关注的问题如下。

第一，高等级生物防护实验室增加迅猛。WHO 的代表指出，美国的生物安全 3 级和 4 级实验室数量快速增加，导致这一现象有全球化的趋势，进一步发展下去有失控的可能性。对这个问题，WHO 表示应该一分为二地看待。一方面，一些国家会面对各种疾病的暴发却缺乏生物安全 3 级防护能力，对这些国家来说，高等级生物安全实验室对保证生物安全是十分必要的；另一方面，一些国家的高等级生物安全实验室规模已经超过了实际的需求，这将引发其他国家的质疑。例如，格鲁吉亚在 2008 年缔约国专家组会上提出，巴西正在新建 12 个新的生物安全 3 级实验室，并还可能增加 1 个生物安全 4 级实验室；而美国在本国的高等级生物安全实验室不断增加的情况下，却极力要求格鲁吉亚将高危病原体集中管理。

第二，发达国家与发展中国家之间的观点差异。发达国家往往更强调各国所承担的生物安保义务。例如，美国指出，切实履行生物安保义务可以更有效地遏制恐怖主义和其他非政府势力对生命科学的恶意使用，这是评价缔约国履约程度的重要指标。而发展中国家一方面同意生物安保的重要性，另一方面也同样关注生物安全的问题，因为在其国家内部，生物安全的问题往往更加突出。此外，发展中国家更加强调科技合作在生物安全和生物安保中的重要性，担心过于严格的生物安保措施和科学家行为准则会妨碍科技合作和信息技术交流，从而影响本国的生物技术发展。

(4)对 2008 年缔约国专家组会的评价。从与会各方的评价来看，2008 年缔约国专家组会是一次成功的会议。本次会议主席在进行总结时称：“面对现代生物技术在规模及地理范围上的快速扩展，防止生物技术的误用及谬用是生物学家所面临的重大挑战。本次会议在这方面向前迈了一大步。与会者人数众多且分布广泛，这证明《禁止生物武器公约》专家组会是确保生命科学研究仅用于造福人类的理想论坛。”

4)2008 年缔约国年度会议

(1)概况。2008 年缔约国年度会议于 2008 年 12 月 1～5 日在瑞士日内瓦万国宫召开，由前南斯拉夫的马其顿共和国的乔治·阿夫拉姆切夫大使担任主席。97 个缔约国和 5 个签约国参加了会议，联合国(包括联合国裁军事务部、联合国裁军研究所)及 17 个非政府组织和研究机构列席了会议，1 个非缔约国、欧盟委员会、国际红十字会、国际刑警组织、WHO 和世界动物卫生组织以观察员身份参加了会议。

(2)主要议题。2008 年缔约国年度会议巩固和加强了 2008 年 8 月缔约国专家组会的工作成果，主要讨论了以下两个议题：一是审议改善生物安全和生物安保，包括实验室病原体和毒素的安全和安保的国家、地区和国际措施；二是审议监督、教育、提高认识、拟定和通过行为准则，争取防止在生物科学和生物技术研究的进程中发生可能用于《禁止生物武器公约》禁止目的的滥用情况。

(3)主要进展。由于有了 2008 年缔约国专家组会的讨论基础，在 2008 年缔约国年度会议上，各国就生物安全和生物安保在《禁止生物武器公约》中的含义有了更多共识，均强调应当重视对生物安全和生物安保的监督、宣传和教育，并提出了提高生物安全和生物安保能力的措施。各国也认识到，保证生命科学研究人员履行《禁止生物武器公约》的责任也是至关重要的，研究人员应充分了解其研究的内容、目的及潜在的社会、环境、健康和安全影响。另外，还应鼓励生物研究人员积极预测生物剂和生物毒素被误用或谬用后产生的威胁，其中包括生物恐怖的威胁。

在求同存异的基础上，各国也分别阐述了各自的看法与做法，归纳起来主要有以下几点：①各国在生物进程方面反映出不同动向。俄罗斯强调，重启议定书谈判和核查机制；除美国对履约进程只字未提外，其他发达国家认为目前履约进程良好，并要求进一步加快履约进程。②西方国家和不结盟国家对生物安全的侧重点不同。西方国家强调履约以防扩散和反恐为主要出发点，而不结盟国家所代表的发展中国家由于生物安全和生物安保基础设施薄弱，强调要通过国际援助加强生物安全能力建设。③由于生物技术对《禁止生物武器公约》的影响越来越大，各方均提出应加强对生物技术的监督机制。俄罗斯、瑞士、欧盟提出定期审议科学发展委员会，而不结盟国家认为政府应发挥主导作用。④美国提出应对从事生命科学研究的研究生进行相关教育，对大学生进行强制性《禁止生物武器公约》和生物安全等教育。发展中国家承认宣传教育的重要性，但科学家行为准则应为自愿制定，且以现有国家法律标准体系为基础。⑤俄罗斯提出在《禁止生物武器公约》框架下成立“科学咨询委员会”，但由于没有其他国家或组织呼应，最终没有列入会议报告的建议中。

2008年缔约国年度会议通过了主席关于促进普遍加入《禁止生物武器公约》活动的报告、《禁止生物武器公约》普遍性报告、履约支持机构的报告和本次会议的综合报告。

5)2009年缔约国专家组会

(1)概况。2009年缔约国专家组会于2009年8月24～28日在瑞士日内瓦万国宫召开，由加拿大的马吕斯·格里纽斯(Marius Grinius)大使担任主席。96个缔约国和4个签约国参加了会议，联合国(包括联合国裁军事务部、联合国裁军研究所、联合国区域间犯罪和司法研究所)及16个非政府组织和研究机构列席了会议，3个非缔约国、欧盟委员会、欧洲疾病预防控制中心、联合国粮食及农业组织、国际红十字会、国际科学和技术中心、WHO、世界动物卫生组织以观察员身份参加了会议。此外，应2009年缔约国专家组会主席的邀请，10个学术和实业团体作为嘉宾参加了公开会议的非正式讨论。

(2)主要议题及进展。2009年缔约国专家组会旨在增进相互了解，讨论加强国际合作与援助，交流和平目的的生物技术，促进传染病监测、检测、诊断和洗消能力建设。本次会议针对能力建设进行了重点讨论，讨论集中在以下两个方面：①针对那些确实需要帮助的缔约国，评估其能力建设的需求；②有能力的缔约国和国际组织应当提供相关领域的援助和支持。

2009年缔约国专家组会其他讨论内容包括：①加强信息交流，增强缔约国与国际组织的合作；②支持缔约国履行《国际卫生条例(2005)》；③疾病监测的公私合作；④人力资源训练和建设投资；⑤疾病管理标准操作规程制定；⑥发展中国家和发达国家的实验室合作；⑦新疫苗的研发；⑧发展中国家的新型支撑能力建设；⑨地区卫生系统的建立；⑩促进履约机制的建立。

2009年缔约国专家组会主席负责编写了一份文件，总结了各国代表团的观点、建议、结论和提案，为2009年12月的缔约国年度会议作准备。在总结这次缔约国专家组会时，大会主席加拿大大使马吕斯·格里纽斯强调，目前已经有诸多可以利用的资源，援助与合作活动也已经展开。但更重要的是，在能力建设和资源方面还存在很多挑战和不足，在合作与研发方面还存在很多困难和障碍。

6)2009年缔约国年度会议

(1)概况。2009年缔约国年度会议于2009年12月7～11日在瑞士日内瓦万国宫召开，由加拿大的马吕斯·格里纽斯大使担任主席。100个缔约国和6个签约国参加了会议，联合国(包括联合国裁军事务部、联合国裁军研究所、联合国区域间犯罪和司法研究所)及14个非政府组织和研究机构列席了会议，2个非缔约国、欧盟委员会、国际红十字会、禁止化学武器组织和WHO以观察员身份参加了会议。

(2)主要议题。2009 年缔约国年度会议的主要议题是加强用于和平目的的生物科学和技术的国际合作、援助和交流，促进疾病监测、检测和诊断及传染病遏制等领域的能力建设，为需要援助的缔约国确定提高能力方面的需求和要求，为有能力的缔约国及国际组织提供与这些领域有关的援助机会。

(3)主要进展。2009 年缔约国年度会议与会各方在本次会议上达成多项共识，概括起来有如下 4 个方面：一是一致同意各缔约国共同努力，促进传染病监测、检测和诊断的能力建设，并认为这种能力建设对实现《禁止生物武器公约》目标具有直接的支持作用。二是强调有效的基础设施和人力资源建设对于疾病监测的重要性；强调结合受援助国家的需求开展援助，以确保其能力的可持续性；强调确保各利益相关方在这些受援助国家的长期权益和参与。三是加强能力建设活动的整体配合，以便更有效地利用稀缺资源以对抗传染病，无论传染病的发生原因如何；确保各种相关活动的有效合作、减少重复建设，确保更加全面的能力建设。四是在肯定已有的双边、地区性和多边援助、合作与伙伴关系基础上，认识到在进一步发展国际合作、援助和生物科技交流方面，仍然存在一些挑战，而应对这些挑战将有助于各缔约国建设更充分的疾病监测、检测、诊断和封堵能力。

(4)美国代表团开展的工作。2009 年缔约国年度会议上，美国负责军控与国际安全的副国务卿艾伦·陶舍尔于 2009 年 12 月 9 日代表美国政府发言，明确表示美国不会寻求恢复《禁止生物武器公约》核查机制谈判。陶舍尔称，奥巴马政府希望加强履行《禁止生物武器公约》，以应对越来越多的恐怖主义和各种传染性疾病的威胁。但是，履约核查是极其困难的，生物武器计划很容易隐藏在合法活动之中，同时，生物学研究的迅速发展使发现违约行为非常困难。

陶舍尔还宣布了奥巴马政府于 2009 年 12 月 8 日批准的《应对生物威胁国家战略》。陶舍尔指出，“奥巴马政府充分认识到，如果在世界上某个大城市发生大规模生物武器攻击，将带来如同核攻击一样的大量伤亡、经济损失和心理创伤”。随着生命科学研究的日益发展和广泛使用，一些团体和国家已经有能力获得生物武器。这意味着美国对生物恐怖的关注程度要超过生物战。《应对生物威胁国家战略》旨在促进生命科学发展，以应对传染病的威胁；建立防止生命科学误用的标准和规范；实施协调方案，来影响、发现、约束和阻止那些企图误用科学技术进展伤及无辜群众的人。该战略还要求美国政府机构与 WHO 合作，帮助其他国家应对甲型 H1N1 流感等各种自然疫源性传染病的暴发，也有助于提高其应对生物恐怖的能力。

(5)对 2009 年缔约国年度会议的评价。2009 年缔约国年度会议主席格里纽斯大使对本次会议做出积极评价。在谈到本次会议通过的报告时，他表示，这份报告“有益且实用”，有助于各国的疾病监测能力建设，有助于加强国际合作、援助和生物科技交流。他指出："我确信这份文件将可以经受时间的考验，成为一个连接下次审议会议的有益桥梁。"他还指出，各缔约国均已认真承担各项公约规定的责任，说明一个针对生物武器的条约同样可以帮助我们应对传染病。

7)2010 年缔约国专家组会

(1)概况。2010 年缔约国专家组会于 2010 年 8 月 23～27 日在瑞士日内瓦万国宫召开，由智利的佩德罗·奥亚尔塞大使担任主席。89 个缔约国和 4 个签约国参加了会议，联合国(包括联合国裁军事务部与联合国区域间犯罪和司法研究所)及 16 个非政府组织和研究机构列席了会议，2 个非缔约国、欧盟委员会、联合国粮食及农业组织、国际刑警组织、经济合作与发展组织、禁止化学武器组织、WHO 和世界动物卫生组织以观察员身份参加了会议。此外，应 2010 年缔约国专家组会主席的邀请，两位学术专家作为嘉宾参加了公开会议的非正式讨论。

2010 年缔约国专家组会会前，奥亚尔塞主席向与会代表分发了由履约支持机构准备的 3 份背景文件，即《先前在〈禁止生物武器公约〉之下达成的与在发生指称使用生物或毒素武器的情况下提供援助和进行协调相关的协议和理解》、《国际组织在发生指称使用生物或毒素武器的情况下提供协助和协调的作用》和《防备和应对指称使用生物或毒素武器情况的技术指南》。本次会议通过了最后报告，与会议主席提出的各方观点经汇编后，一并提交 2010 年年底的缔约国年度会议审议。

(2)主要议题。2010 年缔约国专家组会的主题是，在任何缔约国的请求下，就指称使用生物或毒素武器，提供协助与协调，包括提高国家的疾病监测、发现、诊断和公共卫生系统的能力。

各缔约国就如下议题展开了一般性辩论：①国家如何提供援助和协调；②国际组织(如 WHO、联合国粮食及农业组织和世界动物卫生组织等)如何在卫生方面提供国际援助和协调；③国际组织(如联合国裁军事务部、国际刑警组织和禁止化学武器组织等)如何在安全方面提供国际援助和协调；④如何提高疾病监测、检测和诊断的国家能力及公共卫生系统的应急处置能力；⑤如何提高罪犯审讯和安全应急处置的国家能力。

此外，与会的各国专家就如何通过教育和宣传等手段提高公众对生物武器的认知水平、合成生物学如何构建一个安全的未来社会、科学技术的发展与应对指称使用生物武器的关系等议题展开了讨论，期望相关问题能够引起各国政府的高度关注。

中国代表团向 2010 年缔约国专家组会提交了《中国在处理突发公共卫生事件方面的措施》《中国关于指称使用生物武器情况下国际援助与协调的看法和主张》两份工作文件，全面阐述了中国的有关做法和主张，并在"科学技术的发展与应对指称使用生物武器的关系"的专家讨论会上，表达了中国方面的立场和关切。

瑞士、美国专家和国际刑警组织分别介绍了 2009 年“黑冰Ⅱ”(Black Ice Ⅱ)反生物恐怖袭击演习和“美洲生物盾 2010”演习的经验。

(3)各方观点。2010 年缔约国专家组会上，美国、英国、俄罗斯、欧盟、中国等就上述议题发表了各自的观点。

美国认为，缔约国在应对指称使用生物武器方面负有首要的责任；事先防范比事后补救或援助更为重要；有关应对指称使用生物武器的国际援助和协调，不应是在发生指称使用生物武器时而采用的备选资源和措施，而应是在发生之前所开展的大量而有效的技术和资源储备。通过国际间的生物反恐演习和相关生物事件的联合调查，可以大大提高应对指称使用生物武器、生物恐怖袭击和突发自然疫情的国家和国际社会处置能力。美国愿意与国际社会共享其在处置生物突发事件方面的相关经验和有效措施。

英国认为，联合国秘书长调查机制是目前唯一有效的开展指称使用生物武器调查的国际性运作体系，其搜集证据的独立性和权威性应成为下一步开展相关工作的参考标准，缔约国应积极支持联合国裁军事务办公室的工作以确保联合国秘书长调查机制的有效运作。同时认为，无论是蓄意制造的疫情，还是自然发生的疫情，如果没有国际间的合作，都会导致全球性灾难。因此，通过国际援助提高疾病监测、检测和诊断的水平，加强国家和国际社会应对突发公共卫生事件的能力建设，在很大程度上可以同样提高应对指称使用生物武器的处置能力。

俄罗斯认为，联合国秘书长调查机制是目前最主要的针对指称使用生物武器进行调查的国际性工作框架，但为了防止对这一机制的滥用，缔约国只能请求在本国开展指称使用生物武器调查，而不能请求在他国进行类似调查。同时认为，需要进一步加强如何提供援助、如何提交帮助请求及当需要开展指称使用生物武器调查时如何开展工作等方面的国际立法。

欧盟认为，在发生生物武器袭击时，援助应首先提供给受害者，并帮助迅速阻止疫情进一步扩散，相关调查的援助是第二位的。同时欧盟认为，建立相应的检测、鉴定等技术及信息资源的合作和协调机制对于及时有效地开展指称使用生物武器的调查十分重要。

中国认为，指称使用生物武器复杂敏感，缔约国可根据《禁止生物武器公约》第 6 条规定，向联合国安全理事会提出控诉，如果联合国安全理事会决定启动调查，相关调查宜在联合国安全理事会的主持下进行。同时，中国认为，缔约国应在疫情监测、生物反恐、公共卫生突发事件调查及应对方面加强能力建设，鼓励相关的国际组织根据其职能，在卫生及人道主义领域向有实际困难的缔约国提供帮助。

8)2010 年缔约国年度会议

(1)概况。2010 年缔约国年度会议于 2010 年 12 月 6～10 日在瑞士日内瓦万国宫召开，由智利的佩德罗·奥亚尔塞大使担任主席。92 个缔约国和 4 个签约国参加了会议，联合国(包括联合国裁军事务部与联合国区域间犯罪和司法研究所)及 12 个非政府组织和研究机构列席了会议，1 个非缔约国、欧盟委员会、国际红十字会、国际刑警组织、禁止化学武器组织、WHO 和世界动物卫生组织以观察员身份参加了会议。

(2)主要议题及进展。2010 年缔约国年度会议的主要议题如下：在任何缔约国的请求下，就指称使用生物或毒素武器的情况，提供协助与协调，包括提高国家的疾病监测、发现、诊断和公共卫生系统的能力。本次会议进一步推进并巩固了 2010 年 8 月缔约国专家组会就这一议题的讨论结果。

针对在指称使用生物或毒素武器情况下，如何更好地提供援助并与相关国际组织展开协作的问题，2010 年缔约国年度会议充分强调了建立有效的合作关系和可持续的伙伴关系的重要性，特别是一旦有缔约国受到违反《禁止生物武器公约》行为的威胁，在其提出请求的情况下，应立即提供援助。鉴于国家的应对准备对于国际应对能力至关重要，会议呼吁各缔约国团结一道，加强国家能力建设，特别是在疾病的监控与检测领域，包括促进新的知识技术、材料及设备的生产、转让与获取。2010 年缔约国年度会议讨论了紧急情况应对时的政府间合作、建立明晰的交流与指挥渠道、训练与演习、改进交流策略、跨领域合作等问题。

2010 年缔约国年度会议还讨论了将于 2011 年召开的第七次审议会议的安排，批准荷兰的保罗·范登艾塞尔大使为第七次审议会议的主席，并计划于 2011 年 4 月 13～15 日举行筹备委员会会议，计划于 2011 年 12 月 5～22 日召开第七次审议会议。

(3)各方观点。各国就应对指称使用生物武器的国家能力、加强履约和《禁止生物武器公约》的有效性、建立信任措施、国际合作、会间会进程和科技进展等问题发表了各自的观点。

第一，应对指称使用生物武器的国家能力。多数国家认为，缔约国在应对生物事件、加强疫情监控能力方面负有首要的责任，相关国际合作有助于提高缔约国上述应对能力。发展中国家强调，有能力的国家应当在基础设施、技术、资金和人员等方面加大援助和合作力度。各方认为，为有效应对“指称使用生物武器”，应加强 WHO 和世界动物卫生组织在公共卫生领域的协调作用。

英国、德国等欧盟国家及南非认为，联合国秘书长调查机制是目前国际社会唯一可用的“指称使用生物武器”调查机制，应进一步加强并充分发挥该机制的作用。巴西、印度、巴基斯坦对此表示关切，强调《禁止生物武器公约》第 6 条确立的联合国安全理事会调查机制在处理“指称使用生物武器”过程中享有优先地位。

第二，加强履约和《禁止生物武器公约》的有效性。各方在加强履约和《禁止生物武器公约》有效性问题上分歧较大。不结盟国家及俄罗斯重申应通过多边谈判达成非歧视、具有法律约束力的议定书，建立履约核查机制。美国继续反对核查机制，并同欧盟、加拿大等主张通过其他遵约措施加强履约，如改进建立信任措施宣布并增强其透明度、扩大履约支持机构并强化其职能等。印度、伊朗等认为缔约国年度会议不应成为小型审议会；建立信任措施不能取代核查机制。

第三，建立信任措施。许多国家都表示支持利用第七次审议会议进一步改进建立信任措施，并加强其普遍性参与。例如，瑞士代表指出，建立信任措施仍然是在缔约国间实现一定程度的透明与信任的唯一工具，但是这一机制从 1991 年以来没有改进。各国代表和专家提出的具体改进建议包括修改申报信息以便于更容易分析、拓展共享信息的范围，以便更好地反映科技新进展、改进和优化申报程序(如实现在线申报)等。但是，并非所有缔约国都愿意修改现行的信息交换机制，伊朗代表在发言中指出，修改现有的申报表格将不利于促进所有缔约国都提交申报。伊朗代表还表示，应将建立信任措施与出于和平目的的国际合作联系起来，“如果建立信任措施不能促进和平生物活动的国际合作，那么缔约国自愿提交建立信任措施的意愿将会减低”。

第四，国际合作。在国际合作问题上，不结盟国家与西方国家尚难以达成共识。不结盟国家继续要求在《禁止生物武器公约》框架下建立国际合作机制。古巴代表不结盟国家致辞时呼吁，将“促进国际合作”列为第七次审议会议议题，并坚持“消除基于个人偏好和出于政治目的的壁垒”，这反映出不结盟国家对于两用物项和技术进出口管制(如澳大利亚集团出口管制体制)的不满。古巴代表还重申了于 2009 年提交的文件《有效履行公约第十条的机制建设》中的观点。美国认为，古巴提交的上述文件在建议部分非常含糊，存在不确定性，从而影响其接受程度，美国希望看到一个更成熟的提案。同时，美国还希望加强国际合作供需双方的相关透明度。欧盟则称，拟建议将国际合作事宜纳入建立信任措施宣布，以促进建立信任措施的普遍性。

第五，会间会进程。在第七次审议会议与第八次审议会议之间的会间会进程也是各缔约国将要讨论的重要问题。自 2003 年以来，每年的两次会间会均会讨论审议大会所设定的议题，会间会的工作得到了多数缔约国的认同，但是希望进一步改进会间会进程的呼声也越来越高，如拓宽讨论内容的范畴、赋予其决策权等。美国代表团团长劳拉·肯尼迪提出，未来的会间会进程应当在讨论相关事务时具有更大的灵活性，设置处理特定事务的常设工作组。澳大利亚、加拿大、日本、新西兰、挪威、韩国和瑞士 7 国的联合发言也支持赋予会间会适度的决策权，并创建常设工作组。

第六，科技进展。根据第六次审议会议最后文件所达成的共识，第七次审议会议将讨论科技进展对《禁止生物武器公约》运行的影响。在 2010 年的缔约国年度会议上，德国代表指出，在近 20 年的《禁止生物武器公约》会议上，各缔约国未能确认并评估生命科学科技进展的利弊及其对《禁止生物武器公约》的影响。联合国日内瓦办事处总干事谢尔盖·奥尔忠尼启则代表联合国秘书长潘基文发言时指出，随着生物科技发展的不断加速，目前亟待建立一种制度性的长效机制，监测这些进展并评估其影响。美国国务院官员认为，这一议题确实值得讨论，但如何进行还很不明确，是通过工作组，还是通过其他的程序进行讨论，有待进一步研究。

3. 2012～2015 年会间会

根据第七次审议会议的决定，2012～2015 年将沿用之前的会间会模式，即每年召开为期一周的缔约国专家组会和为期一周的缔约国年度会议。新一轮会间会将设立 3 项常设议题，每年进行讨论，这 3 项议题如下：①合作与援助，特别是加强《禁止生物武器公约》第 10 条；②审议与《禁止生物武器公约》相关的科技进展；③加强国家履约。第七次审议会议还确定，以下两项议题将在下一轮会间会进程中分别讨论：一是在 2012 年和 2013 年将讨论如何更全面地参与建立信任措施宣布；二是在 2014 年和 2015 年将讨论如何加强《禁止生物武器公约》第 7 条，包括讨论缔约国提供援助与合作的详细程序与机制。

缔约国年度会议主席将从不同地区集团轮流产生，即 2012 年缔约国年度会议主席将来自不结盟国家，2013 年将来自东欧国家，2014 年将来自西方国家，2015 年又将来自不结盟国家[40]。

1)2012 年缔约国专家组会

(1)概况。2012 年缔约国专家组会于 2012 年 7 月 16～20 日在日内瓦万国宫召开，由阿尔及利亚的布杰马·德尔米大使担任主席，瑞士的亚历山大·法泽尔大使和波兰的切扎利·卢辛斯基博士担任副主席。本次大会共计 81 个缔约国和 3 个签约国派代表参会，2 个非缔约国以观察员身份列席会议，8 个国际组织、15 个非政府组织及研究机构列席会议。在 2012 年 7 月 16 日的第 1 次会议上，专家会议通过了主席建议的议程和工作计划。主席还提请各代表团注意履约支持机构编写的 4 份背景文件。

(2)主要议题。在为期 5 个工作日的会议进程中，2012 年缔约国专家组会与会各方主要采取主旨发言和讨论的形式，重点对以下 4 项内容进行了审议。

第一，常设议题审议：国际合作与援助。重点讨论了各缔约国履行《禁止生物武器公约》第 10 条的报告；关于调控资源以解决合作与援助需求的方式和手段；协调与相关国际、地区组织和利益攸关方的合作；在防止国际合作、援助及生物科技交流方面的挑战和障碍及可能的解决办法；通过国际合作，在生物安全和生物安保领域，加强在探测、报告及应对传染病暴发或生物武器攻击方面的能力建设。

第二，常设议题审议：审议科技领域的发展。重点讨论了可增强能力的技术的发展，包括 DNA 技术、生物信息学和计算工具、系统生物学；可用于有悖于《禁止生物武器公约》规定用途的科技新发展；可使《禁止生物武器公约》受益的新科技发展，如疾病监测、诊断和缓解的相关技术；与 WHO 等多边组织活动相关的科技发展；与《禁止生物武器公约》相关的其他科技发展；加强国家生物风险管控的可能的措施；为鼓励科学家、学术界和工业界进行负责任的行为，而采取的自愿性行为准则和其他措施；在生命科学和生物技术的风险及收益方面的教育和认识提高。

第三，常设议题审议：加强国家履约。重点讨论了在加强国家履约及最佳实践和经验分享方面的方式和方法；充分全面履行《禁止生物武器公约》方面的具体措施，特别是《禁止生物武器公约》第 3 条和第 4 条；加强国家履约方面的区域和次区域合作。

第四，两年期议题审议：如何加强缔约国在建立信任措施方面更充分的参与。

另外，在召开正式会议的同时，由相关国家和国际组织、非政府组织召开了边会，重点围绕生命科学领域内的主要进展、在生物安全和生物安保方面教育及认识的近期进展、生物安保全球伙伴计划的活动及其与《禁止生物武器公约》的关系、生物学和化学的融合及其对《禁止生物武器公约》的影响及两用性技术风险评估和监管评价的方法学研究展开。

(3)主要结果。2012 年缔约国专家组会的主要结果体现在如下方面。

第一，在国际合作与援助方面，发展中国家和不结盟代表强调了国际合作的重要性，建议应建立一个《禁止生物武器公约》框架下的国际合作专门机制，明确并处理各国用于和平目的的联合科研、设备和技术交流等方面的需求；呼吁发达国家加大对发展中国家的援助与合作，强调本国有发展自己生物技术的需求，技术发达国家不应限制发展中国家谋求一些新技术的进步。但以美国、欧盟为代表的部分发达国家认为其已经为相关国家提供了必要的援助，没有必要为国际合作设立专门机制。各国普遍同意建立国际合作供求数据库，但目前该数据库仅有初步框架，缺乏供求信息交流。ISU 作为中间人，鼓励各国每年自愿将各自需要和能够提供的国际合作信息提交 ISU，以完善数据库的建立。中国一贯支持国际合作，在力所能及的情况下也提供了必要的援助，也同意建立国际合作的专门机制，在发言中阐明了中国的做法和看法。

第二，在审议科技领域发展方面，与会各国普遍意识到，生物技术的迅速发展，尤其是合成生物学、基因组学、系统生物学及使能技术等领域的发展，一方面极大地促进了生命科学的进步；另一方面其负面效应也日益凸显，产生了新的风险与挑战。瑞典、德国、荷兰和西班牙科学家分别汇报了微生物法医学，DNA 分析、测序、合成及生物信息学，合成生物学等方面的具体进展。英国代表指出应审慎处理相关的海量信息，以避免可能产生的危害。美国代表指出，使能技术等的发展扩大了《禁止生物武器公约》的范围，也提供了一个机遇。技术往往是双用途的，在带来利益的同时，也可能会造成伤害。每个国家都应该做好相应的防备。欧盟提出应加强对生命科学两用性的教育，鼓励制定相应的行为准则。在这方面，中国提交了工作文件，并阐述了中国的看法。

第三，在加强国家履约方面，与会相关国家代表汇报了本国的履约活动，主要包括国家立法、执法、行为准则制定、生物安全与生物安保及科研道德的宣传教育等，同时也强调了应根据本国的国情来处理。在加强《禁止生物武器公约》的普遍性方面，美国督促没有建立国家履约联系点的国家尽快建立履约联系点，有效的履约措施对于确保《禁止生物武器公约》的有效性是非常必要的。法国代表团提出，国家履约的努力从未真正结束，国家立法必须要实时调整以适应新形势的需要。欧盟提出，应当对缔约国和非缔约国均给予援助，帮助缔约国建立国家履约联系点及提交建立信任措施进程，帮助非缔约国加入或批准《禁止生物武器公约》。

第四，在如何加强缔约国在建立信任措施方面更充分地参与方面，各国普遍强调了提交建立信任措施对于遵约的重要性，认为在没有有效核查机制的条件下，目前这是遵约最好的一个体现。但是目前提交建立信任措施的普遍性仍不足，因此应做以下几项工作：一是要提高提交建立信任措施的国家的数量；二是提高建立信任措施所提供信息的质量；三是要尽量以电子版的形式上报，降低由此给缔约国带来的负担。2012 年，在所有 165 个缔约国中，仅有不到一半的缔约国提交了建立信任措施，因此，这一工作还需要继续推进。但巴基斯坦、新加坡、马达加斯加和津巴布韦 4 个国家首次提交了建立信任措施。美国、英国等提出提交建立信任措施应当是一个有约束力的承诺，是非自愿性的，同时要求加强建立信任措施的透明度，认为缔约国不仅要很好地审查这些材料，更要利用好这些材料。伊朗等国则坚持提交建立信任措施的自愿性质。

2)2012 年缔约国年度会议

(1)概况。2012 年缔约国年度会议于 2012 年 12 月 10～14 日在日内瓦万国宫召开，由阿尔及利亚的布杰马·德尔米大使担任主席，瑞士的乌尔斯·施密德大使和波兰的切扎利·卢辛斯基博士担任副主席。在 2012 年 12 月 10 日第 1 次会议上，缔约国年度会议通过了主席建议的议程和工作计划。会议还注意到了 7 月缔约国专家组会的报告。主席请各国代表团注意两份报告，即履约支持机构的报告和主席编写的关于促进普遍加入《禁止生物武器公约》的活动的报告。本次大会共计 101 个缔约国和 3 个签约国派代表参会，2 个非缔约国以观察员身份列席会议，6 个国际组织、21 个非政府组织及研究机构列席会议。

(2)主要议题。2012 年缔约国年度会议专门审议 3 个常设议程项目：合作和援助，特别着重于加强《禁止生物武器公约》第 10 条下的合作和援助；审查与《禁止生物武器公约》有关的科学和技术领域的发展；加强国家执行。举行会议专门审议关于如何能够更充分地参与建立信任措施这个两年期项目。12 月 13 日举行的一次会议专门审议了在实现《禁止生物武器公约》普遍性方面取得的进展和履约支持机构年度报告。12 月 14 日，会议审议了 2013 年缔约国专家组会和缔约国年度会议的安排。

(3)主要结果。2012 年缔约国年度会议主要结果如下。

第一，在合作和援助方面，特别着重于加强第 10 条下的合作和援助。各缔约国有法律义务促进，也有权利尽可能充分地交换用于和平目的的细菌(生物)剂和毒素所用设备、材料及科技信息，而且不阻碍缔约国的经济和技术发展；同时要找到克服挑战和障碍的办法，防止细菌(生物)剂和毒素的恶意扩散，共享科学技术的发展所带来的益处。

第二，在审查与《禁止生物武器公约》有关的科学和技术领域的发展上，缔约国审查了若干使能技术的发展，要促进上述技术在科研工作中的科学应用。同意有必要促进双重用途技术尽可能充分地交换，但其用途必须完全符合《禁止生物武器公约》的和平目标和宗旨。重申有必要按照各国法律和规章采取措施，增进科学家、学术界和工业界对《禁止生物武器公约》及有关法律和规章的认识，推行各种国家措施。

第三，在加强国家执行方面，各国有按照其宪法程序采取任何必要措施以禁止并防止发展、生产、储积、取得或保有生物武器，并且不以任何方式协助、鼓励或引导任何国家、国家集团或国际组织制造或以其他方法取得生物武器的法律义务。并再次呼吁采取适当措施，包括有效的国家出口管制措施，需要强有力的国家生物风险管理框架，使有关科学和技术带来的收益最大，而造成的风险最小。

第四，在如何能够更充分地参与建立信任措施方面，缔约国认识到每年交流信息对于提供透明度并在缔约国间建立信任的重要性。同意通过提高认识和提供培训，在提交建立信任措施材料方面为各缔约国提供技术援助和支持。

3)2013 年缔约国专家组会

(1)概况。2013 年缔约国专家组会于 2013 年 8 月 12～16 日在瑞士日内瓦举行。这是 2011 年《禁止生物武器公约》第七次审议会议之后召开的第 3 次会间会。来自 83 个缔约国及 3 个签约但尚未批约的国家(缅甸、尼泊尔、坦桑尼亚)的超过 350 名代表参加了会议，2 个非缔约国(纳米比亚和以色列)作为观察员参会。参会的国际组织有联合国裁军事务办公室、联合国安全理事会 1540 号决议委员会、欧盟、联合国粮食及农业组织、国际红十字会、国际刑警组织、禁止化学武器组织、WHO、世界动物卫生组织等。此外，13 个非政府组织和 7 个研究机构作为特邀代表参会。会议由匈牙利外交部负责军控，裁军和不扩散特命全权大使尤迪特·克罗米女士担任大会主席。

(2)主要议题。2013年缔约国专家组会的主题是“在谈判桌上听取更多的声音”，力争让更多的国家加入《禁止生物武器公约》。会前，克罗米主席向与会代表分发了由履约支持机构准备的两份背景文件，分别是《和公约相关的科学技术的发展》和《在建立国际合作、援助和信息交换中面临的挑战和障碍》。另外，共有9个国家提交了16份大会工作文件。

在为期5个工作日的会议进程中，与会各方主要采取主旨发言和讨论的方式对下述议题进行了热烈的讨论：①国际合作和援助。缔约国如何能够共同努力，建立相关的能力。②审议与《禁止生物武器公约》有关的科学和技术领域的发展。缔约国如何跟上生命科学的快速发展步伐及其对《禁止生物武器公约》产生的影响。③促进国家履约的方法和手段。缔约国如何在国内开展有效工作，以防止疾病被用做一种武器。④增强参与建立信任措施。缔约国如何可以更好地交换信息，以增加透明度和建立互信。

中国代表团向2013年缔约国专家组会提交了《中国应对H7N9禽流感流行的努力》工作文件，全面阐述了中国为防控H7N9禽流感流行所采取的有效行动，并在“合作与援助”的专家讨论会上，阐述了中国专家对上述问题的立场。

(3)主要结果。2013年缔约国专家组会的主要结果如下。

第一，在国际合作与援助方面，发展中国家和不结盟代表强调了国际合作的重要性，建议应建立一个《禁止生物武器公约》框架下的国际合作专门机制，明确并处理各国用于和平目的的联合科研、设备和技术交流等方面的需求；呼吁发达国家加大对发展中国家的援助和合作，强调本国有发展自己生物技术的需求，技术发达国家不应限制发展中国家谋求一些新技术的进步和一些先进设备及材料的获取。但是目前在推动国际间的合作、援助和交流方面也存在着一定的障碍和挑战。突出体现在以下方面：一是对转让和交流的约束和限制。拒绝为和平使用生物技术，包括为疾病监测和控制提供材料、设备和技术，这种现象仍然存在。二是国家机制不完善。《禁止生物武器公约》缺少一个适当机制，使缔约国能够拥有并行使为促进旨在和平利用细菌(生物)剂及毒素制剂而尽可能充分转让和交换材料及科学技术信息的权利。三是评估需求的困难，捐助国无法明确了解受援国各不相同的情况和需求。四是缺乏协调，全面收集必要资料以改善协调还需广泛努力。中国一贯支持国际合作，同时指出加强国际合作促进生物技术的和平利用，仍是维持《禁止生物武器公约》的突出支柱之一。它有助于提高缔约国的执行能力，并促进《禁止生物武器公约》的健康可持续发展。同时中国还介绍了2013年H7N9禽流感的流行及应对情况，表示同意建立国际合作的专门机制，并在发言中阐明了中国的做法和看法。

第二，在审议科技领域发展方面，重点讨论了有关传染病及毒素在人类、动物、植物中所造成类似情况的监测、检测、诊断和缓解技术等领域的发展。与会各国普遍意识到，生物技术的迅速发展促进了人们对于疾病的发生机制、检测和诊断方法、预防和治疗手段、应对能力等的了解，极大地促进了人类的健康，但是生物技术也存在着被恶意应用的可能性。各缔约国应当按照本国的有关法律，制定相关的行为准则，同时加强在生物安全和生物安保方面的教育。英国代表指出，在疫苗设计中，研究病原体的致病性和宿主免疫反应也可用于设计新型生物剂，而用于生产疫苗的设备同样也可以生产生物战剂。因此，应及早考虑所有与科学技术进步相关的影响，包括可能需要制定的监督和管理策略。美国代表指出，技术往往是双用途的，在带来利益的同时，也可能会造成伤害。缔约国应该努力交流经验和做法，制定共同原则。欧盟代表提出，应加强对生命科学两用性的教育，鼓励制定相应的行为准则。俄罗斯代表指出，在考虑制定共同原则的基础上，应对具有潜在两用性的科研活动在规划过程的各个阶段都进行风险评估。中国代表指出，在生物科学和生物安全领域，应全面把握生物技术新的动向和发展趋势，及时评估其对《禁止生物武器公约》的影响，以使生物技术和生物科学的发展能够更好地造福于人类，并有效应对各种生物安全和生物安保的威胁。WHO 则指出，在生物两用性研究中，有关伦理方面的考虑是最基本的问题。另外，2013 年缔约国专家组会在建立科学咨询委员会的问题上，也是意见不一。

第三，在加强国家履约方面，与会相关国家代表汇报了本国的履约活动，主要包括国家立法、执法、行为准则制定、生物安全与生物安保及科研道德的宣传教育等。美国代表强调，各缔约国需要提供更多的国家履约的信息，以便能在需要时提供协助，并介绍了其生物剂清单的变化情况。法国代表团提出，建议通过同行评议的方式组织国家加强其国家履约。在这种主动自愿的基础上，有助于提升国家履约的质量。欧盟提出，应当帮助缔约国建立国家履约联系点及提交建立信任措施进程，并提出了建立履约手册的建议。德国代表则提出，要经常地关注国家履约，包括进行定期审查和提供履约报告，包括通过履约支持机构提交的数据库资料。一些非政府组织，如国际刑警组织，英国核查研究、培训及信息中心(Verification Research，Training and Information Center，VERTIC)，国际红十字会等也发表了自己的看法。

第四，在如何加强缔约国在建立信任措施上更充分地参与方面，建议应做以下几项工作：一是要提高提交建立信任措施的国家的数量；二是提高建立信任措施所提供信息的质量。美国、英国、德国、日本、加拿大和瑞士等国分别提出了如何促使各国在提交建立信任措施方面更广泛地参与，同时要求加强建立信任措施的透明度，缔约国不仅要很好地审查这些材料，更要利用好这些材料。伊朗等国则坚持，建立信任措施是一项在缔约国间了解国家履约的透明度和建立互信的措施，但它并非是一个具有法律约束力的机制和核查条款，因此，提交建立信任措施必须建立在自愿的基础上。在提交建立信任措施格式有变化的情况下，允许有时间以适应这种改变。

4)2013 年缔约国年度会议

(1)概况。2013 年缔约国年度会议于 2013 年 12 月 9～13 日在日内瓦万国宫召开，会议由匈牙利外交部负责军控，裁军和不扩散特命全权大使尤迪特·克罗米女士担任大会主席。瑞士大使乌尔斯·施密德先生和马来西亚大使马兹兰·穆罕默德先生担任副主席。本次大会共计 102 个缔约国和 2 个签约国派代表参会，1 个非缔约国以观察员身份列席会议，8 个国际组织、15 个非政府组织及研究机构列席会议。在 2013 年 12 月 9 日第 1 次会议上，缔约国年度会议通过了主席建议的议程和工作计划。本次会议还关注了 2013 年缔约国专家组会的报告。主席请各国代表团关注两份报告，即履约支持机构的报告和主席编写的关于促进普遍加入《禁止生物武器公约》的活动的报告。

(2)主要议题。2013 年缔约国年度会议专门审议每个常设议程项目，这些常设议程项目包括：合作和援助，特别着重于加强第 10 条下的合作和援助；审查与《禁止生物武器公约》有关的科学和技术领域的发展；加强国家执行；举行一次会议专门审议关于如何能够更充分地参与建立信任措施的两年期项目。12 月 12 日举行的一次会议专门审议了在实现《禁止生物武器公约》普遍性方面取得的进展和履约支持机构年度报告。12 月 13 日，本次会议审议了 2014 年缔约国专家组会和缔约国年度会议的安排，并回顾 2003～2005 年和 2007～2010 年闭会期间工作方案实施过程中及 2012 年缔约国年度会议上达成的共同谅解，缔约国继续就 3 个常设议程项目和两年期项目形成了共同谅解。

(3)主要结果。2013 年缔约国年度会议主要结果如下。

第一，在合作和援助方面，特别着重于加强第 10 条下的合作和援助，同意探索不同的合作方式，提供需要援助的信息。解决好在合作和援助过程中遇到的挑战和障碍及探讨可克服这些挑战和障碍的办法，以确保所有缔约国均能受惠于生命科学的发展。

第二，在审查与《禁止生物武器公约》有关的科学和技术领域的发展方面，同意共享发展信息，但其用途必须完全符合《禁止生物武器公约》的和平目标和宗旨。会议指出，一刀切的做法不可取，力求制定出可适应不同国家具体情况的指导原则，以更好地了解有哪些降低风险的备选办法，从而有效进行风险评估和监督。同时，要充分考虑生物学与化学领域日益交融所带来的问题。

第三，在加强国家执行方面，缔约国回顾，它们有法律义务按照其宪法程序采取任何必要措施，以便禁止并防止发展、生产、储积、取得或保有生物武器，防止将生物武器直接或间接转让给任何接受者，并且不以任何方式协助、鼓励或引导任何国家、国家集团或国际组织制造或以其他方法取得生物武器。各缔约国同意继续致力于加强国家执行工作，以推动区域和分区域合作，共享最佳做法和经验，加强各执法机构之间的国家协调。

第四，在如何能够更充分地参与建立信任措施方面，缔约国认识到每年交流信息对于实现透明和建立互信的重要性，鼓励更广泛的参与。同意提供进一步的技术援助和支持以致力于提交信任措施的方便性，从而使缔约国更能掌握建立信任措施材料中提供的信息。

3.3 当前形势与挑战

3.3.1 谈判争议焦点没有根本消除

2001 年几近形成的核查议定书最终“流产”，表面上是因为美国评估之后认为《禁止生物武器公约》存在不少漏洞，单凭这么一份协定无法制止某些国家秘密研制生物武器的活动，美国担忧这可能威胁其“国家利益”和“商业机密”，因此，拒绝接受议定书，迫使联合国和世界多国多年的努力付诸流水。实际上，核查议定书的最后文本并没有从根本上解决《禁止生物武器公约》自身存在的所有缺陷及对履行《禁止生物武器公约》存在的分歧，是长期谈判后求同存异的妥协结果。一些国家的疑忧并没有全部消除，而随着议定书谈判的停止，面对复杂多变的国际形势和快速发展的科学技术，这些国家“如释重负”后的观望色彩日浓。

3.3.2 谈判内容扩大

回顾议定书谈判过程，可以发现谈判中有关健康、传染病防控、实验室生物安全及反生物恐怖等内容越来越多，即大量涉及广义的生物安全范畴，很多方面与其他权威国际组织，如 WHO、国际刑警组织、国际红十字会等的关注内容趋同，有通过反恐怖和 WHO 等弥补《禁止生物武器公约》的部分功能之势。《禁止生物武器公约》谈判发生此变化有避重就轻之嫌，虽然是《禁止生物武器公约》本质目的及促进国际社会安全与发展的需要，但也应是无奈之举，是保持该公约谈判生命力的需要，同时也符合并体现了一些大国的斗争策略与路径曲线。

3.3.3 国际环境影响趋大

进入 21 世纪，世界范围内相继爆发了阿富汗战争、伊拉克战争、利比亚战争及叙利亚内战、乌克兰内战等，战火四起，热点涌现，国际安全局势趋于恶化。这些战争要么是西方大国直接发动，要么是西方大国在背后支持，给其他国家的安全需求蒙上了乌云，长此以往，势必引起反弹。鉴于目前国际政治环境和军事斗争形势的复杂性，国际关系剧烈变化，使得为《禁止生物武器公约》履约而谈判的兴趣弱化，特别是在国际金融危机和经济发展处于低谷的大背景下，许多国家可能将花费大量精力于国内经济问题之上，并积极争取外援、避免纠纷，对国际安全观望者众。在这种情况下，《禁止生物武器公约》的履约谈判可能难以很快提上它们的主要工作日程。

3.3.4 大国竞争影响深远

不能否认，国际公约的谈判受到主要大国的较大影响，而西方国家所谓民选政府的国际态度受到所属政党特别是总统的影响。进入21世纪后，国际上许多国家趋于现实主义或保守主义，特别是一些大国或主要国家领导人发生更替。一方面，这些领导人年轻化特点明显，他们没有经历过战争的残酷洗礼，“冲劲”比较大，力图显示其“领导人”的决策角色；另一方面，这些政府几乎没有强势政府，国家领导人的国际态度受国内政治环境影响越来越大，决策的“随机性”增大。另外，作为主要大国的美国深陷阿富汗战争和伊拉克战争的所谓残局，国家安全战略正在调整。2001年以来，反恐怖成为国际社会共识，传染病影响越来越大，并日益成为生物军控履约的主要关注内容，这种情况不利于《禁止生物武器公约》谈判取得进展。

3.3.5 核武器扩散的示范

国际公认联合国5个常任理事国是拥有核武器的国家，但是近年来，以色列、印度、巴基斯坦、朝鲜、伊朗等陆续宣布或不否认研制和拥有核武器，而对核武器感兴趣的国家更多，使得《全国禁止核试验条约》和《不扩散核武器条约》形同虚设，造成《禁止生物武器公约》的效力受到严峻挑战。这种局面，实际上为一些国家发展生物武器树立了“榜样”，可能造成研制生物武器的国家“井喷”效应，这将是人类社会的梦魇。

3.3.6 新技术发展的持续影响

以基因组学技术为代表的组学技术、以代谢调控网络为代表的作用靶点技术、以基因重组技术为代表的遗传修饰技术及以合成生物学技术为代表的人工生物技术等生物技术的快速发展，为生物武器研制提供了越来越多的先进技术支撑，同时也将可能丰富生物战剂的类型和种类，使《禁止生物武器公约》的履约面临越来越多的新情况和新问题，为其议定书的谈判添加了新课题。

综上所述，《禁止生物武器公约》老问题没有解决，却增加了许多新问题，未来的谈判任务将十分艰巨。

3.4 前瞻

中国是生物武器的最大受害国，历史教训惨痛而深刻。为实现复兴梦、中国梦，中国作为崛起中的大国在维护国际安全方面肩负着越来越大的责任，在推动国际生物军控履约发展方面也应发挥更大作用。在此，我们认为对生物军控履约应该保持坚定信心，同时，要通过反思回顾，密切把握国际安全趋势，未雨绸缪，加强研究，清晰思路，积极推动《禁止生物武器公约》履约谈判[41~50]。

3.4.1 国际关系

生物武器属于大规模杀伤性武器。目前，保持世界军事威慑均势的是核武器，但是核武器是否满足威慑需要？如何应对新技术发展带来的威胁挑战？是否和如何发展新威慑力量？矛与盾的关系是永恒的，任何一方破坏了力量均势，另一方就会加强自己的力量。国家的主权独立和安全保障是任何一个国家政府的存在基础，这也是政权合法性的体现。但是目前大国核武器拥有数量悬殊，某些大国信奉武力威慑和干涉，同时一些非核国家积极追求核武器，这势必造成不同层面的力量均势不断被打破，这种局面必将对《禁止生物武器公约》的履约谈判产生很大影响。可稍感欣慰的是，总体而言，国际社会有越来越多的国家认识到维护世界和平的重要性，认识到《禁止生物武器公约》对维护世界和平的重要性，对美国等拖延履约谈判的行为日渐不满。同时，有越来越多的国际组织、非政府组织及研究机构参与到履约谈判之中，积极表明它们推进履约谈判的态度。这种局面有利于履约谈判前景。

3.4.2 美国因素

谈及国际安全必涉及美国，这是由其超级大国地位决定的。美国在《禁止生物武器公约》谈判中地位相当特殊，倡议者是它，推动者是它，阻碍者是它，破坏甚至违约者也是它。除去其他方面，美国的国际政治观点通过影响总统议会进而影响《禁止生物武器公约》的力量不能低估。从尼克松到里根、老布什、克林顿、小布什、奥巴马，政党更替，轮流坐庄，对内、对外态度不断发生摇摆。当选的总统由于治国理念及所属党派的国际政治态度存在差别，在对待国际安全、国际形势、国际关系等方面也存在差别，反映在对待国际公约的认识上也存在差异，或重视国际公约而合作共赢，或轻视国际公约而率性妄为。近年来，美国民主党和共和党在许多问题上的态度越来越趋同，即存在“你中有我，我中有你”的现象。因此，要对《禁止生物武器公约》的未来发展做出准确分析，必须对美国的政党政治历史、政治理论基础、智囊集团的国际政治态度等进行全面深入分析。从根本上说，美国的两党在维护美国霸权利益上并没有本质区别。只要美国坚持且处心积虑地维护其一国独大的世界霸权地位，极力以己之私推行其强权战略，继续顽固保持冷战思维，拉帮结派打压其他国家，那么不论其哪个政党上台，世界爱好和平的国家和人民就不要对它们抱有幻想[51～55]。

3.4.3　技术因素

《禁止生物武器公约》与《不扩散核武器条约》《禁止化学武器公约》相比，最大的差别之一是生物技术发展仍然处于快速发展过程中，《禁止生物武器公约》的履约遇到越来越多的所谓特殊情况；生物技术两用性特点明显，很难区分军用和民用；生物武器核心组成的病原体生产技术越来越先进，设施场地要求越来越小，隐蔽性越来越大；遗传修饰病原体的发展呈现发散趋势，种类越来越多；生物技术的危害性在很多方面很难提前准确预见等[56～61]。这些情况给《禁止生物武器公约》的履约谈判带来了越来越大、越来越多的挑战，对原来已经达到的共识也提出了新的挑战，客观上造成随着时间的延续及技术的发展，履约谈判内容始终处于随时面临新情况、新问题的动态状态。在这种情况下，履约谈判前景难料。

因此，我们推测，在未来 20 年大幅度修改《禁止生物武器公约》议定书的可能性比较大。目前的议定书谈判仍将继续，但是鉴于美国的地位及其态度，该谈判近期难以取得重大突破。我们要坚持国际和平与发展是当今时代基本趋势的判断，树立履约谈判“持久战”思想，在生物军控履约中发挥更大的建设性作用，充当重要的推动协调力量。我们要加强生物军控历史背景与发展趋势研究，拓展国际合作研究渠道，集思广益，为促进履约谈判提供支持。

总之，禁止生物武器的发展与应用是国际社会的广泛共识，《禁止生物武器公约》的履约谈判是避免生物武器危害国际安全的最重要国际共同行动之一，也是国际生物安全的核心。我国是生物武器的最大受害国，坚决支持该公约，并认为必须全面均衡地加强《禁止生物武器公约》的有效性。在新时期，我国应该以维护国家安全利益、促进世界共同安全为出发点，在总体国家安全观的指导下，把《禁止生物武器公约》履约谈判工作纳入国家外交与安全工作的重点视野，强化机制、统筹谋划、科学规划、抓住机遇、审时度势、立足长远，以维护《禁止生物武器公约》的权威性、紧扣国际趋势、促进国际生物安全、重视利益均衡为出发点，积极参与履约谈判，积极提出自己的生物安全主张，以成为国际生物军控履约的积极推动国，为维护国际生物安全做出应有贡献。

参考文献

[1]日本国际法学会．国际法词典．外交学院国际法教研室校．北京：世界知识出版社，1985：181.

[2]余先予．国际法律大辞典．长沙：湖南出版社，1995：212.

[3]罗斯 E. 国际公法百科全书(第三专辑). 广州：中山大学出版社，1992：430.
[4]李骅．基因武器溯源．http://www. news. sohu. com/96/45/news214954596. shtml，2003-10-23.
[5]Department of Defense. 21st century bioterrorism and germ weapons-US Army field manual for the treatment of biological warfare agent casualties. http://www. sunshine-project. org，2002-10-28.
[6]Fraser C M，Dando M R. Genomics and future biological weapons：the need for preventive action by the biomedical community. Nature Genetics，2001，29(3)：253～256.
[7]Hendricks M. Germ War：Designing Disease. Washington D C：Washington Post，1989.
[8]Janet R，Gilsdorf J R，Zilinskas R A. New considerations in infectious disease outbreaks：the threat of genetically modified microbes. Clinical Infectious Diseases，2005，40：1160～1165.
[9]Leitenberg M. Biological weapons in the twentieth century：a review and analysis. Critical Reviews in Microbiology，2001，27(4)：267～320.
[10]Wheelis M. Biological warfare at the 1346 siege of Caffa. Emerging Infectious Diseases，2002，8(9)：971～975.
[11]Christopher G W，Cieslak T J，Pavlin J A，et al. Biological warfare：a historical perspective. Journal of the American Medical Association，1997，278(5)：412～417.
[12]Riedel S. Biological warfare and bioterrorism：a historical rereiew. Prcoceedings(Boylor University Medical Center)，2004，17(4)：400～406.
[13]蒋明森，赵琴平．生物武器的历史和现状．武汉大学学报(医学版)，2003，24(1)：1～5.
[14]郎宗亨，余友春. 杀伤力巨大的“魔王”——核生化武器. 长沙：国防科技大学出版社，2000.
[15]于新华，杨清镇. 生物武器与战争. 北京：国防工业出版社，1997.
[16]黄培堂，沈倍奋．生物恐怖防御(第1版). 北京：科学出版社，2005.
[17]拂洋．伯力审判——12名前日本细菌战犯自供词．长春：吉林人民出版社，1997.
[18]Endicott S，Hagerman E. The United States and Biological Warfare—Secrets from the Early Cold War and Korea. Bloomington：Indiana University Press，1998.
[19]Alibek K. Biohazard. New York：Randon House，1999.
[20]Rogers P，Whitby S，Dando M. Biological warfare against crops. Scientific American，1998，280：70～75.
[21]朱联辉，田德桥，郑涛．农业生物恐怖的风险及其防范．军事医学，2014，(2)：106～108，134.
[22]张文斗，祖正虎，徐致靖，等．炭疽恐怖袭击直接经济损失评估方法．军事医学，2012，36(10)：745～749.
[23]张文斗，祖正虎，许晴，等．突发大规模疫情对经济的影响分析．军事医学，2014，(2)：124～128.
[24]张文斗，祖正虎，许晴，等．SARS疫情对中国交通运输业和电信业的影响分析．军事医学，2012，36(10)：762～764.

[25]张文斗，祖正虎，许晴，等．突发传染病疫情经济损失评估研究进展．军事医学，2012，36(10)：797～800.

[26]张文斗，祖正虎，许晴，等．甲型 H1N1 流感防控建模分析．军事医学，2012，36(10)：754～758.

[27]杨瑞馥，王松俊. 生物威胁与核查. 北京：军事医学科学出版社，2001.

[28]Butler D. Talks start on pooling bio-weapons ban. Nature，2001，388：317.

[29] Monath T P，Gordon L K. Strengthening the biological weapons convention. Science，1998，282：1423.

[30]冯国贤，孙建娅．现代分子生物学与生物恐怖主义．中国公共卫生管理，2003，19(4)：311～312.

[31]傅涛．生物技术进步所带来的生物安全问题．农业环境与发展，2001，1：22～24.

[32]郭安凤，陈东立，李逸民．生物技术的两用性及其监控措施．生物技术通讯，2005，16：635～656.

[33]王新广，罗先群．现代生物技术潜在的安全问题及其思考．中国公共卫生，2003，19(5)：625～627.

[34]张强．生物技术的负面影响．国际技术经济研究，2002，5(3)：25～31.

[35]Atlas R M，Neresini F. The dual-use dilemma for the life sciences：perspectives，conundrums，and global solutions. Biosecurity Bioterrorism，2006，4(3)：276～286.

[36]Bucchi M，Neresini F. Biotechnology. Why are people hostile to biotechnologies? Science，2004，304(5678)：1749.

[37]Coupland R，Leins K R. Science and prohibited weapons. Science，2005，308：1841.

[38]Finkle E. Engineered mouse virus spurs bioweapons fears. Science，2001，291：585.

[39]刘柳．生物军控与履约工作手册．北京：军事医学科学出版社，2012：16～42.

[40]Meeting of Experts and States Parties(2012—2013). http://www. unog. ch/disarmet/bwc，2014-07-16.

[41]郑涛．我国生物安全学科建设与能力发展．军事医学，2011，35(11)：801～804.

[42]郑涛，黄培堂．生物安全的问题及思考．军事医学，2012，36(10)：725～727.

[43]郑涛，黄培堂，沈倍奋．当前国际生物安全形势与展望．军事医学，2012，36(10)：721～724.

[44]郑涛，黄培堂，沈倍奋．认清形势解决问题，加快我国生物安全能力建设步伐．军事医学，2014，2：4.

[45]郑涛，沈倍奋，黄培堂．我国生物安全能力可持续发展的重点．军事医学，2012，36(10)：728～731.

[46]郑涛，田德桥，孟庆东，等．以能力建设为中心，加快我国生物安全科技发展．军事医学，2014，(2)：86～89.

[47]郑涛，田德桥，祖正虎，等．生物安全是国家战略必需的生命工程．军事医学，2014，(2)：90～93.

[48]朱联辉，田德桥，郑涛．生命科学两用性研究的发展及其监管．军事医学，2014，(2)：

102～105.

[49]朱联辉，田德桥，郑涛．从 2013 年《禁止生物武器公约》专家组会看当前生物军控的形势．军事医学，2014，(2)：109～111.

[50]朱联辉，郑涛．国外生物技术安全立法建设及主要启示．科技与法律，2008，(6)：69～72.

[51]田德桥，郑涛．SCI 收录生物安全相关论文的文献计量学分析．中华医学图书情报杂志，2009，18(5)：69～71.

[52]田德桥，郑涛，沈倍奋．1997～2006 年主要国家(地区)生物恐怖剂文献统计分析．军事医学科学院院刊，2007，31(6)：543～548.

[53]田德桥，朱联辉，黄培堂，等．美国生物防御战略计划分析．军事医学，2012，36(10)：772～776.

[54]田德桥，朱联辉，王玉民，等．美国生物防御能力建设的特点与启示．军事医学，2012，35(11)：824～827.

[55]田德桥，朱联辉，王玉民，等．美国生物防御经费投入情况分析．军事医学，2013，37(2)：141～145.

[56]Gibbs W W. Innocence lost. Is enough being done to keep biotechnology out of the Wrong Hands? Scientific American，2002，286(1)：14～15.

[57] Lemon S M，Relman D A，Anderson R，et al. Globalization，Biosecurity，and the Future of the Life Sciences. Washington D C：National Academies Press，2006.

[58]Steinbruner J，Okutani S. The protective oversight of biotechnology. Biosecurity and Bioterrorism，2004，2(4)：1～8.

[59]Kobasa D，Takada A，Shinya K，et al. Enhanced virulence of influenza a viruses with the haemagglutinin of the 1918 pandemic virus. Nature，2004，431(7009)：703～707.

[60]Meng-Kin L. Hostile use of the life sciences. The New England Journal of Medicine，2005，353(21)：2214～2215.

[61]Petro J B，Plasse T R，McNulty J A. Biotechnology：impact on biological warfare and biodefense. Biosecurity and Bioterrorism，2003，1(3)：161～168.

（朱联辉、郑涛）

第 4 章

生物恐怖

防范和应对生物恐怖是维护与保障生物安全的重要组成部分。近些年，爆炸、枪杀等恐怖活动在全球范围内频繁发生，对民众生命财产和社会稳定构成了极大的威胁。相比较，生物恐怖的发生数量虽然不是很多，但是其袭击方式更为多样和隐蔽，并且由于潜在的人与人之间的传染性，生物恐怖袭击可引发更大的社会恐慌及严重后果。2001 年美国“炭疽邮件”事件为世界各国敲响了警钟，生物恐怖已经成为一种全球现实威胁。同时，生命科学和生物技术的迅速发展使实施生物恐怖袭击更为容易，防范更为困难，生物恐怖应对能力建设任重而道远。

4.1 恐怖袭击是全球重大威胁

根据《现代汉语词典》的解释，恐怖是“由于生命受到威胁而引起的恐惧”。《世界知识大词典》对恐怖主义的定义是“为了达到一定目的，特别是政治目的而对他人的生命、自由、财产等使用强迫手段，引起如暴力、胁迫等造成社会恐怖的犯罪行为的总称”[1]。

恐怖袭击是危害人类社会安全的毒瘤。2001 年美国发生了震惊世界的“9・11”事件和“炭疽邮件”事件。随后，美国及其盟国以打击恐怖势力及消除大规模杀伤性武器为由发动了阿富汗战争和伊拉克战争。但此后世界范围内各类恐怖袭击事件有增无减并且日益复杂化，恐怖活动已经成为全球面临的重大安全威胁。

为了更加深刻地理解全球恐怖活动趋势及特点，我们以全球恐怖主义数据库(Global Terrorism Database，GTD)①为基础，统计分析了 1970 年 1 月 1 日至 2012 年 12 月 31 日世界范围内发生的 113 112 起恐怖袭击事件。1970 年，世界

① http://www.start.umd.edu/gtd.

范围内发生恐怖袭击事件 651 起，处于较平缓水平，之后逐年缓慢上升。至 1992 年，当年全球范围内发生 5 081 起恐怖袭击事件，达到 20 世纪最顶峰，之后全球恐怖主义活动逐渐减少。1998 年仅发生 933 起恐怖袭击事件，是 1976 年之后历年恐怖袭击事件最少的一年。此后 1999 年、2000 年发生的恐怖袭击事件数量也维持在 1978 年的水平。

2001 年 9 月 11 日发生的针对美国的恐怖袭击成为全球恐怖主义活动的分水岭。之后美国发动了两场所谓的反恐战争，反而使阿富汗及伊拉克安全形势更为恶化，世界范围内恐怖袭击事件数量呈现直线上升的趋势。虽然 2008～2011 年全球恐怖主义形势有所缓和，但持续时间不长。2012 年全球发生 8 440 起恐怖袭击事件，达到 1970 年以来的顶峰，占 42 年里所有恐怖袭击事件数量的 7.46%(图 4.1)。

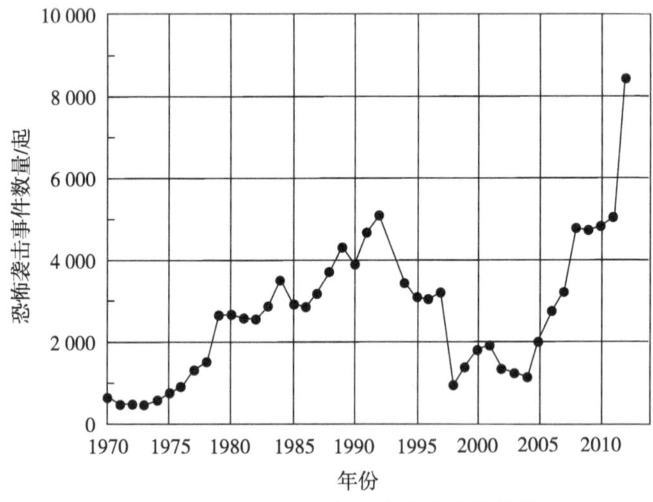

图 4.1　1970～2012 年恐怖袭击事件数量

在对不同国家遭受恐怖袭击程度的分析中，《联合国地理方案》所划定的 242 个国家和地区中，共有 194 个国家和地区遭受过恐怖袭击。遭受恐怖袭击最多的前 20 个国家共 82 928 起(图 4.2)，占所有国家遭受恐怖袭击总数量的 73.31%。因恐怖袭击导致死亡人数最多的前 20 个国家共 191 360 人(图 4.3)，占所有国家因恐怖袭击导致死亡人数(243 368 人)的 78.63%。这反映出各个国家和地区遭受恐怖袭击危害的程度存在较大差异。

无论从遭受恐怖袭击数量，还是因恐怖袭击导致的死亡人数来看，最为严重的国家都是伊拉克。1970～2012 年发生在伊拉克境内的恐怖袭击事件达到 9 244 起，占所有恐怖袭击事件数量的 8.17%，共导致 29 439 人死亡，占所有因恐怖袭击死亡人数的 12.10%。尤其值得注意的是，2003 年 3 月 20 日(美国于当日发

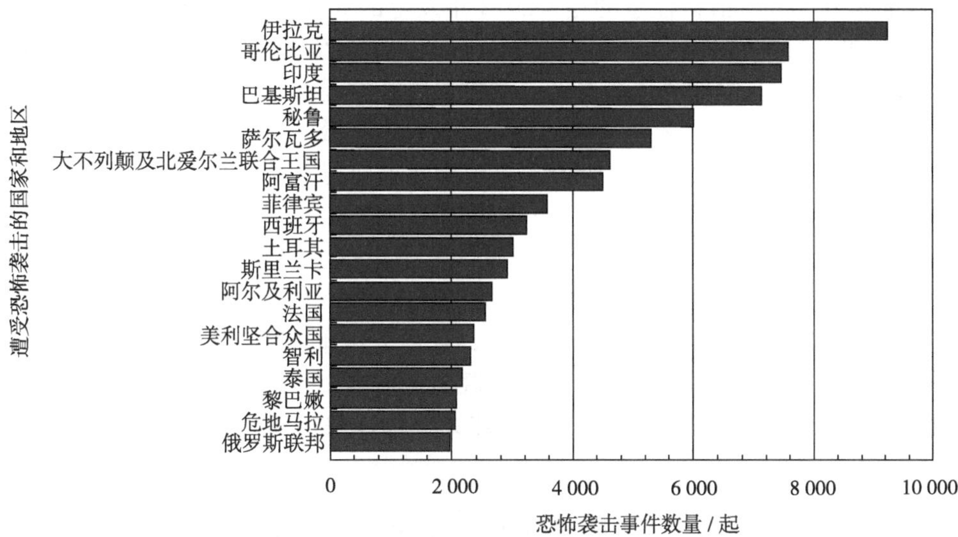

图 4.2　不同国家和地区遭受恐怖袭击的事件数量(前 20 名)

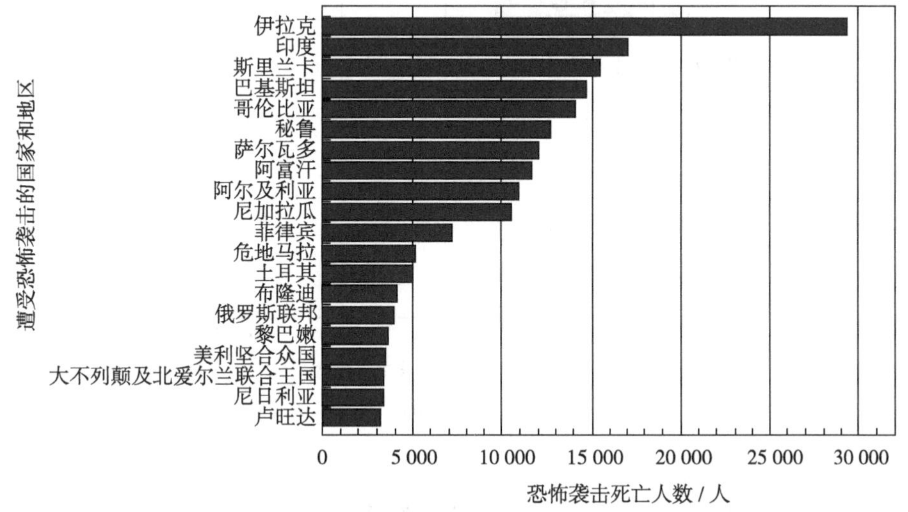

图 4.3　不同国家和地区遭受恐怖袭击的死亡人数(前 20 名)

动伊拉克战争)之后，发生于伊拉克境内的恐怖袭击事件达到 9 063 起，占所有发生于伊拉克境内恐怖袭击事件数量的 98.04%，恐怖袭击导致 28 727 人死亡，占伊拉克所有因恐怖袭击导致的死亡人数的 97.58%。这深刻反映出伊拉克战争对伊拉克境内恐怖活动的显著推动作用。

经过对袭击方式的分析，我们发现爆炸是恐怖分子发动袭击使用最多的方式。1970 年以来，全球共发生 52 583 起爆炸恐怖袭击事件，占全部恐怖袭击事件数量的46.5%。值得注意的是，2012年发生的5 083起爆炸恐怖袭击事件，占42年里所有爆炸恐怖袭击事件的9.67%，爆炸已经成为当前世界范围内恐怖活动的主要方式。爆炸恐怖袭击的一个重要特征就是造成伤亡数量大、破坏严重。1970～2012年，世界范围内的爆炸恐怖袭击导致88 164人死亡，占所有因恐怖袭击导致的死亡人数的36.23%；因爆炸恐怖袭击受伤的人数231 032人，占所有因恐怖袭击导致的受伤人数(338 236人)的68.30%(图4.4)。恐怖爆炸事件不仅数量多，而且造成的伤亡数量大，手段也不断翻新。有"穷人的轰炸机"之称的汽车炸弹、有"穷人的导弹"之称的自杀式人体炸弹继续肆虐，定时炸弹、遥控炸弹、路边炸弹、马车炸弹、自行车炸弹、摩托车炸弹、毛驴炸弹等爆炸方式及炸弹载体层出不穷，防不胜防。美国波士顿马拉松爆炸案、伦敦"七七"爆炸案、马德里"3·11"连环爆炸案等都反映出爆炸恐怖袭击的难以防范性。

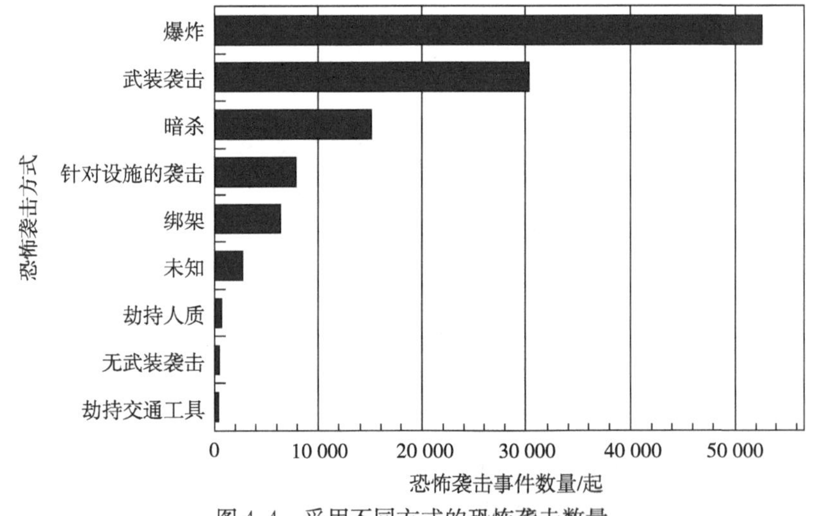

图4.4　采用不同方式的恐怖袭击数量

经过对恐怖袭击武器类型的分析，我们发现与爆炸是最主要的恐怖袭击方式相对应，恐怖组织及恐怖分子进行恐怖袭击最常使用的武器类型为爆炸物，包括各种炸弹、炸药等，共56 507起，占所有恐怖袭击事件数量的49.96%。其次为枪支，共41 914起，占所有恐怖袭击事件数量的37.06%。而在1970～2012年，世界范围内发生使用CBR(chemical biological radiological)物质(即化学物质、生物物质、放射性物质)进行恐怖袭击的事件数量为265起。其中，使用化学物质的为220起，使用生物物质的为32起，使用放射性物质的为13起(图4.5)。

虽然使用CBR物质进行恐怖袭击的案例总数不多，但是由于它们导致的污染面积大、污染物难以消除、身体伤害难以救治等，因而危害很大，成为国际反

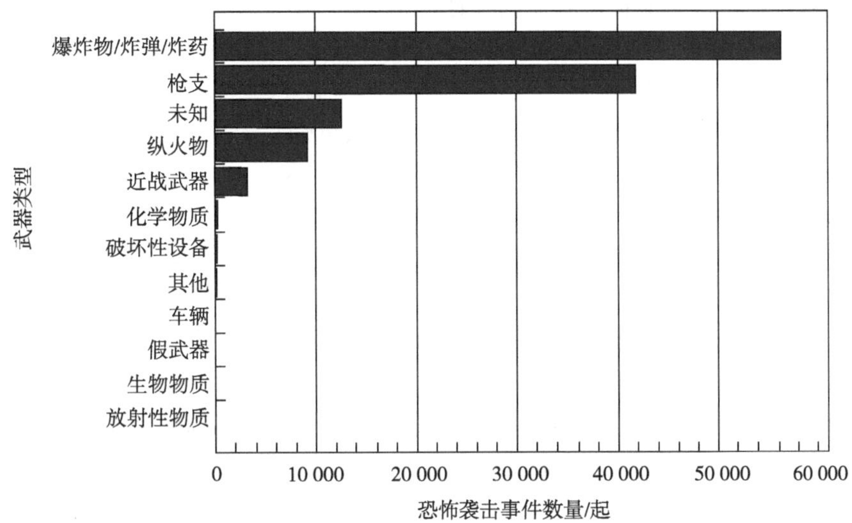

图 4.5　采用不同武器类型的恐怖袭击数量

恐怖威胁的主要防御对象，其中，尤以生物恐怖袭击最为突出。

4.2　生物恐怖是全球最大恐怖威胁

生物恐怖是指利用生物剂对特定目标实施袭击的恐怖活动。生物恐怖可造成烈性传染病疫情的暴发、流行，导致人群失去活动能力，甚至死亡，引发社会动荡。2001 年发生在美国的“炭疽邮件”事件是国际生物安全的分水岭，该事件使各国认识到生物恐怖威胁的严重性，开始全面加强反生物恐怖能力建设。同时，生命科学和生物技术的快速发展等，使犯罪分子获取和生产生物剂更为容易，并且可能产生危害更大的新型生物剂，显著增加了有效防范和处置生物恐怖的难度。

4.2.1　生物恐怖的特点

生物恐怖与生物战密切相关，这也是国际社会对生物恐怖格外重视的原因之一。生物战是指应用生物武器完成军事目的的行动。生物恐怖与生物战有相同之处，也有不同的特征，但随着现代战争形式和手段的发展变化，它们之间的界限越来越模糊，这也是传统安全与非传统安全的典型特征。

生物武器与生物恐怖具有一系列共同特点，包括面积效应大、危害时间长、具有传染性和渗透性、难以防护、生产容易、成本低廉等。但是生物恐怖作为一种恐怖手段，具有不同于生物战的特点，主要包括以下几点[2]。

(1)袭击目标广泛。生物恐怖的作用对象不专门以军人为主，大多数是针对普通民众，同时也可能针对农作物和牲畜。

(2)心理影响非常大。生物恐怖可造成广泛的人群恐慌、混乱，对公共秩序的稳定会产生严重的影响。

(3)影响效应广泛。生物恐怖可致使大量人员伤亡，需要得到大量的物资与医疗人员的迅速支持，而现有条件往往不能满足需求。

(4)动用人力和机构资源非常多。生物恐怖的处置可能需要强行隔离或检疫限制措施及实施医学消毒措施等。这需要多级政府机构、管理机构和社会力量的高效协调、明确分工和积极参与。

(5)损失惨重。生物恐怖可引起经济的严重下滑，对国家经济造成严重损害，甚至干扰国际经济秩序的稳定。

(6)后续综合效应巨大。上述因素的结果使它们能够削弱社会体制的稳定性，损害政府与民众的关系、损害政府威望、损害国家形象。

4.2.2 生物恐怖袭击的对象

生物恐怖最主要的袭击对象是人，作用地点大多数是人口密集地区(如人口密集居住地)、人员密集活动区(如大型商场、饭店、集会场所、医院、学校、军队驻地等)、人员集中区(如火车、地铁、飞机、轮船等交通工具及候车室等)、与大范围人群的生活密切相关的水源(水库、引水渠、蓄水池等)以及食品和药品(加工、运输、储存各环节)等。

农业也是生物恐怖袭击的对象。农业在人类社会发展进步过程中发挥着重要作用。19世纪以来，虽然伴随着科学技术的迅猛发展，产生了大量新型产业，但是农业作为一个国家的基础产业的地位并没有发生根本动摇。目前世界上不论是发达国家还是发展中国家，都对农业的发展予以高度重视，往往把它作为国家安全的重要组成部分。实际上，许多自然发生的农业病虫害所造成的巨大损失已经对农业安全问题提出了警示。相对针对人的生物恐怖袭击，农业生物恐怖袭击更隐蔽、影响更持久，农业可能成为恐怖分子发动袭击的重要目标。1986年在英国出现的疯牛病，至今已经蔓延到欧盟和世界上的多个国家和地区。据联合国粮食及农业组织发表的声明，世界上有100多个国家和地区存在着传染疯牛病的可能性。疯牛病虽然不是一个有效的生物武器，但是由于它对人类健康有害，缺乏快速有效的鉴别和防治手段，对人们造成的心理影响非常大，因此是一个良好的生物恐怖袭击武器。口蹄疫也是一个良好的生物恐怖袭击工具，它容易获得，不传染人类而只在动物之间迅速传播。由于口蹄疫传播迅速、难于防治、救治措施少，被称为畜牧业的“头号杀手”。口蹄疫的每次暴发流行都会造成巨大的经济损失。

4.2.3 生物恐怖活动可能使用的生物剂

用于进行生物恐怖的生物剂主要分为三种类型：一是致病性微生物，包括细菌、病毒、立克次体、螺旋体和真菌等；二是微生物产生的毒素，其可经呼吸道、消化道及创口侵入机体，引起中毒；三是携带致病性微生物的昆虫，如蚊、蝇、蚤、虱等，它们能主动将病原微生物送入人、畜等宿主体内，有的通过污染人、畜使用的物品或食物传播疾病。

很多国家制定了对本国有潜在危害或者本国已经存在、需要严格控制传播的传染病和动植物病原体清单。这些清单都是经过专家通过对各个方面的危害进行评估后确定并由国家发布的，具有很强的科学性和权威性。例如，美国、欧盟、俄罗斯等制定了生物恐怖防御生物剂清单，并且按照威胁等级进行了分类，作为制订反生物恐怖科技计划、疫苗药物研制与储备等的依据[3]。

美国把生物恐怖剂分为 A、B、C 三类，其中，A 类包括天花病毒、炭疽芽孢杆菌、鼠疫耶尔森菌、肉毒杆菌毒素、土拉热弗朗西斯菌、马尔堡病毒、埃博拉病毒、拉沙病毒、马丘波病毒；B 类包括鼻疽伯克霍尔德菌、蓖麻毒素、普氏立克次体、贝氏柯克斯体、布鲁氏菌、霍乱弧菌、沙门氏菌、志贺氏菌、O157：H7 大肠杆菌、类鼻疽伯克霍尔德菌、鹦鹉热衣原体、委内瑞拉马脑炎病毒、东部马脑炎病毒、西部马脑炎病毒、葡萄球菌肠毒素 B、产气荚膜梭状芽孢杆菌毒素、微小隐孢子虫等；C 类包括尼巴病毒、汉坦病毒等[4]。

欧盟在 2001 年美国“炭疽邮件”事件后对病原微生物的潜在生物恐怖威胁进行评估，确定了最高威胁(very high threat)与高威胁(high threat)两类潜在生物恐怖病原微生物清单[5]。俄罗斯也根据一些标准评估病原微生物的生物恐怖威胁性，确定了三组潜在的生物恐怖剂[6](表 4.1)。

表 4.1　病原微生物生物防御分级清单比较

病原微生物及毒素	美国 CDC	欧盟	俄罗斯
天花病毒、炭疽芽孢杆菌、鼠疫耶尔森菌、肉毒杆菌毒素、土拉热弗朗西斯菌、马尔堡病毒	Category A	very high threat	Group 1
埃博拉病毒、拉沙病毒、马丘波病毒	Category A	very high threat	
鼻疽伯克霍尔德菌	Category B	very high threat	Group 1
蓖麻毒素	Category B	very high threat	
普氏立克次体、贝氏柯克斯体	Category B	high threat	Group 1
布鲁氏菌、霍乱弧菌	Category B	high threat	Group 2
沙门氏菌、志贺氏菌	Category B	high threat	Group 3

续表

病原微生物及毒素	美国 CDC	欧盟	俄罗斯
O157：H7 大肠杆菌、类鼻疽伯克霍尔德菌、鹦鹉热衣原体、委内瑞拉马脑炎病毒、东部马脑炎病毒、西部马脑炎病毒	Category B	high threat	
葡萄球菌肠毒素 B	Category B		Group 3
产气荚膜梭状芽孢杆菌毒素、微小隐孢子虫	Category B		
尼巴病毒、汉坦病毒	Category C	high threat	
刚果-克里米亚出血热病毒、瓜纳瑞托病毒、胡宁病毒、鄂木斯克出血热病毒、萨比亚出血热病毒、河豚毒素		very high threat	
流感病毒		high threat	Group 1
白喉棒状杆菌、日本脑炎病毒、黄热病毒		high threat	Group 2
粗球孢子菌、基孔肯亚病毒、裂谷热病毒、荚膜组织胞浆菌、嗜肺军团菌、脑膜炎奈瑟菌、猴痘病毒、岩沙海葵毒素、立氏立克次体、恙虫病立克次体、芋螺毒素、微囊藻毒素、蛤蚌毒素、结核分枝杆菌、盖他病毒、马麻疹病毒、疱疹病毒、科萨努尔森林病毒、LaCrosse 病毒、Louping Ⅲ 病毒、淋巴细胞脉络丛脑膜炎病毒、墨累谷脑炎病毒、玻瓦桑病毒、罗西奥病毒、圣路易脑炎病毒、蜱传脑炎病毒、Toscana 病毒、西尼罗河病毒		high threat	
人类免疫缺陷病毒、狂犬病毒			Group 3

4.2.4 可能的生物恐怖袭击者

生物恐怖袭击是由恐怖分子所实施的破坏活动。生物恐怖分子可以粗略地分为下列几类。

(1)敌对国家。国家可能出于军事、政治或经济的目的而考虑对敌对国家发动袭击。公然发动生物战争必将受到全世界的谴责。但是，某些国家发动生物恐怖袭击的可能性还是比较高的。国家性质的生物恐怖可以针对人，也可以针对农作物、牲畜等，发动袭击的主要目的是使受袭击国家的人民健康、国家安定与经济发展受到影响，而达到本国的目的。

生物恐怖袭击活动会造成非常严重的后果，大多数可能是点状暴发，也可能是多点暴发，但是都可能会伪装成自然疫情等公共卫生事件。据国外资料披露，某些国家可能仍然保留有生物武器研究计划。这使敌对势力和恐怖组织多渠道获取生物恐怖手段成为可能。另外，我国维护国家统一、反恐怖、反邪教的坚定立场，都可能使敌对势力和恐怖组织将我国列为袭击对象，国际恐怖组织、国内分裂分子和邪教可能与个别国家政府联合孤注一掷，使用生物恐怖手段破坏我国社会安定和经济发展。

国际形势变幻莫测，虽然冷战结束了，但某些强权国家的冷战思维不变，国家政治军事斗争烈度不减，斗争方式无所不用其极。随着科学技术的发展，不排除它们利用科学技术优势，实施常人匪夷所思的新的袭击方式，进行“温水煮青蛙”或“急风暴雨”式的袭击。

(2)恐怖组织。现代恐怖主义在 20 世纪 60 年代末开始兴起，早期并没有引起国际社会的普遍重视，对国际社会真正构成重大冲击、威胁是在 20 世纪 80 年代末基地组织产生后。基地组织以阿富汗为基地，影响遍布全世界，其策划了 1993 年 2 月美国世贸中心爆炸恐怖袭击、1998 年 8 月美国驻肯尼亚和坦桑尼亚大使馆爆炸恐怖袭击和 2001 年美国的“9·11”事件。奥姆真理教是日本的一个邪教兼恐怖组织，1995 年 3 月 20 日，其在日本东京制造了“东京地铁沙林毒气恐怖袭击”事件。

在国际政治经济发展不平衡、部分地区民族宗教矛盾突出的大背景下，美国等西方国家抱持冷战思想，争夺霸权利益和资源，凭借武力在全球实行军事干预和渗透，强力推行其所谓的民主政治，制造事端、动乱，使得全球恐怖组织进入前所未有的活跃时期，恐怖组织的全球网络化和遥相呼应的配合日趋明显，跨越不同国家的“不属于国家的组织”或亚国家组织发展迅速，部分恐怖组织已经成为“准国家化”的严密组织体系，给国际安全发展造成严重威胁。

恐怖集团当前发动恐怖袭击主要还是通过爆炸、劫持、攻击无辜群众等方式。发动生物恐怖袭击需要相对较高的专业技术和较长的准备时间。当前，大多数恐怖组织还不具备这方面的专业知识，但是随着互联网获取信息便捷性的提高和通过商业途径可以方便获得一些病原体生产设施，恐怖分子实施生物恐怖的可能性不断提高，并且实施生物恐怖较爆炸等常规恐怖袭击的袭击来源调查会更为困难。

改革开放以来，我国国家经济建设迅猛发展，人民生活水平得到极大提高，国家对于社会治安一直都非常重视，严厉打击危害社会治安的各种违法活动，国内的恐怖活动难有生长之地。但是，我们也看到，由于多种因素的影响，近几年以新疆“东突”恐怖活动为代表的恐怖事件有增加的趋势。恐怖活动的国际化和恐怖分子与国际上其他恐怖分子联系的密切性、方便性、隐蔽性，以及往往在这些恐怖分子背后还存在着国际敌对势力的身影，为打击恐怖活动增加了难度。

2003 年我国公安部确定了第一批“东突”恐怖组织，包括“东突厥斯坦伊斯兰运动”、“东突厥斯坦解放组织”、“世界维吾尔青年代表大会”等，它们及一些民族分裂势力长期盘踞国外，与国外敌对势力有密切往来并获得经费、技术、情报等方面的支持，随时伺机在我国国内制造暴恐袭击。“东突厥斯坦伊斯兰运动”是“东突”恐怖势力中最具危害性的恐怖组织之一。其宗旨是通过恐怖手段分裂我国，在新疆建立一个政教合一的“东突厥斯坦伊斯兰国”。“东突厥斯坦伊斯兰运动”于 2002 年 9 月 11 日被联合国认定为恐怖组织。2013 年 10 月 28 日该组织在北京天安门前金水桥边制造了汽车冲撞致人伤亡案件。近年来，我国新疆、云南等地发生多起袭击民众、警察、军人和地方政府机关的暴恐事件，经查证均与上述恐怖组织和分裂势力的策划及参与有关。有国外媒体报道，基地组织正在极力寻获生物武器以实施生物恐怖袭击，而我国的“东突”等恐怖组织与它们有密切联系，对此我们要高度警惕。另外，恐怖分子也可能用一般的无害物质代替病原体进行恐怖威胁或恐吓活动，如 2009 年发生在我国新疆的扎针事件等。

(3)独狼式恐怖袭击。独狼式恐怖袭击是独自或得到个别帮手协助，针对政治、军事、社会民生等目标实施恐怖袭击，制造恐怖气氛，扰乱社会正常生活。单一恐怖分子的独狼式袭击更具威胁，主要是因其随机性更高、袭击目标选择范围大等。“独狼”可以在网上学习恐怖袭击技巧，不隶属于任何恐怖组织，难以追踪，甚至在制造暴行之前没有任何犯罪前科。标志性建筑物、重大活动场合、人口相对聚集的场所、各种交通工具等，都可能成为他们的袭击目标。

2009 年 11 月 5 日，在美国得克萨斯州胡德堡军事基地的陆军少校哈桑在军事基地开枪，造成 13 人死亡。2011 年 7 月 22 日，挪威的布雷维克在于特岛进行枪杀，造成 77 人身亡。2011 年，美国总统奥巴马接受媒体采访时表示：“9 • 11”事件已过去将近 10 年，美国目前面临的最大威胁，是像布雷维克那样的“独狼”，而不再是大规模的恐怖行动。

除了恐怖分子外，有接触危险病原体机会的从事微生物、医学、兽医等行业的人员，也可能成为恐怖袭击者的来源。2001 年美国“炭疽邮件”事件中的炭疽邮件来源于美国陆军的实验室正说明了这一点。

(4)科研机构和公司的有目的犯罪。科研机构、学校和公司实际上可能是发动生物恐怖袭击的最大技术提供者。许多医药领域的科研机构、学校和公司都拥有微生物、生物工程等方面的专家并储存有许多病原体，而且人员多而复杂。在一个单位，如果同时拥有发动生物恐怖的动机、相关工作及原材料，那么就可能是一件非常令人担心的事情。

4.2.5　生物恐怖的袭击方式

生物恐怖袭击就是使传染性微生物或毒素传播开来，造成机体发病或中毒的过程。当生物剂被有意释放时，则其与疾病的天然传播具有同样的侵入途径。生物剂最可能通过气溶胶的形式被使用，另外，污染食品、水源等也是重要的袭击途径[1]。

(1)气溶胶释放。生物剂气溶胶的释放是将传染性或毒性颗粒悬浮在空气中，并伴随着自然呼吸在肺泡里沉积。气溶胶传播导致的疾病可能与自然模式不同，而且潜伏期更短。在利用气溶胶形式进行生物恐怖袭击时，最可能的袭击方式是通过建筑物通风管道系统实施。目前，许多建筑物是封闭的，内部复杂的通风管道系统很容易使生物剂在建筑物内迅速大范围扩散。另外，也可以在室外播散生物剂，如 1993 年日本奥姆真理教实施的炭疽袭击就是通过从建筑物顶端播散炭疽气溶胶的方式进行的。

(2)污染食品和水。饮用水、食品、药物可被病原体或毒素直接污染。这种攻击方法可被用做针对有限的目标，如军队营地或基地的水和食品的供应。1984 年 9 月，美国俄勒冈州达尔斯市的鼠伤寒沙门氏菌污染食物中毒事件是典型的通过污染食品而进行的生物恐怖袭击事件。污染食品和水的主要是一些能够通过消化系统传播的病原体，如霍乱弧菌、伤寒沙门氏菌、志贺氏菌等。污染的食品一般是一些不需要进行充分加热的食品，如沙拉等。

(3)媒介传播。媒介传播主要是通过施放受感染的节肢动物宿主，如蚊子、蜱或跳蚤等病原体。在第二次世界大战期间，日本 731 部队曾大量培养传播鼠疫的跳蚤，在中国一些地区施放。冷战期间，美国曾经研究感染黄热病的蚊子。随着杀虫剂技术和疫苗的发展，昆虫等媒介传播逐渐不被考虑用于战场。但基因工程可以打开使昆虫作为武器的一种新的途径。在美国弗雷德里克的研究人员曾经研究遗传改造使昆虫抵抗杀虫剂，并且提高昆虫叮咬能力。美国农业部(U. S. Department of Agriculture，USDA)的昆虫学家曾研究通过基因改造的蚊子传播 HIV 的可能性[7]。

(4)袭击农业生产。农业生物恐怖袭击就是袭击农业生产和食品供应系统，包括农场和食品生产地的食物供应、销售、服务等整个供应链。袭击可造成动物传染病的流行，对整个国家畜牧业和国民经济造成巨大损失。食品供应链(主要包括食品生产、运输和存放环节)容易遭受生物恐怖袭击，由于环节比较多、地理跨度也比较大，因此，安全保障的花费也比较大。

(5)人与人之间传播。某些潜在生物剂能够在人与人之间发生传播。人体作为不易察觉而且高效的传播者，很容易成为生物剂的扩散源。如果恐怖分子个人或集体故意感染烈性病原，如天花、鼠疫等，在潜伏期旅行到目的国家或特定场所进行人体“炸弹”式传播，也同样会造成大量人员感染和社会的极度恐慌。

(6)其他方式。现代物流系统越来越发达和普及，在给人们工作生活带来方便的同时，也潜伏着风险。通过邮政系统、物品快递系统等现代物流系统进行生物恐怖袭击也是一种重要的方式，如 2001 年美国“炭疽邮件”事件。为此美国事后对全国邮政系统的安全检查进行全面评估和完善，加装了生物检测装置，对可疑物品加大了检查力度。

4.2.6　生物恐怖袭击可能造成巨大的经济损失[8]

生物恐怖袭击危害非常大，会给国家造成巨大的经济损失。自 20 世纪 90 年代以来，美国有关研究人员首先开始进行对城市居民发动生物恐怖袭击所造成的经济损失量化计算的研究，随后加拿大科研人员也开始了生物恐怖对经济损失的量化计算。

美国 CDC 的 A. F. Kaufmann 等于 1997 年对针对居民发动生物恐怖袭击所造成的经济影响进行了研究，这是有关生物恐怖袭击对经济损失所做的较早的研究工作。他们的结论是，一次生物恐怖袭击所造成的经济影响随生物剂种类的不同而不同，从每 10 万人暴露于布鲁氏菌的 4.777 亿美元到每 10 万人暴露于炭疽芽孢杆菌的 262 亿美元，这是最小的估计。Kaufmann 的分析方法中不包括许多其他方面的因素(如人长期患病、动物患病等)，若考虑这些因素将会使所得到的影响值更高。1998 年，加拿大国家卫生部的 R. St. John 等对预防加拿大发生生物恐怖事件及事件发生后的干预计划进行经济效益评估。他们以炭疽芽孢杆菌和肉毒毒素气溶胶袭击加拿大为模拟对象，研究结果发现，发生在加拿大的生物恐怖袭击事件所造成的经济损失将非常大，炭疽芽孢杆菌可能为每 10 万人暴露损失 64 亿美元，而肉毒毒素可能为每 10 万人暴露损失 86 亿美元。

我们通过模型初步估计，我国城市居民遭受上述生物剂的恐怖袭击后造成的经济损失与美国和加拿大的数据数值相近。

4.2.7 生物恐怖可造成严重的社会和心理影响

生物恐怖所产生的社会效应包括：①社会经济滞后效应。社会经济滞后效应给社会带来很多安全顾虑，影响人们的正常生活；影响许多行业的正常运转，造成经济受损，影响国民经济的发展；对政府出现信任危机等。②医学后效应。医学后效应包括：传染病持续影响；传染病引起的精神疑虑和恐惧；传染病对个体和群体素质的影响。③生态环境后效应。生态环境后效应是指发生生物恐怖袭击会打破生态环境平衡，造成长期影响。④社会心理效应。社会心理效应包括对个体、群体及社会产生一种超强刺激，产生许多不良现象，如恐惧、疑虑等，而且这些心理活动作用时间长、影响范围广、传播性强。生物恐怖所造成的这些社会效应和社会心理效应对于国家的安全稳定和正常的生产活动及人们的正常生活具有极大危害。

4.2.8 重要的生物恐怖袭击事件

1. “沙门氏菌食物中毒”事件

1984 年 9 月，美国俄勒冈州达尔斯市的几家沙拉吧发生“沙门氏菌食物中毒”事件，至少造成 751 人感染发病，45 人住院治疗，无死亡病例。该事件被认为是美国第一起生物恐怖袭击事件。经过调查发现，事件是罗杰尼希教极端宗教分子为赢得地方政府选举，减少竞争对手支持者的投票人数，而故意用沙门氏菌污染几家餐馆的沙拉所致[9]。

2.“奥姆真理教炭疽”事件

奥姆真理教是日本的一个恐怖组织。1993年6月29日，日本东京某地区的居民向地方环境部门报告闻到异常气味。经过调查，气味来源于奥姆真理教所在地的建筑物。1993年6月30日有41例患者出现食欲降低、恶心、呕吐等症状。地方官员要求检查该建筑但未果，直到1995年3月发生了著名的“东京地铁沙林毒气恐怖袭击”事件后，在对奥姆真理教成员的审讯中，其成员供认1993年发现的异常气味来自炭疽芽孢杆菌气溶胶，其意图是造成炭疽流行。在对当时保存样品的分析中，所有的样品都含有pX01质粒，包含编码炭疽毒素的基因，但是缺乏pX02质粒，这是一种日本动物炭疽疫苗株[10]。

3. 美国“炭疽邮件”事件

2001年美国“9·11”事件后，又发生了“炭疽邮件”事件，该事件导致22人感染，其中5人死亡。美国“炭疽邮件”事件是国际生物安全的分水岭，引发全球纷纷加强生物防御能力建设。

(1)事件过程。2001年10月4日美国佛罗里达公共卫生官员报告，位于该州博卡拉顿的《国家询问者》杂志总部图片编辑罗伯特·史蒂文斯患上肺炭疽，这是美国25年来首次报道肺炭疽。史蒂文斯的一个同事随后也被诊断为肺炭疽。联邦调查局在史蒂文斯办公桌上发现了炭疽芽孢杆菌。一周以后，位于纽约的美国全国广播公司(National Broadcasting Company，NBC)新闻台总部的两名女员工由于接触炭疽邮件，出现了皮肤感染的症状。后来又在纽约邮报社发现了相似的邮件。随后一封可疑邮件邮寄到华盛顿特区，这次的炭疽芽孢杆菌是更轻、更小的粉末。这些粉末具有生物武器特征，很容易在空气中飘散。最后一封含炭疽芽孢杆菌的信件的收信人是民主党参议员帕特里克·莱西。同时，炭疽邮件污染了邮政系统，并且影响了无数封不相干的邮件。

(2)调查过程。2001年10月，美国联邦调查局开展了调查行动，调查涉及包括美国在内的数十个国家。由于“9·11”事件刚过去几个星期，开始阶段，所有调查目标大多指向国外，许多人怀疑炭疽袭击是“9·11”事件的后续袭击，幕后主使是基地组织。

调查显示，信件被分成两批从新泽西州发出。10个月后，联邦调查局在新泽西州普林斯顿市最终找到了凶手寄信时使用的邮箱。但在新泽西州普林斯顿市，他们没有找到现场目击者。

炭疽粉末化验结果显示，这是一种命名为埃姆斯的毒性很强的炭疽芽孢杆菌，国外科学家很少使用这种菌种，反而是美国实验室经常使用，尤其是美国陆军的实验室。

调查期间，调查人员获得另外一个突破，即根据信封上的图案，信封来自马里兰州和弗吉尼亚州的邮局，这里能够提供炭疽芽孢杆菌的地方只有一个，就是美国马里兰州迪特里克堡的美国陆军传染病医学研究所(United States Army Medical Research Institute of Infectious Diseases，USAMRIID)。调查人员要求研究埃姆斯菌种的科学家上交菌株样本。联邦调查局建立了埃姆斯菌株库，其包括 1 070 个样品，这些样品来自 20 个实验室，其中 17 个国内的，3 个国外的，国外实验室包括加拿大、瑞典和英国的实验室。

遗传学家将试管中的炭疽芽孢杆菌与 2001 年袭击的炭疽芽孢杆菌依次进行比对，最终从 1 000 多份样本中筛选出 8 份。联邦调查局没有透露样本提交者的身份，但明确指出样本来源于同一个人，即美国陆军传染病医学研究所的艾文斯。可艾文斯本人提交的样本，并不匹配。联邦特工查抄了他的实验室，结果显示，查抄菌株菌群的特征和被用于 2001 年美国“炭疽邮件”事件的炭疽芽孢杆菌样本的特征吻合。艾文斯成了重大嫌疑人。联邦调查局怀疑艾文斯即是 2001 年炭疽袭击的始作俑者。

根据对艾文斯袭击前的电子邮件调查，艾文斯经受了很大的个人和职业压力。其研究了 20 年的炭疽疫苗项目失败，由于该疫苗与海湾战争综合征(Gulf War Syndrome)的关联受到了来自各方面的批评。联邦检察官称，是精神问题和工作中的不如意促使艾文斯发动了袭击。根据联邦调查局的说法，艾文斯为了引起政府对炭疽疫苗的重视才策划了这次事件。

2007 年年末，联邦特工搜查了艾文斯的住所，并对其进行 24 小时跟踪，陆军方面也禁止他接近实验室。2008 年 7 月 27 日，艾文斯在家中服用了大量的醋氨酚自杀身亡。几天后，联邦调查局认定艾文斯是“炭疽邮件”事件的真凶。2010 年 2 月 19 日，联邦调查局正式结束了该调查。

但是，美国“炭疽邮件”事件中的炭疽邮件的最终来源及袭击者实际上到现在也没有完全清楚。为什么同一事件却出现两种区别很大的炭疽芽孢杆菌；用于袭击的炭疽孢子是否已经武器化；袭击的动机是什么；美国军方是否一直在违反国际公约研制炭疽生物武器；为什么美国面对多方质疑而草草结案等，这些也许会永远是美国不可告人的谜。

(3)调查过程使用了多种技术手段。在调查过程中，美国联邦调查局的调查跨越 6 大洲，被调查者有 1 万人，调查了 2.6 万封电子邮件。另外，29 个政府部门，以及大学和商业实验室帮助进行了科学分析。该调查加速了一个新生科学领域，即微生物法医学(microbial forensics)的发展。该调查过程中使用的主要技术手段如下[11]。

第一，埃姆斯株的判断。炭疽芽孢杆菌埃姆斯株最初是 1981 年从得克萨斯州一头死亡的牛身上分离的，得克萨斯州农工大学将其送到美国马里兰州的美国陆军传染病医学研究所。在 2001 年之前，科研人员已经发展了几种分子手段来确定不同的炭疽芽孢杆菌分型，20 世纪 90 年代中期，确定了 12 个核酸重复序列作为区分炭疽芽孢杆菌型别的分子标签。随后在 2000 年，通过多位点可变数目串联重复序列(mulitiple-locus variable number tandem repeat analysis，MLVA)将 426 株炭疽芽孢杆菌划分成 89 种不同的基因型。另外一种方式，即扩增片段长度多态性(amplified fragment length polymorphism，AFLP)，用于分辨炭疽芽孢杆菌及其他相近的芽孢杆菌。这些技术在很大程度上提高了确定基因型差异的方法。这些方法也被用于 2001 年炭疽的调查，其所有的检测都为 MLVA 基因型 62 和 PA 型 1，为埃姆斯型的特点。这些结论使美国 CDC 认为袭击来源于炭疽芽孢杆菌埃姆斯株。

第二，分析炭疽粉末差异。联邦调查局还要查明一个问题，即为什么两个信封中的炭疽粉末不一样，难道有两名攻击者？新墨西哥州的桑迪亚国家实验室对两种样本进行了比较，结果显示在孢子浓度上没有区别，属于同一种炭疽芽孢杆菌，但为什么其中一个有细胞碎屑呢？桑迪亚国家实验室认为给媒体的邮件中有细胞碎屑，其实那些信封中的物质是一样的，采用了同样的处理方法，只不过发给参议员的信封中的物质纯度更高。

第三，分析炭疽芽孢杆菌的基因变化。调查中一个很重要的问题是炭疽芽孢杆菌是否进行了基因改造，包括是否有抗生素抗性基因或是毒力因子基因被导入了炭疽芽孢杆菌基因组，是否有其他一些突变。为了回答这些问题，洛斯·阿拉莫斯国家实验室的科学家对袭击样品进行了分析。通过 DNA 测序及聚合酶链反应(polymerase chain reaction，PCR)的方法来判断是否存在编码抗生素的基因、保护性抗原、致死因子的改变及插入的外源片段。编码炭疽保护性抗原(protective antigen，PA)的基因 pagA 被测序，其基因序列可以用于判断是否经过了基因改造。经检测，用于袭击的炭疽芽孢杆菌没有经过基因改造。

第四，筛查炭疽样品。2002 年，联邦调查局要求数百位科学家上交各自的埃姆斯菌种样本。联邦特工将样本转交给两位遗传学家，即马里兰大学医学院的拉威尔和弗雷泽·利格特。他们的工作是解码邮件中炭疽的 DNA，然后与上交样品中的 DNA 进行比较。拉威尔开始寻找邮件中炭疽芽孢杆菌的 DNA 变异，如果在样本中找到同样的突变，可认为该样本与邮件中的炭疽芽孢杆菌相同。他们开始筛查每一个样本，并最终锁定了嫌疑对象。

4.3　国际反生物恐怖的努力

4.3.1　国际组织

1.《禁止生物武器公约》

《禁止生物武器公约》是 1925 年签署的《日内瓦公约》的发展和补充，其全称为《禁止细菌(生物)及毒素武器的发展、生产及储存以及销毁这类武器的公约》。该公约于 1975 年 3 月 26 日生效。《禁止生物武器公约》生效以来，在禁止和彻底销毁生物武器、防止生物武器扩散方面发挥了重要的作用，也是当今国际反生物恐怖的重要国际法律基础。

2. 联合国安全理事会决议

针对包括生物恐怖在内的恐怖主义，联合国安全理事会做出了以下重要决议。

(1)第 1373 号决议。2001 年 9 月 29 日，联合国安全理事会通过了第 1373 号决议，谴责 2001 年 9 月 11 日发生在美国的恐怖袭击，决定各国须迅速采取有效措施，防止和制止资助恐怖主义行为。该决议的主要内容包括：①对以任何手段，直接或间接为恐怖活动提供或筹集资金的人或事，各国应将其定为犯罪；②立即冻结协助、资助和参与恐怖行为的个人和实体的各类资产；③禁止为协助、资助和参与恐怖行为的个人及实体提供任何资金、金融资产及有关服务；④各国不得向参与恐怖行为的实体或个人提供任何支持和帮助；⑤应将恐怖行为定为重罪，并确保将恐怖分子绳之以法；⑥各国应为调查和起诉恐怖主义行为相互给予最大限度的协助；⑦有效加强边界管制和证件签发等，防止和控制恐怖分子的跨国移动；⑧在安理会设立监督委员会，监测各国执行决议的情况。

(2)第 1540 号决议。2004 年 4 月 28 日，联合国安全理事会通过第 1540 号决议，申明核武器、化学武器和生物武器及其运载工具的扩散是对国际和平与安全的威胁。该决议要求各国不得以任何形式支持非国家行为者开发、获取、制造、拥有、运输、转移或使用核生化武器及其运载工具。第 1540 号决议对所有国家规定了具有约束力的义务，即通过立法，防止核生化武器及其运载工具的扩散，并就防止相关材料的非法贩运建立适当国内管制。

2006 年 4 月 27 日联合国安全理事会通过了第 1673 号决议，将 1540 委员会的任期延长 2 年。2008 年 4 月 25 日，联合国安全理事会通过了第 1810 号决议，将 1540 委员会的任务期限延长 3 年。2011 年 4 月 20 日，联合国安全理事会通过了第 1977 号决议，决议重申核武器、化学武器和生物武器及其运载工具的扩散是对国际和平与安全的威胁，并将 1540 委员会的任期再延长 10 年，直到 2021 年。

3. WHO

2005 年 WHO 发布了修改后的《国际卫生条例(2005)》。《国际卫生条例》最初于 1969 年通过，其涵盖 6 种“检疫疾病”，包括霍乱、鼠疫、黄热病、天花、回归热和伤寒。随后于 1973 年和 1981 年进行修订，把涵盖的疾病数从 6 种减少到 3 种，包括黄热病、鼠疫和霍乱。1995 年召开的第 48 届 WHA 通过一项决议，要求修订《国际卫生条例(1969)》。2001 年 5 月，WHA 通过了题为“全球健康保障：对流行病的预警和反应”的决议，决议要求 WHO 支持会员国加强发现和快速应对传染病威胁及突发事件的能力。

WHA 于 2005 年 5 月 23 日通过了修订后的《国际卫生条例(2005)》。该条例的目的和范围是“以针对公共卫生风险，同时又避免对国际交通和贸易造成不必要干扰的适当方式，预防、抵御和控制疾病的国际传播，并提供公共卫生应对措施”。《国际卫生条例(2005)》包含一系列改革，包括：①范围不只限于特定疾病或传播方式，而是涵盖“对人类构成或可能构成严重危害的任何病症或医疗状况，无论其病因或来源如何”；②缔约国具有向 WHO 通报有可能构成国际关注的突发公共卫生事件的义务。

自从 2003 年发生世界范围的 SARS 疫情后，WHO 以传染病疫情防控为重点，加强信息沟通，积极参与世界各国的疫情防控工作，并且高度重视新发传染病的病原体溯源。以此为重点，WHO 也积极参加国际生物军控履约谈判，显著加强了两个国际组织之间的关系，表明了 WHO 对防生物武器扩散的积极态度。同时，国际刑警组织、经济合作与发展组织、国际红十字会、世界动物卫生组织等多个国际组织均对反生物恐怖开展了国际行动。

4.3.2　美国等国家和地区反生物恐怖的主要做法

美国“9·11”事件后，生物恐怖的对策研究及相关措施建设与准备引起了许多国家的广泛关注和高度重视，尤其是“9·11”事件后美国发生的“炭疽邮件”事件，把这方面的研究推向新的高度。

1. 美国

美国是目前世界上最发达的国家，也是一个强权国家，面临的恐怖威胁也最多。但是，经过几十年的建设，美国目前已经拥有世界上最系统、最庞大、最先进的反恐战略和反恐措施，它的许多做法对我国建立坚固的生物恐怖防御体系具有借鉴和启示作用。

1)将生物防御纳入国家安全战略

美国政府公布了《应对恐怖主义的国家战略》等多种反恐怖国家战略，制订了应对国内恐怖主义的部门间联合行动计划，主要是在发生大规模杀伤性武器袭击事件的情况下给联邦部门、各州和地方政府就如何做出反应提供整体指导。同时，美国将防生物战作为国家安全和国防的重要内容，恢复了生物武器防御的研究和发展，研究工作涵盖了生物武器产生及投入使用的所有过程。自 1993 年明确提出生物恐怖的概念以来，用于生物防御的投入持续稳定增长，已经完成生物战的理论和技术向民防能力的转化。“9·11”事件的处理可谓美国十年磨一剑的结果。随后，美国又加大了生物防御技术与装备的研究及发展投入，促进应急实体系统和综合防御能力的提高与改进。

经费是反恐能力建设的基础，也是落实国家战略的保证。美国在 2001 年“炭疽邮件”事件后大幅度增加了生物防御经费投入。2001 年以来，美国生物防御经费投入累计 788.269 亿美元，其中投入最多的联邦行政部门是健康与公众服务部(United States Department of Health and Human Services，HHS)、国土安全部、国防部。HHS 占 65.6%，国土安全部占 14.8%，国防部占 12.0%(表 4.2)。

表 4.2　2001～2014 年美国联邦政府生物防御经费[12](单位：百万美元)

联邦部门	2001～2005 年	2006 年	2007 年	2008 年	2009 年	2010 年	2011 年	2012 年	2013 年	2014 年	总计
健康与公众服务部	14 916.1	4 132.3	4 069.3	3 993.3	4 359.9	4 068.4	4 149.8	3 923.7	3 985.5	4 100.0	51 698.2
国土安全部	5 191.2	567.3	353.8	359.4	2 550.1	477.6	389.6	335.2	358.1	1 046.2	11 628.6
国防部	2 366.7	583.0	555.0	578.0	717.6	675.1	788.7	922.6	1 128.8	1 155.8	9 471.3
农业部	607.0	247.0	186.0	215.0	218.0	92.0	84.0	92.0	92.0	94.0	1 927.0
环境保护总局	556.2	129.1	153.1	157.4	162.3	150.4	128.3	96.2	102.5	101.7	1 737.3
商务部	357.0	75.0	76.3	76.3	85.3	100.3	102.9	101.0	101.6	112.1	1 187.8
国务院	276.2	74.3	65.1	60.6	66.1	74.0	74.3	73.2	73.2	67.8	904.7
国家科学基金	102.2	31.3	26.9	15.0	15.0	15.0	15.0	15.0	15.0	15.0	265.4
退伍军人事务部	—	0.3	0.3	0.3	1.3	1.0	1.3	0.7	0.7	0.7	6.6
总经费	24 372.6	5 839.6	5 485.8	5 455.4	8 175.6	5 653.8	5 733.8	5 559.6	5 857.4	6 693.3	78 826.9

注：“—”代表无相关数据资料，2014 年经费为预算经费

2)确定了反生物恐怖的联邦政府机构部署

美国高度重视联邦、州和地方 3 级反恐部门的建设。目前，以成立国土安全部为标志，已经基本完成了联邦政府各部门反恐职能的战略调整。国土安全部为专职反恐机构，国防部、HHS 为主要支持部门，司法部、运输部、财政部、退伍军人事务部等多个部门辅助反恐。但是机构改革基本上是限于联邦政府层面，着重国家反恐的统一指挥和联邦政府资源的统一调度，州政府部门和地方政府部门调整幅度不大。在应对生物恐怖方面，目前还是以 HHS 为主导，国土安全部、国防部和司法部协助。

3)建有灵敏、有效、及时的生物袭击应急反应处置网络

美国在全国形成由 HHS 牵头、国防部为后盾、卫生系统为骨干、公共卫生研究院所和医药产业机构为基础的，由 11 个国家部门，40 余个相关机构参与协作的国家应急救援处置系统。该系统将全国按地理位置等情况划分为 11 个应急准备反应区。所有责任部门和机构、组织都有应对预案，并与政府签订协议。美

国建有 3 级实验室工作网。基层初级实验室覆盖全部国土，负责采样和初级检验。在重要城市、地区和各州设有 85 个中心实验室，承担初步检验结果的验证、实验室检测、病原体分离和初级鉴定。处于工作网顶端的是国家级实验室，承担病原体分离和最终鉴定。美国建有 24 种机动有效的国家级机动应急队百余个，分别由 7 个部门管理，能在 2～4 小时完成部署准备，6～12 小时派出先遣队到达事发地，12～48 小时全队到达事发地，独立工作 72 小时，每日处理伤病员 250 人。这些应急救援队与各州及 200 多个城市联合形成地域反应为主、邻近地区互助、国家机动力量加强的应急反应处置与医学救援网。建有国家储备和储备动员机制。以 2 000 人份应急救援药品装备为一个单元的一类紧急救援药品，24 小时内可送达国土任何一个事发地，72 小时内可完成紧急采购和药品装备应急生产。

4)重视科学技术与装备研究

联邦政府已开展许多针对平民发动的生物恐怖袭击事件所涉及的公共卫生及医学救援方面的研究工作。现在正在进行的研究能利用各种设备快速检测出生物剂；制备新疫苗、抗体、抗病毒药物并进行改进以提高对生物剂引起的传染病的治疗和疫苗防治水平，研制和测试应急反应装备的应用效力。“9 · 11”事件之后，各国政府和科技界专家认为，从基础研究入手，深入认识生物恐怖病原的生物学及其致病机制是反生物恐怖的重要技术基础。美国已明确地将生物威胁列为现阶段对美国最重要的战略威胁，并在国家和军队的不同层次上对其生物防护安全体系、发展战略规划、防护研究和医学对抗措施进行了全面评估和战略构想，尤其“炭疽邮件”事件以后，美国又全面制定和进一步完善了针对生物恐怖的防护研究规划。

5)在生物防御中重视应用高新技术

建设仪器设备和人力资源情报侦察系统，通过机动与定点相结合侦察预警、辅助决策的工作网络系统；开发有综合不同原理、适用于不同场合和用途的快速检测技术、试剂和仪器设备，已能做到在 15 分钟内现场完成炭疽芽孢杆菌、鼠疫杆菌、土拉杆菌、霍乱弧菌、布氏杆菌、肉毒毒素、葡萄球菌肠毒素和蓖麻毒素等 8～12 种生物剂的检验；制式的个体和群体防护用品、用具已装备部队，同时开发了大量简捷、有效的民用产品；生产储备有针对 9 种生物剂的 10 种疫苗和 2 种抗血清；加紧研发更为有效的新生物制品和抗生素等防治药品。

6)建设了系统配套的基础设施体系

生物恐怖病原多属于烈性传染病病原体，其操作需要高等级的生物安全实验室。美国在联邦、州和地方 3 级政府大量职能部门建立了发达的承担反生物恐怖职责的实验室网络系统，包括各种级别(BL-3 级和 BL-4 级)的生物安全实验室，为病原体的鉴别和疾病诊断提供了坚实的条件保障。具体而言，美国主要建有：

①国家实验室为指导的 4 级实验室体系。②处于顶级的 CDC 和陆军传染病医学研究所，有 BL-4 级生物安全条件和品种数量较全的微生物菌(毒)种收集、保存及研究条件，强大的微生物遗传基因、致病特性等数据库及个体监督管理、信息汇集分析、技术指导为一体的疾病监测系统和扩大的疾病信息管理系统，对疾病及相关信息进行采集、储存、统计分析和发布。③专门生物防御研发机构和实验基地，包括 CDC、陆军传染病医学研究所、过敏与感染性疾病研究所(National Institute of Allergy and Infectious Diseases，NIAID)及指导民用防护应对工作的霍普金斯医学院等。建立高等级生物安全条件防护下的生物武器及释放方式的模拟实验场所，从事防护技术与装备的效果评价。④支持生物武器防护和生物安全产品的研发，与食品与药品监督管理局(Food and Drug Administration Home，FDA)、USDA 等公开激励侦检设备和相应数据处理软件、快速检验技术和装备研发，不断缩短快速检验时间，提高检验可靠性和准确性，逼近实时报警和检测。

7)重视生物恐怖的情报收集和知识普及

情报工作是反生物恐怖的早期预警和犯罪侦查的关键。美国国土安全部、联邦调查局、中央情报局等许多情报部门都高度重视生物恐怖的情报收集工作。美国高度重视生物恐怖的规律、特点及反生物恐怖的理论、措施、规划、计划的理论研究工作，许多政府部门、研究机构、高等学校都开展专门的研究工作。这些工作一方面为国家生物恐怖防御提供建议、评价，另一方面由于大量有关研究报告、研究论文都在专门的互联网站上公开，为大众，尤其是相关研究人员提供了重要的专业知识信息。美国的生物恐怖防御知识非常普及，几乎联邦、州和大城市的每个相关职责部门都在自己的网站上提供了丰富的生物恐怖有关知识、有关指南、有关信息及政府部门的有关活动，为民众及时了解有关知识和信息提供了非常便捷的渠道。美国生物防御基本和专业知识的教育已经纳入国防教育、公共卫生和医疗专业人员在校和继续教育的内容。形成了多部门组织、多种媒体配合，专业队伍、医疗卫生人员、民众等多层次的知识教育培训系统，集技术培训、演练评估、咨询帮助于一体，并通过重点城市进行防御和应对演练，磨合部门间、组织机构的协调性和检验预案，提高综合应对能力和救治水平。

8)高度重视反生物恐怖的基础研究及技术开发工作

(1)以生物恐怖病原基因组研究为主轴，加强相关基础研究。目前，国际反生物恐怖主要研究领域包括微生物的生物学、宿主的反应、病原体早期快速鉴定系统、疫苗、治疗和诊断、污染控制、应急支持系统等。微生物生物学领域的主要研究包括通过基因组测序、发展生物信息学手段及基因与蛋白质组的结构分析获得并分析恐怖病原的基因组与蛋白质组信息，以及针对恐怖病原扩展微生物生理学、生态学、分子致病机理和动物模型的研究。

宿主的反应领域包括：加强对病原体天然与获得性免疫反应的认识，并为进一步修饰奠定基础；加强临床免疫学的研究，鉴定天然与获得性免疫途径中的靶分子；人类免疫反应变异的系统研究。

病原体早期侦检和诊断领域包括：注重基因组与蛋白质组在微生物标识(microbial signatures)中的应用研究；发展高度敏感、特异、价廉、使用方便的诊断制剂。在技术装备研究领域，其重点是实现侦检装备的自动化、智能化与小型化。从美国的生物恐怖侦检近期、中期和远期规划可以透视侦检技术发展的方向。美国的近期计划包括在重要固定场所入口装备生物检测传感器防护网络系统、对付大规模生物恐怖装备生物综合检验系统、自动预警报警系统；中期规划包括研制自动长线源、点源和移动式生物检测系统以检测和鉴定生物恐怖病原，改进生物点源检测系统从而增加其检测生物恐怖病原的数量，降低假阳性，减轻重量和增加检测可靠性等；长远规划包括自动综合化学和生物恐怖的传感器检测系统及水源化生检测系统。生物毒素检测比较困难，基于传统免疫学和动物实验检测效率不高，目前美国国防高级研究计划局部署了检测生物毒素的新技术，如用遗传修饰的神经元和免疫细胞(包括干细胞)及组织作为细胞和组织芯片来检测毒素。

疫苗领域包括：发展快速评价疫苗的方法，以评价目前正在发展的炭疽与天花疫苗；支持新一代天花与炭疽疫苗的研究；发展评价疫苗的动物实验模型；加强疫苗临床前毒理的研究；支持其他可能的高危险性病原体疫苗的研究，并发展相应动物评价模型；发展基于细胞培养的病毒疫苗发展技术；通过基础研究、疫苗释放系统、B 和 T 细胞保护性反应、佐剂的发展增加疫苗防护效果；保持疫苗及其相关产品的生产。

治疗领域包括：针对生物恐怖病原体清单，补缺研优，特异性和广谱性药物研发并重；发展评价抗生素、免疫治疗剂和抗毒素的体内外评价手段；建立战剂特异的高通量筛选方法；发展评价用动物模型；建立必要的新药获得批准必需的安全与药物动力学数据；加强基础研究。例如，可能靶序列筛选、治疗用单抗和多抗的评价、挖掘天然免疫系统中的受体和调节子作为免疫治疗剂，研究不同人群(新生儿、儿童、孕妇、年长者等)的免疫差异对免疫治疗的影响。美国军方在针对生物战和生物恐怖的研究领域更加系统和完善，自 20 世纪 90 年代以来美军直接用于生物防护研究的经费一直维持在每年 9 000 万美元以上。

生物污染消除控制领域：其研究非常活跃，主要表现在积极引进多学科的新理论(如物理、化学与分子生物学的杀菌理论)、新技术(如纳米技术、电子技术)，促进了消毒领域的研究与发展，不时有消毒新概念与新产品的探索性研究报告。其发展趋势主要集中在快捷简易消毒、敏感器材与设备无损伤消毒、长效抑菌杀菌、自我消毒、生物杀菌、消毒效果的快速评价与监测技术等多方面。在研究的策略上，主要从交叉学科的基础理论着手，以新技术为支撑平台，从分子与基因水平寻找突破口，理论与应用并重，寻求生物污染控制研究的突破与发展。

生物恐怖风险评估领域：风险评估作为一种必要的手段，是指基于实际情况对生物恐怖的潜在威胁进行评价，对将来可能发生的生物恐怖进行预测。其过程主要是根据现有的情况，对最有可能发生的生物恐怖“情景”进行综合研究，包括可能使用的生物剂、攻击目标、袭击手段等。根据各个恐怖组织的特点及发动生物恐怖袭击的能力(包括制造病原体的能力、投送的能力等)，识别各种“情景”发生的可能。在生物恐怖发生后的危害评估也属于风险评估的范畴，各种“情景”下所形成的危害面积、感染人数、流行趋势等都是美国主要关心的问题。进行风险评估主要是对各种“情景”进行风险评估建模，以达到有效应对的目的。研发危害模拟评估与智能决策系统，形成联邦政府(部)的集模拟、预警、决策、处置、演练为一体的国家或区域级生物事件数据挖掘与防控决策软件环境，综合提高国家反生物恐怖能力。

从上述研究进展不难看出，美国在集中提高国家反恐能力的同时，以微生物基因组研究为中心进行基础研究，同时加强相关学科的基础研究，以确保反恐斗争和相关科研的可持续发展。

(2)新技术不断引进，交叉学科研究不断加强。新技术的不断引入和学科交叉研究加强是目前各国反生物恐怖相关研究的新特点。在微生物检验方面，实现侦检装备的自动化、智能化与小型化是未来生物侦检设备的发展方向。从美国在侦检和诊断领域的近期和长期研究计划分析，其技术支撑包括采样技术、标本处理技术、生物的激光光谱分析技术、质谱等化学分析技术、生物传感器技术、生物芯片技术、免疫学与核酸检测技术等。加拿大科学家研制的只有寻呼机大小的“生物合金”侦检装置则是当今高科技发展的杰作。可见要实现快速侦检，必须联合生物学、化学、物理学、大气物理学、光学、微电子学、微制造学等多学科的合作研究。目前，高新技术，如生物芯片、生物传感器、微电子和微制造技术的发展也为研制小型快速生物侦检仪器提供了不可多得的机遇。在疫苗研究领域，现代分子微生物学、分子遗传学、分子免疫学的理论和技术为研究病原体与机体免疫系统的相互作用提供了新的技术手段。例如，致病毒力分子和保护性抗原、T 细胞和 B 细胞表位、细胞因子、信号传导等从分子和细胞水平上为阐明病原体致病及免疫防御机理打下了坚实的基础，并为疫苗的研制提供了可靠的理论依据。在药物研究领域，国际核心期刊中涉及生物恐怖病原致病和治疗基础的相关文献大幅度增加，基于病原体致病基因组和蛋白质组学、毒力分子和受体结构功能，建立以中和表位和毒素受体为靶点的大容量组合生物文库及高通量筛选技术成为新的研究热点。

(3)技术与信息保密性不断加强。反生物恐怖研究获得的技术是维护国家生物安全的重要保证，一旦落入恐怖分子之手，将大大削弱其防护能力。因此，各国对反恐技术不断增加保密程度。许多重要微生物的基因信息，尤其是生物恐怖相关病原的信息尚属于国家机密，难以从公开渠道获得。

(4)加强基础设施建设，保持反生物恐怖研究持续发展。生物恐怖病原均属于烈性传染病病原体，其操作需要高等级(BL-3 级和 BL-4 级)生物安全实验室，美国和加拿大在“9·11”事件之前就兴起了“生物安全实验室的建设热潮”。美国目前拥有全球最多的 BL-4 级生物安全实验室[13]。2001 年法国和瑞典分别新建了 BL-4 级生物安全实验室。有情报来源显示，中国台湾“国防研究院”可能已拥有 BL-4 生物安全实验室。美国在“9·11”事件后又投资了 4.3 亿美元，用于生物恐怖病原研发的配套基础设施建设。因此，拥有合适数量的高等级生物安全实验室是维持国家反生物恐怖研究可持续发展能力的必备条件。

2. 其他部分国家的反生物恐怖袭击准备情况

(1)法国。1999 年法国内政部、国防部和卫生部为加强法国反生物恐怖主义工作，在以前有关行动计划的基础上，联合制订了打击和预防生物恐怖主义威胁的专门计划，并于 2001 年 10 月通过，其被命名为“生化防毒计划”，该计划主要包括危险预防及危机监测、报警和干预三部分内容。

(2)德国。“9·11”事件后，德国为有效反恐，加强了军、警、情报等部门的合作。德国联邦国防军的职责是负责边境安全和对抗生物、化学恐怖。2001 年 10 月 10 日，德国政府在柏林成立了“联邦生化制剂信息中心”，以对抗生化武器的袭击。此外，德国政府还开通了“生物细菌袭击”问题热线，计划增加现有天花疫苗的库存量，从目前的 3 500 万剂增加到 1 亿剂。

(3)英国。“9·11”事件后，恐怖威胁的增加，促使英国政府高度重视国家的反恐紧急反应能力，力求在恐怖威胁时能够有效应对，保障公民安全和社会正常运转。英国政府目前正在考虑通过一项立法，授权安全部队在英国本土遭到恐怖分子生化袭击的情况下，强制在首都伦敦及其他城市大部分区域设立隔离地带，引导人群疏散和接受检疫。

(4)意大利。2001 年 10 月意大利政府通过预防生物、化学武器攻击的紧急计划，决定增加预防天花的疫苗，并采取增加其他药物产量的措施。

(5)日本。“9·11”事件后，日本对打击恐怖活动予以高度重视，设立了“反恐怖紧急对策本部”和制定了“紧急应对措施”，加强了反核、生物、化学恐怖对策，主要体现在：①加强应对核、生物、化学恐怖的能力，强化警察、消防、自卫队、海上保安厅等应急部队，增加和加强检测器材、防护器材及事件应对能力，加强应对核、生物、化学恐怖的能力。②加强恐怖事件发生时医药必需品的储备。③配合国际性的应对。

需要注意的是，上述国家长期形成的盟友关系在应对生物恐怖方面也得到充分体现，它们在生物恐怖监测预警、医学救援措施及人员演练培训等方面开展全面合作，救援物资研制实行合同关系，互通有无，形成了强大的合力。

4.4 前瞻

生物恐怖可能将是国际安全的长期严重威胁，我国也将面临严重威胁与挑战。反生物恐怖关系到国家的安全稳定、改革发展的大局，做好反生物恐怖工作事关国家安全大局，也是做好总体国家安全下国家生物安全的重要保障，关系到一体化国家安全体系的建设。

在构建我国生物恐怖防御体系工作中，要坚持反生物恐怖与反生物战相结合、反生物恐怖与传染病控制相结合的原则；研究确立国家反生物恐怖的指挥体系、应急反应体系、预防诊治药品和器材的储备体系、信息控制与发布机制、反生物恐怖知识培训机制；要切实加强病原体的管理。目前，我国病原体管理还比较混乱，为恐怖分子实施生物恐怖提供了有利条件，这种局面亟待改变。由于多种原因，我国目前病原体收集、保存和持有者多种多样，范围很大，包括科研单位、医院、学校、企业。这些持有者隶属关系多样，有国家的、民间的甚至国际合作的，人员结构相当复杂。因此，建议国家完善法律体系，加强执法，依法管理病原体。对全国各种单位持有的病原体进行全面清理、登记，检查安全措施，对违反规定的持有者要求其按渠道限时上交或者销毁。尤其要加强科研单位、学校的菌种管理和医院病原体的日常管理，严格控制菌种的无序扩散，严格限制以对外合作名义向国外提供有毒菌种。应研究选择个别城市进行反生物恐怖能力建设试点。建议选择北京、上海、广州、乌鲁木齐、昆明、成都等作为首批启动的反生物恐怖能力建设试点。在建设反生物恐怖能力试点城市的基础上，总结经验，并逐步推广。

应加强反生物恐怖国际合作。恐怖主义是全球性的挑战，是一场艰巨的持久战，涉及方方面面，必须由各国携手合作，共同应对。国内外的事实表明，反恐的国际合作可以早预警，有利于切断恐怖组织从国外获得技术支持、经费支持。国际反恐斗争的胜利有赖于国家间的团结与协作，有赖于明确及共同的行动，有赖于切实以公认的国际法准则为指导。生物恐怖作为恐怖威胁的一种类型，也需要加强反恐的国际合作，如此便可以为病原体生物剂的迅速鉴定及防治措施的迅速建立提供有效渠道[14,15]。

参考文献

[1]黄培堂，沈倍奋．生物恐怖防御．北京：科学出版社，2005.

[2]Henderson D A. The looming threat of bioterrorism. Science，1999，283(5406)：1279～1282.

[3]Tian D，Zheng T. Comparison and analysis of biological agent category lists based on biosafety and biodefense. PlOS ONE，2014，9(6)：e101163.

[4]CDC. Bioterrorism agents/diseases(by category). http://www. bt. cdc. gov/agent/agentlist-category. asp，2013-06-10.

[5]Tegnell A，van Loock F，Baka A，et al. Development of a matrix to evaluate the threat of biological agents used for bioterrorism. Cellular and Molecular Life Sciences，2006，63(19～20)：2223～2228.

[6]Westerdahl K S，Norlander L. The role of the new Russian anti-bioterrorism centres. http://www. foi. se/rapp/foir1971. pdf，2006.

[7]Lockwood J A. Insects as weapons of war，terror，and torture. Annual Review of Entomology，2012，57：205～227.

[8]张文斗，祖正虎，徐致靖，等．炭疽恐怖袭击直接经济损失评估方法．军事医学，2012，36(10)：745～749.

[9]Mahoney A K H. Preventing the next attack：an examination of policy issues brought to light by the Rajneesh bioterrorist attack in oregon in 1984. http://csimpp. gmu. edu/pdfs/student_papers/2005/fall05_04. pdf，2005.

[10]Takahashi H，Keim P，Kaufmann A F，et al. Bacillus anthracis incident，Kameido，Tokyo，1993. Emerging Infectious Diseases，2004，10(1)：117～120.

[11]National Research Council. Review of the scientific approaches used during the FBI's investigation of the 2001 anthrax letters，2011.

[12]Sell T K，Watson M. Federal agency biodefense funding，FY2013-FY2014. Biosecurity and Bioterrorism：Biodefense Strategy，Practice，and Science，2013，11(3)：196～216.

[13]Kaiser J. Taking stock of the biodefense boom. Science，2011，333(6047)：1214.

[14]郑涛，沈倍奋，黄培堂．我国生物安全能力可持续发展的重点．军事医学，2012，36(10)：728～731.

[15]郑涛，田德桥，孟庆东，等．以能力建设为中心，加快我国生物安全科技发展．军事医学，2014，(2)：86～89.

（田德桥、许晴、郑涛）

第 5 章

传染病

传染病是指由细菌、病毒、寄生虫等病原体引起的能在人与人、动物与动物或人与动物之间相互传播的一类疾病。人类历史就是与传染病斗争的历史，在漫长的历史长河中传染病的威胁一刻也没有停止，它是人类健康的主要杀手。鼠疫、天花、霍乱等烈性传染病的流行均曾导致大量人口死亡，并对人类文明进程产生重大影响。近年来，新型流感、出血热、霍乱、疟疾、AIDS、SARS、中东呼吸综合征(Middle East resppiratory syndrome，MERS)、埃博拉等疾病的暴发和流行不仅对许多国家的民众健康和生命安全造成了巨大危害，而且产生了深刻广泛的社会经济影响，甚至威胁到国家的安全稳定。因此，传染病防控是世界各国社会发展的优先领域，也是生物安全的研究重点。

5.1 传染病概述

5.1.1 传染病与人类文明进程

概括而言，人类历史上传染病的发生发展历经四个主要阶段[1]：①第一阶段(约 1 万年前)。农业社会的发展壮大与驯养牲畜，导致许多病原体从动物传播到了人类。②第二阶段(公元前 430～公元前 542 年)。随着欧亚贸易兴起，远距离的商业贸易导致一些在局部地区流行的传染病入侵其他区域的易感人群，极大地扩大了传播范围，加快了传播速度。③第三阶段(公元 1500 年前后)。殖民地的扩展和新大陆的发现，进一步加快了疾病在不同地域间的传播，使用天花病毒大量杀伤敌方易感人员的原始生物战也在这一时期出现。④第四阶段(20 世纪末)。城市化进程的加快，以及交通系统和全球贸易的快速发展，导致人群间的社会交往频率加快，同时环境因素急剧变化，各种因素导致新发突发传染病的发生频率再次明显上升，且传播速度进一步加快。新发突发传染病疫情已成为当前全球健康安全的主要威胁之一。

5.1.2　人类历史上的几种重大传染病

在人类历史上，许多重大传染病疫情均导致了大量的人员死亡，并在政治、文化、经济、军事等方面产生了深远影响。

(1)鼠疫。鼠疫是指由鼠疫杆菌引起的烈性传染病，是广泛流行于野生啮齿动物间的一种自然疫源性疾病。14 世纪的鼠疫大流行被称为“黑死病”，整个亚洲、欧洲和非洲北部均鼠疫肆虐。其中，疫情仅在欧洲的流行时间就长达 3 个世纪，夺去了 2 500 万余人的生命。鼠疫的致病菌是藏在黑鼠皮毛内的蚤携带的鼠疫杆菌，在 14 世纪黑鼠的数量多，因此，疫情的传播速度快、死亡率高、流行时间长。由于病死人数众多，劳动力的匮乏导致大量农田荒废、粮食生产量下降、社会经济受到广泛冲击。同时，农民和贵族均以同等的风险死亡，导致农业劳动力的严重缺乏和土地所有权的大量更换，因此，鼠疫在摧毁中世纪的封建制度和引发新的农业技术革新上起到了重要作用。

(2)天花。天花是指由天花病毒感染人而引起的一种烈性传染病。据统计，天花在历史上至少造成 1 亿人口死亡。天花流行的历史悠久，公元 3 世纪和公元 4 世纪罗马帝国都出现过大规模天花流行。在 18 世纪欧洲大陆流行的多种传染病中，以天花的危害最大。欧洲殖民者还把天花带到美洲，给生活在那里的印第安土著人带来了毁灭性打击，当地约三分之一的土著人染病死亡。通过在全球范围内开展大规模的疫苗接种行动，WHO 于 1980 年宣布消灭了天花，这是人类社会迄今为止消灭的唯一传染病。经 WHO 批准，目前仅在美国 CDC 和俄罗斯西伯利亚国家病毒学研究中心保存有活的天花病毒供研究防御措施使用。

(3)霍乱。霍乱是指由霍乱弧菌引起的一种急性腹泻性传染病，历史上共有 7 次大流行记录。据记载，第一次大流行始于 1817 年的印度，造成了约 3 800 万人死亡，1831 年仅欧洲就有 90 万人因感染霍乱死亡。霍乱主要经水传播，即便在公共卫生体系比较健全的今天，霍乱仍然在威胁人类，特别是在那些公共卫生基础设施比较薄弱、缺乏安全水源的地区，霍乱的流行情况非常严峻。常言道，“大灾之后必有大疫”，重大自然灾害很容易引起霍乱大流行。2010 年 1 月海地发生大地震后，于 2010 年 10 月中旬发生霍乱大流行，截至 2012 年 1 月，已造成 7 000 人死亡，52 万余人感染。

(4)流行性感冒。流行性感冒是指由流感病毒引起的传染性呼吸道疾病。历史上曾经发生多次流感大流行，其中尤其以发生在 1918～1919 年的“西班牙流感”危害最大。据估计，全球至少 10 亿人感染“西班牙流感”，占当时全球人口的 59%。其中，至少 5 亿人患病，在不到 1 年的时间内全球致死人数多达 4 000 万人，而在同一时期进行的第一次世界大战伤亡人数的总和仅为 830 万。继 1918 年“西班牙流感”大流行后，1957 年 2 月起源于我国西南部的“亚洲流感”大流行导致全球 40%～50%的人感染，超过 100 万人因此死亡。随后发生在 1968～1969 年的“香港流感”大流行同样首先起源于我国，这次流感导致全球超过 100 万人死亡。2009 年 3 月起源于墨西哥的新型 A(H1N1)流感是 21 世纪首次流感大流行。在短短 2 个月时间内，疫情便扩散到 70 多个国家和地区，5 个月内全球 214 个国家和地区至少 2 万人因此而死亡。

(5)AIDS。AIDS 是指由人类免疫缺陷病毒(human immunodeficiency virus，HIV)感染引起的综合征，是起源于非洲的一种危害性极大的传染病。自 1981 年在美国首次发现 AIDS 病例以来，AIDS 在全球已夺去了超过 3 000 万人的生命，成为史上最具破坏力的传染病之一，且形势仍在不断恶化中。

其他造成重大影响的传染病还有斑疹伤寒、疟疾、黄热病、梅毒、SARS 等，其中许多传染病至今仍然缺乏特异性的预防和治疗措施。

5.1.3 传染病与国家安全[2～4]

许多传染病具有突发性强、扩散速度快、影响范围广等特点，短时间内可使大量人群感染、发病和死亡，严重冲击国家公共卫生基础设施，造成巨大的经济危害，甚至引发社会动荡，严重威胁国家安全。

(1)公共健康安全。国民是一个国家存在的基石和必要条件，国民安全是国家安全的核心所在。重大传染病疫情能在短时间内造成大量易感人群发病和死亡，使国家人口锐减，严重改变人口流动、分布和结构，引发严重的国家公共卫生安全问题。

虽然医学的快速发展及公共卫生的巨大进步对于重大传染病疫情的防控起到了举足轻重的作用，但距离人类的期望还有很长的路要走。2003 年的 SARS、2009 年的甲型 H1N1、2013 年在中东地区肆虐的 MERS、2014 年的西非埃博拉疫情等表明，人类对许多传染病仍然没有有效的医学措施，新发突发传染病疫情仍然对人类健康构成重大威胁，同时也给科技工作者提出了严峻的挑战。

(2)经济社会安全。大规模传染病疫情在造成人员大量伤亡的同时，将在短时间内极大地改变人流、物流的流向，打乱正常的经济和社会运行节奏，导致经济社会运行失衡，严重时可以导致社会经济崩溃，并引发诸多社会安全问题。

大规模传染病疫情对经济的影响主要表现如下：①直接经济损耗，主要包括人员伤亡导致的劳动力损失，通常以剩余平均工作年限、人均国内生产总值、折扣率来估计；病例住院、治疗及非住院病人的门诊费用等。②公共卫生措施的干预代价，如医疗物资消耗、设备运转费用等。③间接经济损失，除直接经济损失外，间接经济影响更大、作用时间更长。大量的旷工将严重扰乱经济建设的正常路线，特别是第三产业部门的旅游、交通运输、餐饮、酒店、娱乐、零售、外贸投资等领域将受到严重冲击；同时，现代经济促使各个产业部门之间的联系越来越紧密，受到直接冲击的部门将不可避免地将损失传导给前后相关联的其他产业，从而给上下游产业链造成间接经济影响，经济损失将会按乘数效应放大。因此，从长远和总量上来看，大规模传染病疫情造成的经济损失和对国家的经济影响是不可估量的。

重大传染病疫情的另外一个重大危害是容易引起社会动荡。人群的大量发病和死亡将使个体及社会承受巨大的心理压力，容易导致公众对预防控制措施失去信心，从而引发政府的公共信任危机。此外，公众的恐慌心理非常容易引起一些生活必需品的哄抢行为，从而引发社会危机。2003 年 SARS 在广州流行期间，便发生了市民抢购抗病毒药物、囤积粮食和食盐等严重干扰社会经济正常运行的恐慌性行为。

(3)政治军事安全。重大传染病疫情对国家政治军事安全的影响主要有三种形式：①对作战部队战斗人员的直接杀伤，摧毁其战斗意志，从而改变战争进程，威胁国家军事安全。② 对后方大城市进行生物袭击引发大规模疫情，通过感染普通民众、释放谣言从而引发社会恐慌，破坏国家政权。因此，防御传染病是军队保持战斗力、减少非战斗减员及保证军人健康的主要任务。③除上述两种传统方式外，当前一些慢性发展的传染病疫情同样也对国家政治军事安全构成严重威胁。以 AIDS 为例，在全球 HIV 感染者中，有 60%以上生活在撒哈拉以南的非洲地区，在最严重的博茨瓦纳，全国有 38.8%的成人携带有 HIV，其中一半以上的感染者年龄介于 15～24 岁，即传统的生产年龄段。大量的年轻人携带 HIV，不仅造成生产力降低和经济损失，还意味着未来社会领袖的缺失、作战兵源的大幅度减少，家庭、社区和国家民族凝聚力的下降，并且导致越来越多的移民外流，从而加剧区域政治动荡和军事冲突的风险。

5.2 《国际卫生公约》

鉴于传染病的危害特点，防控传染病成为国际社会共同的责任和目标，国际社会在国际公约和制度健康方面做出了不懈努力。

5.2.1 卫生立法简史[5]

人类是地球上唯一能够通过改变环境以适应自己生存和发展需求的种族。在漫长的历史进程中，人类渐渐地认识到应对传染病必须通盘考虑，如综合处理传染病预防和控制、改善与生活有关的自然环境(如垃圾和废物处理等)、保障食物和饮用水的安全、治疗和照料老弱病残等一系列问题。由于综合治理这些问题涉及面广，所以需要整个社会参与，有组织、有计划地去解决其中的问题。这些现实需求促使人类社会逐步建立了应对传染病的强制性法律规定，并演化到今天全球性的国际公约。

大约公元前 500 年，人们就开始认识到饮食、供水、个人卫生、居住环境卫生等与传染病密切相关。中国的早期文献已有不少与环境卫生有关的记载，如水源保护、清洁处理等。在西方，公元前 15 世纪的古希腊医生已经注意到疟疾和潮湿洼地有关。古希腊城市已经有专门的官员负责城市的供水和排水，医学之父希波克拉底的名著《空气、水和地方》提出不健康状态或疾病是人与环境不平衡的结果。在这一时期人类对传染病防控的措施的科学认识已开始萌芽。

中世纪在欧洲流行的鼠疫使人类认识到了公共卫生的重要性。例如，在河流上游禁止抛弃动物尸体；对传染病患者进行检疫隔离；对贫困者提供基本医疗服务和社会救济帮助；设立公共卫生机构和公立医院；实行天花报告制度和传染病的集中诊断规定；等等。其中，意大利威尼斯在 1485 年建立了国境卫生检疫制度，规定来自鼠疫流行区的船只在进港之前必须在港口外检疫观察 40 天，这标志着以政府主导的强制性公共卫生立法开始萌芽。

公元 1500 年到公元 1830 年，随着西方殖民运动的开始和发展，全球性贸易、工业和军事活动产生了新的公共卫生需求，这些新的需求孕育了现代公共卫生事业，主要表现如下：①保护和促进公民的健康福利成了现代国家的一项最重要的功能。1601 年英国《不列颠伊丽莎白贫穷法》(简称《贫穷法》)明确规定，地方自治政府对贫困者的健康和社会福利负责任，每个公民在理论上都应对其住处所在街道的清洁负有责任。②欧洲的启蒙运动促使人类文明不断进步，从而为现代公共卫生的诞生奠定了理论基础。③近代科技革命深深地影响了传染病的预控。在此时期大规模的病例隔离等措施已经得到实施，1347 年意大利开始将传染病患者移居到城市以外生活、恢复或直至死亡；1641 年德国柏林市政府规定在市场 1 000 步内不准兜售垃圾，开创食品卫生立法的先河。

1830 年以来的现代公共卫生立法起源于英国，该国于 1834 年通过《贫穷法修订法案》(简称《新贫穷法》)。《新贫穷法》取代了 1601 年的《贫穷法》，由英国政府设立专门机构对贫困者的健康和社会福利负责任，提高了城市和社区应对环境及供水卫生问题的能力。1842 年，埃德温·查德威克发表了现代公共卫生起源史上最重要的文件，即《大不列颠劳动人口卫生状况的调查报告》，该报告最大的影响是推动英国国会通过了人类历史上第一个现代公共卫生法，即《1848 年公共卫生法》。该法明确规定政府必须设立国家和地方卫生委员会，为控制结核病、伤寒和霍乱等传染病奠定了基础。1850 年，伦敦流行病学协会的成立标志着现代流行病学的诞生。伦敦流行病学协会对传染病防控的一个最大贡献就是通过对天花传播的调查和积极的游说促使英国国会在 1853 年通过《疫苗法案》，开创了英国也是人类历史上以公共卫生的名义强制全民接种疫苗的先例，开启了政府主导传染病防控的先河。

5.2.2 《国际卫生公约》的产生[6]

自 1374 年意大利的威尼斯建立了世界上第一个检疫站，并颁布了第一部检疫规章起，到 1848 年英国颁布的第一个公共卫生法，许多国家和城市都建立了应对传染病的法律法规，并发挥了重要作用。19 世纪以来，随着海外扩张的需要，许多传染病的传播不再受国界限制，鼠疫、霍乱、天花、黄热病等烈性传染病都在大范围地流行，各国既往的检疫规章已经不能适应新情况，传染病防控的国际参与的需求不断增加。许多国家为防御瘟疫的传播蔓延，开始寻求地区性的协调，并逐渐发展到国际间的合作。在此背景下，第 1 届国际卫生会议于 1851 年在巴黎召开，开始制定世界第 1 个地区性卫生公约，即《国际卫生公约》。1912 年巴黎第 12 届国际卫生会议中形成了《国际卫生公约》文本，将霍乱、鼠疫、黄热病定为国际检疫传染病；1926 年巴黎第 13 届国际卫生会议正式通过《国际卫生公约》，公约共 172 条，增加天花、斑疹伤寒为国际检疫传染病，中国也出席了该会议，并签订了该公约；1946 年，WHO 宣告成立，并于 1951 年通过了《国际公共卫生条例》，代表了以 WHO 为主导的国际公共卫生立法的新时期的到来。

5.2.3 《国际卫生条例》的发展

1951 年的《国际公共卫生条例》历经了多次修订，其中 1969 年第 22 届 WHA 对《国际公共卫生条例》进行了大幅修改、充实，并改称为《国际卫生条例》(International Health Requlation，IHR)；1973 年和 1981 年先后对 IHR 进行修改、补充。

1969 年版的 IHR 主要用来监测和控制 6 种严重的传染病，即霍乱、鼠疫、黄热病、天花、回归热及斑疹伤寒症。在该条例中，只有霍乱、鼠疫及黄热病需要报告，这意味着成员国只需要向 WHO 报告上述传染病的发生和发展情况。但在 20 世纪 90 年代初期，一些未列入报告清单的重大传染病再次出现，同时新发现许多传染病，如埃博拉出血热等，因此，现行的 IHR 无论在公共卫生实践、疾病预防和治疗，还是在技术进展和法律约束方面均已过时，需要进行广泛的修订，这些需求使得 1995 年的第 48 届 WHA 通过了对现有条例修订的决议。2003 年 5 月，关于 IHR 修订的 WHA56.28 号决议建立了一个面向所有成员国的政府工作组来审阅和起草 IHR 的修订草案，该工作组分别在 2004 年 11 月和 2005 年 2 月举办两次会议通过了修订终稿。WHA 在 2005 年 5 月 23 日通过 WHA 58.3 号决议，接受了新的国际卫生条例，即《国际卫生条例(2005)》。《国际卫生条例(2005)》在 2007 年 6 月 15 日正式生效。

《国际卫生条例(2005)》的主要特征概括为以下几点：体现了全人类共同利益性；与口岸建设和经济发展的相关性；实体法规范与程序法规范的兼容性；对空间和时间要求的特殊性；较强的专业性。《国际卫生条例(2005)》的制定，体现了国际卫生检疫从单纯的隔离留验扩展到疾病监测、卫生监督和旅行者的卫生保健等多个方面，检疫内容不断延伸。国际检疫法规条款不断修改、补充的过程，开辟了人类通过国际卫生立法形式开展国际合作及与传染病进行斗争的新纪元。

5.2.4 《国际卫生条例(2005)》[7]

《国际卫生条例(2005)》是当前各缔约国应对国际性疾病传播及其他健康风险威胁的国际公约，全球有194个国家遵守此条例。在当前国际交通和贸易冲突的情况下，《国际卫生条例(2005)》旨在预防、减缓、控制和应对传染病的全球传播，它来自广泛的国际共识，加强了集体应对多样化公共卫生风险的能力，建立了一系列的规定来支持传染病的暴发预警和应急响应，以及公共卫生事件的监控和通报机制，对于确保全球公共卫生安全异常重要。

1. 主要内容

《国际卫生条例(2005)》共分10编66条，第1编为前言、定义、目的和范围、原则及负责当局；第2编为信息和公共卫生应对；第3编为建议；第4编为入境口岸；第5编为公共卫生措施；第6编为卫生文件；第7编为收费；第8编为一般条款；第9编为IHR专家名册、突发事件委员会和审查委员会；第10编为最终条款。

《国际卫生条例(2005)》还包括9个附件：①监测和应对、出入境口岸的核心能力要求；②评估和通报可能构成国际关注的突发公共卫生事件的决策文件；③船舶免予卫生控制措施证书或船舶卫生控制措施证书示范格式；④对交通工具和交通工具运营者的技术要求；⑤针对媒介传播疾病的具体措施；⑥疫苗接种、预防措施和相关证书；⑦对于特殊疾病的疫苗接种或预防措施要求；⑧航海健康申报单示范格式；⑨航空器总申报单的卫生部分。《国际卫生条例(2005)》内容与《国际卫生条例(1969)》相比主要不同之处在于以下几点。

(1)适用范围从鼠疫、黄热病和霍乱三种传染病的国境卫生检疫扩大为全球协调应对构成国际关注的突发公共卫生事件，其中需要立即通报的传染病有霍乱、肺鼠疫、黄热病、埃博拉热、拉沙热、马尔堡热、西尼罗热、登革热、裂谷热、脑膜炎球菌病、天花、野毒株引起的脊髓灰质炎、新亚型病毒引起的人流感、SARS等。

(2)对各成员国国家级、地方各级包括基层的突发公共卫生事件监测和应对能力，以及机场、港口和陆路口岸的相关能力的建设都提出明确要求。

(3)规定了可能构成国际关注的突发公共卫生事件的评估和通报程序，要求各成员国及时评估突发公共卫生事件，并按规定向 WHO 通报。同时，要求成员国根据 WHO 要求及时核实其他来源的突发公共卫生事件信息。

(4)WHO 按照规定的程序确认是否发生可能构成国际关注的突发公共卫生事件，提出采取公共卫生应对措施的临时建议和长期建议，并成立突发事件专家委员会和专家审查委员会，为 WHO 相关决策提供技术咨询和支持。

(5)各成员国根据本国立法和应对突发公共卫生事件的需要，可采取《国际卫生条例(2005)》规定之外的其他各项卫生措施，但应根据 WHO 要求，提供相关信息，并根据 WHO 要求考虑终止这些措施的执行。这一规定可能会影响国际交通和贸易，是 IHR 修订中的关注焦点之一。

2. 公共卫生应对能力

《国际卫生条例(2005)》对各级公共卫生应对能力的总结如下。

(1)社区层和基层公共卫生层应对能力。发现在本国领土所有地区于特定时间和地点发生超过预期水平的涉及疾病或死亡的事件，应立即向相应的卫生保健机构报告所掌握的一切重要信息。在社区层面，应该向当地社区卫生保健机构或责任卫生人员报告；在基层公共卫生层面，应该根据组织结构向中层或国家机构报告。重要信息包括临床记录、实验室结果、风险的来源和类型、患病人数和死亡人数、影响疾病传播的条件和所采取的卫生措施。同时应立即采取初步控制措施。

(2)中层应对能力。确认所报告事件的具体发展状况，支持或采取额外控制措施；立即评估报告的事件，若发现情况紧急，则立即向国家级机构报告所有重要信息。紧急事件的标准包括严重的公共卫生影响或者不寻常或意外的、具有巨大传播潜力的特性的事件。

(3)国家层评估和通报。在 48 小时内评估所有紧急事件的报告。若评估结果表明，根据第 6 条第 1 款和附件 2 该事件属于应通报事件，则通过《国际卫生条例(2005)》的国家归口单位根据第 7 条和第 9 条第 2 款的要求立即通报 WHO。

(4)国际层应对能力。迅速决定为防止国内和国际传播需采取的控制措施；通过专业人员、对样品的实验室分析和后勤援助提供支持；提供需要的现场援助条件，以支持暴发地的调查；与高级卫生官员和其他官员建立直接业务联系，以迅速批准和执行遏制和控制措施；与其他有关政府部门建立直接联系；以现有最有效的通信方式与医院、诊所、机场、港口、陆路口岸、实验室和其他重要的业务部门建立联系，传达从 WHO 收到的关于在缔约国本土上和其他缔约国本土上发生事件的信息和建议；制订、实施和保持国家突发公共卫生事件应急预案，包括建立多学科、多部门工作组以应对可构成国际关注的突发公共卫生情况的事件；全天 24 小时执行上述措施。

3. 我国政府态度

我国是 WHO 的成员国，按时实施新修订的 IHR，符合我国国家利益，有利于我国应对国际间突发公共卫生事件，依法维护我国的卫生主权；有利于进一步完善我国卫生应急体制、机制和法制建设；有利于发挥我国在国际公共卫生领域的积极作用。在《国际卫生条例(2005)》的声明和说明部分，我国做出如下声明。

(1)中华人民共和国政府决定，《国际卫生条例(2005)》适用于中华人民共和国全境，包括香港特别行政区、澳门特别行政区和台湾省。

(2)根据《国际卫生条例(2005)》第 4 条第 1 款规定，指定中华人民共和国卫生部为《国际卫生条例(2005)》国家归口单位。各地卫生行政部门为各自管辖范围内负责《国际卫生条例(2005)》规定的卫生当局。国家质量监督检验检疫总局(简称国家质检总局)为各地检验检疫机构《国际卫生条例(2005)》第 22 条所指定的入境口岸的主管当局。

(3)中华人民共和国政府根据《国际卫生条例(2005)》适用的需要，正在对《中华人民共和国国境卫生检疫法》进行修订；已将发展、加强、维持快速和有效应对公共卫生危害及国际关注的突发公共卫生事件的核心能力建设纳入了国民经济和社会发展的第十一个五年规划期间的国家卫生应急体系建设规划中；正在制定国际关注突发公共卫生事件监测、报告、评估、判定和通报的技术规范；建立了实施《国际卫生条例(2005)》跨部门的信息交流和协调机制；与相关缔约国开展了《国际卫生条例(2005)》实施的合作与交流。

(4)中华人民共和国政府同意并实施第 59 届 WHA 有关决议，立即自愿遵守《国际卫生条例(2005)》相关条款，以应对禽流感和流感大流行造成的危害。

5.3　当前形势与挑战

5.3.1　总体形势

自 WHO 推行大规模免疫计划以来，威胁人类几千年的天花病毒被彻底根除，许多具有重大威胁的传染病，如麻疹、白喉、脊髓灰质炎等的发病率明显下降，但是传染病对人类的威胁形势并未得到根本性改变，主要表现如下：①新发传染病不断涌现。自 20 世纪 70 年代以来，新传染病以每年 1 种以上的速度增加，已累计发现了多达 40 余种传染人类的新传染病，其中，许多新传染病的危害已被广泛认识，如 AIDS 已成为人类头号杀手之一，SARS 和甲型 H1N1 流感的大规模流行震惊世界，埃博拉出血热、人感染高致病性禽流感 H5N1 和 H7N9 等疾病的高致死率令人恐慌。②许多传统意义上的传染病都在 20 世纪后期死灰复燃、重新肆虐，如霍乱在海地、刚果等国家大规模流行。③许多疾病均产生不同程度的耐药性，使得原有的治疗方法失去作用。例如，广泛耐药结核现在已成为一个严重的公共卫生问题，腹泻、疟疾、脑膜炎、呼吸道感染和性传播疾病

(如 AIDS)也都出现了不同程度的耐药性。④随着食物链的变化，食源性疾病也成为威胁公共卫生的重要问题，如疯牛病等。2000～2014 年全球范围内传染病事件和新发现病原体举例如表 5.1所示。

表 5.1　2000～2014 年全球范围内传染病事件和新发现病原体举例

年份	事件简述
2000	阿拉伯半岛和也门暴发裂谷热，是该病在非洲大陆以外地区的第一次出现
	在革兰氏阴性肠杆菌中第一次检测出碳青霉素抗药性
2001	美国出现人为造成的炭疽疫情
	荷兰在呼吸道感染的儿童中鉴定出一种新型人偏肺病毒
2002	第一次检测到金黄色葡萄球菌对万古霉素具有完全耐药性
	美国暴发多重耐药沙门菌疫情
	在进入美国的邮轮中发现大量诺如病毒感染病例
2003	全球暴发了由一种新型冠状病毒引起的 SARS
	难辨梭菌的一种新型高毒性毒株使美国和加拿大出现大量肠胃疾病患者
	美国出现疑似由中非引进的稀有宠物引起的猴痘疫情
	东南亚地区再次出现 H5N1 禽流感疫情，同时该疫情在非洲暴发
2005	安哥拉暴发马尔堡出血热疫情
	瑞典在患急性呼吸道感染住院的儿童中检测到新型人类博卡病毒
2006	肯尼亚暴发里夫特裂谷热疫情
2007	刚果民主共和国暴发伊波拉出血热疫情
	孟加拉国暴发尼巴病毒引发的脑炎疫情
	意大利确认首例奇昆古尼亚热病例，该病之前从未在意大利出现过
	泰国发现一种新的人类巴尔通体病
	乌干达暴发一种新型埃博拉病毒(本迪布焦埃博拉病毒)引起的出血热疫情
	乌干达暴发马尔堡出血热疫情
2008	赞比亚暴发一种新型病毒(Lujo 病毒)引起的与埃博拉相似的疫情
	抗碳青霉素的大肠杆菌疫情在全球持续暴发
2009	美国佛罗里达州出现局部传播的登革热疫情，这是自 1945 年以来美国本土首次在得克萨斯州和墨西哥交界以外的地区发现该病病例
	一种新型流感病毒，即甲型 H1N1 流感病毒在全球大流行
2010	海地暴发大规模霍乱疫情
2011	O104：H4 型大肠杆菌疫情在德国暴发

续表

年份	事件简述
2011	一个国际研究团队鉴定出一种对现有抗生素均具有抗药性的淋病菌株 H041
	刚果民主共和国沿刚果河暴发了霍乱疫情
2012	尼日利亚暴发拉沙热疫情
	MERS 在沙特阿拉伯等多个中东国家流行
2013	中国出现人感染 H7N9 禽流感疫情
2014	野生脊灰病毒疫情在叙利亚暴发，并出现国际传播
	埃博拉出血热在西非多国蔓延

资料来源：http://www.who.int/csr/don/zh/

根据 WHO 的调查结果显示，在过去的 10 年里全球范围内共确定了超过 1 100种流行病，这些新发突发的重大传染病疫情已经对人类健康、社会稳定和经济发展造成前所未有的冲击，全球每年有近 1 500 万人死于传染病(占总死亡人数的 25%以上)，大量人员的患病与死亡给发展中国家带来了沉重的经济负担。目前，在人类生存所面临的最大威胁中，传染病仍然与战争、饥荒排在前列。针对全球大规模传染病疫情的新形势，WHO 总干事在《1996 年世界卫生报告》中告诫："我们正处在一场传染性疾病全球危机的边缘，没有哪一个国家可以免受其害，也没有哪一个国家可以高枕无忧。"

5.3.2 主要风险因素

近年来，新发突发重大传染病疫情呈现高发态势，这种态势的形成与病原体、自然环境、社会活动等多种因素密切相关，且这些因素间的相互作用错综复杂。

1. 生物学因素

(1)病原体变异是新发传染病疫情的重要诱发因素。病原体的进化对新发突发传染病疫情的作用主要体现在两个方面：①一些细菌或病毒基因发生重组或突变从而演变出全新的病原体，新病原体感染人类并引发严重疾病。②原来不致病的病原体增加了致病的毒力基因引发人类疾病。其中以新型流感病毒最为典型，目前推测"西班牙流感"便是由于在传播过程中发生基因突变使其毒力明显上升，从而导致感染后的发病率和病死率均非常高。而"亚洲流感"和"香港流感"则是发生基因重组后，新病毒可感染人类并具有人际传播能力。其中"亚洲流感"的 8 个基因片段中的 5 个来源于人群中流行的 H1N1 亚型流感病毒，其余 3 个则来源于禽流感 H2N2 病毒；而"香港流感"8 个基因片段中的 6 个来源于人群中流行的 H2N2 亚型流感病毒，其余 2 个则来源于禽流感 H3 亚型病毒；2009 年甲型 H1N1 流感病毒则是由人流感、禽流感、猪流感三源病毒重组产生的新病毒(图 5.1)。除病毒外，一些新发现的细菌也是由于基因突变产生的，如 O139 型霍乱弧菌等。

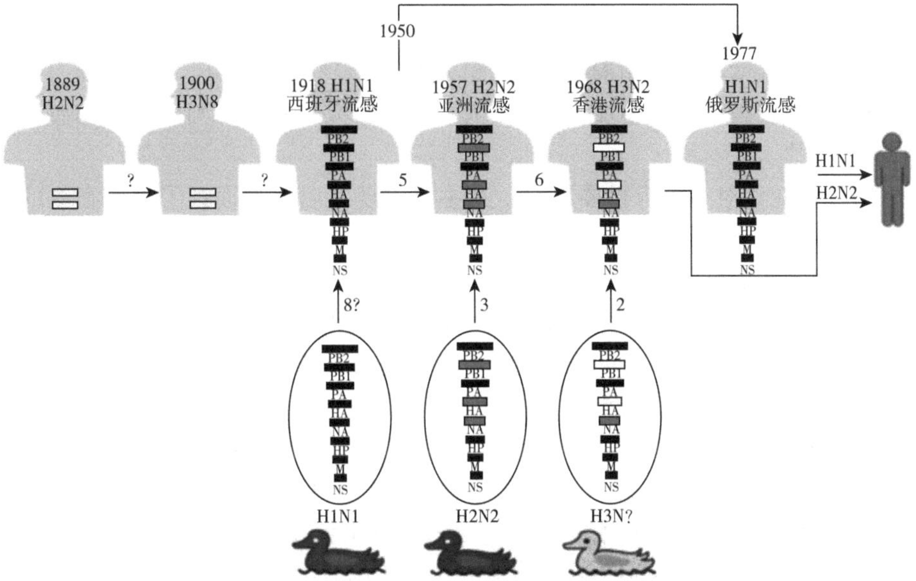

图 5.1　人感染甲型流感病毒的变迁史

资料来源：http://lifeomics.cn/? p=20058，2009-05-22

(2)病原宿主范围的扩大使得一些在动物中流行的传染病容易感染人类。据统计，1940～2004 年的 64 年间全球共发生了 335 件有较大影响的突发传染病事件，其中 60.3%由动物源性病原体引起，在这些动物病原体中 71.8%来源于野生动物。研究表明，马来西亚尼巴病毒、SRAR 冠状病毒、埃博拉病毒、莱姆病病原体等多种对人类具有高致病性的烈性病原体均来自动物，而 AIDS 的起源也很可能来自非洲的一种猴。这些现实表明，动物传染病是人类新发传染病的主要潜在源泉[8]。

2. 自然环境因素[9]

在全球自然环境变化的驱动下，传染病发生和传播模式也在发生改变，气温、湿度、降水、植被和土地利用等，都直接或间接影响多种传染病的暴发和传播。

1)气候变化

(1)气候变化对病原体有重要影响。温度和湿度可以直接影响病原体的繁殖及其在环境中的存活时间，大多数的病毒、细菌及寄生生物(如疟疾、日本脑炎)都有存活的临界温度。全球气温的不断升高，使得许多原来只在热带地区流行的传染病不断扩散到其他地区，因此易感人群总数不断扩大，导致疾病的威胁也越来越大。同时，气温会影响传染病病毒的进化，从而造成新型传染病的暴发。例如，全球变暖会促进流感病毒的进化速度，产生新的流感病毒进而威胁人类和其他物种的健康安全。研究表明，全球气温和核蛋白(NP)之间存在一定的相关关系，而气候变化在某种程度上会影响虫媒病毒的演化，进而影响突发疾病的变化格局。此外，温度会影响病毒的传染力，秘鲁的一项研究表明气温每升高 1℃可以导致患严重腹泻的危险增加 5%；澳大利亚的研究显示温度与沙门氏菌感染病例数呈正相关。

(2)气候变化对宿主有重要影响。其主要体现在以下方面：①虫媒宿主的地理分布和种群变化都与温度、降水和湿度密切相关，温度升高会加速昆虫的新陈代谢、增加产卵数量，进而影响其繁殖率、栖息地、分布和数量，增加人群接触虫媒感染疾病的风险。尤其是登革热等疾病，当气温升高时，病毒在蚊虫体内的潜伏期缩短，蚊虫叮咬人群的频率加快。②全球变暖会对地球水系统产生巨大影响，地球水平面的上升使人与水源性传染病的接触风险加大，因此，全球变暖有利于疟疾等疾病的传播。例如，1987 年疟疾在卢旺达大流行主要是由于气温升高和连续降雨，巴基斯坦近几十年来恶性疟疾传播期延长也与温度增高有关。③温和的气象条件有利于虱类繁殖，这会影响克里米亚-刚果出血热的暴发和流行。④啮齿动物的数量也受气候的影响，尤其是温暖湿润的冬季和春季都会使啮齿动物的数量明显增加，严酷的气候条件可能迫使啮齿动物到人类居住环境觅食，从而增加啮齿动物与人的接触机会，进而提升传播疾病的风险。

(3)气候变化对传播途径有重要影响。气候变化通过影响水环境进而改变传染病的传播，气温上升将增大非洲及东南亚国家的洁净水缺口，缺乏洁净水将引发一系列水源传播的传染病。此外，气候变化会通过影响食物进而改变传染病的传播，全球气候变化导致粮食减产，处于粮食产区变动或减产地区的人口往往营养不良，为生存而狩猎野生动物，导致较差的健康状况与卫生条件，这些均增加了传染病暴发的风险。

2)极端事件

近年来，极端事件如异常天气、暴雨、地震等高发、频发，由这些极端事件诱发的传染病疫情也日益增多：①异常天气会对蚊、鼠、虱等动物的繁殖产生重要影响。例如，1997 年发生在美国西部的汉坦病毒活动的增强、1998 年发生在东非地区的裂谷热疫情均与厄尔尼诺现象有关；1992 年美国长期干旱使得啮齿动物的数量增长了近 10 倍，直接导致了汉坦病毒疫情暴发。②暴雨导致的洪涝灾害、高强度地震等灾害事件容易引发突发传染病疫情。这些破坏力强大的极端事件容易在短时间内大规模破坏生态结构、人群居住环境及卫生基础设施，造成虫媒大量繁殖、水源恶化、食物短缺、营养状况不良等多种健康风险，这些风险很容易引发多种传染病的暴发和流行。1998 年我国遭受严重洪涝灾害后便引发了霍乱、呼吸道传染病、肠道传染病等多类传染病疫情的暴发；2010 年海地强烈地震后 10 个月便暴发了大规模的霍乱疫情。

3. 社会环境因素

社会环境的变化是引起近年来新发突发传染病疫情的另一类重要原因，其中，城镇化、人口流动、生态环境恶化是几个主要因素。

1)城镇化

近年来随着城镇化进程的加快，全球城市人口数呈现指数上升趋势，人口密集的大城市不断涌现。1900 年，全世界只有 13%的人口居住在城市中，该比例 2005 年上升到了 49%。到 2025 年，全球大约将有 49 亿人(70%的世界人口)居住在城市中。同时，城市人口规模也在不断上升，2007 年全球有 460 个城市的人口在 50 万～100 万人，这类城市的数量到 2025 年预计会增长到 551 个；2009 年人口规模在 500 万～1 000 万人的城市群只有 30 个，到 2025 年预计会增长到 48 个。

城市人口和城市规模的快速上升促使人群由密度稀疏的广大农村迁徙到人口拥挤的城市，这使得局部空间中的人口密度急剧增加，从而加大了人群暴露于传染病的风险。一方面，城市环境改变了传统的家庭和社会结构，便捷的交通使得人际间的接触强度大大增加，拥挤的人群已经成为疾病传播的快车道；另一方面，城镇化速度过快，导致许多城市公共卫生条件的发展严重滞后，大量新迁入城市的农村人口无法享有先进的卫生医疗条件，从而导致传染病更容易在这些人群中暴发和流行。以中国为例，未来 20 年预计还有 4 亿农村人口进城，这对于卫生医疗及相关配套基础设施的建设提出了巨大的需求，从传染病防控角度来说也是一种重大挑战[10]。

2)人口流动

近一个世纪以来，随着国际贸易、旅游及交通工具的快速发展，跨大区域的人口流动已成为暴发传染病疫情的重要风险因素。

(1)人口大区域流动的便捷性加大了许多地区性传染病全球扩散的风险。例如，由埃及伊蚊、白蚊传播的登革热原是热带地区的地域性传染病，但目前已经在世界范围内广泛传播。据统计，由人口流动引起的大范围流行的传染病已有 AIDS、军团病、环孢子虫病、霍乱、病毒性出血热、传染性海绵样脑病、登革热、疟疾、血吸虫病、钩端螺旋体病、肺结核、耐药性痢疾等。

(2)人口流动量和流动速度的剧增大大加快了疾病传播的速度。近 50 年来，国际旅行者数量增长了 13 倍，每天有近百万旅客在国际旅行中，高度发达的航空网络突破了传染病传播的空间障碍，往来于世界各地的人群很容易在短时间内将传染病带到世界各地，极大地加快了传播速度。2009 年起源于墨西哥的 A(H1N1)疫情的致病性虽然较弱，但与前几次传染病大流行相比，其传播速度明显加快，仅用了短短几个月时间便蔓延至全球 200 余个国家和地区。我国在此方面面临的形势尤其严峻，随着经济社会的快速发展，我国的交通基础设施也在不断完善，与之相匹配的是我国的公路、铁路和民航客运量都呈现出快速增长的态势。据交通运输部公开信息显示，2011 年我国公路、水路、航空客运量总和大约为 330 亿人次，即每天平均有约 1 亿人口处于流动中；同时，我国国际交往频繁，据国家民航局《2012 全国机场生产统计公报》显示，2012 年全年，我国国际客运吞吐量为 5 598.4 万人次，平均每天有约 17 万人由境外进出我国。巨大的人口流动性和频繁的国际交往为传染病的防控带来极大的困难。

(3)一些全球性聚会，如奥运会、世界博览会、世界杯等，在短期加大国际人口流动的同时，来自世界各地的人群聚集在一个局部空间，更容易导致传染病的发生和大范围流行。

3)生态环境恶化

自 20 世纪以来，森林砍伐速度加快，每年有约 10 000 平方千米的森林被砍伐，森林消失速度也同样加快。过度的森林砍伐破坏了原有的生态结构，侵占了许多生物的栖息场所，加大了人类与野生动物间的接触风险，容易导致新传染病的发生。人们已逐渐认识到，SARS、HIV、恶性疟疾等人畜共患病的感染是人类面对野生动物暴露风险提高后的产物。此外，人工水体、大面积的农业侵占也不同程度地改变了生态结构，增加了各类传染病疫情暴发的风险。

5.3.3 面临的主要挑战

随着现代医学及公共卫生的发展，传染病的防控已经取得了长足的进步，许多传染病均已建立了有效的医学特异性防治手段。然而，当前新发突发传染病疫情态势与诸多因素密切相关，这些因素间关系错综复杂且呈现动态变化，因此，应对传染病威胁的挑战也涉及诸多方面，有公共卫生投入力度、生态环境改善、监测预警等宏观层面的问题，也有应急准备、现场处置等微观层面的挑战。从应急准备与处置的角度出发，对于一些人际传播的新发烈性传播疾病来说，主要挑战有以下几个方面。

(1)许多新发传染病缺乏特异性疫苗。许多烈性传染病目前仍然无特异性疫苗可用，特别是对于新发传染病来说。以新型流感病毒为例，流感病毒不断地变异和重组，不能预测未来导致大流行的流感病毒菌株，因此，无法预先研究和生产特异性疫苗并对易感人群实施预防免疫保护。在新型流感病毒出现后，从病毒里提取出关键蛋白质(抗原)并刺激人体产生合适的抗体，这个过程至少需要 6 个月时间。即便是研发出了特异性疫苗，由于人体的高度易感性需要接种 2 次才能有效，第 2 次接种与第 1 次接种需要间隔 4 周的时间，所以人体真正形成免疫力至少也是在新型流感开始流行 7 个月以后。2009 年 A(H1N1)病毒在 4 月开始流行，直到 11 月才获取批量的疫苗，此时疫情的第 2 波流行高峰已过，疫苗对流感防控所起到的作用已大幅度降低。此外，全球疫苗的年度生产能力约为45.4亿剂量，每剂量15微克。而对A(H7N9)病毒的免疫接种每人至少需要90微克抗原，即全球每年大约只能生产7.57亿人份的疫苗，尚不足覆盖全球15%的人口[11,12]。

(2)特效药物储备与更新代价高。即使是有特异性药物可用，大规模地储备特效药物以应对传染病的大流行仍然是一个重大的经济负担，特别是对许多发展中国家而言更是如此。以抗流感病毒特效药物“达菲”为例，研究表明，达菲的主要成分——神经氨酸酶抑制剂可有效降低人群对流感病毒的易感性，减少感染后的传染性；对于病例的治疗则可降低其传染性和缩短传染期，减少产生严重并发症的风险并降低病死率[13]，因此，“达菲”类特效药物的储备已成为各国应对流感大流行威胁的国家战略，但受药物储备代价及生产能力的限制，全球仅35个国家预计可以储备覆盖其人口5%以上的药物，其中储备计划最高的法国也仅为55%(表5.2)。而其他无力储备大量“达菲”的发展中国家，其总人口数占全球人口的大多数，这些人群若不能得到有效保护，也很难从总体上限制流感大流行。

表5.2 主要国家和地区“达菲”储备计划(单位：%)

国家/地区	覆盖人群	国家/地区	覆盖人群	国家/地区	覆盖人群
法国	55	美国	26	加拿大	18
澳大利亚	44	英国	25	西班牙	24
卢森堡	42	中国香港	22	新加坡	31
科威特	41	德国	18	中国台湾	10
瑞士	41	日本	20	比利时	29

资料来源：瑞士罗氏公司公布的资料，http://www.roche.com/med_mb070426dr.pdf，2007-04-26

(3)非药物干预难度大。在早期无法获取特异性疫苗，以及药物储备量不充足的情况下，减缓许多传染病的大流行，延迟其峰值时间的任务只能寄希望于非药物干预措施的实施，而非药物干预措施在使用方式、方法和强度上的不同，会造成截然不同的防控效果。以美国费城和圣路易斯在1918年流感大流行中所采取的不同的非药物干预策略为例，1918年9月17日费城报告了第一例流感病例，但费城当局未予以充分重视，没有迅速启动关闭集会等非药物干预措施，直到10月3日疫情蔓延才采取相关措施；与此同时，圣路易斯于10月5日报告了第一个病例，其当局迅速采取了相关非药物干预措施。费城延迟控制的代价是在该次流感大流行中，其超额死亡率(流感造成的超过预期的死亡率)是圣路易斯的两倍还要多[14]。

事实上，围绕临床病例展开的非药物干预措施，如病例隔离、密切接触者检疫等，在现代公共卫生条件下仍然能发挥重要作用，这些措施在2003年应对

SARS 中就被广泛使用，也取得了一定的效果。但是需要特别注意的有以下几点：①许多传染病在潜伏期的后期已具有传染性，而此时病例由于尚未出现临床症状，所以难以被及时发现并采取相关措施；②许多传播的病原携带者中，有相当部分是隐性感染者，由于未出现明显症状而难以及时被发现，而这些隐性感染者也具有一定的传染性；③病例隔离与密切接触追踪只适用于大流行早期流行强度尚不太高的情况，一旦出现病例暴发式增长，受医疗资源的限制，将难以同时隔离如此多的病例并对其密切接触者进行追踪。

除针对临床病例的非药物性干预外，针对传播渠道的干预，如关闭学校、停止办公等，可操作性更强，但需要付出巨大的经济和社会代价。试想人群间完全停止了相互接触，则对于飞沫传播或人际物理接触传播的传染病来说其传播渠道被完全截断，疫情被控制，但是社会经济也会停止运行。故针对传播渠道的非药物干预是一把双刃剑，在实施时间、实施对象、实施强度等问题上需要经过仔细斟酌。

(4)耐药性问题突出。当前，随着抗生素等药物的无节制滥用，许多曾经用于救命的特效药物有些现在已毫无价值。例如，氯霉素曾是医生抗伤寒药物的第一选择，但当前在世界许多地区已不再有效；广泛耐药结核菌、耐甲氧西林金黄色葡萄球菌、耐多药埃希氏大肠杆菌和肺炎克雷伯菌给公众健康带来了严重的威胁；恶性疟原虫已对所有已知类的抗疟药物产生耐药性，严重影响了抗疟工作的效果；HIV 对一些抗病毒药物的耐药性也越来越强；各类抗生素的有效性都在不断降低，包括抗病毒、抗寄生虫和抗真菌药物等。

同时，耐药细菌已传播到世界各地，包括耐甲氧西林金黄色葡萄球菌、结核、疟疾、HIV 和肺炎球菌耐药株等。在大多数发达国家，尽管频繁呼吁减少抗菌药物的滥用，但抗生素的临床应用率并没有下降。随着发展中国家收入的增加，抗生素的消费也大幅上升。2005～2010 年，即使是相对昂贵的抗生素销售量，印度增加了 5 倍，埃及增加了 3 倍。许多国家大量使用抗生素作为农场动物生长促进剂，虽然 2006 年欧盟禁止使用抗生素作为动物生长促进剂，但情况并未好转。随着农业工业化的发展，尤其是在亚洲，动物抗生素的使用量仍将持续增长。2014 年 4 月，WHO 发布了全球抗菌药物耐药性的监测报告，警告称“后抗生素”世界可能很快成为现实，许多传染病可能面临无药可治的尴尬局面。

5.4　传染病防控策略

5.4.1　主要防控策略概述[15～17]

传染病防控策略是用于预防传染病发生和应对疫情发展所采取的药物和非药

物干预措施的总和。防控策略的实施通过降低感染者传染性、降低易感者易感性或是干预传播渠道，从而在一定程度上改变疾病的传播行为。与未加干预相比，干预后传播行为的改变主要体现在以下几点：①延迟峰值时间；②降低峰值水平；③减少发病人数，如图 5.2 所示。

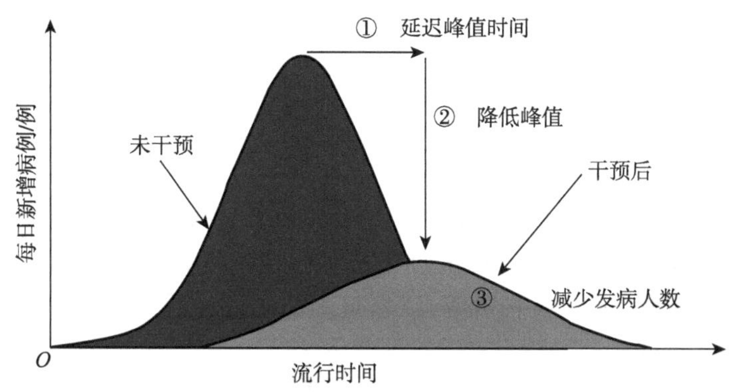

图 5.2　传染病防控策略实施效果

主要的传染病防控策略如下。

1. 免疫接种

免疫接种又称为免疫预防，接种通过刺激宿主的免疫反应，使其产生自我保护能力从而避免被感染。免疫措施通常应用于高风险人群，短时间内大量减少易感人群数量，从而有效地降低发病率，控制疾病的传播，是防止疫情发生和流行的最经济、最有效的措施。当前，可通过免疫接种预防的传染病主要有白喉、破伤风、百日咳、乙肝、b 型流感嗜血杆菌、人乳头瘤病毒、季节性流感、麻疹、流行性腮腺炎、风疹、肺炎球菌、脊髓灰质炎、轮状病毒、肺结核、水痘、霍乱、鼠疫、甲型肝炎、乙型脑炎、脑膜炎球菌、狂犬病、蜱媒脑炎、伤寒、黄热病、天花、炭疽等。其中，WHO 推荐针对下列疾病和重点人群实施常规免疫接种，如表 5.3 所示。

表 5.3　WHO 推荐接种的疾病和重点人群

疾病	接种对象
白喉、乙肝、麻疹、百日咳、脊髓灰质炎、新生儿破伤风	所有儿童
b 型流感嗜血杆菌	所有儿童
黄热病	地方性流行国家的儿童
结核病	高发病率地区的儿童
霍乱	受灾难民营
乙型脑炎	地方流行区域的高危人群

续表

疾病	接种对象
流感	严重疾病高危人群
脑膜炎球菌性脑膜炎(A群和C群)	暴发期间及流行地区人群
鼠疫	流行期间受影响人群
狂犬病	暴露者和高危者
伤寒	暴露于危险因素的易感者
风疹	女孩或所有人群

此外，应针对职业高危人群进行炭疽、鼠疫、钩端螺旋体病的免疫接种，针对医务工作者、难民等实施特殊的疫苗接种。在发现某些重大传染病(如麻疹、脑脊髓膜炎、脊髓灰质炎、白喉等)疫情早期征兆信息后，应针对暴露者或高危人群实施预防接种。

应急情况下疫苗接种行动的关键步骤主要分为以下几步：①确定目标人群数量；②确定接种区域的卫生设施、道路、市场、学校等基本情况；③制定接种策略，如大规模疫苗接种、常规疫苗接种、目标选择性接种等；④评估疫苗需求剂量、低温运输设备，以及其他配套用品、接种人员需求数量；⑤实施接种活动、确保注射安全和健康教育等；⑥评估人群接种覆盖率、接种副作用等。

2. 药物预防与药物治疗

药物预防也称为预防服药，是指通过给易感人群服用药物来降低人群易感水平，防止传染病在人群中发生或传播的措施。药物预防是一种非特异性预防措施，预防效果持续时间短，若需要多次重复给药，将大大增加经济负担，且容易产生耐药菌株。同时，病原体变异或毒力的改变可降低药物预防的效果。

药物治疗是针对病原携带者，采用药物进行治疗干预，以减少病原体的排除量、降低病例的传染性、缩短病程、降低出现严重并发症和病死的风险。

虽然药物预防和药物治疗也是不错的选择，但对于一些新发传染病来说，短时间内仍然可能面临无药可治的窘境。即使是有特异性药物可用，则生产储备足够量的药物对任何国家的经济来说都是巨大的负担，因此，药物的储备与分发策略日益凸显其重要性，科学合理的群体药物分配可有效利用有限的资源，最大限度地预防和控制疫情。一般来说有以下几种分配方法：①在社区建立药品分发点，对高风险人群发放预防药物；②入户对高风险人群发放预防药物；③在人口密集区域，如火车站、集贸市场等发放预防药物；④在医院、诊所、药房等地对有需求的人群发放药物；⑤在工作场所、监狱、部队营院等地针对特殊人群发放药物。在药物分发过程中要评估计算药物需求量，做好药物的干燥和密闭保存，制订合理的药物分配计划，确保药物按时分配到需要的人群手中。

3. 食品健康安全

食物是许多病原体的重要载体，注重食品健康安全有利于预防疾病的发生，尤其是在重大自然灾害条件下，不遵循基本的食品安全原则就有暴发传染病疫情的风险。加强食品健康安全以预防传染病需做好以下关键环节。

(1)保持食品清洁。致病病原体可以生存在土壤、水、动物及人体中，因此，手、日常生活用具等都可能带有致病微生物，可将这些病原体传递给食物，引起食物传播疾病的发生。因此，在加工食品前要洗手；便后洗手；所有接触食物的用具或设施要规律性地做卫生消毒；维护厨房的环境卫生，避免昆虫等其他动物入内。

(2)生熟食品分开。生食尤其是肉、家禽、海产品及这些食品的汁可能含有病原体，这些病原体可在食品制备和储存期间被传播。因此，应将生肉、家禽和海产品与其他食品分开；处理生食与熟食的器具应分开使用；将食品存储在容器中，以免生食与熟食发生接触。

(3)充分烹煮。充分烹煮可以杀死几乎所有的微生物，研究表明，食品须加温到 70℃以上才能保证食品食用的安全。因此，对肉、家禽、蛋和海产品等食物一定要确保烧熟；对肉和家禽，要确保肉汁透明，不呈淡红色；将汤和炖的食品加热，确保温度达到 70℃。

(4)保持食品安全温度。研究表明，食物中的微生物在 5℃以下和 60℃以上的环境中生长繁殖会减缓或停止，而在常温下便可迅速繁殖，因此，熟食在常温下存放时间不宜超过 2 小时。

(5)使用安全水和食物原料。水及食物原料可被病原体污染，确保食物原料食用前经过充分的清洁水清洗、去皮，尤其是生吃食品更应做好清洁工作。

此外，粮食短缺和营养不良是在许多自然灾害情况下的共同特点。确保在紧急情况下受影响的人口的粮食和营养需求得到满足，是传染病防控的重要组成部分。当不能满足人口的正常营养需求时，传染病的发病率会明显增加，尤其是弱势群体(如婴幼儿)等的发病率。WHO 推荐的食物能量供应标准，如表 5.4 所示。其中，能量组成的 17%～20%应来源于脂肪，10%～12%来源于蛋白质。

表 5.4　WHO 推荐的食物能量供应标准(发展中国家)

年龄段/岁	男性每天能量需求/千卡	女性每天能量需求/千卡
0～4	1 320	1 250
5～9	1 980	1 730
10～14	2 370	2 740
15～19	2 700	2 120
20～59	2 640	1 990
≥60	2 010	1 780

4. 水卫生安全

水在许多传染病的传播中起到关键作用，全球约有四分之一的人口不能获得安全水，从而导致与水相关的传染病发病率和死亡率升高。尤其是在许多突发灾难事件下，腹泻性疾病是受影响人群中高发、高危的疾病类型，主要原因是缺乏安全用水、不良的排泄物处理能力及欠缺个人卫生。水导致的相关疾病如表 5.5 所示。

表 5.5　水导致的相关疾病

原因	相关疾病
缺水和欠缺个人卫生	斑疹伤寒、回归热、五日热、结膜炎、脓疱病等
水存在质量问题	霍乱、伤寒、甲型肝炎、戊型肝炎、血吸虫病、细螺旋体病等
近水媒介昆虫增多	疟疾、登革热、黄热病、乙型脑炎等

根据 WHO 的标准，每人每天至少需要 20 升水才能维持正常生活并保证一定水平的个人卫生，包括饮用、烹饪、洗衣、洗澡等。而其他公共设施对洁净水的需求更大，相关标准如表 5.6 所示。

表 5.6　安全水供应需求评估表

用水类型	需求量
个人生活	10 升/(人·天)
医院病房	50 升/(人·天)
外科手术室	100 升/(人·天)
洗衣房	5 升/件
餐馆	10 升/(人·天)

5. 安全注射

不安全注射和滥用注射导致全球每年 800 万～1 600 万人感染乙型肝炎，230 万～470 万人感染丙型肝炎，8 万～16 万人感染 HIV，安全注射成为预防这些传染病发生的有效手段。

安全注射与患者、卫生服务人员、免疫接种机构、卫生保健系统、卫生主管部门均密切相关，改善安全注射主要从以下 10 个环节展开：①患者应尽量要求使用口服药物；②患者每次注射时应要求使用灭菌注射器；③卫生人员应尽量避免给患者开需注射药物的处方；④卫生人员每次注射均需使用灭菌注射器或“自毁”式注射器；⑤免疫接种机构在分发疫苗时应配给足够的“自毁”式注射器及废弃物品(针头等)回收箱；⑥确保每个卫生保健机构都可以获取灭菌注射器和废弃物品回收箱；⑦加大宣传不安全注射的危险性；⑧在 AIDS 预防中确保有效处置废弃物品回收箱作为保健任务的一部分；⑨卫生保健系统将监测注射安全作为其一项重要职能；⑩卫生主管部门将注射安全纳入预算，做好总体规划。

6. 血液安全

据估计，全球有 5%～10%的 HIV 感染是被病毒污染的血液和血液制品导致的，其他传染病，如丙型肝炎、乙型肝炎、梅毒等也可污染血液导致传播。血液安全策略可以消除或实质性减少输血传播事件的发生。血液安全策略可从以下三方面展开：①仅从低危人群的自愿无偿献血者中采集血液；②对所有捐献的血液进行输血传播因子的筛查，包括 HIV、肝炎病毒、梅毒螺旋体和其他感染因子；③通过有效的临床治疗减少不必要的输血。

7. 媒介控制

媒介控制通过干预传播媒介以减少疾病传播。主要生物媒介有蚊子、沙蝇、黑蝇、蜱、跳蚤、虱子、螨虫、啮齿动物等。最常见的靠媒介传播的疾病有疟疾、丝虫病、登革热、黄热病、利什曼病、盘尾丝虫病、疏螺旋体病、斑疹伤寒和鼠疫等，如表 5.7 所示。目前媒介控制的主要方式包括：①控制幼虫。通过物理方法改变、消除幼虫孳生环境，如填平小坑、排水、冲洗等；在重要孳生地(如厕所等)使用机械防蚊措施避免蚊子成虫进入；放养以幼虫为食的其他动物；在水生环境中使用化学和生物杀虫剂。②控制成虫媒介。在室内喷洒长效杀虫剂、驱虫剂；在高风险区域大面积喷洒杀虫剂。③个人防护。勤洗、勤换衣物；食物防腐；良好的个人卫生；在卫生人员指导下选用经杀虫剂处理的生活物品等。④环境管理。尽量避免在虫媒聚集区居住；建立可安全处理排泄物的公厕和卫生间；等等。

表 5.7　几种主要生物媒介及控制方法

<table>
<tr><th>生物媒介</th><th>疾病类型</th><th>病死率/%</th><th>控制方法</th></tr>
<tr><td rowspan="5">蚊子</td><td>疟疾</td><td>一般不致死</td><td>喷洒杀虫剂、喷洒驱虫剂</td></tr>
<tr><td>黄热病</td><td>约 50</td><td>喷洒杀虫剂、喷洒驱虫剂</td></tr>
<tr><td>登革出血热</td><td>约 10</td><td>喷洒杀虫剂、喷洒驱虫剂、环境管理</td></tr>
<tr><td>乙型脑炎</td><td>0.5～60</td><td>环境管理</td></tr>
<tr><td>丝虫病</td><td>一般不致死</td><td>喷洒杀虫剂、喷洒驱虫剂、环境管理</td></tr>
<tr><td rowspan="3">虱子</td><td>斑疹伤寒</td><td>10～40</td><td>个人防护</td></tr>
<tr><td>回归热</td><td>2～10</td><td>个人防护</td></tr>
<tr><td>五日热</td><td>一般不致死</td><td>个人防护</td></tr>
<tr><td>苍蝇</td><td>腹泻类疾病(志贺氏菌、沙门氏菌病等)</td><td>1～10</td><td>喷洒杀虫剂、食物防腐、尸体处理、良好的个人环境卫生</td></tr>
<tr><td rowspan="2">螨虫</td><td>恙虫病</td><td>1～60</td><td>环境管理、个人防护</td></tr>
<tr><td>疥疮</td><td>一般不致死</td><td>良好的个人卫生</td></tr>
</table>

续表

生物媒介	疾病类型	病死率/%	控制方法
跳蚤	鼠疫	50～95	良好的个人卫生、灭鼠
	鼠型斑疹伤寒	1～5	良好的个人卫生、规律性地杀虫和灭鼠
啮齿动物	拉沙热	5～50	良好的个人卫生、环境管理
	沙门氏菌病	2～3	良好的个人卫生、环境管理
	立克次氏体病	15～20	良好的个人卫生、环境管理

8. 病例隔离

隔离是针对确定的病原携带者或者疑似病原携带者实施的干预措施，是最为古老的传染病控制方法之一。隔离的本质是阻止具有传染性的个体与易感个体发生密切接触从而阻止疾病的传播，在许多烈性传染病疫情的防控中起到关键作用，如SARS、流感、天花等。

病例隔离依赖于疾病自然史、临床诊断等多种因素。按照传染病的传染性和威胁程度，可将病例隔离分为四个隔离类型，如表5.8所示。

表5.8 病例隔离等级

隔离类型	传染性	传播途径	保护措施	相关传染病
标准隔离	中	直接或间接接触传播(面对面、尿液、血液、体液、污染物)	洗手、安全处理污染物	大部分传染病
肠道隔离	高	与患者发生面部或口腔分泌物的直接接触	接触预防	霍乱、志贺氏菌病、伤寒热、轮状病毒性肠胃炎等
呼吸道隔离	高	与患者发生面部或口腔分泌物的直接接触	与患者物理隔离、戴口罩、接触预防	白喉、麻疹、流行性脑脊髓膜炎等
严格隔离	很高	空气飞沫传播，与患者发生血液、分泌物、器官的直接接触	与患者物理隔离、张贴生物危害提示	天花、SARS、高致病性人流感、病毒性出血热等

9. 检疫

检疫是对某些可能传播传染病的人群和地区进行传染病的实验室检查及测量的防控措施，是预防和控制传染病蔓延的重要手段。检疫可分为以下几种类型。

(1)接触者检疫。接触者检疫是指对与传染源有过接触且有受感染风险的接触者进行检疫。按照传染病病种、接触方式和强度，对接触者可进行医学观察、留验与检疫；采取必要的服药和针对性免疫接种；发现患病征兆立即隔离治疗；检疫时间为最后接触日至该传染病的最长潜伏期。

(2)国内交通检疫。国内交通检疫是指对出入传染病疫区和非传染病疫区的国内车辆、航舶、航空器及其他交通工具进行检疫，此种方式对鼠疫、霍乱等传染病防控比较有效。

(3)国境卫生检疫。国境卫生检疫是指对出入国境的人员、交通工具、行李、货物和邮件等实施医学、卫生学检查和必要的处理，这是避免传染病由国外输入、国内传出的重要手段。

10. 减少人群聚集

减少人群聚集是指关闭人群拥挤的学校、工作场所、集会场所等社会场所，改变人群接触结构，减少接触频率从而在一定程度上减缓传染病的传播。具体关闭何种社会场所可根据人群感染疾病的风险而定，如小孩等年龄小的人群对部分流感病毒易感性比较高，所以关闭学校的措施被广泛应用于流感大流行的防控。

11. 风险引导

风险引导是指通过有效的风险沟通，引导公众自主产生合理的规避行为，从而减少被感染的风险。主要的自主规避行为有增加洗手次数、外出戴口罩、尽量避免去拥挤的公共场所、尽量避免外出、避免去疫区旅行等。与其他强制性公共卫生措施不同，风险引导是非强制性干预手段，干预的效果与公众的顺从度密切相关，同时与疫情实际威胁的大小、个体的感知收益和障碍密切相关。

12. 综合防控策略

在传染病防控实践中，往往是多种防控措施共同使用，最大限度地减少传染病带来的负面影响，同时将防控的代价控制在可接受范围内。表 5.9 给出了几种重要传染病的综合防控策略。可以看出，在当前对人类具有重大威胁的传染病中，许多尚缺乏有效的医学防控措施，这也是传染病防控的重要研究和发展方向。

表 5.9　几种重要传染病的综合防控策略

传染病	预防接种	药物预防	药物治疗	非药物性干预
人间鼠疫	无安全疫苗	四环素、强力霉素等	链霉素	媒介控制
霍乱	霍乱疫苗	强力霉素、四环素	抗生素	供应安全水和安全食品、洗手、改善环境卫生等
天花	天花疫苗	无特异性药物	无特异性药物	病例隔离、密切接触者检疫、关闭学校、关闭工作场所、关闭集会、交通限制等
炭疽	炭疽疫苗	环丙沙星、阿莫西林、强力霉素等	青霉素 V、青霉素 G 等	个人防护、加强环境卫生等
AIDS	无疫苗	无特效药物	抗逆转录病毒药物	预防性传播、安全注射、安全输血等

续表

传染病	预防接种	药物预防	药物治疗	非药物性干预
病毒性出血热	无特异性疫苗	无特异性药物	无特异性药物	病例隔离、密切接触者检疫等
病毒性肝炎	丙型肝炎无疫苗	无特效药物	无特异性药物	安全注射、安全输血、消毒灭菌等
黄热病	黄热病疫苗	无特异性药物	无特异性药物	媒介控制
SARS	无特异性疫苗	无特异性药物	无特异性药物	病例隔离、密切接触者检疫、关闭学校、关闭工作场所、关闭集会、交通限制等
人感染高致病性禽流感	早期无特异性疫苗	奥司他韦等	奥司他韦、帕拉米韦等	病例隔离、密切接触者检疫、关闭学校、关闭工作场所、关闭集会、交通限制等

5.4.2 应急准备

由于重大传染病疫情发生的时间、疾病类型等具有高度不可预知性，因此，建立完善的应急准备体系是有效应对重大传染病威胁、维护国家安全的基本保证。传染病应急准备是有效防控传染病疫情的法规、技术、物资和人力基础。

1. 战略法规建设[18,19]

重大传染病疫情防控的战略法规体系是保障应急响应及处置的法理依据和执行标准，是国家和国际组织应对传染病威胁的顶层设计和总体规范，其涵盖了国际卫生公约，国家传染病防控的相关法律、条例和总体战略，各类重要传染病的国家、省、市、县应急预案等。战略法规对于重大传染病疫情处置的基本原则、防控措施实施、应急处置开展、机构职能沟通协作等应急实践活动的有效展开至关重要。

当前，国际通用的卫生条例是《国际卫生条例(2005)》，我国是该条例的缔约国，该条例适用于我国全境，包括香港特别行政区、澳门特别行政区和台湾省。在该条例的规范和约束下，针对我国实际情况颁布了《中华人民共和国传染病防治法》、《突发公共卫生事件应急条例》、《国家突发公共卫生事件应急预案》及《突发急性传染病预防控制战略》等应对传染病的法律法规、战略和应急预案。

在总体战略的指导下，针对某种特定传染病防控的战略通常也可分为国际战略和国家战略。例如，针对新型流感大流行的国际战略有 WHO 发布的《流感大流行准备与响应计划》，我国也发布了对应的《突发急性传染病预防控制战略》、《应对流感大流行准备计划与应急预案》及《人感染高致病性禽流感应急预案》等针对性更强的国家战略。此外，还有在某种特定情景下针对某种特定传染病的防控战略，如针对汶川地震灾区炭疽疫情防控的《地震灾区炭疽疫情应急处理预案》等。

这些在不同层次(国际、国家、地方)的针对不同类型传染病(流感、炭疽等)的不同情景下(地震、洪水等)的法律、条例、战略和预案共同构成了传染病防控的战略法规体系。这个体系的完备性和具体战略执行的指示性、可操作性，在很大程度上决定了重大传染病防控的效能，因此，战略法规研究与建设一直是传染病防控应急准备的重要方向。

2. 物资技术储备

重大传播防控的根本基石是科学技术，在国家总体战略指导下开展关键科学技术研究，建立健全物资技术储备是对各类现有、新发、突发重大传染病疫情能力建设的关键所在。其中的关键技术主要包括：①重大传染病疫情监测预警技术；②病原体的快速检测、确认、溯源、进化分析技术；③特异性预防治疗药物和疫苗的开发、评价、快速生产技术等。近年来，我国在重大传染病疫情防控方面的科研投入正不断增加，设置了“重大新药创制”及“艾滋病和病毒性肝炎等重大传染病防治”国家科技重大专项，国家“863”计划、“973”计划、国家科技支撑计划、国家自然科学基金等也设置了一些相关的科研项目，已初步建立了具有举国体制特征的传染病防治科技支撑体系，突破了一批关键技术和产品，在一定程度上提升了我国重大传染病疫情的应对能力。

在物资储备方面，需综合衡量国际经济实力和传染病威胁，建立健全应急疫苗、药物、装备的储备机制、调运机制，维持一定水平的疫苗、药物及其他应急物资储备，以应对各类重大传染病疫情的威胁。

3. 应急响应能力

重大传染病疫情的应对涉及决策者、一线处置人员、受威胁的普通民众等不同社会角色，他们在传染病应急中承担不同的责任和义务，共同形成了应对传染病的综合应急响应能力。针对不同的应急角色，应急响应能力可通过以下几个环节得到提高。

(1)决策训练。传染病防控历史多次表明，科学、及时、高效的应急决策在传染病防控中发挥着举足轻重的作用。应急决策需要高水平的专家队伍提供决策支持，建立各类传染病应急的专家队伍及定期会晤机制是保证科学决策的首要条件。同时需要将专家知识、传染病发展态势、可调用的有效资源综合起来，综合权衡才有可能形成正确的应急决策，这是一个复杂的博弈过程。目前随着管理科学、信息科学的发展，虚拟事件的情景构建可协助培训决策者的决策能力，使其可“身临其境”地体验复杂环境、分析多源信息、感受决策压力、承担决策后果。

(2)现场处置培训演练。由于真正具备丰富一线处置经验的专业应急人员并不多，这就需要通过各种培训、演练的方式协助提高其应急能力。现场处置培训演练涉及培训基础设施和条件建设；培训计划的制订、培训教材的编写及培训活动的开展；需适时组织应对大规模疫情的应急处置模拟演练，检验应急预案和应急反应队伍的实战能力，找出大规模疫情应急反应的漏洞和薄弱环节，及时查漏补缺；需广泛开展与医疗机构应急处置人员有关的大规模疫情的发现、报告、防护、密切接触者管理的全员培训，提高其发现、报告和处置的意识和能力。

(3)应急知识普及教育。针对普通民众，提高其对重大传染病疫情的认识、自我保护和紧急自救能力。需定期通过媒体渠道发布国内外疫情态势和应对基本知识；制订应对大规模疫情的风险沟通计划，营造出社会稳定、公众参与的有利环境，科学有效地防控大规模疫情。

5.4.3 监测预警[20～23]

传染病监测预警是指通过持续系统地收集、分析和研究传染病发生发展的相关数据，发现疫情暴发的早期征兆和感知疫情的整体发展态势，并将结果用于指导应急决策和防控效果评价的实践活动。传染病监测预警对于有效防控传染病的危害意义重大，理论和实践无数次证明，应急响应启动的时间越早，则防控效果越好[图 5.3(a)]，应急响应启动的时间延迟越长，则留给防控的机会越少，防控效果就越差[图 5.3(b)]。

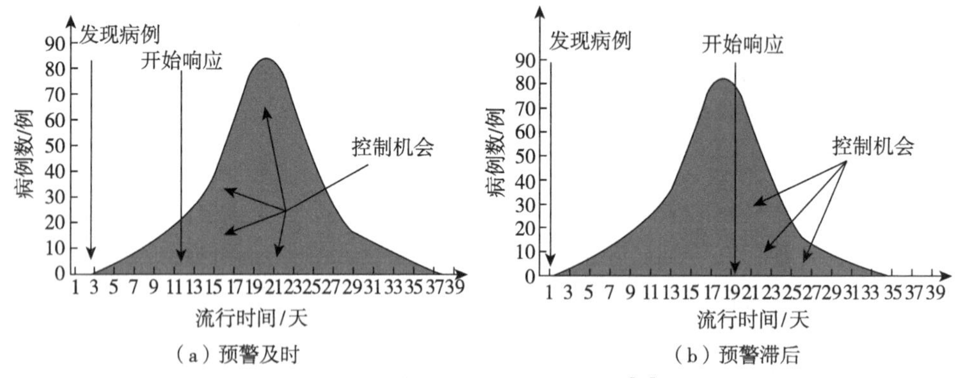

图 5.3 传染病暴发预警的作用[16]

按数据收集的方法、监测对象的不同，可将传染病监测预警分为病例监测预警、实验室网络监测预警、症状监测预警、事件监测预警和环境监测预警五种方式。

1. 病例监测预警

病例监测是最传统的传染病监测方式，它以医疗系统的诊断信息为依据，由各级医疗卫生系统对确诊病例、临床诊断病例或疑似病例进行上报，通过对各监测点上报结果的汇总及通过对发病数量、发病率、流行趋势等指标的分析来综合判断是否有异常情况发生。其中，疑似病例是指患者具有某种疾病的临床特征，但缺乏实验室检测证据；临床诊断病例(高度疑似病例)是指患者具有某种疾病的临床特征，且医生结合患者的各种信息综合判断其符合某种疾病的诊断标准，同时有流行病证据表明患者与确定传染源有密切接触史，但缺乏实验室检测依据；确诊病例是指实验室证据表明确定感染，无论是否具有临床症状。

目前，世界上多数国家都有本国的传染病报告制度和病例监测预警系统。我国于 2004 年开始建立基于病例监测的传染病自动预警系统，目前已经实现了全国传染病的网络直报，对于提升我国传染病应急能力发挥了重要作用。此外，一些国际组织和国家还具有专一针对某一传染病的监测预警系统，如 WHO 建立的全球流感监测系统。

2. 实验室网络监测预警

实验室网络监测预警通过网络将分散在各地的实验室连接起来，实现各自监测和分析数据的共享，从病原或媒介的角度发现异常征兆。实验室网络监测预警的主要内容如下：①病原体监测。监测病原谱变化、病原体变异、毒力变化、耐药性变化等，再综合分析这些变化是否可能引起传染病暴发和流行。②宿主动物监测。监测宿主动物是否存在病原携带率增高、携带罕见病原微生物等情况。③人群易感性监测。定期监测特定人群抗体水平的变化，当发现人群抗体水平低时，提示人群易感性增加，传染病暴发流行的风险也增加。

目前，全球传染病疫情预警与反应网络中的重要组成部分便是全球实验室网络监测预警，同时，许多国家都建立了实验室网络监测预警。例如，美国将 122 个城市的公共卫生实验室组成网络，形成联邦、州、基层 3 级实验室监测体系。中国已初步建立部分传染病的实验室监测网络，AIDS、麻疹、流感等许多传染病实现了网络监测，但尚有部分传染病目前未实现实验室网络监测预警。

3. 症状监测预警

症状监测预警是通过自动收集与传染病相关的多种电子数据，将群体行为异常变化与某种疾病相关症侯群关联起来，预判传染病暴发的风险。症状监测预警数据的来源渠道多种多样，主要包括：①患者主诉数据，即根据患者描述的相关症状与某种传染病关联起来；②非处方药品销售数据，即根据药品的适应证来关联某种传染病；③医生电子处方，即根据医生的初步诊断关联某种传染病；④医学检查信息，即根据临床检查的关键指标关联某种传染病；⑤旷工、旷课记录，如特殊职业群体的旷工、旷课率上升预示某种疫情的发生；⑥急救中心访问记录等其他相关数据。基于获取的相关数据，利用自然语言处理方法，通过数据的清洗、要素提取和分类，可与相关症候群建立多重关联关系，进一步利用累积和方法、贝叶斯空间扫描、指数加权移动平均等多种方法分析某种传染病暴发的风险。

随着近年来电子医疗的快速发展，相关数据收集的覆盖面越来越宽，症状监测得到了快速发展，目前已成功应用到针对流感、登革热、传染性腹泻等传染病的早期预警实践中。在一些大型集会中已被广泛采用，如 2002 年日韩世界杯、2004 年雅典奥运会等。我国也研发了症状监测预警系统，并在 2008 年北京奥运会和 2010 年上海世界博览会期间进行了实际应用，取得了良好效果。

4. 事件监测预警

事件监测预警起源于大数据，尤其是互联网大数据蕴涵了社会环境及人群活动变化的诸多信息，其中许多信息是与传染病相关的，主要表现在以下几点：①基于搜索引擎的症状查询访问记录蕴涵了特定时间和地点的人群对某些疾病症状的关注程度；②基于社交网络工具(如微博)等实时发布的许多消息中有健康行为和健康情绪的相关信息；③异常天气、灾害事件、污染事件等可能影响传染病暴发的信息也迅速通过各种门户网站发布。这些信息近乎实时地反映了当前社会人群和自然环境的状态，通过对这些海量信息的自动收集和深度挖掘，可以在一定程度上预判传染病暴发的早期征兆。

事件监测预警的典型案例是谷歌公开开发的谷歌流感趋势工具对全球流感态势的监测，2007～2008 年美国流感流行期间，该工具预警的提示要比美国 CDC 流感监测网络提前 1～2 周，且预测结果的准确性随后被数据验证。但是这种方法的挑战也是巨大的，其中最主要的问题是噪声过多，这会在很大程度上影响预判的准确性。

5. 环境监测预警

环境监测预警通过对自然环境中的大气成分、大气污染、森林砍伐、臭氧层变化、海水污染、食物污染等因素进行定期或连续的数据采集，掌握这些环境因素的变化情况，分析这些因素的变化对传染病暴发的影响。例如，WHO 全球环境监测系统的基本任务就是监测全球环境，并对环境组成要素的状况进行定期评价，对于传染病的早期风险特征识别具有重要意义。

在上述监测方法中，病例监测预警、实验室网络监测预警以强制性报告为基础，属于被动式监测预警方式。而症状监测预警、事件监测预警和环境监测预警则主动连续地收集信息，属于主动式监测的方式。被动式监测预警的优点在于信息来源准确可靠，缺点是相对真实疫情的发展时间延迟较大。主动式监测预警的优点是时效性好，几乎可以与疫情发展态势同步，但信息的可靠性要稍差。各种传染病监测预警方法的特点对比如表 5.10 所示。

表 5.10　各种传染病监测预警方法的特点对比

监测预警方法	数据源	时间延迟	准确性	主要不足
病例监测预警	医院、实验室	长	高等	从临床发现病例到实验室确诊和上报，需要一定的时间延迟，在延迟时间内疫情可能已出现新的发展态势
实验室网络监测预警	实验室	主要属于事前预判	中等	实验室网络监测预警的许多指标仅属于间接指标，可以作为传染病暴发风险的参考，但不一定完全准确
症状监测预警	医院、药店、学校等	较短	中等	症状监测预警所需的数据类型多，来源渠道广，数据规范及分析方法等方面需进一步提高
事件监测预警	互联网	短	低等	数据量大、噪声多，需进一步研究更高效的挖掘算法
环境监测预警	观察站点、监测装备	主要属于事前预判	中等	与实验室网络监测预警类似，环境指标也只能用于传染病暴发风险预判的参考

5.4.4　风险评估[15]

若监测预警确认有重大传染病疫情发生，根据相关法律和法规，应按照事先制订的应急预案立即启动应急响应。风险是指某一危险因素导致危害的可能性及其严重程度，传染病风险评估是指突发传染病疫情发生前和发生后，其对国家公共卫生安全、社会经济安全乃至政治军事安全构成危害的可能性及其严重程度进行量化评估的工作，以指导应急响应的实践活动。传染病风险评估的目的是确定疫情的紧急程度、可能受影响的人口数量及分布，明确应急资源需求及干预措施类型、优先使用级别，筹划、调度和准备必要的人力、物力和财力，以定性与定量相结合的方法拟订详细的干预计划。

风险评估小组人员组成应包括公共卫生专家、流行病学家、环境卫生专家、数据分析专家、营养学家等专业人员，以及决策者、公共卫生管理者等业务人员。在评估组成立阶段，须拟定详细的评估清单、制定时间计划表、分配评估任务、准备专业设备(如检测设备、计算机等)及交通通信工具、协调调查对象和有关部门。风险评估的关键内容如表 5.11 所示。

表 5.11　风险评估的关键内容

序号	关键内容
1	疫情的相关背景
2	流行病学信息，主要包括传染源、传播渠道、人群易感水平、病例时空分布、病例的密切接触情况等
3	评估疾病自然史、传播能力、致病性、毒力等关键指标
4	评估可能受影响的区域、易感人口数量、人口年龄结构、重点人群(老人等)数量、人口流动性等

续表

序号	关键内容
5	评估已具备的公共卫生条件，如疫苗和药物的储备及生产能力，医院、输血中心、实验室等卫生设施的实力情况等
6	评估公共卫生应急需求，包括疫苗、药物、物资、设备的需求量
7	评估应急防控策略，明确干预措施及其启动机制、作用对象、优先使用级别等
8	评估受影响人群的基本生活需求，如安全水和食物等
9	评估受影响区域的环境条件和安全条件，如天气情况、交通状况等

风险评估是一项多学科交叉的系统性工作，其中最具有挑战性的评估内容是疾病自然史、传播能力及致病性的定量评估。通过流行病学调查获取的数据，首先需要定量评价潜伏期、传染期、世代时间等关键指标，进一步需要利用这些指标值综合判断疾病的传播能力大小。传播能力与致病性、病死率相结合，才能评估可能受影响的区域和人口数量，由此才能预判应急响应的资源需求和确定响应机制。关于传染病自然史、传播能力等关键指标的定量方法，在本书的研究方法部分做了重点阐述。

在预判可能受影响的区域和人口数量的基础上，进一步便是筹集应急响应资源，主要包括：①训练有素的应急人员，包括一线处置人员、医生、科学家等；②物资药品，包括疫苗、药品、口服补液盐、静脉注射液、储水设备、净化药物、接种卡等；③治疗设施，包括床位、诊疗设备等；④实验室设施，包括试剂、检测设备等；⑤运输设备，包括人员转送运输工具、低温物资运输工具等；⑥通信设备及计算机等其他辅助设备。

大部分资源需求与疫情发展态势、防控策略相关，也与服务效率相关。其中，与卫生活动相关的人力基本配置建议如表 5.12 所示。

表 5.12　卫生活动人员配置表

卫生活动	效率
疫苗接种	每人每小时服务 30 人次
产前门诊	每人每小时服务 6 人次
分娩	每人每小时服务 1 人次
门诊咨询	每人每小时服务 6 人次
门诊治疗	每人每小时服务 6 人次
健康工作者配置	每 10 000 人配置 60 人

由于在重大传染病应急中可能涉及大量的病例隔离，因此，可能需要设置临时隔离区或安置点。安置点的选址应该避免虫媒聚集区、沼泽地及可能受洪水威

胁的平坦地带。应该尽量选择在地势倾斜、具备良好排水泄洪条件、植被茂盛的地方依山而建。群体隔离区或临时安置点基本生活设施规划标准如表 5.13 所示。

表 5.13　群体隔离区或临时安置点基本生活设施规划标准

规划要素	规划标准
人均生活空间	30 平方米
人均避难空间	3.5 平方米
临时帐篷间距	＞2 米
人均服务设施空间	7.5 平方米
每个饮水点服务人数	250 人
每个公厕服务人数	20 人
饮水点距离	＜150 米
公厕距离	30 米
饮水点间距、公厕间距	100 米

5.4.5　风险沟通[24]

风险沟通主要是指与受灾公众进行信息的双向交流，包括现实存在与可能发生的风险信息，其目的是降低风险造成的间接影响，避免次生衍生危机的发生。随着新发突发传染病的风险不断增加，有效的风险沟通已成为重大传染病疫情应急管理的重要组成部分。在公众面临已发生的或潜在的健康威胁并且可供选择的治疗方法又十分有限的情况下，有效的风险沟通使公众获得合理的建议与指导，可以最大限度地减少疫情带来的危害。

1. 风险沟通的作用

近年来，随着互联网、电视媒体、平面媒体等不断发展，公众获取信息的渠道和信息量均不断扩大，风险沟通在传染病应急防控中的地位日趋重要，WHO 总干事李钟郁在 2004 年 9 月表示："过去五年里，我们在控制疾病暴发方面取得了巨大的成功，但是我们直到最近才认识到，对于疾病暴发来说，风险沟通与实验室分析、流行病学调查和临床治疗一样重要。"积极有效的沟通在突发传染病的防控过程中可以发挥多方面的作用。

(1)能够争取社会公众的支持与合作，平息不良影响，营造良好的舆论环境，塑造和维护政府的良好形象，避免过度医疗、疯狂采购、传播谣言等不理性的公众行为。

(2)有利于相关政府部门了解民众关切点，为制定更有效的突发传染病事件应急政策提供参考。

(3)能够保证资源得到充分利用，避免浪费。同时，避免不必要的交通限制、旅游限制等强制管控措施。

(4)有利于实现应急处置各职能管理部门之间的良好的信息交流，建立良好的协调沟通机制。

(5)能够及时向媒体提供正确的信息，避免不良信息的传播和扩散。

(6)有利于引导公众正确认识潜在的风险，自主产生合理的行为反应，从而有利于控制传染病传播。

(7)有助于国际社会更好地理解并参与相关行动。

2. 风险沟通的原则

风险沟通应在法律法规的指导和约束下，依法进行。就我国的情况而言，涉及风险沟通的主要法律包括《中华人民共和国突发事件应对法》、《中华人民共和国传染病防治法》、《突发公共卫生事件应急条例》、《中华人民共和国政府信息公开条例》及《国际卫生条例(2005)》。在这些法律法规允许的条件下，应坚持做好以下几个原则。

(1)信任原则。信任原则是突发传染病风险沟通的首要原则，是在公众和管理者之间建立、维持信任的正常沟通机制。没有这种信任，公众在面对传染病风险时就不会相信卫生管理部门发布的卫生信息，也很难遵从健康权威机构提供的卫生建议，很可能造成严重的恐慌情绪或资源浪费，不利于传染病的防控工作。

(2)及时性原则。及时主动地发布现实的或潜在的风险信息，对于警示受影响的人群、最小化传染病的影响十分重要。尽早地发布传染病消息可以防止谣言和误导信息的传播。管理部门隐瞒消息的时间越长，消息最终传播开后给人们带来的恐慌感就越严重，尤其是当消息源来自政府外部时。延迟发布消息也会损害公众对于公共卫生管理部门处理突发事件能力的信任。

(3)透明原则。在传染病疫情暴发时，维持公众信任的关键是保持透明度，包括及时完整地公布关于传染病威胁和处理措施的信息。当疫情出现新情况时，管理部门应该将这些信息主动传达给公众。透明度主要表现在管理者与公众及合作组织之间的关系上，它可以推动信息收集、风险评估和决策制定等过程。

(4)倾听原则。了解公众对于传染病风险的认知程度和观点看法，对于风险沟通的开展及更多应急管理功能的实现十分重要。如果不知道公众如何理解或看待公开的风险信息，也不知道公众会相信什么、会采取什么行动，就很难做出防控传染病传播的合理决定，进而给社会经济造成更大的损害。

(5)计划性原则。在突发传染病的防控过程中，与公众保持良好沟通对于任何公共卫生管理部门来说都是一个巨大的挑战，因此，需要提前做好完善的计划。计划性是一个重要的原则，但更重要的是，计划必须付诸实践。

3. 风险沟通的实施步骤

依据风险沟通原则，成功的突发传染病风险沟通系统是一个持续运行的动态系统，需要具备不断检查、修复和更新的能力，以保证其有效性。

(1)评估现有风险沟通能力。评估内容主要包括：重新评估已有的针对突发传染病的应急响应计划中与风险沟通相关的角色和责任；鉴定政府内外各相关组织(如公共卫生管理部门和其他政府部门、专业机构、非政府组织和私营企业)现有的风险沟通能力；评估现有收集和倾听公众意见的机制，包括政府内外所有的媒体监督系统、社区咨询组、电话或者网络问诊系统等；评估所有与公共信息发布相关的国际协议、国家法律和各组织内部政策。

(2)建立多部门协调机制。突发重大传染病疫情的应对是多部门共同承担的责任问题，依赖于地区、国家和国际各级权威机构的密切合作，对于包括风险沟通在内的所有公共卫生的功能实现和多部门协调机制都是必需条件。然而，不同组织在组织结构、领导风格和看待问题的视角等方面都各不相同，使得风险沟通的协调问题十分具有挑战性。特别是当突发传染病对人群健康、社会经济、政治等造成多方面影响时，这个问题尤为严峻。

尽管困难重重，但是在合作者之间建立完善的协调关系，却可以帮助公共卫生部门充分利用其他合作组织的可信度和沟通资源，更好地传播解决卫生问题的建议，更好地认清形势，最终实现对传染病疫情的控制。要建立合作者之间的沟通协调机制，首先，需要鉴定合作者和责任方，即明确哪些组织可能会从事与风险沟通相关的活动；其次，在不同合作者之间进行协调沟通，可以使用电子邮件或交换通信材料的简单方式，也可以通过复杂的共同决策系统，如通过正式的国家委员会进行协调。

(3)制定保证信息透明的相关政策。在实践中，决定何时及如何发布信息是一个十分复杂的问题。想要保证信息的透明，就需要制定针对突发传染病的风险沟通政策，保证相关部门主动发布传染病风险信息。同时落实制定好的风险沟通政策，相关责任人按其要求发布各类信息，重点保证以下信息的透明度(表 5.14)。

表 5.14　风险沟通的关键内容

序号	关键内容
1	当前疫情的发病情况、传播程度和控制进展
2	对于卫生工作者、社区群众、家庭和个人而言，需要采取哪些行动来保护自身安全
3	决策制定者是如何利用风险评估结果的，以及决策的依据
4	应急管理部门如何解决公众关注的问题
5	实际防控中面临的困难
6	与公众密切相关的其他情况

(4)建立公众信息收集系统。收集受影响群众的意见是高效的风险沟通必不可少的部分。通过信息收集，相关工作人员可以了解受影响的市民与组织对于传染病暴发是如何认识的，以及如何做出反应的，还有他们对于政府管理过程的看法、他们对于权威机构的信任度，也可以了解到妨碍传染控制措施实施过程的行为习惯、文化或社会经济上的障碍。传染病疫情的暴发总是伴随着谣言传播，收集公众信息的过程可以帮助监督谣言，并更好地理解如何控制谣言的传播。建立公众信息收集系统的具体内容包括：①通过调查现有资料、问卷调查、走访社区家庭、监督媒体等广泛收集信息；②建立信息收集模板，将收集到的信息迅速组织成公众观点、公众行为等；③将收集到的有用信息用于决策制定。根据收集到的信息，应该对防控措施的不足之处进行及时的调整，保证防控措施的有效性。

(5)建立风险沟通效果评估方法。在疫情发展的过程中，收集完公众信息之后，要根据收集到的信息对正在实施的风险沟通措施进行评估。这有助于了解相关措施的有效性，及时发现并调整其不足之处，加强公众对政府部门的信任度，进而控制疾病的传播。这一阶段的评估需要解决的问题包括：①风险沟通措施促使公众的言行举止发生了哪些改变？②风险沟通措施对于社会的有利影响和不利影响有哪些？③目标受众是否获得并正确理解了发布的消息？在传染病疫情平息之后，还需对整个防控过程中的风险沟通措施进行整体评估，以帮助相关部门了解现有风险沟通策略的优缺点，以及在未来应该如何改进。

(6)建立沟通计划与计划演练。根据上述步骤建立完善的风险沟通计划。风险沟通计划应该包含实现控制疫情所需要的基本需求。同时，计划应该描述清楚不同个人或部门的角色和职责、需要采取的具体措施及期望的目标等。提前建立书面格式的突发传染病风险沟通协议或规程，可以加速风险沟通的响应速度，更好地控制传染病的传播。

突发传染病风险沟通的规划过程并不应该止于一份书面的计划，而应该对突发传染病的准备工作带来实质性的提高。相关的模拟演练、训练和更正都是规划过程的重要组成部分。这一部分的主要内容包括：①通过训练过程，使相关工作人员熟悉理论和实践技能。②通过桌面模拟和引导讨论等方式，使应急响应的管理者理解风险沟通的必要性；相关部门新闻发言人需要通过多种训练来积累面对记者的经验，如主持常规记者见面会、进行非紧急事件的发布等。③风险沟通计划需要定期更新，以适应不断变化的潜在传染病威胁。

4. 信息发布渠道

信息发布平台可作为一个信息发布、共享、交换的环境，向个人、单位、群组发布信息；信息发布模块集合了平台信息发布功能和即时通信功能，其主要通过以下方式实现。

(1)发布通知。通过此方式可以向单位、个人、群组发布通知，通知发布人还可以通过此功能获取所通知单位或个人的反馈信息，追踪通知是否被相关人员或单位查阅，以掌握通知的到达情况。

(2)发布公告。完成对普通公众的公告、告示等工作。

(3)发布消息。主要用于个人向其他人员或群组发送消息。发送消息时，消息接收人将被提醒。

(4)即时通信。通过即时通信客户端软件，向个人、单位、群组发送即时消息和交换文件。

5.5 前瞻

传染病的传播与防控是一个复杂的问题，从纵向层面覆盖分子、细胞、组织、器官、人体、社会、国家、人类，各层次的组元众多、相互作用关系复杂，且层次由一些复杂的内在关系连接起来形成包含式构成关系，低层次亚系统向高层次亚系统递进中存在涌现性，而高层次亚系统又反作用于低层次亚系统，对这个复杂巨系统的研究和控制将是人类很长一段时间内的重要研究课题。首先，病原微生物本身就在不断进化，未来可能出现的可能感染人类并造成重大疫情的传染病类型、发生时间、地点等均高度不可预知。其次，已经出现的许多传染病至今仍然未找到有效的医学防治方法。最后，人类作为社会群体，其行为方式高度复杂，而人类的行为又会对传染病的发生发展产生重要影响。因此，应对传染病的威胁除了制度建设、法律法规、卫生习惯养成、改善环境质量等需进一步完善外，在根本上还是要靠科学技术的进步，科学技术是解决现有问题和困难的基石。

我国政府一直非常重视传染病防控，在院校设置与人才培养、科研与疾控机构体系建设、科学技术研究与应用及法律法规等方面做出了巨大努力，成绩非常显著。但是我们也需要清醒地认识到传染病防控的极端复杂性和高难度性，需要认识到我国传染病防控能力与国外发达国家相比差距还比较大，距离广大民众的期待还有比较大的距离，而解决上述问题的最根本途径是科学技术。针对传染病防控措施的科学技术研究内容十分广泛，在此不再赘述，我们认为需要对下列三个研究方向予以特别重视。

1. 疫苗与药物开发

疫苗和药物始终是传染病防控的核心。虽然药物和疫苗研发因品种不同而不同，但是药物和疫苗研发内在包含大量基本共性的核心关键技术。从特异性、有效性、安全性和便利性等药品疫苗的共性要求出发，尤其需要建立一批快速研发和生产的关键技术，包括保护性抗原高效筛选与理性设计(rational design)、活载体抗原高效表达与递送、多价重组蛋白疫苗应急制备技术等。针对具体的传染病，新型流感的广谱性疫苗研究值得关注。在药物研发方面，许多病原体的耐药性问题必须引起高度重视，它可能使现有的很多防治药物失去作用。同时，许多重大传染病(如 AIDS、病毒性肝炎等)的特异性治疗药物和疫苗的研发仍需长期攻关。

2. 计算流行病学

传染病疫情演化发展的影响主要作用在社会层面，因此，除疫苗和药物外，综合社会和自然环境要素的传染病风险评估是应对传染病疫情的另一个核心环节，通过有效的风险评估可以预判传播趋势和可能产生的影响，因此，可优化配置有限的防控资源以达到最大化防控效应。传统的数学流行病模型作为研究传染病传播规律和开展风险评估的主要工具，历经近一个世纪的发展，已经建立起一套相对完善的理论框架。通过建立传播数学模型，可对传染病的暴发风险、传播速度、峰值时间、感染人数等行为进行分析，从而为公共卫生政策的制定提供参考依据。然而，传统数学流行病模型以自顶向下的建模思想、以“平均场”假设出发建立的模型无法充分描述传染病传播过程的复杂性，导致数学流行病学的发展面临无法突破的瓶颈，从而严重限制了数学流行病模型的实际应用价值。

随着大数据时代的来临，与传染病传播相关的人口、地理、人群行为等大量数据得到广泛的收集，同时，计算机技术的快速发展为研究和利用这些海量数据建立复杂的计算机模型提供了基础条件，传染病社会传播不可实验的特点在计算机上可得到充分的解决。当前，计算在继实验和理论后，已成为支撑科学研究的第三个重要手段，计算流行病学已成为新兴的正在发展的前沿交叉研究领域。流行病计算模型类似于传染病的“重症监护病房”，不同传播能力和毒力的病原体在社会环境中所产生的影响，以及对其预防与控制的方法可以在这个“重症监护病房”中找到，这是计算流行病学的出发点。然而，计算流行病学是正在蓬勃发展的一门新兴交叉研究领域，理论与技术在诸多环节尚需进一步完善，特别是在高质量数据收集与处理、包含人群自适应行为的计算流行病模型及计算算法效率上仍有长足的进步空间。

3. 大数据与传染病监测

传染病监测预警是启动应急处置的重要依据，在目前已经建立的五种监测方法中(详见 5.4.3 小节)，每种方法均有各自的优点和缺陷，但共同的目标具有一致性，那就是以最少的时间延迟预报传染病疫情的发生。从预报的时间延迟上，传统的病例监测预警方法因其原理机制的限制，实际上已无较大的提高空间。而事件监测预警在这一点上却拥有先天的优势，可以近乎实时地提供预警信息。

随着信息科学和计算机科学的快速发展，生物大数据、互联网大数据等在数量上均呈指数增长趋势，且覆盖面越来越宽。这些海量数据中广泛地蕴藏了病原体变异、传染病传播的信息，如何有效利用这些大数据对传染病暴发进行预测预警，是急需研究的重要课题。虽然目前已经利用大数据对新型流感等传染病的预测预警进行了探索性研究，但是在预测的准确性、噪声过滤、算法效率等方面，均存在明显的不足和改进的空间。

参考文献

[1]Weiss R A，McMichael A J. Social and environmental risk factors in the emergence of infectious diseases. Nature Medicine，2004，10(Suppl12)：70～76.

[2]沈倍奋．生物安全与国家安全．军事医学，2012，36(10)：10001～10002.

[3]郑涛，黄培堂．生物安全的问题及思考．军事医学，2012，36(10)：725～727.

[4]郑涛，黄培堂，沈倍奋．当前国际生物安全形势与展望．军事医学，2012，36(10)：721～724.

[5]曾光，黄建始，张胜年，等．中国公共卫生．北京：中国协和医科大学出版社，2013.

[6]北京市公共卫生信息中心．《国际卫生条例(2005)》的产生与发展．http://www.phic.org.cn/hangyexinxi/quanguoweisheng/200710/t20071026_31791.htm，2007-10-26.

[7] World Health Organization. International Health Regulations (2005) (2nd ed.). Geneva：WHO Press，2008.

[8]Jones K E，Patel N G，Levy M A，et al. Global trends in emerging infectious diseases. Nature，2008，451(7181)：990～993.

[9]吴晓旭，田怀玉，周森，等．全球变化对人类传染病发生与传播的影响．中国科学：地球科学，2013，43(10)：1691～1707.

[10]World Health Organization. Cities and public health crises. France，Lyon，2009.

[11]Gibbs W，Soares C. Preparing for a pandemic. Scientific American，2005，293：44～54.

[12]Osterholm M T，Ballering K S，Kelley N S. Major challenges in providing an effective and timely pandemicvaccine for influenzaA(H7N9). The Journal of the American Medical Association，2013，309(24)：2557～2558.

[13]Treanor J J，Hayden F G，Vrooman P S，et al. Effeicacy and safety of the oral neuraminidase inhibitor oseltamivir in treating acute influenza. The Journal of the American Medical Association，2000，283(8)：1016～1024.

[14]徐翠玲，杨磊，温乐英，等．1918 年流感大流行的流行病学概述．病毒学报，2009，25：23～26.

[15]World Health Organization. WHO recommended strategies for the prevention and control of communicable diseases，1996.

[16]World Health Organization. Communicable disease control in emergencies：a field manual. Geneva，2005.

[17]曹务春．传染病流行病学．北京：高等教育出版社，2007.

[18]朱联辉，田德桥，沈倍奋，等．美国生物防御产业政策和管理分析及启示．军事医学，2012，36(10)：768～771.

[19]朱联辉，郑涛．国外生物技术安全立法建设及主要启示．科技与法律，2008，6：69～72.
[20]杨维忠．传染病预警理论与实践．北京：人民卫生出版社，2012.
[21]程瑾，张群，杨志滨，等．症状监测研究领域发展态势分析．郑州大学学报(医学版)，2013，(6)：736～740.
[22]程瑾，祖正虎，徐致靖，等．症状监测在外军生物恐怖早期预警中的应用及启示．军事医学，2012，36(10)：782～787.
[23]徐展凯，刘列，祖正虎，等．基于互联网的大数据与生物监测．军事医学，2014，38(2)：151～155.
[24]World Health Organization. Outbreak communication planning guide. Swizerland，Geneva，2008.

（祖正虎、郑涛）

第 6 章

实验室生物安全

实验室是进行科学技术研究活动的基本场所，也是进行实验室生物技术操作的主要场所。人类在对抗传染病及防御生物武器和生物恐怖袭击的科学技术研究活动中，需要接触、操作、处理微生物甚至病原微生物，如致病性细菌、病毒、真菌、原虫等。这些病原微生物或其产物可能直接或间接地对操作人员造成危害，并且由于多数病原微生物具有传染性，还可能继续扩散传染并危及操作人员的家人、同事和朋友等与之密切接触人员。现代农业、林业等实验室大量开展转基因动植物研究，这些经过基因改造或遗传修饰的动植物是自然界原本不存在的新品种，一旦逃逸，有可能危害周围人群及环境，严重时甚至会大范围扩散并造成灾难性的后果。

为了控制实验室生物风险，减少实验室生物危害，科技人员逐渐建立了实验室生物安全理论并发展了实验室生物安全技术，形成了实验室生物安全学科，为安全进行实验室生物技术操作提供了理论和实践的保障[1]。本章将阐明与实验室生物安全相关的基本概念及其内容，介绍国内外实验室生物安全的基本现状及存在的问题，并对实验室生物安全的发展给予展望。

6.1 实验室生物安全概述

在先人留给我们的语言中，有两个富于哲理的词汇，一个是“危机”，危险与机会并存；另一个是“利害”，利益与危害相依。实验室生物安全的提出及其发展，正是由于实验室生物危害的存在。认识并控制了实验室的生物危险和危害，就获得了实验室生物安全的机会和利益。因此，把握机会、降低风险、趋利避害是微生物实验室工作人员必须时刻牢记和把握的准则，“机会”与“危险”、“利益”与“危害”常飘忽于一线之间[2]。

6.1.1 实验室生物危害

实验室生物危害是指在实验室进行病原微生物的研究、检测等过程中，对实验室人员造成的危害和对环境造成的污染。其具体可以分为以下两类：①实验室内病原微生物暴露和人员感染；②病原微生物的实验室外环境泄漏。

1. 实验室内病原微生物暴露和人员感染

实验室内病原微生物暴露和人员感染事故时有发生。Pike[3]从文献记录和问卷调查中发现，1930～1978 年共记录有 4 079 例实验室相关感染事故，这些事故共造成 168 人死亡。Harding 和 Byers[4]的统计则表明，1978～1999 年，世界范围内共报道了 1 267 例实验室相关感染事故，其中，22 人死亡。美国陆军传染病医学研究所公布了其 20 世纪 40 年代到 21 世纪头 10 年记录的实验室获得性感染情况[5](表 6.1)，从表 6.1 可以看出，随着防护装备的完善、实验室管理体系的规范及安全培训的加强，实验室相关感染事故得到很大的控制，但仍然随时可能发生。2004 年，北京某实验室感染引发的 SARS 疫情，不仅造成 9 人发病 1 人死亡，更对北京乃至全国人民的正常生活秩序产生了严重影响[6]。

表 6.1 美国陆军传染病医学研究所 20 世纪 40 年代到 21 世纪头 10 年记录的实验室获得性感染情况[5]

年代	感染人数/人	实验室获得性感染情况（已知的暴露途径）	年代	感染人数/人	实验室获得性感染情况（已知的暴露途径）
20 世纪 40 年代	27	炭疽(皮肤)	20 世纪 70 年代	9	洛矶山斑疹热(吸入)
	43	野兔病		1	野兔病
	51	布鲁杆菌病(吸入)		1	委内瑞拉马脑炎
	7	鼻疽病(1 例皮肤，6 例吸入)	20 世纪 80 年代	1	野兔病
20 世纪 50 年代	4	炭疽(1 例吸入，3 例皮肤)		1	登革热
	107	野兔病(主要吸入)		1	Q 热
	43	布鲁杆菌病(吸入)	20 世纪 90 年代	1	切昆贡亚热(针刺)
	32	Q 热(主要吸入)		1	牛痘(皮肤)
	18	委内瑞拉马脑炎(主要吸入)		1	鼠疫
	1	鼠疫		3	葡萄球菌肠毒素 B
20 世纪 60 年代	11	野兔病(吸入，皮肤)	21 世纪头 10 年	1	鼻疽病
	1	布鲁杆菌病(吸入)		1	委内瑞拉马脑炎
	23	Q 热(主要吸入)		1	野兔病
	7	委内瑞拉马脑炎(主要吸入)			

在实验室防护技术与运行管理水平大力发展的基础上，实验室暴露感染问题仍不能杜绝，人为疏忽大意、运行管理失误或仪器设备故障等因素导致的暴露感染仍然是实验室工作人员及周边公共安全的严重威胁。据 2010 年美国 CDC 报道，

美国从事管制生物剂操作的实验室在 2003～2009 年共发生 395 次生物剂逃逸事件(表 6.2)[7]。在这 395 次逃逸事件中，有 7 次引发了实验室获得性感染，其中 4 次涉及马尔他布鲁氏杆菌，2 次涉及土拉热弗朗西斯菌，1 次涉及某种球孢子菌。表 6.2 统计了这些逃逸事件发生的原因，警示实验室工作人员在维护检查设施设备及实验操作中，要更加注意安全防护和操作技术，在操作关键设施设备和进行潜在危险操作时要特别小心，加强紧急情况处置程序的培训和演练。

表 6.2　2003～2009 年美国报告的管制生物剂逃逸事件[7]

原因	可能逃逸事件数/次
动物咬伤或抓伤	11
针或锐器刺伤	46
设备机械故障	23
个体防护装备失效	12
围护失败	196
程序问题	30
溢洒	77
总数	395

在本书即将成稿时，2014 年 6 月美国 CDC 发生炭疽泄漏事件。其工作人员采用未经多次试验验证的新方法对炭疽芽孢杆菌样本进行灭活，处理后的样本中可能还含有活性炭疽芽孢杆菌，但后续处理这些样本的实验室没有处理炭疽活菌的装备，操作人员也没有采取足够的保护措施，因此，员工可能无意中接触活体炭疽芽孢杆菌，导致 84 人疑似暴露。

2. 病原微生物的实验室外环境泄漏

除了实验室内的暴露和感染以外，高级别生物安全实验室所操作储存的病原微生物一旦泄漏到外环境，就可能会对周边环境和公共安全产生严重影响，有的影响甚至会持续数十年之久。1978 年，英国报道了一个洗衣房 6 名员工和 1 名参观者感染 Q 热立克次体的事故，其原因就是洗衣房所清洗的某 Q 热实验室工作服在送洗前未严格消毒[8]。1979 年 3 月，苏联斯维尔德洛夫斯克城生物武器生产基地的炭疽干燥厂因工作人员交接失误，使得车间在排风管道没有安装过滤器的情况下运行，导致含炭疽芽孢的粉尘直接排出车间，感染了周边人员和环境[9]，据后来苏联方面报道，该事故共造成 96 人感染，66 人死亡。2007 年 8 月初，英国萨里郡一农场发生口蹄疫疫情，后经调查发现，病毒来自农场附近的皮尔布赖特微生物实验室。该实验室排水管道出现裂口，病毒漏出并污染了周围土壤，进而由经过的车辆将受污染的土壤带到了农场。该事故造成英国畜牧业极大的经济损失[10]。

包括实验室平面布局、控制入口、围护结构、负压环境和特殊通风系统在内的二级防护屏障，以及人员与物品进出程序和废弃物处理排放标准的严格控制可以保证实验室内有害因子不会泄漏到外环境，从而威胁实验室工作人员和周边公众健康及生命安全。实验室在长期运行中，工作人员疏忽、管理程序执行不严、仪器设备及建筑设施老化或故障等原因，均可造成有害因子在储存、运输、使用和销毁过程中泄漏出实验室，引起极其严重的后果。例如，实验室关键仪器设备较庞大，部分部件管道在墙内或不易检查，通风系统、排水系统的一个小漏口就会造成有害因子的泄漏；实验室长期运行过程中，工作人员交接可能出现重要情况交接不到位，使得实验室在风险失控条件下运行；高压灭菌器、污水处理系统、排风系统高效过滤器等关键设备在使用几年后可能出现故障或效率降低，使得有害因子外逸；实验室人员、物品、仪器离开实验室时未严格按程序进行，可能造成有害因子的携出。控制实验室外环境泄漏必须加强仪器设备检查维护，定期进行关键设备检修和验证，更换老旧设备部件，检查管道完整密闭性，严格执行实验室出入管理程序，严格“三废”处理。

当然，实验室生物泄漏除因实验室内部人员操作不当或设备设施故障外，外力因素也是造成实验室生物泄漏的重要因素，如地震、台风、洪水等自然灾害，人为偷盗破坏、恐怖袭击及战争等人为因素。近年来，我国暴恐事件增多，由于生物安全实验室多数处于人口密集的城市，也需要高度重视防止生物实验室遭受外力破坏造成生物安全事故。

总之，生物实验室的“风险源”来自实验室内操作的生物因子或使用的生物技术及其产物，其可能因为意外或人为因素对操作人员及环境造成危害。针对存在的危险采取一系列措施来消除风险、减少危害，是实验室生物安全需要解决的问题。

6.1.2 实验室生物安全

为了控制实验室生物风险，减少实验室生物危害，科学家摸索、建立了生物危害的相关防范技术和措施，WHO 和各国政府也都据此对病原微生物的管理和操作制定、发布或出版了比较完整的、具有针对性的法规、标准或手册[11~13]。为了促进我国生物技术的研究开发，加强基因工程研究和应用工作的安全管理，保障公众和基因工程工作人员的健康，国家科学技术委员会于 1993 年 12 月 24 日发布了第 17 号令《基因工程安全管理办法》[14]。2004 年 11 月，国务院第 69 次常务会议通过并公布实施《病原微生物实验室生物安全管理条例》[15]，将我国境内的病原微生物实验室及其从事实验活动(指病原微生物实验室从事与病原微生物菌/毒种、样本有关的研究、教学、检测、诊断等活动)的生物安全管理纳入法制化管理轨道，建立了我国实验室生物安全管理的法规体系[16]。

1. 病原微生物的分类

《病原微生物实验室生物安全管理条例》[15]规定，国家对病原微生物实行分类管理，并根据病原微生物的传染性、感染后对个体或者群体的危害程度，将病原微生物分为四类。

第一类病原微生物是指能够引起人类或者动物非常严重疾病的微生物，以及我国尚未发现或者已经宣布消灭的微生物，典型的包括埃博拉病毒、天花病毒等。

第二类病原微生物是指能够引起人类或者动物严重疾病，比较容易直接或者间接在人与人、动物与人、动物与动物间传播的微生物，典型的包括炭疽芽孢杆菌、狂犬病毒(街毒)、荚膜组织胞浆菌等。

第三类病原微生物是指能够引起人类或者动物疾病，但一般情况下不会对人、动物或者环境构成严重危害，传播风险有限，实验室感染后很少引起严重疾病，并且具备有效治疗和预防措施的微生物，典型的包括沙门氏菌、登革热病毒、黄曲霉等。

第四类病原微生物是指在通常情况下不会引起人类或者动物疾病的微生物，包括危险性小、致病力低、实验室感染机会少的生物制品、疫苗生产用的各种弱毒病原微生物，以及不属于第一、二、三类的各种低毒力的病原微生物。

上述第一类、第二类病原微生物统称为高致病性病原微生物。

WHO[11]根据感染性微生物的相对危害程度制定了仅适用于实验室工作的微生物危险度等级的划分标准(WHO 的危险度分为 1 级、2 级、3 级和 4 级)，该分级标准与美国等世界上多数国家的分级标准[12,13]相同，其危险度为 4 级的病原微生物相当于我国的第一类病原微生物。

危险度 1 级(无或极低的个体和群体危险性)：不太可能引起人或动物致病的微生物。

危险度 2 级(个体危险性中等，群体危险性低)：病原体能够使人或动物患病，但不易对实验室工作人员、社区、牲畜或环境造成严重危害。实验室暴露也许会引起严重感染，但对感染有有效的预防和治疗措施，并且疾病传播的危险性有限。

危险度 3 级(个体危险性高，群体危险性低)：病原体通常能引起人或动物的严重疾病，但一般不会发生感染个体向其他个体传播的情况，并且对感染有有效的预防和治疗措施。

危险度 4 级(个体和群体的危险性均高)：病原体通常能引起人或动物的严重疾病，并且很容易发生个体之间的直接或间接传播，对感染一般没有有效的预防和治疗措施。

实验室根据所操作的病原体的危险度，需要采取不同的生物安全防护措施，也就是要达到一定的生物安全水平。

2. 实验室生物安全水平

《病原微生物实验室生物安全管理条例》[15]规定，国家对实验室实行分级管理，并实行统一的实验室生物安全标准。国家标准 GB19489—2008《实验室生物安全通用要求》[17]规定，根据对所操作的生物因子采取的防护措施，将实验室生物安全防护水平分为一级、二级、三级和四级，一级防护水平最低，四级防护水平最高，并规定：①生物安全防护水平为一级的实验室(即一级生物安全实验室，BSL-1 实验室)适用于操作在通常情况下不会引起人类或者动物疾病的微生物；②生物安全防护水平为二级的实验室(即二级生物安全实验室，BSL-2 实验室)适用于操作能够引起人类或者动物疾病，但一般情况下不会对人、动物或者环境构成严重危害，传播风险有限，实验室感染后很少引起严重疾病，并且具备有效治疗和预防措施的微生物；③生物安全防护水平为三级的实验室(即三级生物安全实验室，BSL-3 实验室)适用于操作能够引起人类或者动物严重疾病，比较容易直接或者间接在人与人、动物与人、动物与动物间传播的微生物；④生物安全防护水平为四级的实验室(即四级生物安全实验室，BSL-4 实验室)适用于操作能够引起人类或者动物非常严重疾病的微生物，以及我国尚未发现或者已经宣布消灭的微生物。

我国上述实验室生物安全水平的分级与 WHO[11]及国外多数国家[12,13]的分级相同。WHO 还将 BSL-1 和 BSL-2 实验室称为基础实验室，BSL-3 实验室称为防护实验室，BSL-4 实验室称为最高防护实验室。不同生物安全水平实验室的基本要求见表 6.3，具体的见国家标准 GB19489—2008《实验室生物安全通用要求》[17]和 GB50346—2011《生物安全实验室建筑技术规范》[18]。不同生物安全水平实验室可以开展的实验活动类型，分别参照国家卫生部《人间传染的病原微生物名录》[19]和农业部《动物病原微生物分类名录》[20]及《动物病原微生物实验活动生物安全要求细则》[21]的规定。

表 6.3 不同生物安全水平实验室的基本要求[11]

生物安全水平	实验室类型	实验室操作要求	设施设备要求
一级生物安全水平	基础的教学、研究	GMT	不需要特殊防护设备；开放实验台
二级生物安全水平	初级卫生服务；诊断、研究	GMT，增加防护服、生物危害标志	开放实验台，此外，需 BSC 用于防护可能生成的气溶胶
三级生物安全水平	特殊的诊断、研究	在二级生物安全防护水平上增加特殊防护服、准入制度、定向气流	BSC 和/或其他所有实验室工作所需要的基本设备

续表

生物安全水平	实验室类型	实验室操作要求	设施设备要求
四级生物安全水平	危险病原体研究	在三级生物安全防护水平上增加气锁入口、出口淋浴、污染物品的特殊处理	Ⅲ级 BSC 或Ⅱ级 BSC，并穿着正压服，双开门高压灭菌器(穿过墙体)，经过滤的空气

注：BSC 为生物安全柜；GMT 为微生物学操作技术规范

3. 实验室生物安保

实验室生物安全强调的是微生物操作技术规范的应用，适当的防护设备，正确的实验室设计、运行和维护，以及如何通过严格的管理来尽可能减少工作人员受伤或患病的危险。在按照这些要求执行时，病原微生物对实验室周围区域和整个环境造成的危险也可降到最低。但全球范围内接连发生的一系列事件也提醒人们，实验室还需要引入生物安保措施来补充上述实现生物安全的传统方法，其重点是保护实验室及实验室内的材料，以免其可能因故意或恶意行为而危害人类、家畜、农业或环境。传统的实验室生物安全(laboratory biosafety)一词用来描述那些用以防止发生病原体或毒素无意中暴露及意外释放的防护原则、技术及具体实施办法。实验室生物安保(laboratory biosecurity)则是指单位和个人为防止病原体或毒素丢失、被盗、滥用、转移或有意释放而采取的安全防范措施[11,12,22]。

良好的生物安全实践是实验室生物安保活动的前提和基础。通过危害评估工作可以收集关于所使用的生物剂的类型、存放位置、接触人员及负责这些生物剂人员的身份等信息。实验室生物安保措施实际上是对病原体和毒素的综合管理方案，其中包括对病原体和毒素的存放位置资料、进出人员资料、使用记录、所有内部或外部运送的记录文件及所有进行灭活和/或废弃等处理的结果。同样的，我们应制定单位实验室生物安保程序，用以鉴别、报告、调查并纠正实验室生物安保工作中的违规情况，包括调查文件资料中不符合规定的情况。此外，还应明确规定公共卫生和上级管理部门在发生违反安保规定情况时的介入程度、作用和责任。

为了良好的生物安全环境，必须加强实验室生物安保培训，因为通过培训可以帮助工作人员理解保护这些材料的必要性和生物安保措施的原理。培训内容应包括宣传有关国家标准和各单位的特殊规定，生物安保的人防、机防措施，还应特别强调与安保相关的报告程序。在培训过程中，还应说明在发生违反安保规定的事件时，相关人员具有哪些安保的作用和责任。

一般认为，病原体或毒素被恶意使用的最大威胁来自那些有权接触这些敏感材料的工作人员。因此，有权接触这样的病原体或毒素的工作人员，其可靠性和责任感是决定生物安保措施是否有效的最关键因素。在制定政策和制度时，要注意以下几点：①需要考虑如何促使那些储存或制造这些敏感材料的单位，以及所有有权接触这些敏感材料的人员，能够毫无顾虑地向所在机构的生物安全委员会或国家法规所指定的主管部门报告已经发生的安保事件，以及所发现的安保漏洞；②应建立机制，鼓励工作人员报告安保事件，让他们有足够的信心不惧怕来自管理部门或其他人员的报复，并从法律上保护他们；③要通过各种不同的方法来遴选工作人员，以提高所有有权接触敏感性病原体和毒素的工作人员的安全可靠性。

我国的实验室生物安全实际上包括实验室生物安保的大概念，从属于国家生物安全，这一点必须加以注意。《中华人民共和国传染病防治法》[23]及其实施办法[24]、《病原微生物实验室生物安全管理条例》[15]等法律法规，均对生物因子样品，病原体和毒素的国家储备、管理和使用等做出了明确的规定，要求每个单位都必须根据本单位的需要、实验室工作的类型及地理位置等情况，准备并实施特定的实验室生物安全(包括生物安保)规划。因此，在国内的相关材料中，往往是将生物安保归入生物安全一并进行阐述的。

4. 影响实验室生物安全的主要因素

要确保实验室生物安全，首先必须明确影响实验室生物安全的因素有哪些，评估这些影响因素的风险程度和危害等级，然后根据这些风险程度和危害等级采取相应的防护标准和防护措施。

1)生物因子

生物因子是实验室被操作的主体，它的危害风险程度决定了防护标准和防护措施。这里讲的生物因子是指病毒、细菌、立克次氏体、衣原体、真菌等，以及相关的生物毒素等。

需要注意的是，生物因子(相当于《病原微生物实验室生物安全管理条例》[15]所述的病原微生物)的分类和危险度等级或风险等级是两个不同的概念。生物因子或病原微生物的分类来源于《中华人民共和国传染病防治法》[23]及《病原微生物实验室生物安全管理条例》[15]，强调的是严重性；而危险度等级或风险等级则是国际上流行的专门针对实验室操作中病原微生物的分类方法，强调的是风险。危险度等级1～4级的生物因子大致可以分别归入我国《病原微生物实验室生物安全管理条例》[15]中的第四类到第一类病原微生物。

此外，需要特别关注GMOs因子，其包括基因重组或新合成的生命体或生物活性因子。对GMOs因子，需要进行针对性的风险评估，根据其可能的危害程度将其归类，并确定采取何种防护措施。当有明确信息提示生物因子的毒力、致病性、抗药谱、可应用的疫苗和处理措施或其他因素发生显著变化时，应相应地修改操作规程并制定严格的防护措施。

2)物理防护

物理防护来源于“containment”一词，其原意是围堵，有时也用“屏障”一词来表示。

物理防护有如下三个方面的内容[25]：一是将对传染因子进行的操作置于一个密闭的、负压状态下的工作环境中进行，在实际工作中主要是通过负压实验室和各种负压设备来实现。其一方面可以避免人员直接暴露于传染因子存在的环境，另一方面可以把传染因子的操作局限在能防止传染材料特别是防止气溶胶扩散的环境内。二是实验室内或隔离装置内需要排放的空气，在排放前必须先进行净化处理。其净化方法多种多样，如紫外线消毒、电加热灭菌、火烧、高效空气过滤器(high efficiency particulate air filter，HEPA)过滤等，而且不同级别生物安全实验室 HEPA 的数量、位置和是否能使用回风等都有一定规定。三是把实验室内的污物、污水等在送出实验室之前进行彻底灭活消毒，一般可以采用物理的和化学的方法进行，具体使用什么方法视微生物的特性和废物的种类及特性来确定。

物理防护的第一道防线是通过安全设备实现的。我们将操作者和操作对象之间的隔离称为一级屏障或一级隔离，它包括生物安全柜等负压设备、各种密闭容器及个体防护装备。安全设备主要包括为了减少直接接触有害生物因子而设计的各种生物安全柜、离心机罩、负压隔离器、密闭容器等设备。生物安全柜是最重要的安全设备。它是一种负压过滤排风柜，为处理危险性微生物时所用的箱型空气净化安全装置，同时也是传染性微生物的牢笼，主要用于许多微生物学操作过程中产生的含有危害性或未知性生物溅出物或气溶胶的防护。密闭容器的作用主要也是防止气溶胶扩散，如离心机罩就可以将离心过程中产生的气溶胶局限在一定范围内并对其进行净化处理排放。个体防护装备包括手套、防护服、围巾、鞋套、防护鞋(或靴)、防护面罩、防护口罩和安全眼镜等。在使用生物安全柜和负压隔离器等设备进行病原体、实验动物或其他材料的研究时，必须与个体防护装备联合使用。在进行某些不能在生物安全柜中进行的工作，如在进行某些实验动物尸体解剖或实验室设施设备的紧急维修等工作时，使用个体防护装备(如正压防护服)能保证在工作人员和感染材料之间提供严密的一级屏障。

物理防护的第二道防线就是生物安全实验室和外部环境的隔离，称为二级屏障或二级隔离。二级屏障能够在一级屏障失效或在实验室内发生意外时，保护其他的实验室及周围人群不致暴露于释放的实验材料之中。实验中保护室内工作人员是重要的，而防止传染因子偶然地扩散到室外造成环境和社会危害更为重要。二级屏障涉及的范围很广泛，包括实验室的建筑、结构和装修、电气和自控、暖通空调、通风和净化、给水排水与气体供应、消毒和灭菌、消防等。

对不同危险度等级的生物因子进行特定的实验操作时需要不同的生物安全水平，其物理防护有明确的要求，具体参见国家标准 GB19489—2008《实验室生物安全通用要求》[17]和 GB50346—2011《生物安全实验室建筑技术规范》[18]。

3)规范管理

实验室的规范化管理是落实国家安全管理法律法规的基本保证，也是确保实验室安全、正常运行的基本条件。2004年我国颁布实施的《病原微生物实验室生物安全管理条例》[15]和2008年修订发布的GB19489—2008《实验室生物安全通用要求》[17]对实验室生物安全管理提出了明确要求。其中，GB19489—2008[17]的第7章"管理要求"中，共有23节300多个条款。另外，2010年农业部发布的农业行业标准NY/T1948—2010《兽医实验室生物安全要求通则》[26]，规定了兽医实验室生物安全管理体系建设和运行的基本要求、应急处置预案编制原则，以及安全保卫、生物安全报告和持续改进等的基本要求。

实验室将按照国家的有关法律法规和标准，根据实验室运行的实际情况，建立实验室生物安全管理体系，撰写管理体系文件，实现实验室的规范化管理。

4)安全操作技术

实验室生物危害是在操作病原微生物过程中引发的，因此，微生物操作技术是影响实验室生物安全的关键因素。首先，除了保证不同生物安全水平的实验室设施建设达到相应标准外，还必须制定各种操作规程来保证实验室生物安全。这些操作规程包括从取样开始到所有潜在危险材料被处理的整个过程及实验室的清洁、消毒、废弃物处理和质量控制。其次，必须确保标准操作规程的严格实施。实验室人员要能够熟练掌握各种操作技能，并在实际操作中尽量减少意外发生。最后，标准操作规程必须和其他质量保证系统紧密联系，并且必须每年进行审查，必要时进行修订。

需要注意的是，不同等级生物安全实验室所规定的安全操作规程，除了包括标准安全操作规程以外，还应针对不同的微生物或其毒素补充相应的特殊安全操作规程。在操作中如何避免或减少微生物气溶胶的产生，对实验室安全有极为重要的影响。研究发现[27]，在测试的276种实验室操作中，有239种(86.6%)操作可以产生微生物气溶胶，即使是一次产生较少气溶胶却需要多次重复的实验操作，也可在短时间内产生大量的微生物气溶胶，对工作人员造成危害。在这239种能够产生微生物气溶胶的操作中，有些是因为工作人员在操作过程中精力不集中、操作动作不稳定或违反操作规程导致的；另外一些产生气溶胶的原因是操作方法不当或器材使用不当，在操作方法上或器材使用上略加改进，即可大大减少微生物气溶胶的产生。因此，在实验室操作过程中，必须严格遵循微生物学标准操作规程和生物安全实验室标准操作规程，并使用符合要求的实验器材。

5)人员培训、考核

人不仅是实验活动的主体，也是实验室管理的主体。这里所说的人员包括从事实验室工作的技术人员及相关的管理人员。实验室生物安全操作规程的培训主要涉及技术人员，包括实验设计人员；实验室设施设备运行管理的培训主要涉及实验室辅助人员；而实验室生物安保内容的培训则必须包括技术及管理两方面的人员。

培训不是目标，培训后考核达到要求，才达到培训的目的。此外，为了确保实验室生物安全，必须保证人员的持续培训。

6)生物安保

实验室生物安全最初强调的是通过采取一系列措施尽可能减少工作人员受到的危害、病原微生物对环境及周围人群造成的危险，但还必须制定一系列实验室生物安保措施，保护实验室及实验室内的材料，以免其可能因故意行为而危害人类、家畜、农业或环境。

安保措施应该像无菌操作技术和其他微生物安全操作技术一样，成为实验室常规工作的一部分。要注意，实验室安保措施的实施，不应阻碍对参比材料、临床和流行病学标本及临床或公共卫生调查中所需资料的正常共享。职能部门的安保管理不应过度干涉科研人员的日常活动，也不应干扰其研究工作。研究和临床材料的合法使用必须得到保护。评估人员的可靠性、进行专门的安保培训及针对病原体制定严格的保护措施等，都是提高实验室生物安保能力的有效方法。在实际工作中，还应注意安保措施的持续有效，对危害和威胁进行定期评估，对相关措施进行定期检查及更新，是维持安保措施持续有效的重要手段。检查安保措施的执行情况，检查对有关规章、责任和纠正措施的解释是否清楚，都应该是实验室生物安保计划及实验室生物安保国家标准必不可少的内容。

7)危害评估

危害评估是实验室生物安全管理和运行的基本依据，是实验设计者最重要的首先要确定的基本内容，是确定防护级别等一系列活动的基础，应贯穿于实验室运行的始终。

当实验室活动涉及传染或潜在传染性生物因子时，应进行危害程度评估。根据目标微生物本身的致病特征确定微生物的危害等级时，必须考虑下列因素：微生物的致病性和毒力、宿主范围、所引起疾病的发病率和死亡率、疾病的传播媒介、动物体内或环境中病原的量和浓度、排出物传播的可能性、病原在自然环境中的存活时间、病原的地方流行特性、交叉污染的可能性、获得预防和治疗时使用疫苗或药物的程度。除考虑特定微生物固有的致病危害外，危害评估还应包括产生气溶胶的可能性、操作方法(体外、体内)，对重组微生物还应评估其基因特征(毒力基因和毒素基因)、宿主适应性改变、基因整合、增殖力和回复野生型的能力等。

6.1.3　生物安全实验室是国家安全的重要基础设施

进入 21 世纪以来，实验室生物安全与一系列涉及政治、经济、社会、伦理等的重大问题交织在一起，成为保障国家公共安全、生态安全和国民经济发展的重要前沿技术和战略技术支撑。加强生物安全实验室建设，对于确保我国国家安全与生态安全、保障我国公共卫生事业可持续发展、促进经济和社会的协调发展、全面实现建设小康社会的目标具有重要意义。

1)生物防御及反生物恐怖袭击的需要

第二次世界大战以后，国际社会为禁止大规模杀伤性武器进行了不懈努力，并最终于1971年通过了《禁止生物武器公约》。但由于缺乏有效的核查机制，履约谈判陷于僵局，而生物技术的迅速发展大大增强了生物武器的潜在威胁。此外，以美国“炭疽邮件”事件为标志的生物恐怖袭击已经对国际安全构成现实威胁，恐怖分子无所不用其极，反生物恐怖袭击形势日益严峻，已是不争的事实。

生物武器和生物恐怖袭击如同幽灵在世界各地游荡，生物防御已经成为人类最为关心的话题，对生物恐怖活动的早期检测和反应是成功防范的关键。生物安全实验室，特别是高级别生物安全实验室是国家生物防御能力的主要体现，可以为应对生物威胁提供强有力的保障。

2)传染病预防与控制的需要

新中国成立以来，我国法定传染病的总发病率、总死亡率和死因位次呈现出稳步下降的趋势，一些曾经严重危害人民健康的疾病(如天花、脊髓灰质炎等)得到了有效控制。但是，随着世界环境的新变化，我们正面临着新的挑战。例如，新发传染病层出不穷，如军团病、SARS、人感染高致病性禽流感等，而且全球近30年来发现的新传染病中，有一半已经在我国出现；一些已得到控制的传染病又卷土重来，如结核病、流脑、登革热、鼠疫等，特别是血吸虫病疫情在某些局部地区相当严重；对抗生素耐药的病原体日益增多，如引起超级结核、超级淋病的病原体等；未被有效控制的传染病在我国的发病与流行状况依然严峻，我国乙型肝炎病毒携带者占世界的1/3；国外出现的一些烈性传染病的威胁增加，如埃博拉出血热、马尔堡出血热、拉沙热等，目前尚无法治疗，一旦传入我国就难以控制，后果不堪设想。同时，我国地域辽阔，地理景观复杂，环境多样，动植物区系丰富，既孕育了极其丰富的动植物和微生物物种，也为自然疫源性疾病的自然循环提供了必要的宿主、媒介和适宜的生态环境。因此，我国必须加强对传染病预防与控制的投入力度，提高相关实验室能力。

3)动物防疫工作的需要

21世纪以来，欧洲再度暴发的疯牛病和口蹄疫，以及2004年以来流行至今的亚洲高致病性禽流感，均给当地经济造成了严重损失，给人民生活带来了严重影响。目前，畜牧业已成为我国农村经济的重要组成部分，产值占农业总收入的比重超过30%。虽然我国动物防疫体系建设发展迅速，整个国家防御体系也正逐渐建立和完善，但从总体看，我国动物防疫形势仍然不容乐观，动物疫病每年造成200亿元的直接损失和300亿元的间接损失，成为畜牧业发展的重要制约因素。更为严重的是，有些已有的和新发的人畜共患病一旦在人间传播流行，后果将不堪设想。因此，加强兽医实验室生物安全工作、防止动物病原微生物扩散、确保动物疫病的控制和扑灭工作及畜牧业生物安全，也是生物实验室安全工作的一个十分重要的环节。

4)出入境检验检疫工作的需要

改革开放以来，我国经济稳步快速发展，国际往来日益频繁，出入境检验检疫工作也得到了长足、全面和迅速的发展。但国际疫情复杂多变，WHO 前总干事指出："世界正处于一场传染病全球危机的边缘，没有哪一个国家可以免受其害，高枕无忧。"因此，出入境中的生物安全防护也面临新的挑战，需要检验检疫部门加强对动植物及其产品、食品、化妆品的风险分析和预警工作，一方面要提高各种生物危害的侦察能力、实验室的检测能力，特别是要加强对具有潜在威胁、国内没有的和未知的病原微生物的检验工作；另一方面也要重视实验室安全工作，尤其是在进行国内没有的和未知的病原微生物研究时，应加强对个人和实验室的安全防护，防止实验室感染和实验室泄漏事故的发生。

5)医院感染控制的需要

医院的生物安全工作要特别加强，在全球，医院感染已经成为医院诊疗工作中必须解决的大问题。2003 年 SARS 流行期间，我国医院内的感染病例占病人总数的 20%左右，医护人员高比例的感染造成了社会的极大恐慌。实际上，医护人员的职业性感染早就存在。例如，国外报道[28]结核病房医护人员和临床检验人员的感染率是正常人群的 3～9 倍，而我国是乙型肝炎感染的大国，有 1.2 亿人为慢性乙肝患者或携带者，因此，乙型肝炎对医务人员构成了严重的职业威胁。实验室人员感染乙型肝炎病毒的危险是普通人群的 10 倍，是医院其他人员的 3 倍[29]，因此，临床检验工作也需要生物安全实验室。我们应把防止医院交叉感染的问题提到议事日程，绝不能让 SARS 期间医护人员感染的惨况再次发生。

6)实验室感染防控的需要

由于种种原因，实验室获得性感染事件时有发生，根据有关资料报道，在病原微生物实验中，工作人员的发病率是普通人群的 5～7 倍。而重大的实验室感染事件，不仅危害人民生命安全，带来财产经济损失，而且还会引起公众恐慌，影响社会安定，造成严重的负面效应，如 2004 年北京 SARS 实验室感染事件[6]及 2011 年东北某大学的学生感染布鲁氏菌病事件①。加之我国目前从事传染病研究的机构、实验室难以计数，各自保存有不同数量、不同种类的病原微生物菌毒种，部分实验室基础设施条件有限、防护措施差、实验室生物安全管理体系不健全。因此，加强实验室生物安全研究和应用，提高生物安全实验室管理和运行

---

① 东北农业大学通报布鲁氏菌病感染事件有关情况．http://www.news.jyb.cn/high/gdjyxw/201109/t20110905_452334.html，2011-09-05.

水平，防止实验室感染事故的发生，意义重大。

7)开展病原微生物研究的需要

在病原微生物研究、生物技术研发、遗传基因工程研究等方面，生物安全实验室的建设和使用越来越广泛。生物安全实验室是开展传染病研究、流行病学调查与研究、传染病诊断试剂和防治疫苗研究生产、抗病毒药物筛选、病毒溯源、实验室安全设施和安全防护设备的研究与评价及未知病原微生物的检测的必要技术平台。

转基因技术为人类带来经济利益的同时，又为"改进"生物武器、研制新型生物战剂提供了新的可能。合成生物学技术的快速发展促进医药、农业、工业和能源发展的同时，也为催生新一代生物武器的研发提供了极大的可能性。通过转基因技术和合成生物学技术新改构的，对抗生素、疫苗有对抗能力的，由原来的非致病性变成致病性的微生物或毒素，以及在免疫学或其他方面发生改变从而能够逃避常规侦检或诊断的微生物，一旦被人恶意使用或在自然界蔓延，将导致比天然病菌破坏性更强、更为可怕的后果。

建立生物安全实验室的直接目的是保证研究人员免受实验生物因子的伤害，保护公众健康和环境安全，同时也保护实验因子免受外界因子的污染。生物安全实验室是人类科学、安全地开展传染病研究的平台，有助于人类彻底战胜各种传染病。

6.2 国内外实验室生物安全法规标准

实验室建设必须建立在科学的运行机制上，科学合理的技术标准体系，是病原微生物实验室生物安全建设的基础。目前多个国际组织[如国际标准化组织(International Organization for Standardizaton，ISO)、WHO 等]和多数发达国家已制定了较为完整的病原微生物实验室生物安全标准管理体系，并能够根据生物安全威胁的变化及时修订。我国也从 2003 年 SARS 以后逐步建立起基本完善的实验室生物安全管理体系。各微生物实验室也依据各自国家的法律法规和标准，参考相关的国际规章，并以实验室的实际运行需求为基础，制定了严格的管理制度和相关的标准操作流程，以确保实验室生物安全。

6.2.1 国际组织对实验室生物安全的要求

1. 世界卫生组织

1)《实验室生物安全手册》

为了指导实验室生物安全工作，减少实验室事故的发生，1983 年 WHO 出版了《实验室生物安全手册》(*Laboratory Biosafety Manual*)的第一版，提倡各国接受和使用生物安全的基本概念，同时鼓励各国针对本国实验室如何安全处理病原微生物制定具体的操作规程，并为制定这类规程提供专家指导。从此，生物安全实验室在世界范围内有了一个统一的标准和基本原则。1983 年以来，也已经有许多国家利用该手册所提供的专家指导制定了本国的生物安全操作规程。

随着实验室生物安全工作经验的积累，涉及生物安全工作的仪器、设备、材料的不断发展，以及各个学科所取得的研究进展，生物安全实验室也在不断发展、完善着。据此，WHO 又分别在 1993 年和 2003 年发布了《实验室生物安全手册》的第二版和第二版网络修订版，现行的《实验室生物安全手册》为第三版（2004 年修订）[11]。

《实验室生物安全手册》第三版阐述了各国面临的生物安全和生物安保问题，强调了工作人员责任心的重要作用。其主要对病原微生物、微生物实验室生物安全的分级标准、实验操作规程、安全防护设备和实验室建筑设计要求等进行详细的介绍和表明具体的要求；对意外事故的预防、生物安全的组织和培训给出全面的阐述和要求；论述危险度评估、重组 DNA 技术的安全利用和感染性物质的运输。手册还介绍了生物安保的概念——对实验室内重要的生物材料进行保护、控制和负责，防止非授权性使用、丢失、盗用、转移或故意释放生物材料，以免因微生物材料的不当使用而危及公共安全。

《实验室生物安全手册》第三版对世界各国都是有益的参考和指南，不仅具有权威性，也有良好的可操作性。它可以用于帮助制定微生物学操作规范，确保微生物资源的安全，进而确保其可用于临床、研究和流行病学等多种工作。

2)《生物风险管理：实验室生物安保指南》

2006 年，WHO 主要针对实验室面临的以生物恐怖袭击为代表的威胁，发布了《生物风险管理：实验室生物安保指南》(*Biorisk Management：Laboratory Biosecurity Guidance*)[22]。该指南扩展了《实验室生物安全手册》中介绍的实验室生物安全概念，介绍了“生物风险管理”方法，对当前在有些情况下出现的不足进行了讨论，并推荐了切实可行的解决方案。该指南主要包括生物风险管理办法、生物风险管理、应对生物风险、实验室生物安保计划、实验室生物安保培训等内容。该指南提出，作为加强实验室生物安全的重要内容，应严格管理实验室内的敏感生物材料以防范其潜在的危险。该指南提出生物安全实验室应通过针对性的计划和管理程序及人员培训，保证敏感生物材料的保存、使用、转移和清除等操作处于安全状态，并制订紧急情况下的应急处理预案，以改进实验室的生物安全管理。

2. 世界动物卫生组织

2008 年世界动物卫生组织出版的《陆生动物诊断检测和疫苗标准手册》(*Manual of Diagnostic Tests and Vaccines for Terrestrial Animals*)第六版，旨

在促进动物及动物产品的国际贸易，并提高世界范围内动物健康服务水平。其目的是提供国际公认的实验室诊断方法，以及疫苗及其他生物产品的生产和质量控制要求。其第一版分为三卷，第一卷于 1989 年出版，当时名为《生物产品推荐诊断技术和要求手册》(*Manual of Recommended Diagnostic Techniques and Requirements for Biological Products*)，1992 年的第二版开始更名为《诊断检测和疫苗标准手册》(*Manual of Standards for Diagnostic Tests and Vaccines*)，并分别于 1996 年、2000 年、2004 年出版了第三版到第五版。第六版自发布以来，内容也不断得到更新，最新版本的资料可通过 OIE 官方网站下载查阅。

3. 国际标准化组织

1)ISO15189《医学实验室——质量与能力的专用要求》

ISO15189《医学实验室——质量与能力的专用要求》(*Medical Laboratories—Particular Requirements for Quality and Competence*)的第一版于 2003 年发布。ISO15189 以 ISO/IEC17025 和 ISO9001 为基础，提出了对医学实验室能力和质量的专用要求，是指导医学实验室建立和完善先进质量管理体系的最适用标准，也是实验室生物安全的重要管理依据。此后，ISO15189 于 2007 年发布了第二版，我国于 2008 年等同采用 ISO15189：2007，发布了 GB/T 22576—2008《医学实验室——质量与能力的专用要求》。现行的 ISO15189 为 2012 年发布的第三版，名称改为《医学实验室——质量与能力的要求》(*Medical Laboratories— Requirements for Quality and Competence*)，去掉了“专用”二字，但引言中仍强调是“针对医学实验室质量和能力的特定要求”。其整体编排和条款框架做了比较大的调整，如“技术要求”章节由原来的八节增加为十节，在很多条款中增加了“总则”小条款，许多要求分成小条目清晰排列；调整、汇总了部分内容的归属，分别纳入“管理要求”或“技术要求”。修订后的 2012 年版要求更全面、细化、清晰、明确，从而更易于实验室理解和执行，更利于规范实验室管理，提高其能力水平[30]。中国合格评定国家认可委员会也已经根据 ISO15189：2012 发布了 CNAS—CL02：2012《医学实验室质量和能力认可准则》，作为国内医学实验室质量和能力的认可标准[31]。

2)ISO15190《医学实验室——安全要求》

ISO15190—2003《医学实验室——安全要求》(*Medical Laboratories—Requirements for Safety*)是国际标准化组织制定的有关医学领域所有类型实验室安全方面的标准，规定了医学实验室应遵守的安全要求。ISO15190 以 ISO15189 为基础，将医学实验室的安全管理作为质量管理的内容之一，除要求确保有专人负责安全工作外，还强调了实验室所有员工的个人责任。该标准针对医学实验室可能面临的各种危险因素(如生物、化学、放射、火等)，内容涉及风险分级、管理要求、安全设计要求、人员要求、程序要求、文件记录要求、危险标识、意外事故/

事件报告、培训、个人责任、个人防护装备、良好内务行为、安全工作行为、气溶胶扩散控制、生物安全柜、化学品安全、放射安全、防火等，要求通过定期的监督、检查促进安全工作的改进。该标准主要用于目前已知的医学实验室服务领域，但也可能适用于其他服务领域。如果用于 3 级和 4 级防护水平的人类病原体的医学实验室，应当符合附加要求以确保安全。ISO15190—2003 已被等同采用为中国国家标准 GB19781—2005《医学实验室安全要求》[32]。国际标准化组织曾于 2006 年启动对 ISO15190《医学实验室——安全要求》的修订程序，但没有后续结果。

6.2.2　美国实验室生物安全管理

1.《微生物和生物医学实验室生物安全》

美国的《微生物和生物医学实验室生物安全》(*Biosafety in Microbiological and Biomedical Laboratories*，BMBL)是国际公认的比较详细的实验室生物安全操作指南，由美国 CDC 和 NIH 联合发布。1983 年 BMBL 第一版最早提出了根据病原微生物的危险度将病原微生物及其实验室活动分为四个安全等级，1993 年的第三版着重描述微生物实验室标准操作、实验室设计和安全设备的不同组合，形成了 1～4 级的实验室生物安全防护等级，并依据微生物对人的危险程度分为四级危险组，目前使用的最新版是 2007 年出版的第五版[12]。

第五版 BMBL[12]新增的内容主要涉及职业卫生与免疫防护、消毒与灭菌、实验室生物安保与风险评估、部分农业病原体的简介、生物毒素等。新版的 BMBL 对分类选择性微生物的概述做了更新，如更新虫媒病毒和新发动物传染病毒，调整新型的流感病毒概述，对 1918 年流感病毒毒株进行反向遗传操作所需要的防护装置进行改进。另外，因为风险评估是在微生物和生物医学实验室进行安全微生物操作的基础，BMBL 还对风险评估做了调整，更加强调风险评估在正确选择操作和防护级别时的重要性。针对生物恐怖，BMBL 增加了关于病原微生物和毒素的安全原则，以及其滥用和泄漏对人类和动物的健康、环境和经济造成的威胁等内容，也就是生物安保的内容。

2.《NIH 重组 DNA 分子相关研究指南》

美国的重组 DNA 研究监管比较宽松，没有在法律上严格限制，而是采用部门管理规定的形式来监管重组 DNA 研究。美国 NIH 在 1974 年发表了致瘤病毒的生物安全标准，根据暴露于动物致瘤病毒或从人体分离得到的人类致瘤病毒的研究人员患肿瘤的危险度，将安全标准分为三个等级。在 1976 年，NIH 第一次出版了《NIH 重组 DNA 分子相关研究指南》(*NIH Guidelines for Research Involving Recombinant DNA Molecules*)，并分别于 2002 年和 2011 年进行了修订[33]。该指南把实验室内进行重组 DNA 的研究分为微生物、植物和动物三类及实验室级和大规模级。其实验室生物安全的分类标准、操作标准、防护等级都与 BMBL 的一致。

根据该指南，目前有两大类涉及重组 DNA 技术的实验研究需要监控，研究者必须先向 NIH 生物技术办公室（Office of Biotechnology Activities，OBA）提交关于实验情况的申请资料，经过 NIH 生物安全委员会（Institutional Biosafety Committee，IBC）和审查团（Institutional Review Board，IRB）的批准、DNA 重组咨询委员会（Recombinant DNA Advisory Committee，RAC）的审查和 NIH 院长的批准后，才能开始相关的研究活动。这两类受控的研究活动如下：①向微生物中转入某种抗药特性，这种特性在自然条件下无法获得，且可能危害到控制人类、动物和植物疾病的用药效果；②涉及对半数致死剂量小于 100 纳克/千克体重毒素分子进行克隆的研究活动。

该指南的一个严重缺陷是其只适用于美国范围内由 NIH 资助的研究机构所从事的重组 DNA 研究活动，而对私营研究机构则采取自愿的原则。这一缺陷使得美国生物技术产业大量涉及重组 DNA 的研发活动都游离于监管框架之外，使得该指南的监管效果大打折扣。

3.《生物安全三级(BSL-3)实验室认证要求》

《生物安全三级（BSL-3）实验室认证要求》（*National Institutes of Health Biosafety Level 3-Laboratory Certification Requirements*）[34] 由美国 NIH 的 HHS 组织编写，旨在系统地评估与实验室有关的所有安全措施和程序。制定 BSL-3 实验室标准化的初始认证和年度认证程序，有助于实验室合理的定期维护，有助于用于保护设施内的人员和动物、环境和研究活动的标准操作程序的制定。职业健康和安全处（Division of Occupational Health and Safety，DOHS）负责管理和执行美国 NIH 的院内实验室和其他高等级防护设施的认证。如果可行的话，DOHS 可能会委托第三方开展实验室或设施的认证。在实验室认证过程中，必须填写随附的核查清单，作为书面记录留存，设施的重新认证至少要每年开展一次，并与在首次认证时获得的认证结果进行比较，还要保留认证过程和检测结果的详细记录，作为翔实的实验室运作记录。

4.《基于危害程度的病原微生物分类》

1974 年，美国 CDC 出版了《基于危害程度的病原微生物分类》（*Classification of Etiologic Agents on the Basis of Hazard*）[35]一书，提出根据病原微生物危险程度的不同，建立相应水平的防护措施。该书根据传播方式和所致疾病的严重程度将人类病原体分成四类，其中，第四类还包括非本土动物病原体，USDA 政策限制它们进入美国。这一分类标准作为实验室工作的参考标准，得到了各国的推广和借鉴，可以说为现代实验室生物安全起了奠基作用。

此外，涉及危险病原体的实验室研究同样要服从美国《公共卫生安全与生物恐怖主义准备和应对法》的监管，研究涉及危险病原体的生物安全实验室需要在美国CDC或USDA动植物卫生检疫署登记，接受上述两个部门的监管。这两个部门定期对实验室进行检查和评估，以确保安全管理和安全措施的有效性。若发生实验室人员感染或病原体泄漏等生物安全事故，必须马上向美国CDC或USDA动植物卫生检疫署报告。

6.2.3　加拿大实验室生物安全管理

1.《加拿大生物安全标准和指南》

加拿大公共卫生局(Public Health Agency of Canada，PHAC)和加拿大食品检验局(Canadian Food Inspection Agency，CFIA)综合并更新了加拿大关于病原微生物实验室设计、建设和运行的有关生物安全标准和指南[包括关于人类病原体和毒素的2004版《实验室生物安全指南》(*The Laboratory Biosafety Guidelines*)[36]，关于动物病原体的1996版《兽医生物安全设施防护标准》(*Terrestrial Animal Pathogens：Containment Standards for Veterinary Facilities*)，以及关于朊病毒(Prion)的2005版《操作朊病毒的实验室、动物设施和解剖间防护标准》]，于2013年出版了加拿大政府背景的《加拿大生物安全标准和指南》(*Canadian Biosafety Standards and Guidelines*，CBSG)(第一版)[13]。CBSG分为两部分，分别为对操作或储存人或动物的病原体和毒素提出要求(第一部分)和指南(第二部分)。其中，第一部分包括物理防护要求(如结构和设计要求)和操作程序要求(如人员操作规程)，第二部分则为如何实现第一部分所提出的物理防护和操作程序的生物安全和生物安保要求提供指南，并为建立和维持基于全面风险评估的生物安全管理程序提供需要考虑的要素。CBSG还专门编写了一个附录，以详细说明两个部分之间的关联性。

2.《实验室生物安全指南》

1977年2月，加拿大医学研究委员会(Medical Research Council，MRC)出版了《处理重组DNA分子、动物病毒和细胞的指南》(*Guidelines for the Handling of Recombinant DNA Molecules and Animal Viruses and Cells*)。由于新的遗传学技术的应用，这部指南提出了动物病毒和细胞培养中的实验室安全和潜在的安全问题。加拿大自然科学和工程研究委员会(Natural Science and Engineering Research Council，NSERC)、加拿大国立研究委员会(the National Research Council of Canada，NRC)及许多地方和私人研究基金机构均采纳并执行了该指南。此外，加拿大国家健康和社会福利部部长(the Minister of National

Health and Welfare Canada)规定，由联邦政府进行的或支持的所有研究应使用该指南。同样，在没有正式法律或条文规定的压力情况下，许多行业也采纳了该指南。在生物危害委员会的建议下，MRC 又分别于 1979 年和 1980 年出版了该指南的两个新版本，根据重组 DNA 技术快速发展中人们对其危害的认识的变化，显著降低了对该技术的防护要求。MRC 和实验室疾病控制中心于 1990 年出版了第一版《实验室生物安全指南》，并成立了联合工作组，专门为那些以研究或开发为目的而进行人类病原体操作的单位提供相应等级的实验室设计、建设及工作人员培训的技术资料。这种技术资料的重点是有关细菌、病毒、寄生虫、真菌和其他对人类有致病作用的感染性病原体的实验室生物安全防护措施。1996 年出版的第二版增加了分离一种微生物病原体或怀疑在某一样本中有微生物病原体存在时，必须在适当防护等级的实验室中进行操作，以及分离每一种病原体必须依据其危险度进行处理的内容。

PHAC 于 2004 年正式出版了第三版的《实验室生物安全指南》[36]。编写该指南的目的是帮助政府、企业、高校、医院及其他公共卫生和微生物实验室，为它们制订生物安全政策和计划提供指导，并作为一本技术手册，提供防护设施设计、建设及试运行的相关信息资料和建议。该指南包括的主要内容有生物安全概论、接触感染性物质、实验室设计和物理要求、BSL-3 和 BSL-4 实验室的试运行、认证和重新认证、微生物的大规模生产、实验室动物、重组 DNA 技术和基因技术、清除污染、生物安全柜等，几乎涵盖了与生物安全实验室相关的所有方面。

3.《兽医生物安全设施防护标准》

CFIA 于 1996 年发布的《兽医生物安全设施防护标准》第一版对 1996 年版《实验室生物安全指南》中未涉及的动物病原体和农业大动物生物安全防护设施要求做了详细规定。在生物安全防护屏障内操作大动物有很多特殊的要求。例如，动物房和解剖间必须能容纳可能出现的大量微生物；房间必须能耐受各种应力如物理冲撞，以及噪声、温度和清洁工作等带来的影响；对出入感染动物区域的工作人员和动物操作者的要求应该比进出生物安全防护屏障实验室人员的要求更加严格。该标准的内容包括：动物病原体生物安全防护屏障等级、物理要求(实验室、小动物设施、大动物设施、HEPA、室内陈设)、通风橱、生物安全柜、操作规则、认证。

6.2.4 欧洲国家的实验室生物安全管理

1. 联合组织

2000 年由欧洲议会和理事会(European Parliament and the Council)制定并

颁布实施的《关于保护工作人员免受工作中生物因子暴露造成的危害的理事会指令 2000/54/EC》(Directive 2000/54/EC on the Protection of Workers from Risks Related to Exposure to Biological Agents at Work)[37]适用于整个欧洲共同体，也被认为是欧盟法规(European Union Legislation)，其前身是 Council Directive 93/88/EEC① 等欧洲经济共同体理事会法规。在 Directive 2000/54/EC 中，“生物因子”代替了原来“微生物”这一术语，并涵盖了 GMOs、细胞培养物及人体寄生虫。而 Directive 2000/54/EC 所讨论的仅限于那些可能引起人体感染、变态反应或毒性的生物因子，不包括那些仅对植物和动物有致病性的生物因子。此外，Directive/2000/54/EC 在将生物因子归入四个不同危害等级时，仅根据生物因子的感染危险来进行分类。Directive 2000/54/EC 的主要内容包括：一般规定(目的、定义、范围——危害检查和评估、危害评估中的例外情况)、实验室所在单位责任(替代、降低危害、咨询专家、卫生与个人防护、信息和培训、工作手册、操作不同危害生物因子人员名单、协商、向专家通报情况)及各种规定(健康监测、除诊断实验室以外的保健机构、各种监测、资料利用、对生物因子分类、附加内容、通报委托方、废止、生效)。

Directive 2000/54/EC 已经在欧洲共同体的各成员国实施，但允许不同国家可以有自己的人病原体分类表。

2008 年 2 月，欧洲标准委员会公布了实验室生物安全管理的新标准 CWA15793：2008《实验室生物风险管理标准》(*Laboratory Biorisk Management Standard*)[38]，该标准为推荐性标准。CWA15793：2008 的主要内容为生物风险管理系统的要求(一般要求、政策、计划、实施、检查与纠正、定期评估等)。该标准是基于一种管理体系方法制定的，这表明，正确识别、理解和运用一种管理体系(由实现某一给定目标的相互关联的过程组成)，有助于提高一个组织机构的有效性和效率。一个有效的管理体系方法应建立在持续改进的概念之上，整个方法体现为一个循环过程，即计划、执行、检查和改进一个组织机构为实现其目标所采取的各个过程和行为，这就是所谓的 PCDA(计划—执行—检查—行动)原则。为改善生物风险管理，组织机构需要重点关注违规现象及不良事件发生的原因。对体系缺陷的系统识别和纠正，可以有效提高组织的绩效及其对生物风险的控制能力。

2. 英国

英国卫生安全局(Health and Safety Executive，HSE)危险病原体咨询委员会(Advisory Committee on Dangerous Pathogens，ACDP)根据对各种病原微生物危害性的认识和其他国家的分类结果，于 1995 年修订了《生物因子危害程度及

① Council Directive 93/88/EEC on the Protection of Workers from Risks Related to Exposure to Biological Agents at Work. http://www.biosafety.be/GB/Dir.Eur.GB/Other/93_88/TC.html，1993-10-29.

防护分类》(*Categorisation of Biological Agents According to Hazard and Categories of Containment*)[39]，其分类方法重点强调了生物因子对人的致病性和潜在的致病性，提出了各生物安全防护水平实验室的物理防护要求、危害评估、健康监测和人员培训等。与别的国家不同的是，它在病原体危害等级分类中，把危害等级 3 中的肠道细菌单独列出，并强调其防护要求和危害评估等。2000 年，ACDP 出于对新发传染病的考虑对其进行了修订。为适应 2002 年新制定的《健康危害物品控制条例》(Control of Substances Hazardous to Health Regulations)，ACDP 于 2004 年发布了《生物因子许可名录》(*The Approved List of Biological Agents*)[40]。2005 年，ACDP 又发布了《生物因子：实验室与卫生医疗场所的风险管理》(*Biological Agents：Managing the Risks in Laboratories and Healthcare Premises*)[41]，作为法规中生物因子方面的补充，将血液传播病毒和传染性海绵体脑炎病毒也纳入卫生行业的指南中，其内容包括卫生安全管理、卫生医疗工作、实验室工作等，涵盖了各种生物因子的实验室工作及感染病人的医护工作。

3. 法国、比利时和荷兰

法国、比利时和荷兰三个国家对生物因子危害等级的分类标准是一致的，即主要依据病原体的危害程度来对病原体进行分类，其分类依据是《感染因子的危害等级分类》(*Risk Group Classifications for Infectious Agents*)[42]。该分类除了将对人、动物及植物无害的生物因子归入危害等级 1 级以外，将人和动物的致病因子分别归入危害等级 2～4 级，而植物有害因子则分别归入危害等级 2～3 级。

4. 瑞士

瑞士生物技术联邦协调中心(Federal Coordination Centre for Biotechnology，FCCB)在对生物因子进行分类时，依据的标准《基于对人和环境危险性的生物因子分类》(*Classification of Organisms According to the Risk Presented to People and the Environment*)包括两个方面：一是根据生物体(细菌)对人和环境的危害程度；二是在生物防护系统中可识别的受体生物体和载体之间的组合。该分类表的目的是促进和协调防护法令的执行，并对生物技术职业法令和防护法令进行协调。

5. 瑞典

瑞典环境署根据工作环境令[Work Environment Ordinance(SFS1977：1166)]制定了《微生物工作环境风险——感染、毒性作用与超敏反应》(*Microbiological Work Environment Risks—Infection，Toxigenic Effect，Hypersensitivity*)[43]并于 2005 年实施。其适用于使用生物因子的活动，包括微生物、细胞培养等。其内容包括生物因子等术语的定义、感染风险工作的附加规定、动物感染微生物因子的附加规定、责任、风险评估等。该规定具有法律效应，是瑞典从事微生物实验活动的实验室必须遵守的规定。

6.2.5　中国实验室生物安全管理

我国生物安全实验室建设起步较晚。20 世纪 80 年代后期，我国建成了首座初步具有生物安全三级防护水平的实验室，配备了非标准的排风过滤装置、高压灭菌器、传递窗、污水处理池及观察池，并制定了比较系统的操作规程。90 年代，我国又引进或自建了一批接近 BSL-3 的生物安全实验室。但在 20 世纪，我国的生物安全实验室没有统一的标准，生物安全实验室的活动也没有统一管理。

20 世纪 90 年代后期，我国开始酝酿制定实验室生物安全准则或规范，在参考美国 CDC 和 NIH 的 BMBL 第三版及 WHO 的《实验室生物安全手册》第二版的基础上，结合国内的多年工作经验，于 2000 年完成送审稿，2002 年经卫生部批准颁布了我国实验室生物安全领域第一个行业标准《微生物和生物医学实验室生物安全通用准则》(WS233—2002)[44]，标志着我国生物安全实验室规范化管理的开始。

1. 立法建标

1)法律法规

2004 年 8 月，我国修订了《中华人民共和国传染病防治法》[23]，其中第 22 条规定："疾病预防控制机构、医疗机构的实验室和从事病原微生物实验的单位，应当符合国家规定的条件和技术标准，建立严格的监督管理制度，对传染病病原体样本按照规定的措施实行严格监督管理，严防传染病病原体的实验室感染和病原微生物的扩散。"

2004 年 11 月，温家宝总理签发了中华人民共和国国务院第 424 号令，公布施行《病原微生物实验室生物安全管理条例》[15]，目的是加强病原微生物实验室的生物安全管理，保护实验室工作人员和公众的健康。其适用于中华人民共和国境内从事能够使人或者动物致病的微生物实验及其相关实验活动的生物安全管理。《病原微生物实验室生物安全管理条例》[15]对病原微生物的分类和管理、实验室的设立与管理、实验室感染控制、监督管理及法律责任等做出了总体规定。国家各相关部门根据《病原微生物实验室生物安全管理条例》[15]陆续出台了相关规章和标准。

2)部门规章

(1)环境保护部规章。2006 年国家环境保护总局公布并施行的《病原微生物实验室生物安全环境管理办法》[45]规定了实验室污染控制标准、环境管理技术规范和环境监督检查要求，内容包括：新建、改建、扩建 BSL-3、BSL-4 实验室或者生产、进口移动式 BSL-3、BSL-4 实验室，应当编制环境影响报告书，并按照规定程序上报国家环境保护主管部门审批；承担 BSL-3、BSL-4 实验室环境影响评价工作的环境影响评价机构，应当具备甲级评价资质和相应的评价范围；建成并通过国家认可的 BSL-3、BSL-4 实验室，应当上报所在地的县级人民政府环境保护行政主管部门备案，并逐级上报至国家环境保护总局；县级人民政府环境保护行政主管部门对辖区内的 BSL-3、BSL-4 实验室排放的废水、废气和其他废物处置情况进行监督检查。

(2)卫生部规章。2006 年卫生部发布的《人间传染的病原微生物名录》[19]对人间传染的病毒类、细菌类、真菌样的危害程度进行了分类，规定了不同实验活动所需生物安全实验室的级别和病原微生物菌(毒)株的运输包装分类，涉及病毒 160 类、细菌(含细菌、放线菌、衣原体、支原体、立克次体、螺旋体)155 类、真菌 59 类和 6 种朊病毒。

2006 年发布并施行的《可感染人类的高致病性病原微生物菌(毒)种或样本运输管理规定》[46]中规定，凡申请省、自治区、直辖市行政区域内运输高致病性病原微生物菌(毒)种或样本的，由省、自治区、直辖市卫生行政部门审批；申请跨省、自治区、直辖市行政区域内运输高致病性病原微生物菌(毒)种或样本的，应由出发地省级行政部门初审，然后经卫生部审批。《可感染人类的高致病性病原微生物菌(毒)种或样本运输管理规定》[46]还明确了运输相关要求。

2006 年发布并施行的《人间传染的高致病性病原微生物实验室和实验活动生物安全审批管理办法》[47]中明确规定：BSL-3、BSL-4 实验室从事高致病性病原微生物实验活动，必须取得卫生部颁发的《高致病性病原微生物实验室资格证书》，且应当上报省级以上卫生行政部门批准；卫生部负责 BSL-3、BSL-4 实验室从事高致病性病原微生物实验活动资格的审批工作；卫生部和省级卫生行政部门负责高致病性病原微生物或者高致病性病原微生物实验活动的审批工作；县级以上地方卫生行政部门负责本行政区域内高致病性病原微生物实验室及其实验活动的生物安全监督管理工作；实验室的设立单位及其主管部门应当加强对高致病性病原微生物实验室的生物安全防护和实验活动的管理。

2009 年发布并施行的《人间传染的病原微生物菌(毒)种保藏机构管理办法》[48]规定了保藏机构的职责、指定、保藏活动、监督管理与处罚等。

(3)农业部规章。2003 年农业部发布的《兽医实验室生物安全管理规范》[49]规定了兽医实验室生物安全防护的基本原则、实验室的分级、各级实验室的基本要求和管理。实验室生物安全防护的基本原则规定兽医实验室生物安全防护内容包括：安全设备、个体防护装置和措施(一级防护)，实验室的特殊设计和建设要求(二级防护)，严格的管理制度和标准化的操作程序与规程。

2005 年农业部公布并施行的《动物病原微生物分类名录》[20]对动物病原微生物进行了分类，于 2008 年发布并施行的《动物病原微生物实验活动生物安全要求细则》[21]对《动物病原微生物分类名录》[20]中对 10 种第一类病原体、8 种第二类病原体、105 种第三类病原体进行不同实验活动所需的实验室生物安全级别及病原微生物菌(毒)株的运输包装要求进行了规定，提高了《动物病原微生物分类名录》[20]实际管理的可操作性。

2005 年公布并施行的《高致病性动物病原微生物实验室生物安全管理审批办法》[50]规定，由农业部主管全国高致病性动物病原微生物实验室生物安全管理工作，县级以上地方人民政府兽医行政管理部门负责本行政区域内高致病性动物病原微生物实验室生物安全管理工作。为进一步规范高致病性动物病原微生物实验活动审批行为，加强动物病原微生物实验室生物安全管理，农业部又于 2008 年下发了《农业部关于进一步规范高致病性动物病原微生物实验活动审批工作的通知》[51]，要求严格掌握高致病性动物病原微生物实验活动审批条件、严格规范高致病性动物病原微生物实验活动审批程序、切实加强高致病性动物病原微生物实验活动监督管理，在具体的管理、审批中执行《动物病原微生物实验活动生物安全要求细则》、《高致病性动物病原微生物实验室资格审批实施细则》和《高致病性动物病原微生物实验活动审批实施细则》三个细则。

2008 年发布、2009 年施行的《动物病原微生物菌(毒)种保藏管理办法》[52]规定，农业部主管全国菌(毒)种和样本保藏管理工作，县级以上地方人民政府兽医主管部门负责本行政区域内的菌(毒)种和样本保藏监督管理工作；国家对实验活动用菌(毒)种和样本实行集中保藏，保藏机构以外的任何单位和个人不得保藏菌(毒)种或者样本。

2010 年颁布的农业行业标准《兽医实验室生物安全要求通则》(NY/T1948—2010)[26]规定了兽医实验室生物安全管理体系建设和运行的基本要求、应急处置预案编制原则，以及安全保卫、生物安全报告和持续改进的基本要求。

3)国家标准

生物安全实验室的国家标准包括《实验室生物安全通用要求》[17](GB19489，2004 年版，2008 年版)和《生物安全实验室建筑技术规范》[18](GB50346，2004 年版，2011 年版)。

GB19489—2004 规定了实验室生物安全管理和实验室的建设原则，同时还规定了生物安全分级、实验室布局、实验室设施设备的配置、个人防护和实验室安全行为的要求；GB19489—2008[17]修订了 2004 年版中的实验室设计原则、设施和设备的部分要求，制定和增加了风险评估和风险控制的要求，修订了对实验室设计原则、设施和设备的部分要求等。GB19489 是我国首个关于实验室生物安全的国家标准，也是我国进行实验室生物安全认可所依据的国家标准。

GB50346—2004 是我国生物安全实验室建设的技术标准，规定了生物安全实验室建筑平面、装修和结构的技术要求，实验室的基本技术指标要求；对作为规范核心内容的空气调节与空气净化部分，详尽地规定了气流组织、系统构成及系统部件和材料的选择方案、构造和设计要求；规定了生物安全实验室的给水排水、气体供应、配电、自动控制和消防设施设置的原则；对施工、检测、验收的原则方法做了必要的规定。GB50346—2011[18]总结了近年来有关的科研成果，借鉴了有关的国际标准和国外先进标准，做出了如下重要的修订：增加了对生物安全实验室的分类(即操作经空气传播和非经空气传播生物因子的实验室)；增加了 BSL-3 实验室防护区应能对排风 HEPA、BSL-4 实验室防护区应能对送风和排风 HEPA 进行原位消毒和检漏的要求；增加了 BSL-3 和 BSL-4 实验室防护区设置存水弯和地漏的水封深度的要求、吊顶材料的燃烧性能和耐火极限不应低于所在区域隔墙的要求及围护结构的严密性检测要求；增加了对活毒废水处理设备、动物尸体处理设备等对污染物进行消毒灭菌的设备的消毒灭菌效果的验证及 HEPA 检漏的要求等。

2. 职能管理

SARS 暴发前，我国大多数 BSL-3 实验室除硬件不具备开展 SARS 相关研究的条件外，还缺乏统一管理。SARS 过后，为保障安全、规范管理，我国明确了生物安全实验室的管理按照“谁主管谁负责”的原则，要求做到明确权利和责任、分工明确、各负其责，确定了由科学技术部(简称科技部)牵头，会同国家发展和改革委员会、卫生部等部门负责组织协调、规划管理、政策制定、标准颁布、立项和认证认可审批等宏观管理责任；由有关部门和地方政府履行所辖范围内生物安全实验室的规划初审、组织申报、监督检查和安保等管理责任；由生物安全实验室所在单位负责日常管理和安全保障等具体工作。2004 年施行的《病原微生物实验室生物安全管理条例》[15]规定了国家各职能部门所负责的具体工作。

其具体安排如下：国家发展和改革委员会负责制定国家生物安全实验室体系规划，规划我国生物安全实验室的建设规模和分布；科技部对新建、改建、扩建的 BSL-3、BSL-4 实验室或者生产、进口的移动式 BSL-3、BSL-4 实验室进行审查，于 2011 年发布的科技部令第 15 号《高等级病原微生物实验室建设审查办法》[53]规定了具体的申请和审查要求及流程；环境保护部负责病原微生物实验室生物安全环境管理工作，于 2006 年公布的《病原微生物实验室生物安全环境管理办法》[45]规定了实验室污染控制标准、环境管理技术规范和环境监督检查要求；国家认证认可监督管理委员会负责 BSL-3、BSL-4 实验室的认可工作，并授权中国合格评定国家认可委员会依据《实验室生物安全通用要求》[17]统一实施实验室生物安全国家认可，其中，BSL-3、BSL-4 实验室为强制认可；卫生部主管与人体健康有关的实验室及其实验活动的生物安全监督工作，审批从事高致病性病原微生物实验活动的资格，其于 2006～2009 年发布并施行了《人间传染的病原微生物名录》[19]及相关实验室和实验活动管理的一系列部门规章；农业部主管与动物有关的实验室及其实验活动的生物安全监督工作，审批从事高致病性动物病原微生物实验活动的资格，其于 2003 年发布了《兽医实验室生物安全管理规范》[49]，2005～2009 年发布并施行了《动物病原微生物分类名录》[20]及相关实验室和实验活动管理的一系列部门规章；国家质检总局负责审批出入境检验检疫机构在检验检疫过程中需要运输的病原微生物样本的申请报告，涉及出入境运输的，按照卫生部和国家质检总局颁布的《关于加强医用特殊物品出入境管理卫生检疫的通知》[54]进行管理；公安机关负责辖区内生物安全实验室的安全，并有对实验室安全保卫工作进行监督指导的职责；民航总局负责对高致病性病原微生物菌(毒)种或者样本的航空运输进行管理，包括配备相关条件、培训运输人员并给合格人员颁发证明等。

3. 许可制度

根据《病原微生物实验室生物安全管理条例》[15]对病原微生物的分类和管理、实验室的设立和管理的有关规定，可以知道我国生物安全实验室的建设和运行实行的是许可制度，具体体现在以下方面。

1)建设许可

新建、改建、扩建 BSL-3、BSL-4 实验室或者生产、进口移动式 BSL-3、BSL-4 实验室应符合国家生物安全实验室体系规划并依法履行有关审批手续，经国务院科技主管部门审查同意，符合国家生物安全实验室建筑技术规范，依照《中华人民共和国环境影响评价法》的规定进行环境影响评价并经环境保护主管部门审查批准。新建、改建或者扩建 BSL-1、BSL-2 实验室，应当向设区的市级人民政府卫生主管部门或者兽医主管部门备案。

2)运行许可

(1)BSL-3、BSL-4 实验室应当通过实验室国家认可。

(2)国务院卫生主管部门或者兽医主管部门依照各自的职责对 BSL-3、BSL-4 实验室是否符合《病原微生物实验室生物安全管理条例》[15]相关要求进行审查，对符合条件的，颁发从事高致病性病原微生物实验活动的资格证书。

(3)取得从事高致病性病原微生物实验活动资格证书的实验室，需要从事某种高致病性病原微生物或者疑似高致病性病原微生物实验活动的，应当依照国务院卫生主管部门或者兽医主管部门的规定上报省级以上人民政府卫生主管部门或者兽医主管部门批准，实验活动结果及工作情况应当向原批准部门报告。

(4)实验室申报或者接受的与高致病性病原微生物有关的科研项目，应当符合科研需要和生物安全要求，具有相应的生物安全防护水平，并经国务院卫生主管部门或者兽医主管部门同意。

(5)出入境检验检疫机构、医疗卫生机构、动物防疫机构在实验室开展检测、诊断工作时，发现高致病性病原微生物或者疑似高致病性病原微生物，需要进一步从事这类高致病性病原微生物相关实验活动的，应当依照《病原微生物实验室生物安全管理条例》[15]的规定，经批准同意并在取得相应资格证书的实验室中进行。

(6)运输高致病性病原微生物菌(毒)种或者样本，应当经省级以上人民政府卫生主管部门或者兽医主管部门批准。出入境检验检疫机构在检验检疫过程中需要运输病原微生物样本的，应由国务院出入境检验检疫部门批准，并同时向国务院卫生主管部门或者兽医主管部门通报。通过民用航空运输高致病性病原微生物菌(毒)种或者样本的，还应当经国务院民用航空主管部门批准。

(7)国务院卫生主管部门或者兽医主管部门指定的菌(毒)种保藏中心或者专业实验室，承担集中储存病原微生物菌(毒)种和样本的任务。

我国的生物安全实验室建设虽然起步较晚，但由于国家对实验室生物安全管理的重视，已经建立了法规化管理的体系，我国的生物安全实验室正在国家卫生健康事业及国民经济中发挥越来越重要的作用。

6.3 国际 BSL-4 实验室概况

高等级生物安全实验室是国家核心基础设施之一。BSL-4 实验室是用于开展由气溶胶传播或者传播途径不明、对个体和群体具有高度危险性且无有效治疗措施的传染病病原和外来病原研究的最高防护等级的生物安全实验室。BSL-4 实验室主要通过特殊的一级和二级防护屏障，以及严格的管理和规范的操作来保护实验室人员免受病原感染，并防止研究病原泄漏到环境中影响环境安全和人群安全。其主要用于开展烈性病原体，如埃博拉病毒、拉沙热病毒、尼巴病毒、马尔堡病毒、多抗结核杆菌的监测、感染致病机理、病原生物学、病毒和宿主相互作用关系、抗药性机理、抗病毒药物和疫苗研究等工作。BSL-4 实验室的建设和能力，反映了一个国家实验室生物安全的整体实力。

6.3.1 国际 BSL-4 实验室分布情况

据不完全统计[55]，在全球 20 个国家或地区中，已建成具有四级生物安全防护水平设施的有 43 处(这些设施的规模有大有小，在本章统一将每一处设施作为一个 BSL-4 实验室看待)(表 6.4)，在建的有 11 处(表 6.5)，已销毁的有两处，不确定的有 3 处。

表 6.4 已建成的国际 BSL-4 实验室分布情况

实验室所在国家或地区	名称	所在地
澳大利亚	澳大利亚动物健康实验室(Australian Animal Health Laboratory, AAHL)	季隆
	国家高级检疫实验室(National High Security Quarantine Laboratory, NHSQL)	墨尔本
	昆士兰卫生厅病毒实验室(Virology Laboratory of the Queensland Department of Health)	库伯斯泼朗斯

续表

实验室所在国家或地区	名称	所在地
白俄罗斯	生物技术和特危传染部(Department for Biotechnology and Especially Dangerous Infections)	明斯克
巴西	Botucatucampus	圣保罗
	Fundação Oswaldo Cruz	里约热内卢
加拿大	加拿大人类和动物健康科学中心①(Canadian Science Centre for Human and Animal Health)	马尼托巴省温尼伯
	公共卫生中心实验室(Central Public Health Laboratory, Etobicoke, Ontario)	安大略省
法国	法国健康与医学研究院梅里厄四级实验室(Jean Merieux BSL-4 Laboratory)	里昂
加蓬	国际医学研究中心病毒系新发病毒病研究室(Emerging Viral Diseases Unit, Departement of Virology, International Center for Medical Research)	弗朗斯维尔
德国	Bernhard Nocht 热带病医学研究所(Bernhard Nocht Institute for Tropical Medicine, BNI)	汉堡
	病毒研究所(Institute for Virology)	马尔堡
匈牙利	国家流行病研究中心(National Center for Epidemiology)	布达佩斯
印度	高度安全动物疾病实验室(High-Security Animal Disease Laboratory, HSADL)	博帕尔
意大利	国家传染病研究所(National Institute for Infectious Diseases Lazzaro Spallanzani)	罗马
日本	国立感染症研究所(National Institutes of Infectious Diseases)	东京
	理化研究所(Institute of Physical and Chemical Research, RIKEN)	驻波
俄罗斯	特别危险和外来传染病专用实验室诊断治疗中心(Center of Special Laboratory Diagnostics and Treatment of Especially Dangerous and Exotic Infectious Diseases, TSSDL)	莫斯科
	俄联邦国防部微生物研究所病毒中心(Virological Center of the Scientific-Research Institute of Microbiology of the Ministry of Defense of the Russian Federation)	
	L. A. Tarasevich 医学生物制剂标准化与管理研究所(L. A. Tarasevich Institute for the Standardization and Control of Medicinal Biological Preparations)	
	伊尔库茨克西伯利亚和远东抗瘟疫研究所(Irkutsk Scientific-Research Anti-Plague Institute of Siberia and the Far East)	伊尔库茨克
	国家病毒与生物工程"媒介"研究中心(State Research Center for Virology and Biotechnology "Vector", SRCVB "Vector")	新西伯利亚

① Smith K. Canadian science centre for human and animal health: meeting today's health challenges. http://www.biosafety.icid.com/en/files/presentations/Meeting-Todays-Health-Challenges.pdf.

续表

实验室所在国家或地区	名称	所在地
新加坡	防御科学机构国家实验室(National Laboratories of the Defence Science Organization)	新加坡
西班牙	国家农业与食品科技研究院(National Institute for Agricultural and Food Scientific Research and Technology)的动物健康研究中心(Center for Investigations of Animal Health, CISA)	马德里
南非	国家传染病研究院(National Institute for Communicable Diseases, NICD)特殊病原研究室(Special Pathogens Unit)	约翰内斯堡
瑞典	传染病控制研究所生物预案中心(Center for Biological Preparedness, Institute for Infection Control)的防护与研究实验室(Containment and Research Laboratory)	索尔纳
瑞士	病毒与免疫预防研究所(Institute of Virology and Immunoprophylaxis)	米特浩森
中国台湾	国防医学院预防医学研究所(Institute of Preventive Medicine)	台北
	疾病管制局昆阳实验室[KwenYang Laboratory, Centers of Disease Control, Executive Yuan(Department of Health)]	
英国	应用微生物研究中心(Centre for Applied Microbiological Research, CAMR)	索尔兹伯里
	公众健康中心实验室(Central Public Health Laboratory, CPHL)	伦敦
	生化防御组织(Chemical and Biological Defence Establishment, CBDE)	索尔兹伯里
	国家生物标准与控制研究所(National Institute for Biological Standards and Control, NIBSC)	波特斯巴
	国家医学研究所(National Institute for Medical Research, NIMR)	伦敦
美国	HHS, CDC, 国家传染病中心(National Center for Infectious Diseases, NCID), 病毒立克次氏体疾病部(Division of Viral Rickettsial Diseases, DVRD), 特殊病原分部(Special Pathogens Branch, SPB)	乔治亚州 亚特兰大
	生物医学研究西南基地(Southwest Foundation for Biomedical Research, SFBR)	得克萨斯州 圣安东尼奥
	得克萨斯大学医学分校(University of Texas Medical Branch, UTMB)生物防御和新发传染病中心(Center for Biodefense and Emerging Infectious Diseases)	得克萨斯州 加尔维斯顿
	美国陆军传染病医学研究所	马里兰州 费雷德里克
	弗吉尼亚生物技术研究园四级实验室(Division of Consolidated Laboratory Services, Virginia Biotechnology Research Park)	弗吉尼亚州 里士满
	乔治亚州立大学(Georgia State University)生物技术和药物设计中心(Center for Biotechnology and Drug Design)	乔治亚州 亚特兰大
	国立卫生研究院最高级防护实验室(NIH's Maximum Containment Laboratory, MCL)	马里兰州 贝塞斯达
	国立卫生研究院最高级防护实验室(NIH's Maximum Containment Laboratory, MCL)	马里兰州 罗克维尔
	美国海军医学研究第3室(United States Naval Medical Research Unit No. 3)	埃及开罗

表 6.5 在建的国际 BSL-4 实验室分布情况

实验室所在国家或地区	名称	所在地
中国	中国科学院武汉病毒研究所	武汉
德国	梅克伦堡-西波默尼亚(Mecklenburg-Western Pomerania)	里姆斯岛
	罗伯特科赫研究所(Robert-Koch Institute)	柏林
瑞士	国防部施皮茨实验室(Department of Defense's Spiez Laboratory)	施皮茨
印度	细胞与分子生物学中心(Centre for Cellular and Molecular Biology, CCMB)	海得拉巴
美国	国家新发传染病实验室(National Emerging Infectious Diseases Laboratory)	波士顿
	DHS 国家生物防御分析与传染病中心(DHS's National Biodefense Analysis and Countermeasures Center, NBACC)	马里兰州 迪特里克堡
	加尔维斯敦国家实验室(Galveston National Laboratory)	得克萨斯州 加尔维斯敦
	NIAID 综合研究设施(NIAID's Integrated Research Facility, IRF)	马里兰州 迪特里克堡
	NIAID 综合研究设施 Rocky 实验室(NIAID's Integrated Research Facility Rocky Mountain Laboratories)	蒙大拿州 汉密尔顿
	稳固实验设施弗吉尼亚分部(Virginia Division of Consolidated Laboratory Services)	弗吉尼亚州 里士满
	国家生物防御实验室(National Biocontainment Laboratory, NBL)	马萨诸塞州 波士顿
	国家生物防御实验室(National Biocontainment Laboratory, NBL)(在得克萨斯大学医学部)	得克萨斯州 加尔维斯敦
	美国 DHS 国家生物与暴力防御设施(DHS's National Bio and Agro-Defense Facility, NBAF)	堪萨斯州 曼哈顿

此外，不确定的三个 BSL-4 实验室分别位于利比亚、北朝鲜和俄罗斯；已销毁的两个 BSL-4 实验室分别是伊拉克的 al-Dawrah 口蹄疫病疫苗设施(al-Dawrah Foot and Mouth Disease Vaccine Facility, al-Manal)，以及哈萨克斯坦的 Stepnogorsk 科学实验工业基地(Stepnogorsk Scientific Experimental Industrial Base, SNOPB)。

6.3.2 BSL-4 实验室典型安全事故

1)美国陆军传染病医学研究所四级实验室

该实验室最值得关注的意外感染事故有 3 起。1979 年 11 月，一个注有拉沙热病毒的注射器针头意外扎到实验室操作人员的手指，伤者立即施用利巴韦林和免疫血浆后，没有出现病征及血清学感染迹象；1982 年 12 月，一个感染了鸠宁病毒的猴骨碎片刺破了实验室操作人员的手指，伤者经免疫血清处理后未出现临床或亚临床感染症状；2004 年，一位病毒学家在 BSL-4 实验室操作两天前已感染埃博拉病毒扎伊尔毒株的变异株老鼠时，因为老鼠踢了注射器，被血液污染的针头刺破了操作者的左手，由于最终确认被操作的 5 只老鼠在发生事件时无病毒血症，且伤者最终未发病或发生血清转化，21 天后解除隔离。

2)美国疾病预防控制中心四级实验室

该实验室有两起实验室操作人员被感染汉坦病毒老鼠咬伤事件、一起操作人员被污染埃博拉病毒的针头刺伤事件、多起高压灭菌锅连锁失效事件、多起防护服撕裂或手套破洞事件。实验室对这些事件都进行了评估和研究，表明所有伤者经过适当处理后，均无病征及血清学感染迹象，设备故障和防护服破损并没有导致人员感染事件发生。

3)南非国家传染病研究院四级实验室

该实验室值得关注的意外事故包括：一起感染病毒的蝙蝠咬穿实验操作人员的双层手套事件，伤者经过适当处理后，无病征及感染迹象，21 天后解除隔离；一起设施/系统故障事件，当时工作人员打开封闭间要再添加一些液体而没有关闭氮气罐，导致大约 5 升高浓缩马尔堡病毒突然呈烟雾状扩散，实验室用戊二醛拖洗了几个小时，最后用甲醛气体进行了熏蒸消毒，所幸两名“暴露”的工作人员未发生感染，BSL-4 防护区无破损，园区里紧邻的户外猴群也没有发生感染。

4)德国汉堡热带医学研究所四级实验室

该实验室最近的一起实验室感染事件为 2009 年 3 月 12 日，一位 45 岁女性科学家在给老鼠注射埃博拉病毒时，老鼠脚踢了针头，针头刺破了她的手指。伤者经紧急救治和注射加拿大一实验室试制的疫苗后，未出现病征及血清学感染迹象，3 月 27 日报道身体良好。

5)其他

近几年，法国里昂 BSL-4 实验室发生过实验室内感染实验动物抓破实验人员正压防护服和皮肤的事件；澳大利亚 BSL-4 实验室发生过实验室人员非感染性意外死亡事件；美国 CDC 新建的 BSL-4 实验室因遭到雷击而停电一小时事件。

总之，有限的资料或信息表明，被报道的或公布的发生在 BSL-4 实验室的生物安全事件较少，对社会公众和环境造成严重影响的生物安全事件的报道也极少，但其安全运行状况仍然受到政府和大众的广泛关注。

6.4 中国实验室生物安全的形势与挑战

与发达国家相比，我国实验室生物安全工作起步较晚、起点较低，虽然经过几年的建设与强化管理，在实验室建设、法律法规制定、人员培训、监督检查等方面取得了较大进步，并且在法制化、职能化管理和实施认可制度方面在国际上形成了特色，但由于我国幅员辽阔，实验室数量众多，各地经济发展水平不一，管理水平参差不齐，不同地区之间还存在较大差距。我国在实验室生物安全方面还存在着诸多亟须解决的问题，这些问题同时也是我国生物安全的重要研究领域。

1. 法律法规标准基本健全，需要进一步理顺、加强落实

从 2004 年国务院颁布实施《病原微生物实验室生物安全管理条例》[15]以来，我国卫生部、农业部等相关职能部门也根据《病原微生物实验室生物安全管理条例》[15]要求制定了一大批法规、标准，可以说目前几乎已经涉及生物安全实验室的方方面面，关于生物安全实验室建设、管理、运行的法律法规已经基本健全。但是，光有完善的法律法规却没有落实，则其形同虚设。法律法规如果不切实际，部分要求脱离现实实现的可能性，也会导致其无法执行。因此，加强法律法规的修订工作，使其更符合实际，加强法律法规的落实，是实现实验室生物安全法制化管理的前提。

此外，由于我国的实验室生物安全基本实行职能化管理，高等级病原微生物实验室的建设与管理涉及国家发展和改革委员会、卫生部、农业部、质检总局、环境保护部、住房和城乡建设部及解放军总后勤部等多个部门。长期以来，上述各部门在高等级病原微生物实验室的建设与管理方面做了大量有成效的工作，但同时也造成了资源分散，标准不统一甚至缺失、管理缺位的现象。例如，根据 2006 年 3 月环境保护总局才发布的《病原微生物实验室生物安全环境管理办法》[45]，2006 年以前建设的高等级病原微生物实验室大多建在人口稠密区，不能满足环评要求；高等级病原微生物实验室的设计、施工、监理单位未实行生物安全专业资质审查制度，缺乏过程管理；疫苗、制药等生产企业的实验室尚未列入规划；等等。《病原微生物实验室生物安全管理条例》[15]颁布实施已经六年多，我国应该根据生物安全实验室实际管理和运行的经验，进一步理顺各职能部门关系，补充完善现有法规标准，使标准符合国情，满足国家需要，使我国的生物安全实验室能够依法、安全、高效地运行。

2. 实验室建设取得初步成绩，需要进一步加强投入、加快应用

我国生物安全实验室的建设起步于 20 世纪 80 年代，90 年代初具规模，到 21 世纪逐步发展。我国武汉大学动物生物安全三级实验室于 2005 年 6 月 2 日获得国家认可，是《病原微生物实验室生物安全管理条例》[15]颁布后我国第一家获得国家认可的 BSL-3 实验室。第二个获得国家认可的 BSL-3 实验室是中国农业科学院哈尔滨兽医研究所，其在获得国家认可后，又于 2005 年 11 月 7 日获得了由农业部批准的从事高致病性动物病原微生物实验活动的资格，是《病原微生物实验室生物安全管理条例》[15]颁布后我国第一个投入运行的 BSL-3 实验室。截止到 2014 年 6 月，我国已经有位于北京、上海、天津、重庆、福建、甘肃、广东、黑龙江、吉林、湖北、江苏、辽宁、山东、云南、浙江 15 个省和直辖市的 40 个 BSL-3 实验室获得国家认可，绝大多数实验室已投入运行，并且在传染病预防与控制、病原微生物基础和应用研究等方面取得了巨大成绩。

但是，我国高等级生物安全实验室建设状况离国家生物安全实验室体系建设规划的目标还有很大差距。国家发展和改革委员会早在 2004 年就制定了我国高等级生物安全实验室的体系建设规划，计划要在三年左右建设数个 BSL-4 实验室和百余个 BSL-3 实验室。但十年过去了，我国的 BSL-4 实验室还都没有建成，投入使用的 BSL-3 实验室也还不到 40 家，远远没有达到建设规划的目标，也远远不能满足实际工作的需要。即使是投入使用的 BSL-3 实验室，其总体布局也不尽合理。首先是地区差异大，目前获得认可的 40 家 BSL-3 实验室，仅分布在北京、上海、湖北等 15 个省和直辖市，集中在经济发达地区，而全国 5 个自治区还没有一个 BSL-3 实验室。其次，承担着我国疾控和医疗任务的疾病预防控制中心和医院，以及为实验室生物安全培养后备力量的高校拥有的 BSL-2 和 BSL-3 实验室的数量还远远不够。总之，目前我国生物安全实验室整体上形不成网络、实力不够强大，在实验室自身建设上存在一定的安全隐患，一旦发生重大突发生物事件，不具备相应的实验条件，也难以从事这方面的研究。

此外，我国高等级生物安全实验室建设一般都有国家专项建设资金，但预算资金投入严重不足，如正在建设中的 BSL-4 实验室，每平方米造价甚至低于国外 20 世纪 80～90 年代建设的 BSL-4 和 ABSL-3 实验室。由于 BSL-4 实验室目前的许多关键设备都依赖于进口，在实验室设计上有些环节因资金限制达不到应有的冗余水平和质量要求。冗余水平不足的危害在 2011 年日本核电站事故中已显现出来，应引起国家层面的注意。

3. 实验室运行取得一定经验，需要进一步加强管理和保障条件建设

《病原微生物实验室生物安全管理条例》[15]颁布后，2005 年年底中国农业科学院哈尔滨兽医研究所三级生物安全实验室率先投入运行。经过近十年几十家实验室的共同努力，在国家科技政策和资金的大力支持下，我国高等级生物安全实验室的运行取得了一定经验，特别是体系化管理迈上了新的台阶。但总体来看，我国生物安全实验室在运行中仍然存在下列问题：①我国实验室生物安全管理涉及国家多个行政管理部门，各部门都有明确的分工，但缺少有效的协调沟通机制，导致管理成本增加和管理效率低下；②我国现有的标准不能覆盖生物安全工作的各个方面，且规范线条较粗，执行力较差；③我国现有的标准规范大都为国外标准的翻译补充，有的内容不符合我国实际情况；④各实验室制定的管理体系文件模式化、照抄照搬的多，根据法规标准要求，结合本实验室硬件条件、人员素质及从事的实验活动等实际情况制定的有章可依、合理科学、可操作性强的文件较少；⑤在数量上占有主导地位的 BSL-2 实验室，由于目前国内没有现行有效的技术标准来规范其实验活动，除部分设备条件好、人员素质高的实验室开展实验活动较为规范外，多数实验室管理较为混乱；⑥实验室工作人员不按管理体系文件执行，发现并纠正不足的能力差。

此外，目前 BSL-3 实验室的建设经费多由国家、地方政府、主管部门和单位自筹多种途径共同解决。但生物安全实验室，尤其是高等级生物安全实验室，其经费问题主要还是集中在运行上，包括全新的通风空调系统的运行费用、蒸气费用、个体防护用品费用、设施设备维护费用等。而实验室一旦建成并投入运行，往往难以筹措足够的运行费用，导致其少用甚至停用！这不仅影响了我国整体的生物安全防护能力，使高等级生物安全实验室数量不足的问题更加突出，同时也在客观上造成了另一种浪费——投资资源的浪费。因此，经费是今后一段时间内高等级生物安全实验室使用中迫切需要解决的问题。

4. 风险评估工作刚刚起步，需要进一步研究改进、发挥实效

正确的风险评估是保证实验室生物安全的基础。风险评估涉及很多方面，包括设施设备、从事的生物危害因子、人员素质及技能、实验操作的程序、材料的管理运输、废物处理等。尽管我国在法规标准里对风险评估提出了要求，但在实际执行时并未对其给予足够的重视，仅仅是为了风险评估而进行风险评估，导致大多数实验室照搬国外、照搬其他实验室的情况，而根据本实验室实际情况进行原创的、可行的风险评估较少。

实验室的风险主要来源于样本操作过程，而我们目前的风险评估报告主要还是停留在对病原体本身危害的评估上，对病原体实际操作过程中涉及的实验活动、人员、材料、设施设备、管理等方面相关风险进行的评估，真正落到实处的很少。在历史上，生物安全实验室曾发生大量的生物安全事故，而这些事故从另一个侧面反映了实验室生物安全的风险所在，但目前我们对这些事故的统计分析还不够深入，相应的防范措施也是笼统的、没有针对性的，只有将实验室生物安全风险评估工作由虚转实，才能真正解决生物安全实验室管理运行过程中可能出现的问题，避免生物安全事故的发生。

5. 菌(毒)种保藏和运输建立了制度，需要进一步规范和管理

早在 1985 年，卫生部就制定并实施了《中国医学微生物菌种保藏管理办法》以加强医学微生物菌(毒)种的保藏管理，但是，根据 2006 年由卫生部牵头，中国疾病预防控制中心组织实施的病原微生物菌(毒)种保藏工作监督检查发现，由于多年没有相应的监督管理和资金支持，原先认定的专业实验室已经几乎不能发挥原有的功能，无法行使有效菌(毒)种保藏作用。菌(毒)种特别是高致病性病原微生物菌(毒)种的保藏管理工作存在较多问题，主要包括：①硬件建设条件有限，缺少完备的安全保障措施；②管理体系不够健全，存在某些管理缺陷；③非专职的保藏机构没有专职工作人员维持其日常运行；④没有真正发挥保藏机构的职能；⑤没有配套经费支持其正常运行。在此基础上，卫生部于2009年制定发布了《人间传染的病原微生物菌(毒)种保藏机构管理办法》[48]，并由中国疾病预防控制中心配套制定了《人间传染的病原微生物菌(毒)种保藏机构设置技术规范》(WS315—2010)[56]，且由农业部于2008年发布、2009年施行了《动物病原微生物菌(毒)种保藏管理办法》[52]。我国目前的任务是有效执行相关管理办法，充分理顺管理体系。

就感染性物质运输管理而言，《中华人民共和国传染病防治法》[23]中规定，感染性物质运输要建立健全严格的管理制度，并且运输活动要经过人民政府卫生行政部门批准和监督。2004年国务院发布实施的《病原微生物实验室生物安全管理条例》[15]规定，病原微生物的运输目的、用途、接收单位和包装容器应当符合我国相关部门的要求。农业部和卫生部分别于2005年和2006年发布并施行了作为《病原微生物实验室生物安全管理条例》[15]配套法规的行业管理规范，具体提出了高致病性病原微生物菌(毒)种的运输要求，包括适用范围、审批程序等内容。目前，我国感染性物质运输的主要方式有航空、公路两种，铁路、水路、邮政等运输方式的不可行，大大限制了我国感染性物质多元化运输途径，降低了感染性物质运输的效率，增加了运输成本，在一定程度上制约了我国疾病控制、健康医疗和科学研究等领域的发展。即使是目前采用的航空运输途径，由于机场与航空公司的责任不明确，甚至存在相互推诿，其通道仍然不畅。此外，由于目前国内对航空运输包装没有统一的标准，其质量得不到保证，在使用中也极易造成混乱。

6. 科研基础与设施设备相对落后，需要进一步加强投入、自主创新

我国烈性传染病如新疆出血热的威胁依然存在，同时，随着我国在国外疫区工作的各类人员数量不断增加和我国周边国家疫情的扩散，一些输入性烈性传染病的威胁将会带来新的挑战，此外，合成生物学的研究成果也可能会带来新的社会和健康问题。因此，我国迫切需要建设BSL-4实验室和足量的BSL-3实验室开展这些烈性病原体的预防和控制及生物防范研究，但目前我国生物防护设施的数量和水平远远不能满足开展上述研究工作的需要。

同时，我国现有的高等级生物安全实验室在建设技术、设施维护等方面与发达国家存在较大差距，主要体现在总体设计布局合理性不强、水电气线路设计科学性较差、压力差控制的有效性过于死板、设施维护技术落后、安全管理还不够成熟等方面。国内建筑设计研究院缺乏设计、建设三级和四级大动物生物安全实验室的技术和经验，也需要配合相关的研究工作以促成相关技术的改进和提高，导致相关项目进展缓慢，严重影响了我国病原微生物实验室安全等级的提高。

长期以来，我国对关键生物危害防护设施设备的研发投入不足，技术储备十分薄弱，专用设备和设施如气密门、双扉高压灭菌器、高效空气过滤单元、动物隔离和解剖设备等基本依赖进口，而美国等发达国家严格限制向中国出口三级生物安全柜、正压服等关键技术设备。同时，即使我们从某些发达国家进口了上述关键技术设备，也缺乏相应的评价标准，对保持设施设备正常状态、保证实验室生物安全具有很大风险。尽管我国在多个国家科技计划中布置开展了关键技术、关键设备及标准的研究工作，也研制出了部分生物安全防护设备和个体防护装备，但其稳定性和安全性还有待进一步验证。同时，上述目前完全依赖进口的 BSL-4 实验室的关键设备和个人防护设施，还需要尽快展开研究仿制，并制定相应的质量标准。

7. 基本形成了一支技术队伍，需要进一步提高人员能力

高等级病原微生物实验室的建设、使用和管理涉及建筑科学、材料科学、空气动力学、自动控制学、环境科学、微生物学、植物科学、生物安全科学、系统工程学等多个学科，迫切需要复合型生物安全人才。但是，目前我国“重病原研究、轻建设管理”的思想还十分严重，在实验室生物安全管理岗位留不住高水平的人才。同时，大多数实验室未配备专业的硬件设施维护管理人员，多数为实验室人员兼职，难以及时发现设施设备运行过程中存在的隐患。

一些调查表明，一些相关专业包括预防医学专业的本科以上的学生及工作人员，对生物安全知识、法律法规了解甚少。从事相关实验室操作人员的生物安全意识薄弱，很多相关专业知识、操作技能的培训欠缺。国内目前还没有培养实验室生物安全专业人才的条件，都是通过实际培训成长，而培训又是以理论为主，许多实验室生物安全的理念、观点等还有待实际工作的验证。因此，我国实验室生物安全专业人才还需要理论—实践—理论的提高。

6.5　实验室生物安全展望

实验室生物安全的目的是减少实验室员工暴露于感染性物质、避免感染事件的发生和防止实验室感染性废弃物对公众产生危害。当然，实验室安全措施不是一成不变的，随着对致病性微生物知识和宿主易感性的了解、实验设备的更新，特别是对其传播途径认识的不断深入，人们将采取更好的操作和处理致病性微生物的方法来减少人员的暴露和感染。目前对实验室生物安全的研究主要涉及微生物危险度评估、生物实验室环境评价与建设标准、实验室标准操作规范、实验室生物安全管理等诸多方面。

1. 实验室生物安全研究学科交叉日益明显，复合型人才需求增加

随着实验室生物安全研究的日益深入，实验室生物安全涉及的领域和学科越来越广泛，已成为一项系统复杂的工程，需要多层次、多部门、多学科有机配合才能完成。其主要涉及的领域和学科如下：①生物安全理论研究，涉及气溶胶学(主要是微生物气溶胶的发生、扩散、存活、人体暴露和个人防护等)、空气动力学等学科。②物理防护原理研究，涉及 HEPA 过滤、消毒和灭菌、屏障隔离、围场操作等领域。③病原微生物风险评估研究，涉及微生物学(病毒、细菌、真菌、毒素等)、传染病学(人、畜)、流行病学、实验动物学、生物工程、医疗仪器等多个学科。④实验室生物安全管理研究，涉及不同层次管理部门，包括法规制定部门、技术监督部门等。⑤生物安全实验室规划，涉及环境保护和环境评价，主要由环保部门进行管理和研究。⑥工学，包括土建、水暖、空调、强电、弱电、安全监控、自动化等。

学科交叉必然导致对复合型人才需求的增长。1980 年以来，美国职业疾病管理和控制局、美国 CDC，以及其他研究机构和企业先后建立了实验室生物安全科学技术研究机构，有约 1 000 名科学家和工程师专职从事实验室生物危害的风险分析、预警、监测、处置、技术性贸易措施等领域的研究活动。但我国缺乏必要的研究设施、技术平台，各种可疑的实验室生物危害事故时有发生，已引起国家有关部门的重度重视。因此，必须加强国家公益性实验室生物安全技术平台的建设、人才培训和学科建设，关键技术创新与实用技术相结合，国际合作交流与原始创新相结合，研究解决实验室生物安全基础理论问题与提供实用技术相结合，提高防控可预见性和效率，显著降低实验室危害事故水平和社会经济损失。

2. 实验室生物安全技术和产品日趋完善，向标准化、规模化发展

国际上，特别是 WHO 对生物医学实验室的生物安全比较重视。各国对实验室生物安全防护的要求基本一致，但在严格性方面和具体先进技术的运用上存在某些区别。2004 年我国发布实施了 GB19489《实验室生物安全通用要求》和 GB50346《生物安全实验室建筑技术规范》两部国家标准，并分别于 2008 年和 2011 年进行了修订。标准对各级生物安全防护实验室的建设提出了具体要求，使我国生物安全实验室建设有章可循，逐渐与国际接轨并形成自己的特色，也促成了实验室生物安全技术和产品的日趋完善。

2001 年的“炭疽邮件”事件和 2003 年 SARS 传染病在全球的蔓延，使得世界各国都高度重视对烈性传染病的研究，世界发达国家纷纷加速建设研究此类疾病的高科技防护设施——BSL-4 实验室。全球在 2002 年以前只有 10 余处 BSL-4 实验室，到目前已经增加到 60 多处。与此同时，我国也加强了高级别生物安全实验室防护设备的引进和自主研制工作，加强了检测、评价标准的建立。生物安全实验室属于国家敏感基础设施，它与实验室核心设备和关键设备等均属于国际有关条约的管控范围。长期以来，发达国家在此领域凭借其雄厚的科技实力，已经形成了系列化、多样化、配套化的实验室生物安全专用产品，同时也形成了利润丰厚的国际市场。但是，由于国外的技术封锁和设备禁运等多种原因，我国即使在发生 SARS 等重大疫情、民众健康处于重大危机之中、国家倾全力抗击瘟疫的时候也买不进来。这种西方发达国家置我国安全与民众生命于不顾的局面恐仍将持续很长时间，国家安全根本还得靠自己。因此，我们必须大力实施创新驱动的生物安全核心设备研制计划，增强我国实验室生物安全可持续发展能力。

可喜的是，《生物安全三、四级实验室关键防护设备的生物安全性能评价》已经作为实验室生物安全认可准则应用说明，用于实验室生物安全认可，并即将作为作业标准发布。实验室生物安全技术和产品今后的发展方向是标准化、规模化，并逐渐形成系列、配套、标准的 BSL-3 和 BSL-4 实验室关键防护设备的规模化生产能力，为我国的实验室生物安全保驾护航。

3. 实验室生物安全管理更加系统、科学，向常态化管理目标迈进

经过十年左右的实验室生物安全建设与发展，我国投入运行的实验室基本建立了相对比较完善的实验室生物安全管理体系，制定了配套的管理体系文件，形成了管理、监督、检查和评估机制，实验室生物安全管理逐渐系统、科学。当然，我们也清醒地意识到，加强日常管理并在实际工作中认真执行更是保证生物安全的关键。对工作人员的管理是生物安全管理的核心，实验室工作人员的培训是保障生物安全的第一关，所以必须通过培训强化生物安全意识，提高对生物安全防护重要性的认识，加强生物安全防护自我监管、做好自我防护、进行相互督促，变被动执行为主动出击，使实验室生物安全管理成为常态化管理。

4. 实验室生物安全支撑体系逐步形成，应进一步充实内容、强化应用

为了保障实验室生物安全，促进生物安全实验室的安全运行，我国已经逐步形成了实验室生物安全支撑体系，包括：①实验室生物安全风险评估系统；②实验室生物安全事件决策指挥系统；③生物危害因子数据库；④实验室生物安全信息系统；⑤生物安全实验室网络化系统。

上述支撑体系目前还处于建设阶段，还需要进一步完善，并不断成熟。同时，我们要充实其内容，增大其信息量，增强其对实验室运行的指导作用，使其在应用和实践中不断成长、壮大。

5. 生物技术发展方兴未艾，关注新发生物安全问题

基因工程、合成生物学等生物技术的发展，使新生物安全问题的出现更有可能，新技术研究成果或实验失败的偶然产物，均可能会极大地改变原生物的特性，导致新发生物安全问题。因此，应加强对新技术研究的管控，建立行之有效的新技术研究管控机制或规范，实现对新技术研究实验室和项目的科学审核，严格实验过程和结果管控，以保证实验研究整个过程都在可控范围内进行。同时，我们应加强对国际新发传染病和国外新技术研究成果的关注，及时研究预防应对措施，掌握前沿技术方法，避免新问题对我国环境和公众安全产生影响。

参考文献

[1]郑涛．我国生物安全学科建设与能力发展．军事医学，2011，35(11)：801～804.

[2]陆兵，吕京，郑涛．实验室生物安全基础知识．北京：中国计量出版社，2005.

[3]Pike R M. Laboratory-associated infections：incidence，fatalities，causes and prevention. Annual Review of Microbiology，1979，33：41～66.

[4]Harding A L，Byers K B. Epidemiology of laboratory-associated infections. *In*：Fleming D O，Hunt D L. Biological Safety，Principles and Practices(3rd ed.). Washington D C：ASM Press，2000：35～54.

[5]National Research Council. Evaluation of the health and safety risks of the New USAMRIID high containment facilities at fort detrick，maryland. http://www.nap.edu/catalog.php?record_id=12871，2010.

[6]张朝武，姚玉红，王国庆．从 SARS-CoV 实验室感染看生物安全的重要性．现代预防医学，2004，31(5)：656～657，660.

[7]National Research Council. Protecting the frontline in biodefense research：the special immunizations program. http://www.nap.edu/catalog.php?record_id=13112，2011.

[8]李劲松．实验室生物安全——现状、存在的问题及相关的法律法规．见：2004 年 SARS 与禽流感国际学术研讨会论文集，2004：42～46.

[9]Alibek K，Handelman S. Biohazard. New York：Random House，1999.

[10]赵国雄，王国治，方皓，等．口蹄疫病毒实验室研究的环境风险评估．中国药事，2008，22(11)：971～974.

[11]World Health Organization. Laboratory biosafety manual(3rd ed.). http://www.who.int/csr/resources/publications/biosafety/WHO_CDS_CSR_LYO_2004_11chweb.pdf，2004.

[12]The Centers for Disease Control and Prevention (CDC)，The National Institutes of Health (NIH). Biosafety in microbiological and biomedical laboratories (5th ed.). http://www.cdc.gov/od/ohs/biosfty/bmbl5/bmbl5toc.htm，2010-10-25.

[13]Government of Canada. Canadian biosafety standards and guidelines. http://canadianbiosafetystandards.collaboration.gc.ca/，2013.

[14]国家科学技术委员会．基因工程安全管理办法．http://www.most.gov.cn/kjzc/gjkjzc/kjtjybz/201308/P020130823579538759276.pdf，1993.

[15]中华人民共和国国务院．病原微生物实验室生物安全管理条例．http://news.xinhuanet.com/zhengfu/2004—11/29/content_2271255.htm，2004-11-29.

[16]陆兵，李京京，程洪亮，等．我国生物安全实验室建设和管理现状．实验室研究与探索，

2012，31(1)：192～196.

[17]中华人民共和国国家技术监督检验检疫总局，中国国家标准化管理委员会．实验室生物安全通用要求(GB19489—2008)．北京：中国标准出版社，2008.

[18]中华人民共和国建设部，国家质量监督检验检疫总局．生物安全实验室建筑技术规范(GB50346—2011)．北京：中国建筑工业出版社，2011.

[19]中华人民共和国卫生部．人间传染的病原微生物名录．http://www.moh.gov.cn/uploadfile/200612792454268.doc，2006-10-11.

[20]中华人民共和国农业部．动物病原微生物分类名录．http://www.moa.gov.cn/zwllm/zcfg/qtbmgz/200601/t20060124_542528.htm，2005-06-27.

[21]中华人民共和国农业部．动物病原微生物实验活动生物安全要求细则．http://www.cqadc.cn/Html/2009_2_17/2_2003_2009_2_17_25048.html，2008-12-26.

[22]World Health Organization. Biorisk management：laboratory biosecurity guidance. http://www.who.int/entity/csr/resources/publications/biosafety/WHO_CDS_EPR_2006_6.pdf? ua=1，2006.

[23]中华人民共和国人民代表大会常务委员会．中华人民共和国传染病防治法．http://www.gov.cn/banshi/2005-08/01/content_19023.htm，2005-08-01.

[24]中华人民共和国卫生部．中华人民共和国传染病防治法实施办法．http://www.moh.gov.cn/mohzcfgs/pgz/200804/29513.shtml，1991-12-06.

[25]陆兵．生物安全实验室认可与管理基础知识生物安全柜．北京：中国标准出版社，2012.

[26]中华人民共和国农业部．兽医实验室生物安全要求通则(NY/T1948—2010)．北京：中国农业出版社，2010.

[27]陈宁庆．生物武器防护医学．北京：人民军医出版社，1991.

[28]Menzies D，Fanning A，Yuan L，et al. Tuberculosis among health care workers. The New England Journal of Medicine，1995，332(2)：92～98.

[29]李建新，刘小平，肖平．临床实验室获得性感染．中华检验医学杂志，2006，29 (11)：1050～1052.

[30]翟培军，胡冬梅，贺学英，等．从 ISO15189：2012 与 ISO15189：2007 的比较看国际对医学实验室要求的变化．中华检验医学杂志，2013，36(10)：865～868.

[31]中国合格评定国家认可委员会．医学实验室质量和能力认可准则(CNAS—CL02：2012)．http://www.cnas.org.cn/rkgf/sysrk/jbzz/2013/12/750592.shtml，2013-12-11.

[32]中华人民共和国国家技术监督检验检疫总局，中国国家标准化管理委员会．医学实验室安全要求(GB19781—2005)．北京：中国标准出版社，2005.

[33]National Institutes of Health. NIH guidelines for research involving recombinant DNA molecules. http://www4.od.nih.gov/oba/rdna，2011.

[34]Wilson D E，Memarzadeh F，Traum T J，et al. National institutes of health biosafety level 3-laboratory certification requirements. http://www.biosafety.moh.gov.sg/home/uploadedFiles/Common/BSL3_CertificationRequirements_FINAL.pdf，2006.

[35]Centers for Disease Control，Prevention，Office of Biosafety. Classification of Etiologic

Agents on the Basis of Hazard(4th ed.). Atlanta: U. S. Department of Health, Education and Welfare, Public Health Service, 1974.

[36]Public Health Agency of Canada. The laboratory biosafety guidelines(3rd ed.). http://www. phac-aspc. gc. ca/publicat/lbg-ldmbl-04/pdf/lbg _ 2004 _ e. pdf, 2004.

[37]European Parliament and the Council. Directive 2000/54/EC on the Protection of Workers from Risks Related to Exposure to Biological Agents at Work. http://www. biosafety. be/PDF/2000 _ 54. pdf, 2000.

[38]CEN Workshop Agreement. Laboratory biorisk management standard. http://www. absa. org/pdf/CWA15793 _ Feb 2008. pdf, 2008.

[39]Advisory Committee on Dangerous Pathogens. Categorisation of biological agents according to hazard and categories of containment(4th ed.). http://www. doh. gov. uk/bioinfo. htm, 1995.

[40]Advisory Committee on Dangerous Pathogens. The approved list of biological agents. http://www. hse. gov. uk/pubns/misc208. pdf, 2004.

[41]Advisory Committee on Dangerous Pathogens. Biological agents: managing the risks in laboratories and healthcare premises. http://www. hse. gov. uk/biosafety/biologagents. pdf, 2005.

[42]Belgian Biosafety Server. Risk group classifications for infectious agents. http://www. biosafety. be/RA/Class/ClassBEL. html, 2010-03-08.

[43]Swedish Work Environment Authority. Microbiological work environment risks—infection, toxigenic effect, hypersensitivity. http://www. av. se/dokument/inenglish/legislations/eng0501. pdf, 2005.

[44]中华人民共和国卫生部．微生物和生物医学实验室生物安全通用准则(WS233—2002). http://www. wsb. moh. gov. cn/zwgkzt/s9492/201212/34016. shtml, 2002.

[45]中华人民共和国国家环境保护总局．病原微生物实验室生物安全环境管理办法．http://www. sepa. gov. cn/info/gw/juling/200603/t20060308 _ 74730. htm, 2006.

[46]中华人民共和国卫生部．可感染人类的高致病性病原微生物菌(毒)种或样本运输管理规定．http://www. moh. gov. cn/publicfiles/business/htmlfiles/mohbgt/pw10602/200804/27546. htm, 2006-03-08.

[47]中华人民共和国卫生部．人间传染的高致病性病原微生物实验室和实验活动生物安全审批管理办法．http://www. moh. gov. cn/publicfiles/business/htmlfiles/mohbgt/pw10609/200804/20468. htm, 2006.

[48]中华人民共和国卫生部．人间传染的病原微生物菌(毒)种保藏机构管理办法．http://www. moh. gov. cn/publicfiles/business/htmlfiles/mohbgt/s9511/200907/42074. htm, 2009.

[49]中华人民共和国农业部．兽医实验室生物安全管理规范．http://www. moa. gov. cn/sydw/dwwsbx/sysjs/swaq/201107/p020110719615199927293. doc, 2003.

[50]中华人民共和国农业部．高致病性动物病原微生物实验室生物安全管理审批办法．http://www. moa. gov. cn/zwllm/zcfg/qtbmgz/200601/t20060124 _ 542529. htm, 2005-06-20.

[51]中华人民共和国农业部．农业部关于进一步规范高致病性动物病原微生物实验活动审批工

作的通知 . http://www. moa. gov. cn/zwllm/tzgg/tz/200812/t20081225 _ 1196297. htm，2008-12-25.

[52]中华人民共和国农业部 . 动物病原微生物菌(毒)种保藏管理办法 . http://www. moa. gov. cn/zwllm/zcfg/nybgz/200812/t20081209 _ 1187104. htm，2008-12-09.

[53]中华人民共和国科学技术部 . 高等级病原微生物实验室建设审查办法 . http://www. most. gov. cn/mostinfo/xinxifenlei/fgzc/bmgz/201107/t20110727 _ 88572. htm，2011-07-27.

[54]中华人民共和国卫生部，中华人民共和国国家质检总局 . 关于加强医用特殊物品出入境管理卫生检疫的通知 . http://www. moh. gov. cn/sofpro/cms/previewjspfile/mohkjjys/cms _ 0000000000000000174 _ tpl. jsp? requestCode=35746&CategoryID=5582，2003.

[55] Kuhn J H. Maximum containment facilities-sense and nonsense，risks and benefits. http：//web. mit. edu/ssp/seminars/kuhn-biosecurity. pdf，2007.

[56]中华人民共和国卫生部 . 人间传染的病原微生物菌(毒)种保藏机构设置技术规范(WS315—2010). http://www. nhfpc. gov. cn/fzs/s7852d/201004/3a8a3b0963fe461ea2d6ef079aba04ce. shtml，2010-04-19.

(陆兵)

第7章

转基因动植物与生态资源安全

转基因动植物与生态资源安全是生物安全的重要研究领域，与人类食物保障、国家生物资源安全及环境生态保护密切相关，由于该领域问题比较清晰而集中，公众舆论长期关注，在此仅作简述。

自从现代生物技术建立并在农业方面应用以来，现代农业发生了革命性的变化。抗除草剂、抗虫、抗病毒和抗逆是目前转入作物的主要转化基因类型。抗虫棉、转基因大豆、转基因玉米、转基因蔬菜等的相继成功，无疑对农作物的种植、品种的改良、品质的提升等起着巨大的作用，从长远来讲，对人类的生存亦具有重要意义。

转基因生物安全主要是指转基因生物特别是转基因植物引起的农业生物安全、林业生物安全、环境生物安全等。它们之间有许多相同之处，但也有明显区别，民众对待它们的态度也存在明显区别，即农业生物安全因处于突出地位而频频出现在公众视野，但林业与环境生物安全虽然对人类社会发展有很大影响，但因其与民众切身生活、健康与安全等似乎相距较远，相对而言，没有受到民众的更多关注与重视，限于篇幅，本章在此不再赘述。

科学技术具有两用性，而生物技术两用性的重点体现领域之一就是现在很多人高度关注的农业转基因安全性。科学技术进步可显著推动人类社会的发展，但同时也可能给人类社会带来灾难。多年来，国际上一直对转基因植物，尤其是转基因作物对环境、人类健康的安全性争论不休，基本可以分为支持、反对和保留意见三种观点，而对转基因作物是否可以如宣传的那样提高农业种植综合效益也存在不少争议。美国是国际上转基因作物研究最发达的国家，而欧盟对健康与环境的保护非常重视。因此，转基因植物尤其是转基因作物与食品的国际贸易成为美国和欧盟之间长期攻防的焦点之一，甚至影响到了双方关系。近年，虽然欧盟有所让步，但是其民众抵制情绪依然强烈，因此并没有本质性退让，技术与政策限制措施仍然严格。但总体而言，依靠政府的支持，国际转基因技术公司凭借其强大的公关能力、巧妙的宣传能力和有力的扶持政策，使转基因作物的推广区域和种植面积在近十年来的发展都相当迅速，尤其是在第三世界国家。

转基因生物安全性争议很大，而且呈现转基因项目审批日趋谨慎之势。转基因作物一开始就在质疑和争论中发展，争议主要集中在食品安全性和环境安全性两方面。转基因食品安全性是目前转基因生物安全的重点关注问题，对人类最直接的生物安全威胁是转基因食品产生的潜在健康影响。最近报道的四年前美国科研单位在我国小学生中进行的转基因“黄金大米”试验，应引起我们足够重视。在某些情况下，由于插入基因带来的额外特性，会使植物现有的性状发生改变，对植物自身和来源于该植物的食品的安全性来说，可能是有害的。其产生的原因之一是 DNA 序列的随机插入导致受体基因的破坏或沉默，沉默基因的激活或受体基因表达的改变可以表现为新的代谢产物的出现或已有代谢产物模式的改变。由转基因植物产生的新蛋白质的过敏性和毒性也是人们关注的焦点之一[1,2]。转基因植物中会出现没有安全食用历史的蛋白质，可能会影响人体健康。正如 WHO 副总干事 Leitner 所说：“当前，我们没有证据表明食用含有转基因成分的食品是危险的，但我们也不清楚这些食品是否会带来危害。”转基因农作物的生长处于一个大的开放空间，与其他的农作物或植物相邻，易发生一些生物安全问题。其主要体现在以下方面：①基因逃逸。这些转化基因可能通过转基因作物花粉传播、杂交等途径，进入其他非转基因植物种群，可能使这些种群基因库受到“基因污染”。②水平基因转移。转化基因可能对微生物发生基因水平转移，这一过程中，某些基因可能通过各种途径进入一些微生物基因组，并使后者具备一定抗药性，从而形成对人畜有害的细菌和病毒等微生物。例如，目前一部分外源基因使用抗病毒基因作为转化基因，这些抗病毒基因主要来自某些作物病毒，在转基因作物环境释放过程中，这些抗病毒基因可能会与作物病毒重组，产生新的甚至是毒力更强的病毒，继而可能使非病原病毒转变成病原病毒。③害虫对转基因抗虫作物的抗性进化。转基因作物能够持续地高水平表达单一的杀虫毒蛋白，因此造成比杀虫剂对害虫效果更高的选择性胁迫，最终导致害虫抗性加速进化。我们必须清醒地看到，过去国际间围绕“转基因作物与食品安全”的争论也并非单纯的科学技术问题，而是同政治、贸易、科技竞争、宗教信仰、新闻炒作等诸多因素相互交织在一起，也与不同利益集团的利益冲突有关联。因此，讨论转基因生物安全离不开科学技术这块基石，但如何认识和处置具体问题则需有更为广阔的视野。

目前，我国转基因作物和食品的安全性争论已经呈现胶着、总体趋于谨慎之势，转基因作物和食品的安全性争论已经超出问题的科学范围而扩大到社会舆论、社会心理甚至安全的定义等，各个群体、各个领域的人员都参与其中。这也许会在短期内干扰甚至影响转基因作物和食品的发展应用，但是从根本上也许有助于现代生物技术农业的发展。作为耕地非常紧张的人口大国，保证粮食安全是大事，但健康安全也是大事，并且转基因作物和食品安全与习近平同志提出的社会安全、科技安全、生态安全甚至军事安全等密切相关。健康安全是人类社会生存、繁衍与发展的共同追求，作为负责任的政府不能贸然尝试可能带来巨大风险的项目。我国一直很重视农业转基因作物与食品的安全性，基于人口大国粮食安全的重要性和生物技术的发展应用，长期支持转基因作物的实验研究，颁布了许多有关法规以保障转基因植物与食品研究、试验与推广的安全性，但是对商业化推广应用一直很谨慎，反映了政府在发展粮食产业以满足需求与人体健康和环境安全风险之间的艰难权衡。

转基因作物和食品的安全性争论需要科学技术“钥匙”，在争议的焦点没有得到普遍公认的、令人信服的科学验证之前，一概否定或一概肯定转基因作物和食品的安全性恐有失偏颇，如美国与欧洲国家之争。在转基因作物的国际发展仍然受到安全性怀疑影响的大背景下，老百姓关心健康安全和环境安全也有道理，解决争议的根本在于安全评价。实际上，我国疫苗研究领域已经出现这个趋势。自从 2011 年德国发生豆芽菜出血性大肠杆菌污染事件以来，我国在基因工程活疫苗安全评价方面已经要求增加环境安全评价实验，而这是原有安全评价规程里没有明确要求的内容。同时还要注意一点，在社会普遍越来越重视健康安全的环境氛围里，也有人认为转基因食品应该看做药品。他们认为，既然利用宿主遗传背景更清楚的基因工程菌或细胞生产的蛋白质多肽药物都需要严格的安全评价，那么遗传背景复杂的转基因食品更应该参照药品标准进行安全评价。如果真的把转基因食品归入药品，那么转基因食品的安全评价规程将发生很大变化，当然研究成本也将极大增加，推广应用更是难上加难。

转基因安全性涉及政府管理机构、科研人员、生产与使用的民众及该领域的商业人员，面对如此大范围的、长期并仍在继续对立的争议，现实迫切需要国家尽快组织权威机构进行更能被各方接受的科学研究与评价。转基因作物与食品已经试验推广多年，也为大范围评价研究提供了一定基础。我们建议依托国家生物与医学优势科研机构，建立国家级的转基因安全评价中心，围绕风险评估，执行国家转基因食品安全科学研究与独立评价的功能任务。

对待转基因食品问题，我们既不能因噎废食，也不能视虎为猫。政府机构在重视并考虑老百姓人身安全的情况下，从问题的争论焦点和安全发展的实际需要出发，完善评估规则并进行更全面的科学实验，也许才是解决争议问题之道。转基因食品安全直接关系到我国未来粮食安全，直接关系到民众健康，直接关系到国家发展命脉，对国家的长治久安具有极端重要性，应该有精心求证的科学耐心，切忌情急之下的“拍胸脯”。我们必须汲取国外的经验教训，同时也应该充分认识到转基因食品安全的极端复杂性。严格遵循规程指南进行实验是科学精神，对若干年前制定的规程指南进行评估修订也是科学精神，而对于新生事物，也许后者更需要引起重视。

另外，生物多样性和资源保护也是生物安全的重要内容。生物多样性是生物(动物、植物、微生物)与环境形成的生态复合体及与此相关的各种生态过程的总和，包括生态系统、物种和基因三个层次。生物多样性是人类赖以生存的条件，是经济社会可持续发展的基础，是生态安全和粮食安全的保障。《生物多样性公约》是国际社会所达成的有关自然保护方面的最重要公约之一，该公约于 1992 年 6 月 5 日在联合国所召开的里约热内卢世界环境与发展大会上正式通过，并于 1993 年 12 月 29 日起生效(因此，12 月 29 日被定为国际生物多样性日)。公约的目标是保护生物多样性及实现对资源的持续利用，以及促进各国公平合理地分享由自然资源产生的利益。2000 年 1 月 29 日，《生物多样性公约》缔约方会议通过了一项称为《卡塔赫纳生物安全议定书》的公约补充条约，该议定书寻求保护生物多样性免受由现代生物技术改变的活生物体带来的潜在危险。它建立了事先知情同意(advance informed agreeme，AIA)程序以确保各国在批准这些生物体入境之前能够获得做出有关决定所必需的信息。该议定书也包括了预防的参考方法，并重申了里约热内卢环境与发展大会声明的关于“预防”的第 15 条原则。该议定书要求建立生物安全资料交换所，以便就经有关生物技术改变的活生物体和协助各国实施议定书情况交换信息。

近年来，随着转基因生物安全、外来物种入侵、生物遗传资源获取与惠益共享等问题的出现，生物多样性保护日益受到国际社会的高度重视。目前，我国生物多样性下降的总体趋势尚未得到有效遏制，资源过度利用、工程建设及气候变化严重影响着物种生存和生物资源的可持续利用，生物物种资源流失严重的形势没有得到根本改变。生物资源是指生物圈中对人类具有一定价值的动物、植物、微生物及它们所组成的生物群落。生物资源是地球上的宝贵资源。目前，一些种类的生物资源由于人类的过度开采和栖息环境的改变而日趋减少，有的甚至濒于灭绝。为了永续利用，造福后代，各国政府和人民正在采取有效措施保护生物资源可持续发展。我国是生物资源大国，这些宝贵资源是国际上不法分子觊觎和想方设法盗取的对象。外来生物入侵是指对一个特定的生态系统与栖息环境来说，非本地的生物(包括植物、动物和微生物)通过各种方式进入此生态系统，并对生态系统、栖境、物种、人类健康带来威胁的现象。外来生物入侵对一般民众来说很难察觉，而实际上它对一个国家的发展战略影响深远，造成的现实损失也是巨大的。外来物种可能带来本地不能抵抗的疾病病原体，同时，由于缺少天敌，外来物种可以大量繁殖，使农业、林业、畜牧业等行业遭受巨大损害，甚至直接威胁人类健康。我国面临的生物入侵形势严峻，表现为入侵生物种类多、危害重、潜在威胁大。目前，入侵我国各种生态系统的外来物种已有500余种，其中，大面积发生、危害严重的多达100余种。在国际自然保护联盟(International Union for Conservation of Nature and Natural Resources，IUCNNR)列出的全球100种最具有威胁的外来物种中，入侵我国的就有50余种。我国几乎所有的生态系统均遭到入侵物种的侵害和威胁。近10年来，新传入我国的入侵物种有20余种，平均每年递增1～2种，侵入速度是20世纪80年代以前的几十倍。例如，国际著名的被称为小麦"杀手"的秆锈病新变种Ug99，一旦入侵我国，极有可能对我国3.2亿亩(1亩≈666.7平方米)冬小麦造成毁灭性打击[3~5]。

为落实《生物多样性公约》的相关规定，进一步加强我国的生物多样性保护工作，有效应对我国生物多样性保护面临的新问题、新挑战，我国环境保护部会同20多个部门和单位编制了《中国生物多样性保护战略与行动计划》，提出了我国未来20年生物多样性保护总体目标、战略任务和优先行动。其总体目标是，到2015年，力争使重点区域生物多样性下降的趋势得到有效遏制；到2020年，努力使生物多样性的丧失与流失得到基本控制；到2030年，使生物多样性得到切实保护，各类保护区域数量和面积达到合理水平，生态系统、物种和遗传多样性得到有效保护，形成完善的生物多样性保护政策法律体系和生物资源可持续利用机制，使保护生物多样性成为公众的自觉行动。其战略任务包括八项：一是完善生物多样性保护相关政策、法规和制度；二是推动生物多样性保护纳入相关规划；三是加强生物多样性保护能力建设；四是强化生物多样性就地保护，合理开展迁地保护；五是促进生物资源可持续开发利用；六是推进生物遗传资源及相关传统知识惠益共享；七是提高应对生物多样性新威胁和新挑战的能力；八是提高公众参与意识，加强国际合作与交流。根据总体目标和战略任务综合确定的我国生物多样性保护的十个优先领域包括：完善生物多样性保护与可持续利用的政策与法律体系；将生物多样性保护纳入部门和区域规划，促进持续利用；开展生物多样性调查、评估与监测；加强生物多样性就地保护；科学开展生物多样性迁地保护；促进生物遗传资源及相关传统知识的合理利用与惠益共享；加强外来入侵物种和转基因生物安全管理；提高应对气候变化能力；加强生物多样性保护领域的科学研究和人才培养，建立生物多样性保护公众参与机制与伙伴关系及制定相应的保障措施。《生物多样性公约》及《卡塔赫纳生物安全议定书》是国际促进生物安全所做努力的典范，对保护环境资源的生物安全意义重大，同时也对其他领域生物安全的国际履约谈判具有参考意义。

参考文献

[1]Séralini G E，Clair E，Mesnage R，et al. Long term toxicity of aroundup herbicide and a roundup-tolerant genetically modifiedmaize. Food and Chemical Toxicology，2012，50(11)：4221～4231.

[2]满羿. “黄金大米”试验疑云. 北京青年报，2012-09-05，第 A10 版 .

[3]万方浩，李保平，郭建英. 生物入侵. 北京：科学出版社，2008.

[4]郑涛，黄培堂. 生物安全的问题及思考. 军事医学，2012，36(10)：725～727.

[5]黄培堂，沈倍奋. 生物恐怖防御. 北京：科学出版社，2005.

（郑涛）

第 8 章

生物技术发展与谬用

生物技术是当今世界发展最快的技术领域之一，是 21 世纪的朝阳技术，正在迅速发展并渗透融合到其他学科领域。生物技术的快速发展推动着科学的进步，促进着经济的发展，改变着人们的生活，并影响着人类社会的发展进程。近几年，生命科学、生物技术及相关领域的论文总数已占全球自然科学论文总数的 50%以上，国际著名科技期刊《科学》评选的年度 10 项科技进展中，关于生命科学和生物技术领域的科技进展常常占到 50%以上。进入 21 世纪，人类社会发展面临着健康需求、粮食短缺、能源保障、环境污染等一系列重大挑战，生物技术为应对这些重大挑战提供了重要途径和手段。然而，生物技术是典型的两用性技术，具有双刃剑的特点，如果失控而被谬用，可能产生灾难性后果。如何避免和防止生物技术谬用是世界各国共同面临的紧迫问题，也是国际生物安全的重要研究领域。

8.1 生物技术发展概述

1953 年 Watson 和 Crick 阐明了 DNA 双螺旋结构，奠定了分子生物学的基础，自此，生物技术和生命科学开始突飞猛进地发展。1953 年以来，现代生物技术部分重要或标志性事件简列如下[1]：1953 年，Watson 和 Crick 阐明 DNA 双螺旋结构；1960 年，发现 mRNA，并证明 mRNA 指导蛋白质合成；1961 年，Nirenberg 等破译了遗传密码，揭开了 DNA 编码的遗传信息传递到蛋白质的秘密；1967 年，世界上有 5 个实验室几乎同时发现了 DNA 连接酶；1970 年，分离出第一个限制性内切酶；1971 年，用限制性内切酶酶切产生 DNA 片段，并用 DNA 连接酶获得第一个重组 DNA；1972 年，Berg 等首次成功构建 DNA 重组体；1973 年，Cohen 和 Boyer 建立了 DNA 重组技术；1976 年，建立 DNA 测序技术；1977 年，首次用化学方法合成了人生长激素抑制因子的基因，并构建出表达该基因产物的工程菌；1983 年，Ulmer 提出蛋白质工程概念；1988 年，PCR 技术诞生；1994 年，Wilkins 和 Williams 提出蛋白质组概念；1996 年，研制出第一只克隆羊“多莉”(Dolly)；1997 年，提出转录组概念；1999 年，RNA 组学研究被提出；2003 年，人类基因组序列图绘制成功。

8.1.1　重组 DNA 技术

1972 年，美国斯坦福大学生化学家 Berg 将 λ 噬菌体基因和大肠杆菌乳糖操纵子基因插入猴病毒 SV40 DNA 中，首次构建出了 DNA 重组体。1973 年，美国斯坦福大学的 Cohen 和美国加州大学的 Boyer 成功地将细菌质粒通过体外重组后导入大肠杆菌细胞中，得到了基因的分子克隆，由此产生了基因工程。基因工程是按照人们的意愿对携带遗传信息的分子进行设计和改造，通过体外基因重组、克隆、表达和转基因等技术，将一种生物体的遗传信息转入另一种生物体，有目的地改造生物种性，创制出更符合人类需要的新生物类型的分子工程。

基因工程的核心是 DNA 重组技术。DNA 重组技术也称为 DNA 克隆、分子克隆、基因克隆，是将 DNA 限制性酶切片段插入克隆载体，导入宿主细胞，经无性繁殖，获得相同的 DNA 扩增分子的技术。基因克隆中所需的工具酶包括限制性核酸内切酶、DNA 连接酶和 DNA 聚合酶等。基因载体是能够承载外源 DNA 片段，并将其带入受体细胞得以维持的 DNA 分子，包括质粒载体、病毒或噬菌体载体等。

重组蛋白表达系统是生物技术药物研发与生产的有力工具。现有的重组蛋白表达系统主要包括细菌、真菌(主要是酵母和丝状真菌)、昆虫细胞和哺乳动物细胞表达系统等。

大肠杆菌表达系统是基因表达技术中发展最早、目前应用最广泛的经典表达系统。与其他表达系统相比，大肠杆菌表达系统具有遗传背景清楚、目的基因表达水平高、培养周期短、抗污染能力强等特点，在基因表达技术中占有重要的地位，是分子生物学研究和生物技术产业化发展进程中的重要工具。

哺乳动物细胞表达系统能够对其表达的蛋白进行复杂的翻译后修饰，对维持重组蛋白的生理活性具有重要意义，这一特性使哺乳动物细胞表达系统在基础和应用研究领域均有重要应用，尤其体现在药物开发方面。目前，采用哺乳动物细胞表达系统生产的生物药物，其品种及全球市场份额均已占生物药物产业的70%左右。2012 年，生物技术药物销售额超过 70 亿美元的全球五大销售额药物中，采用哺乳动物细胞表达系统生产的有四项。

酵母菌表达系统作为除哺乳动物细胞、大肠杆菌表达系统之外的第三大外源蛋白表达系统，既具有原核表达系统操作简单、价格低廉的优点，又具有真核表达系统对表达蛋白糖基化和二硫键形成等翻译后修饰的功能。

20 世纪 80 年代，杆状病毒遗传修饰技术的建立，使以杆状病毒作为表达载体进行蛋白质异源表达成为可能，这一表达系统称为昆虫细胞-杆状病毒表达系统。杆状病毒载体能容纳大片段 DNA，这使昆虫细胞表达系统能制备多蛋白聚合体或用一个载体制备多个蛋白，同时，杆状病毒不能感染哺乳动物细胞，这使得昆虫细胞表达系统的安全性比其他表达系统的安全性更高。

8.1.2 基因测序技术

作为遗传信息的载体，准确探测 DNA 序列能从根本上治疗及预防诸多疾病。人类基因组计划使用第一代 Sanger 测序技术，耗时十几年，花费超过 10 亿美元，而以罗氏(Roche)公司 454 技术为代表的第二代基因测序技术仅需一周就能完成人类个体基因组测序，花费不到 100 万美元。近年来崭露头角的基于纳米孔的第三代基因测序技术，通过检测 DNA 分子通过纳米孔时产生的特征阻塞电流来探测 DNA 序列，具有快速、精确、低成本的优势，有望实现以1 000美元完成个人基因组测序的目标。

1. 人类基因组计划

人类基因组计划由美国科学家于 1985 年率先提出，于 1990 年正式启动。美国、英国、法国、德国、日本和中国科学家共同参与了这一计划。人类基因组计划是人类为探索自身奥秘迈出的重要一步，是继曼哈顿计划和阿波罗登月计划之后，人类科学史上的又一个伟大工程。其中，2001 年人类基因组工作草图的发表[由公共基金资助的国际人类基因组计划和私人企业塞雷拉基因组公司(Celera Genomics)各自独立完成，并分别公开发表]被认为是人类基因组计划成功的里程碑。

2. DNA 百科全书

美国 NIH 国家人类基因组研究所(The National Human Genome Research Institute，NHGRI)在 2003 年发起了一项命名为“ENCODE”(DNA 百科全书)的研究，目的是确定人类基因组中所有功能基因。ENCODE 是继人类基因组计划之后的又一大型国际合作项目。如果说人类基因组计划的完成是印刷了一部生命的“天书”，那么，ENCODE 相当于在这本“天书”上加上了对重要字词、句式的注解。

3. 人类基因组单体型图谱计划

美国、加拿大、中国、英国等国家的科学家在 2002 年启动了人类基因组单体型图谱计划(Haplotype Map，HapMap)，目的是寻找个体间的基因差异。HapMap 在 2005 年完成的“第一张基因变异图谱”中含有 100 万个“单核苷酸多态性”(single-nucleotide-polymorphism，SNPs)位点，2008 年完成的“第二张基因变异图谱”中含有 310 万个 SNPs 位点，2010 年“第三张基因变异图谱”的一期结果中已经包含了 1 500 万个 SNPs 位点。

4. 千人基因组计划

2008 年，中国、英国、美国等国的科学家宣布启动国际千人基因组计划。这一国际合作计划的主要发起者包括英国的桑格(Sanger)研究所、中国的深圳华大基因研究院及 NIH 的 NHGRI。千人基因组计划最终目标是完成包含来自全球 27 个族群的 2 500 个人的基因组信息。

5. 人类微生物基因组计划

2007 年，NIH 发起了人类微生物基因组计划(Human Microbiome Project，HMP)，其主要目标是分析微生物与人体健康和疾病的关系。

测序技术的进展产生了大量病原微生物的基因组数据，这些数据有助于开发新的疫苗和药品等。然而，这些信息也可能被滥用，如通过基因改造增强微生物致病性，或将无害微生物转换成致病微生物，使其难以被检测、诊断与治疗。2002 年启动的 HapMap 致力于确定人群的遗传相似性和差异性，研究影响健康、疾病、药物与环境个人易感性基因，该项目所产生的信息可能被用来发展针对特定人群的生物剂。个人基因组信息的生物安全问题受到国际社会的广泛关注，但是对个人基因组的两用性监管非常困难，原因是 DNA 测序技术有很广的商业用途，在生物医药、学术及工业企业被广泛应用。

8.1.3　合成生物学技术

合成生物学是当前各国热点研究领域，发展速度很快。病原体基因组合成的生物安全问题也引起了国际社会的高度关注[2]。

1. 病原体基因组合成

2002 年 8 月，纽约州立大学石溪(Stony Brook)分校的 Wimmer 等研究出第一个人工合成的病毒——脊髓灰质炎病毒。

2003 年 12 月，美国克雷格·文特尔研究所 (J. Craig Venter Institute)合成了噬菌体 φX174 的基因组。

2005 年 10 月，美国陆军病理学研究所的病毒学家陶本伯格(Taubenberger)获得了 1918 流感病毒基因组序列，根据该序列信息，美国 CDC 的科研人员重构了该病毒。

2008 年 2 月，美国克雷格·文特尔研究所合成了生殖支原体的基因组 DNA，这是第一个人工合成的原核生物基因组。

2008 年 12 月，美国范德堡大学(Vanderbilt University)的 Becker 等设计并

合成了重组的蝙蝠 SARS 样冠状病毒。

2010 年 5 月，美国克雷格·文特尔研究所在《科学》杂志上报道了首例人造细胞的诞生。这是一个山羊支原体细胞，但细胞中的遗传物质却是依照蕈状支原体的基因组人工合成而来的，产生的人造细胞表现出的是后者的生命特性。

2014 年 3 月，美国、英国、法国等多国研究人员组成的科研小组宣布成功合成了第一条能正常工作的酵母染色体。

2. 合成脊髓灰质炎病毒[3]

2002 年，《自然》期刊发表了美国纽约州立大学 Stony Brook 分校的 Wimmer 等完成的通过化学方法合成脊髓灰质炎病毒的文章。脊髓灰质炎病毒可导致小儿麻痹症，其基因组是单链 RNA。该研究团队通过互联网上可以找到的脊髓灰质炎病毒的基因组序列，通过商业途径获得了平均含有 69 个碱基对(bp)的一些片段，然后对这些片段进行连接，最终形成了含有 7 741 个 bp 的 cDNA 片段。当其组装成完整的 cDNA 片段后，通过 RNA 聚合酶生成了单链的 RNA 脊髓灰质炎病毒基因组，通过细胞培养，然后注射小鼠表明了该病毒的活性。该研究得到了美国国防部高级研究计划局(Defense Advanced Research Projects Agency，DARPA)的资助。

3. 合成蝙蝠 SARS 冠状病毒[4]

2008 年，美国范德堡大学的 Denison 等在《美国科学院院刊》(*PNAS*)上发表了全基因组合成蝙蝠 SARS 冠状病毒的文章。2002 年秋季，SARS 首先在中国的广东省出现，随后在越南、加拿大、中国香港发现病例。到 2003 年春季，WHO 报道的病例数有 2 353 例，其中 4%的病例死亡，60 岁以上的病例中超过 50%死亡。直到 2003 年 7 月 5 日，WHO 宣布已没有人传人的 SARS 冠状病毒病例发生。

虽然早期的一些证据表明果子狸是 SARS 冠状病毒的宿主，但一些研究认为蝙蝠是 SARS 冠状病毒的自然宿主。但是，蝙蝠 SARS 冠状病毒在细胞培养中不能成功生长，限制了其从动物传播到人的确证研究。为了确定 SARS 冠状病毒从蝙蝠到人的传播，2008 年美国范德堡大学的 Becker 等通过化学合成的方式合成了蝙蝠 SARS 冠状病毒，它被认为是人间传播的 SARS 冠状病毒的来源。并且，他们将蝙蝠 SARS 冠状病毒的受体结合区替换成了人的 SARS 冠状病毒受体结合区——该区域被认为与 SARS 冠状病毒的宿主特异性有关。研究小组合成了 29.7kb 的蝙蝠 SARS 冠状病毒，并进行了细胞培养和感染小鼠实验。

4. 科学家首次成功合成酵母染色体[5]

美国、英国、法国等多国研究人员组成的科研小组于 2014 年 3 月 27 日宣布成功合成了第一条能正常工作的酵母染色体，这一成果被誉为攀上了合成生物学的新高峰，是合成生物学领域的里程碑。美国纽约大学医学院杰夫·伯克(Jef

Boeke)教授领导的一个国际研究小组在《科学》杂志上报告说，他们利用计算机辅助设计技术，历时 7 年成功构造了酿酒酵母的三号染色体，尽管合成的仅仅是酿酒酵母 16 条染色体中最小的一条，但这是人造染色体的从无到有，是通往构建一个完整的真核细胞生物基因组的关键一步。这条染色体被成功整合进活体酵母细胞之中。

基因组合成技术目前仍处于快速发展时期，随着多种生物基因组序列测序的完成和公开，它的潜在风险越来越大。基因组合成技术谬用风险主要表现在可以利用这种技术人工合成一些自然界难以获得或已经消灭的病原体，如埃博拉病毒、马尔堡病毒、禽流感病毒、天花病毒等烈性病毒，甚至制造出自然界没有但危害更大的新病原体，因此，合成生物学是国际生物安全的巨大挑战。

8.1.4 DNA 改组和定向进化[6]

变异使物种的进化成为可能，其实质是生物机体在形态、生理等方面获得某些不是来自亲代的特征。如果没有变异，地球上的生命就只能停滞在原始的类型，不可能构成形形色色的生物界，更不可能有人类纷繁的进化。1994 年，美国 Affymax 研究所的 Stemmer 在《自然》上发表了一篇有关通过 DNA 改组(shuffling)技术对蛋白质进行体外快速进化的论文，首次提出了 DNA 改组技术。

DNA 改组技术是一种加速进化的技术，通过该技术可以提高某种蛋白的表达水平，或是提高某种蛋白质的活性。但是，利用该技术也可以产生新的病原体或毒素。其原因是 DNA 改组技术通过从几个不同的父代基因组产生子代基因组，使子代基因组含有不同的父代基因片段。一些研究已经发现，通过 DNA 改组技术可以提高生物体对抗生素的抵抗力。美国 DARPA 支持 Maxygen 公司致力于 DNA 改组技术的商业化，如研究新的药物和疫苗等。在自然条件下，病原体不会进化其抗原性来增加免疫反应，反而是为了生存需要减小这种反应。但是，Maxygen 公司的目标之一是通过 DNA 改组技术来改造病毒的抗原性以增加其免疫原性和交叉保护范围。

理论上，定向进化可以被用于提高病原体的有害特性，如毒性、致病性、抗生素抵抗力、环境稳定性等，从而降低现有医疗措施的有效性。例如，Maxygen 正在进行的一项对白细胞介素-12(IL-12)进行定向进化的研究计划。该研究用人、恒河猴、牛、猪、山羊、狗和猫 7 种不同的哺乳动物来产生新的 IL-12 蛋白，获得的 IL-12 蛋白比人的 IL-12 蛋白活性强 128 倍。虽然这项研究的目的是研究药物，但是该技术具有潜在滥用的风险，如抑制人的免疫反应等。实际上，DNA 改组技术的发明人 Stemmer 很早就认识到了该技术的两用性，他认为“这是生物学中最危险的事情”，但当前大多数的科学团体并没有意识到 DNA 改组潜在的生物风险。

8.1.5 蛋白质工程[6]

蛋白质在机体结构组成和催化生物反应中具有重要的作用。20 世纪 80 年代初，产生了蛋白质工程，即通过对蛋白质已知结构和功能的了解，借助计算机辅助设计，利用基因定位诱变等技术改造基因，以达到改进蛋白质某些性质的目的。蛋白质工程的出现，为认识和改造蛋白质分子提供了强有力的手段。

蛋白质工程包括三个方面，一是理性设计，即通过改变蛋白质的三维构象结构达到改造蛋白质特性的目的；二是直接进化(directed evolution)；三是人工合成蛋白质。制药工业广泛应用蛋白质工程技术，其中包括发展融合毒素(fusion toxins)达到治疗目的。许多毒素蛋白具有两种功能域，即结合结构域和催化结构域，结合结构域识别特定的受体，催化结构域产生毒性反应。蛋白质工程技术可以将两种不同蛋白的结合结构域和催化结构域融合成一种蛋白，因此具有产生新毒素的风险。例如，将白喉毒素或蓖麻毒素的催化结构域与 IL-2 的结合结构域融合产生一种融合蛋白来选择性地杀死肿瘤细胞。蛋白质工程潜在的滥用风险包括以下两个方面。

一是增强已知毒素的毒力。苏云金芽孢杆菌(bacillus thruingiensis)是一种土壤细菌，作为一种生物杀虫剂，其产生的毒素蛋白具有杀灭昆虫的作用。由于昆虫可以抵抗这种毒素，科研人员可以通过理性设计和定向进化的手段提高毒素杀灭昆虫的能力。但由于该毒素与炭疽毒素相关，这项技术具有潜在的危险，因为理论上可以通过相同的方法来提高炭疽毒素的致病性。

二是产生融合毒素。肉毒毒素可以和葡萄球菌肠毒素 B 融合产生致死性的更为稳定和耐热的毒素。

对于蛋白质工程，现在一些国家还没有专门的政府监管策略。美国选择性生物剂监管计划包括对一些毒素的监管，如肉毒毒素、蓖麻毒素、志贺毒素、葡萄球菌肠毒素等，因此可以进行融合毒素等方面的研究。

8.1.6 RNA 病毒反向遗传学技术[7~9]

病毒核酸的大小差别悬殊，微小病毒仅由 5 000 个核苷酸组成，而最大的痘类病毒则由 400 万个核苷酸组成。病毒基因组有不同类型，如双链 DNA 病毒、单链 DNA 病毒、单正链 RNA 病毒、单负链 RNA 病毒、双链 RNA(dsRNA)病毒及逆转录病毒。人和动物的 DNA 病毒基因组大多数为双链 DNA，如疱疹病毒、腺病毒。人与动物的 RNA 病毒大多数为单链 RNA 病毒。单链 RNA 病毒分为正单链 RNA 病毒和负单链 RNA 病毒。正单链 RNA 病毒的 RNA 基因组不仅可以作为模板复制子代病毒 RNA，还同时具有 mRNA 的功能。正单链 RNA 病毒可以直接进行病毒蛋白的合成。其通过产生 cDNA，可以进行敲除、突变等操作。负单链 RNA 病毒需要通过自身内部先转录出核苷酸序列与亲代基因组互补的正链后，才能在核糖体上转译出相应的蛋白质。负链 RNA 的基因组改造存在一定的困难。

RNA 病毒的反向遗传学(reverse genetics)技术促进了 RNA 病毒的遗传改造，该技术是指将病毒 RNA 逆转录成 cDNA，由含病毒基因组 cDNA 的质粒产生 RNA 病毒的一项技术。由于最终产生的 RNA 病毒来源于 cDNA 克隆，通过人为加入的 DNA 环节，实现了在 DNA 水平上对 RNA 病毒基因组的人工操作，达到了改造病毒基因组、了解基因及其产物功能的目的。

流感病毒与多数负链 RNA 病毒不同，因为流感病毒是在感染细胞的细胞核内完成复制的。在受体介导的吞饮和膜融合之后，病毒的核糖核蛋白复合体(vRNP) 释放入细胞浆。vRNP 包括病毒 RNA、核蛋白和 3 个多聚酶蛋白(PB1、PB2 和 PA)，它被运送至细胞核，并在此完成转录和复制。负链的病毒 RNA 不能作为蛋白质合成的直接模板。NP 包裹的 vRNA 必须转录为 mRNA。A 型流感病毒的产生需要 8 个功能性的 RNP 复合物，并且这 8 个复合物必须进入细胞核。

在实验室水平体外产生病毒始于 20 世纪 80 年代。随着狂犬病毒的感染性 cDNA 克隆的诞生和一个分节段的负链 RNA 病毒——布尼亚病毒的反向遗传学的成功，从克隆的 cDNA 产生流感病毒的技术终于在 1999 年得到突破。美国 Neumann 研究小组构建了含 A/ WSN/ 33 (H1N1)全部 8 个基因片段的克隆，并用另外 9 个真核表达质粒负责病毒蛋白的合成，即 17 质粒系统。随后，该小组对 17 质粒系统进行了改进，将负责蛋白合成的真核表达质粒改为 4 个，分别负责 PA、PB1、PB2 和 NP 的合成，以供病毒 RNA 的转录和复制之用，该系统称为 12 质粒系统。Hoffmann 等对该系统进行了改进，使其从同一模板便可同时产生 vRNA 和 mRNA，无须另外的质粒来负责蛋白质合成，这个系统称为 8 质粒系统。

随后，Neumann 等探索了减少转染所需质粒数量、提高转染效率的方法，使转染所需质粒的数量减少到1～6 个。

反向遗传学技术可以用于流感病毒重配疫苗株的获得，并且可以进行相应的基因改造，一般用于制备流感疫苗的毒株多是由当前流行毒株和高产株重配得来的。目前，WHO 推荐的流感疫苗候选毒株，是用当前流行的流感病毒毒株与实验室适应毒株 A/PR/8/34(H1N1)共同感染鸡胚，进行自然重配，加入抗 PR8 血清，以有限梯度稀释法接种鸡胚后连续传代，利用鸡胚克隆的方法获得带有当前流行毒株基因片段的重配毒株。但自然重配有时不容易实现，而流感病毒反向遗传学技术可以使其更为高效。

8.1.7 RNA 干扰[10]

RNA 干扰(RNA interference，RNAi)是指通过内源性或外源性双链 RNA 的介导特异性降解相应序列的 mRNA，导致靶基因的表达沉默，产生相应的功能型缺失的现象，属于转录后水平的基因沉默。作为一种进化上高度保守的抵御外源基因或外来病毒侵犯的防御机制，RNAi 广泛存在于各种生物体内，同时在生物生长发育中扮演着基因表达调控的角色，使人们重新认识了 RNA 在生命活动过程中的重要性。

2001 年 RNAi 技术被成功用于诱导培养的哺乳动物细胞基因沉默现象，此后，人们在不同种属的生物中进行了广泛而深入的研究，证实了双链 RNA 介导的 RNAi 现象广泛存在于真菌、果蝇、拟南芥、锥虫、涡虫、水螅、斑马鱼、小鼠、大鼠、猴乃至人类等多种生物中。2006 年，美国科学家安德鲁·菲尔和克雷格·梅洛诺因在 1998 年阐明 RNAi 现象而获得诺贝尔医学奖。

RNAi 最主要的作用是应对细菌的入侵。在病毒的生命周期中，病毒的基因组进行复制，在宿主细胞内进行基因表达。双链 RNA 是许多病毒生命周期中的一部分，其对被感染的细胞来说是外来成分。宿主细胞利用病毒的 RNA 作为模板产生一个小的 RNA 片段，利用这个小的 RNA 片段来识别病毒 RNA，并对其进行破坏。RNAi 机制同样可以调节自身基因的表达。

RNAi 技术不仅作为一种高效多能的重要生物医学研究工具脱颖而出，为靶向药物的研制带来了革命性的突破，而且在短短数年内成为生物制药的一个新兴战略领域，并取得了很大的研究进展。美国已有 14 种小分子 RNA 新药进入各期临床实验阶段，这些药物品种主要集中在丙肝、老年痴呆等领域，其中也包括针对癌症、乙肝和 AIDS 的药物。目前的临床试验结果表明，核酸干扰药物不仅安全、毒性低，而且临床治疗效果十分明显，极有可能用于大规模药物开发。

RNAi 技术的两用性问题已开始引起国际社会的重视。RNA 可以通过两种途径产生危害，一是通过阻断宿主一些重要的基因，二是破坏宿主针对感染的防御系统。例如，通过基因工程可以将 RNA 插入病毒的基因组，在感染宿主后，病毒表达 RNA，破坏宿主的代谢系统，可以产生类似毒素的效果。如果病毒在人与人之间传播，其潜在的破坏作用会更大。

8.1.8 基因治疗[10]

基因治疗是通过将外源的基因物质插入人的细胞或组织中来改变基因功能，治疗或治愈遗传性疾病的一种治疗方法。1990 年 9 月，在美国 NIH 临床中心，一位 4 岁的小女孩接受了第一例基因治疗。她因缺少腺苷脱氨酶而患重度联合免疫缺损症，导致免疫系统功能低下。医疗人员收集了她的白细胞，将 ADA 编码基因导入，然后再把白细胞重新输送回她的体内后，其机体产生 ADA 的能力有所提高。

插入新的基因物质到目标细胞，可以通过病毒载体或非病毒载体。用于基因治疗的病毒载体有三种类型，即逆转录病毒、腺病毒、腺病毒相关病毒。病毒载体被认为存在一定的副反应。另外一个问题是，受体的免疫系统可以发现病毒载体，并破坏载体。与病毒载体相比，非病毒的递送系统更安全，但是有效性差。

基因治疗可以改变人类遗传疾病的治疗，其目标是修复或替代异常的基因。人们当前已经可以通过基因工程手段大量生产胰岛素，而最终的目标是，将胰岛素基因整合入人的胰腺组织以治疗糖尿病。

基因治疗的两用性问题也已开始引起国际社会的重视。基因治疗潜在的滥用包括病毒载体可以将有害的基因导入特定的人群。

8.1.9　气溶胶技术

生物气溶胶是指悬浮在空气中的生物颗粒，包括细菌、真菌、病毒及其副产物等，严重影响着人体健康。广泛使用的通过播散苏云金芽孢杆菌来应对云杉食心虫对森林的损害是气溶胶技术一个很好的应用实例。在生物医药研究中，气溶胶技术广泛用于治疗哮喘和其他慢性阻塞性肺部疾病。目前，几个公司正在研究胰岛素鼻腔气溶胶吸入给药技术，作为注射方式的替代。

气溶胶疫苗是活的、非致病的细菌或病毒，以悬浮颗粒或液滴的形式对人群进行免疫。动物和人体的实验表明，该形式较口服和注射可以更好地刺激人体的免疫反应。气溶胶疫苗可以到达鼻腔或是肺的深部。在苏联军事医学文献中，最早报道的相关研究工作是在 20 世纪 50 年代。苏联解体后，俄罗斯继续了气溶胶疫苗的研究，包括针对鼠疫、土拉和炭疽的气溶胶疫苗。1962 年，美国马里兰州的陆军实验室曾研发了针对土拉菌的气溶胶疫苗。2003 年，美国 FDA 批准了一种通过鼻腔给药的活病毒流感疫苗 FluMist，该疫苗由马里兰州的 MedImmune 公司生产。另外，美国陆军传染病医学研究所的研究人员正在发展针对马鼻疽的气溶胶疫苗。

气溶胶技术的潜在滥用主要表现在通过这种技术可以播散细菌或病毒[11]。

8.2　生物技术的潜在谬用

8.2.1　抗原改变的细菌[12]

1997 年，位于俄罗斯 Obolensk 的国家应用微生物学研究中心的 Pomerantsev 等在《疫苗》(*Vaccine*)期刊上发表了通过改变炭疽芽孢杆菌抗原性而使原有疫苗失效的研究论文。研究人员将蜡样芽孢杆菌 VKM-B164 的细胞溶解酶基因 cereolysin AB 在炭疽芽孢杆菌中进行表达，表达该基因的炭疽芽孢杆菌包括毒力株 H-7(PXOl，PXO2)及疫苗株 STI-1 (PXOI)，表达通过一个高拷贝的质粒 pE194 完成，然后用重组前及重组后的疫苗株对叙利亚仓鼠进行免疫，再对免疫后的仓鼠进行攻毒实验。实验结果显示，接种 STI-1 疫苗株的仓鼠可以抵抗原来毒力株 H-7 的攻击，但是不能抵抗重组的 H-7 毒力株的攻击，而经 STI-1 重组疫苗株免疫后的仓鼠可以同时抵抗 H-7 毒力株及重组后的毒力株的攻击。该研究表明了表达溶解酶基因 cereolysin AB 后，炭疽芽孢杆菌抗原性的改变。该工作的潜在生物安全风险引起了美国国防部的高度警觉。

8.2.2 多重耐药细菌

抗生素抗药性是当代医学一个日益严重的全球性健康威胁，已成为 21 世纪重要的公共健康议题之一，特别是因为越来越多的具有多重耐药性(multiple drug resistance，MDR)的病原微生物出现，其发展趋势非常严重。滥用抗生素是超级病菌产生的根本原因。药物的滥用，使病菌迅速适应了抗生素的环境，为产生各种超级病菌提供了筛选生长条件。典型耐药菌有甲氧西林耐药葡萄球菌(MRS)、抗药性金黄色葡萄球菌(MRSA)、多重抗药性鲍氏不动杆菌(MRAB)、新德里超级耐药肠杆菌(NDM-1)、青霉素耐药肺炎链球菌(PRSP)、万古霉素敏感性减低金黄色葡萄球菌(VISA)、抗万古霉素金黄色葡萄球菌(VRSA)、抗万古霉素肠球菌(VRE)等。

除抗生素滥用及自然因素产生的耐药菌外，还需要注意人为制造的耐药菌。生物技术发展为人为制造耐药菌提供了技术手段。苏联生物武器计划中曾研究能够抵抗十几种抗生素的“超级耐药”细菌，如炭疽芽孢杆菌、鼻疽菌、类鼻疽菌、鼠疫菌等[13]。2006 年，《抗菌剂和化学疗法》上发表了美国塔夫茨大学医学院的 Udani 和 Levy 关于如何鉴定鼠疫耶尔森菌中可导致鼠疫菌多重抗生素抗性基因的论文[14]。大肠埃希氏菌多重抗生素抗性基因的存在位置是多种药物外排泵的转录调节位点。MarR 蛋白质阻遏外排泵的转录，而 MarA 蛋白质则加大其表达，并因此激活抗生素抗性。Levy 博士实验室希望测定该机制是否同样也存在于鼠疫耶尔森菌。虽然他们在鼠疫耶尔森菌中没有发现完整的多重抗生素抗性的存在位置，但是却发现了与 MarA、MarR 和外排泵同源的独立基因。他们的研究表明，虽然大小不同，但是 MarA47YP 最有可能是鼠疫耶尔森菌中的 MarA 基因。通过表达该基因，这个菌种可以对四环素、利福平、氯霉素、多西环素、萘啶酸和诺氟沙星都具有抗性，而对六种常见的抗生素的抗性通过一个基因就能从一种细菌传到另一种细菌。有人担心发表类似 Levy 博士试验的论文可能带来生物安全威胁，但论文最终得以发表。

8.2.3　生物调节剂

生物调节剂是生物体内细胞产生的，对生物过程起调节作用的化学物质。目前发现的生物调节剂大多数是小分子肽，故也称之为神经肽或神经调节剂。生物调节剂对机体的生理过程、新陈代谢和神经活动等具有重要的调节作用。由于生物调节剂具有低剂量、高活性和速效性的作用特点，为开发新药和寻找军事用途的小分子肽提供了新的研究方向和技术途径，引起了生物学家、神经科学家和军事化学家的关注。生物调节剂可促进或抑制酶的活性、激活信号通路或影响 DNA 的表达调控。主要的生物调节剂包括神经递质、激素、肽类等，神经递质如 γ-氨基丁酸，生物活性肽如催产素、脑啡肽、垂体后叶素、神经肽 Y、P 物质，激素包括皮质醇，蛋白激素包括胰岛素等[15]。

生物调节剂在生物体内的平衡一旦失调，将会导致生理过程的破坏，产生精神紊乱、血压变化、疼痛、嗜睡、麻醉、昏迷等症状，严重者甚至死亡。因此，生物调节剂可能被作为躯体或精神失能剂而滥用，构成潜在的威胁。近年来，人们掌握的肽类生物活性物质的知识快速增加，在生物活性肽的检测、合成、修饰和大规模生产等几个领域的科学技术取得了重大进展。随着生物、化学和生物技术工业化的发展，人们可以生产相当量的具有军事意义的肽类生物活性物质。而且，不断被发现的新肽，生产规模的逐步扩大，增加了人们对生物调节剂军事威胁的关注。

生物调节剂可以潜在被发展成为生物化学武器，产生失能、情绪影响、心理影响或致死效果。近几年，《禁止生物武器公约》及《禁止化学武器公约》对生物调节剂对履约工作带来的影响越来越关注。《禁止生物武器公约》第七次审查会议讨论了两个公约之间建立联合机制的问题。《禁止化学武器公约》于 2011 年 11 月在荷兰海牙举行了科学咨询委员会“生物学和化学的融合”临时专家组工作组第一次会议，会议认为，在经典化学战剂受到化学武器公约严格制约的形势下，中间谱系战剂有可能得以发展成为新毒剂的主体，生命科学和生物技术的快速发展也将为中间谱系的发展提供技术可行性。

8.2.4　免疫调节剂

免疫调节剂可以促进或抑制人体免疫反应，一些免疫促进剂包括胸腺素、白介素-2、干扰素等，免疫抑制剂包括肾上腺皮质激素等。免疫调节剂具有潜在的滥用可能性，其中典型事例包括超级鼠痘病毒实验及天花病毒逃避免疫的蛋白研究等。

1. 致死性的鼠痘病毒[16]

2001 年澳大利亚联邦科学与工业研究组织的 Jackson 等在《病毒学》(*Journal of Virology*)期刊上刊登了通过在鼠痘病毒中加入 IL-4 基因，意外产生强致死性病毒的研究论文。该研究小组试图研究鼠避孕产品用于控制澳大利亚的鼠害。在试图构建鼠避孕疫苗的过程中，研究人员使鼠痘病毒在雌鼠体内表达高水平的卵蛋白，通过卵蛋白的表达来刺激鼠的免疫系统攻击其自身的卵子以达到避孕目的。研究人员同时将 IL-4 基因导入了鼠痘病毒来促进抗体的表达。意想不到的是，IL-4 的表达抑制了鼠正常的免疫反应。实验鼠大部分死亡，即使进行了免疫接种的小鼠也不例外。由于鼠痘与天花同属于一个病毒家族，该研究具有被滥用于天花病毒而使天花疫苗失效的可能性。

2003 年，美国圣路易斯大学的一个研究团队在 Buller 的带领下，在美国 NIAID 经费的支持下，重复了澳大利亚研究人员的实验。圣路易斯大学声称其表达的 IL-4 具有更高的水平，可以使 100%的鼠死亡。并且，其准备进行的牛痘实验与鼠痘不同，因为牛痘可以感染人类。

2. 天花病毒逃避免疫的蛋白[17]

2002 年，美国宾夕法尼亚大学医学院的 Rosengard 等在 *PNAS* 上发表了一篇天花病毒逃避人体免疫相关蛋白的研究文章。天花病毒具有 30%～40%的致死率。虽然天花病毒和痘苗病毒具有一定的同源性，但天花病毒的蛋白特点更适合逃避人的免疫反应。天花病毒中有一种天花补体抑制酶(smallpox inhibitor of complement enzymes，SPICE)，该项研究证明了 SPICE 可以促进天花病毒逃避人的免疫系统。宾夕法尼亚大学医学院的科研人员通过基因工程手段构建了 SPICE，虽然 SPICE 与痘苗病毒补体控制蛋白(vaccinia virus complement control protein，VCP)同源，但 SPICE 具有更高的人补体特异性。通过抑制补体成分，SPICE 可以阻止 C3 /C5 补体介导的病毒清除。VCP 功能的差异决定了痘苗病毒相对较低的致死率。利用 SPICE 可以研发针对天花有益的治疗措施，但是其具有潜在滥用的可能性，即可以通过改造相关的一些病毒，如痘苗病毒来提高其致病性。

除了澳大利亚鼠痘实验案例外，免疫调节的两用性问题目前并没有引起国际社会的足够重视。

8.2.5 再造 1918 流感病毒

2005 年，《科学》刊登了美国 CDC 的特伦斯·塔姆佩(Terrence Tumpey)及美国陆军病理学研究所的杰弗里·陶本伯格(Jeffery Taubenberger)等重新构建 1918 流感病毒的研究论文。

历史上，1918 流感病毒导致了 5 000 万人死亡，超过了第一次世界大战的死亡人数。2005 年 10 月 6 日出版的《自然》杂志上，Taubenberger 等报道了 1918 流感病毒最后 3 个基因的序列，该病毒的全序列至此拼合完整[18]。另一组科学家在 10 月 7 日的美国《科学》杂志上报道了他们根据基因组序列信息造出这种病毒，并验证其毒性的试验[19]。

为弄清 1918 流感病毒的完整基因组序列，美国军事病理研究所的 Taubenberger 和他的合作者们花费了 10 年时间。Taubenberger 所在的研究所有一个仓库，保存了许多尸体解剖留下的病理组织，其中有两份死于 1918 年大流感士兵的肺部组织，浸过福尔马林，以小块的蜡封存着。尽管组织里的病毒已经降解得支离破碎，Taubenberger 仍用逆转录聚合酶链的方法，从中找到了部分 1918 流感病毒的 RNA 碎片。1997 年 3 月，Taubenberger 等在《科学》杂志上报道了他们根据这些碎片分离出的 5 个基因，但是这还不够，需要更多的样本来得到完整的基因组序列。退休的病理学家乔汉 · 哈尔丁(Johan Hultin)读到这篇文章，想起自己几十年前在阿拉斯加寻找 1918 流感病毒的经历，在与 Taubenberger 联系后决定重返阿拉斯加。

1997 年 8 月，72 岁的 Hultin 再度来到阿拉斯加，在一个墓穴中发现了一具冰冻保存得非常完好的女性遗体，并从中提取肺部组织，交给了 Taubenberger。新获得的样本补全了士兵肺部组织样本缺失的部分。Taubenberger 等从样本中提取病毒的 RNA 片段，逆转录成 DNA，并对之进行测序。在经历了几年艰难的拼接工作之后，研究人员终于将各个片段拼合成完整的基因组序列。1918 流感病毒一共有 8 个基因，此前 Taubenberger 小组已分离出 5 个，2005 年在《自然》杂志上报告的，是占到序列总长度一半的另外 3 个基因。这 3 个基因编码构成该病毒聚合酶的 3 种蛋白质——PB2、PB1 和 PA。

1918 流感病毒的完整序列信息完成后，其他研究者便着手制造这种病毒。在美国 CDC 的实验室，病毒学家特伦斯 · 塔姆佩通过反向遗传学方法，利用细胞生成了病毒粒子。随后，他从细胞中分离出病毒，并分别对小鼠、鸡胚胎和人类细胞样本进行实验，实验发现，该病毒的毒性极强。

这两项"完整的基因组和再造的病毒"成果立刻引起了有关生物安全的争议。人们一方面担心再造出的病毒从实验室里泄漏，另一方面则担心基因组序列信息被恐怖组织利用。

8.2.6　禽流感哺乳动物间传播研究

和细菌不同，病毒常常感染一个或较少的物种。动物病毒一般具有自然的动物宿主，当病毒由一种物种跨种传播到另外一种物种时，将产生严重的疾病。当这种情况自然发生的时候，将产生新发感染性疾病。禽流感可以宿主跨越感染人，造成很高的致死率。当前 H5N1 禽流感、H7N9 禽流感等还未发生人与人之间的有效传播，但是通过生物技术手段可以得到在人与人之间有效传播的禽流感病毒。

1. 美国威斯康星大学的研究

2012 年 5 月 2 日，《自然》刊登了美国威斯康星大学河冈义裕（Yoshihiro Kawaoka)等进行的 H5N1 禽流感病毒突变使其在哺乳动物间传播的研究的结果[20]。

从 1997 年开始，H5N1 禽流感病毒已经在全球造成了 600 人感染，没有造成大的流行的一个主要原因是其不能在人与人之间广泛传播。要造成大流行，病毒必须要通过空气传播。

美国威斯康星大学 Kawaoka 的实验产生了一个杂和的病毒，该病毒的血凝素基因(hemagglutinin，HA)来源于 H5N1 禽流感病毒毒株，其他 7 个基因节段来源于 2009～2010 年流行的 H1N1 禽流感病毒毒株。该研究发现 HA 仅仅发生 4 个突变就可以使 H5N1 禽流感病毒通过空气传播感染雪貂。

Kawaoka 采取对 HA 的 120～259 区域进行随机突变的方式(病毒为 A/Vietnam/1203/2004)，在生成的 210 万个不同的突变株中，确定了 Q226L 和 N224K 两个突变。随后，Kawaoka 将突变的 HA 与 2009 年流行的 H1N1 禽流感病毒毒株重配，并用重配的病毒感染雪貂。6 天后，研究人员发现 HA 发生了 N158D 突变。这个新的突变使其可以在雪貂间传播。当这三个突变的病毒感染雪貂的时候，发生了第四个突变，即 T318I，使其更容易在雪貂间传播。在该实验中，病毒并没有致死任何受感染的雪貂。

Kawaoka 的另外一项研究结果发表在 2014 年 6 月美国《细胞宿主与微生物》(*Cell Host & Microbe*)杂志上。他们从禽流感病毒中找到 8 个基因片段，利用它们组合出一种与 1918 流感病毒极相似的新病毒，两者只有 3%的氨基酸不同[21]。类 1918 流感病毒各基因节段的来源：PB2 为 A/bluewinged teal/Ohio/926/2002（H3N8）；PB1 为 A/blue-winged teal/Alberta（ALB）/286/77（H3N6）；PA 为 A/pintail duck/ALB/219/77（H1N1）；NP 为 A/blue-winged teal/Ohio/908/2002（H1N1）；M 为 A/duck/Germany/113/95（H9N2）；NS 为 A/canvasback duck/Alberta/102/76（H3N6）；HA 为 A/pintail duck/ALB/238/79（H1N1）；NA 为 A/mallard/duck/ALB/46/77（H1N1）。其与 1918 流感病毒相比，各节段的氨基酸序列差异情况：8（PB2），6（PB1），20（PB1-F2），9（PA），7（NP），33（HA），31（NA），1（M1），5（M2），4（NS1），0（NS2）。

利用雪貂进行的实验显示，新病毒致病能力高于普通禽流感病毒，但低于 1918 流感病毒，不能通过飞沫传播。流感病毒空气传播试验表明，1918 流感病毒的 PB2、HA 突变可以提高致病力和类 1918 流感病毒在雪貂中的传播能力。试验表明，10 个替代氨基酸与类 1918 流感病毒在雪貂间的传播有关，这几个氨基酸包括 PB2：E627K、A684D；HA：E89D、S113N、I187T、E190D、G225D、D265V；PA：V253M；NP：T232I。研究人员认为，新病毒具有在人群中引起流感大流行的可能。关于该实验，Kawaoka 说，它表明“自然界中就存在可能在未来导致严重流感大流行的基因库”，“由于自然界中的禽流感病毒只需些许变化就可能适应人群并引起大流行，因此了解其中的适应机制、鉴定其关键变异至关重要，这样我们将能更好地予以应对”。

另外，Kawaoka 一项未发表的研究工作中，通过基因改造的 2009H1N1 禽流感病毒能够逃脱现有的疫苗免疫。据其介绍，该研究有助于监测流感的一些突变和促进新的流感疫苗的研究，但其生物安全问题也引起了广泛关注。

2. 荷兰伊拉斯姆斯大学的研究

2012 年 6 月 22 日，《科学》期刊刊出了荷兰伊拉斯姆斯大学医学中心的富希耶(Fouchier)进行的 H5N1 禽流感病毒突变在哺乳动物间传播的研究结果[22]。

对 H5N1 禽流感病毒传播的研究从 1998 年就已经开始在鹿特丹伊拉斯姆斯大学医学中心病毒学部讨论，但这项研究一直没有开展，其主要原因是考虑当时在伊拉斯姆斯大学医学中心的研究设施不适合开展这项研究。1998～2007 年，研究团队进一步讨论了 H5N1 禽流感病毒的传播实验，同时与伊拉斯姆斯大学医学中心的生物安全管理人员和全球流感及感染性疾病领域的专家进行了讨论。2005 年，该病毒学部与美国研究团队合作获得了 NIH/NIAID 流感研究与监测项目资助。

Fouchier 的研究从一个实际的 H5N1 流感病毒出发，该病毒分离于印度尼西亚，为 A/Indonesia/5/2005 (A/H5N1)，从人体分离。该研究团队最初获得了一些突变，这些突变主要针对血凝素分子与受体的结合区域，另外的突变发生在聚合酶，其可以使病毒适应人体呼吸道温度较低的环境，但最初的突变并没有完全发挥作用。随后，他们使这种病毒从一个感染的雪貂感染另一个未感染的雪貂，共经过了 10 次尝试。最终的结果是，病毒可以通过空气从一个笼子中的雪貂传播到另外一个笼子中的雪貂。

Fouchier 的研究结果中包括五个突变，即 HA (Q222L、G224S、T156A、H103Y)和 PB2(E627K)。在 HA，222 位的谷氨酰胺被亮氨酸替代，224 位的甘氨酸被丝氨酸替代，156 位的苏氨酸被丙氨酸替代，103 位的组氨酸被酪氨酸替代；在 PB2，627 位的谷氨酸被赖氨酸替代。

Kawaoka 的研究包括四个突变，均发生在 HA(N220K、Q222L、N154D、T315I)，即 220 位的天冬酰胺被赖氨酸替代，222 位的谷氨酰胺被亮氨酸替代，154 位的天冬酰胺被天冬氨酸替代，315 位的苏氨酸被异亮氨酸替代。

两个研究团队都发现了在受体结合区的两个突变，其中一个是相同的。在 Kawaoka 和 Fouchier 的文章发表之后，英国剑桥大学的研究团队研究了自然发生 H5N1 流感大流行的可能性[23]。监测数据发现，在 3 392 个 H5N1 禽流感病毒序列中有两个发生了 N220K 突变，其中一个于 2007 年在越南分离，另外一个于2010年在埃及分离。T315I和H103Y在2002年从中国分离的两个病毒中发现。

3. 中国哈尔滨兽医研究所的研究

2013年6月，《科学》期刊上刊登了中国农业科学院哈尔滨兽医研究所陈化兰等对H5N1禽流感病毒进行基因重配使其在豚鼠间传播的研究[24]。为了寻找病毒要发生什么样的改变才会使其在人与人之间传播的答案，陈化兰的团队用基于质粒的反向遗传学技术进行流感病毒基因重配。他们将H5N1流感病毒中的基因片段与那些来自H1N1禽流感病毒的基因片段进行了交换。流感病毒基因组由8个节段的单股负链RNA分子组成，两种病毒共感染同一宿主，可发生基因分子节段的重配，理论上可以形成256种不同的基因重配病毒。

试验用到的H5N1禽流感病毒毒株为A/duck/Guangxi/35/2001，对鸡和小鼠高度致病，H1N1禽流感病毒毒株为A/Sichuan/1/2009。研究人员利用H5N1禽流感病毒和甲型H1N1禽流感病毒，在实验室里构建了含有H5N1禽流感病毒HA的127种病毒，然后利用小鼠测试了这些病毒的致病率，并利用豚鼠来评估它们的传播能力。结果发现，有8种病毒能够经空气传播，其中4种具有高效空气传播能力。这项研究证明，H5N1禽流感病毒确有可能通过与人流感病毒的基因重配，获得在哺乳动物之间高效空气传播的能力，从而具备引起人间大流行的潜力。

陈化兰表示，之所以选择甲型H1N1禽流感病毒，是因为它目前在许多地方依然流行，在猪身上也容易检测到这种病毒，因此，H5N1禽流感病毒与甲型H1N1禽流感病毒在自然界碰到的“机会很多”，如果碰到就有可能发生基因重配。因此，她认为必须对其高度重视并进行监测以预防大流行。

除以上研究以外，美国马里兰大学进行的H7N1禽流感病毒的一项功能获得性研究(gain-of-function，GOF)的结果发表在2014年4月的《病毒学》期刊上。在此之前，并没有发现人感染H7N1禽流感病毒的病例。该研究通过将H7N1禽流感病毒在雪貂之间传代，得到了经过10次传代后获得5个突变的流感病毒，该流感病毒可以在雪貂间呼吸道传播，并且其毒力没有降低[25]。

8.2.7 基因改造破坏材料生物剂

自然界有大量的微生物具有降解材料的能力，其中包括人们熟悉的过程，如食物的腐败。这些微生物具有破坏作用，但有时也具有有益的作用，如可清除对环境有害的物质。另外，微生物也能损害石头等一些看起来不容易受到破坏的物质。在自然界，生物降解过程一般是一个缓慢的过程，但是通过基因工程手段可以使这个过程更为有效。在美国，为了解决一些环境问题，包括放射性及化学性污染，许多军队的研究项目寻求发展微生物来消除这些污染，而基因工程可以提高微生物的处理效率。在 20 世纪 90 年代，基因工程破坏材料的研究很有限，研究缺乏商业市场，仅限于军队进行。但基因工程破坏材料物质的研究使人们产生了对基因改造破坏材料基因武器(genetically engineered anti-material weapons)的担心。

在 20 世纪 90 年代早期，美国新墨西哥州的洛斯·阿拉莫斯国家实验室开始研究基因改造破坏材料物质。1998 年，美国海军研究实验室确定了破坏材料生物武器的一些使用对象，包括：①高速公路和飞机跑道；②金属物质、衣服及武器的润滑剂；③交通工具，包括飞机等；④燃料；⑤抗雷达涂料。位于田纳西州的橡树岭国家实验室是研究生物降解核废料及基因工程破坏材料物质的一个主要地点；位于加利福尼亚州旧金山附近的劳伦斯·利弗莫尔国家实验室具有工业化的1 500升的生物降解微生物发酵装置；同时，美国能源部的微生物基因组计划包括研究破坏材料微生物的基因组。

8.2.8　两用性研究的争议

上述研究具有显著的生物技术谬用风险。不容否认，科学家在开展上述研究活动时，都应该是为了探索生命本质和发展生命科学、研究疾病的疫苗药物等医学防治措施，而且其中多数研究得到了有关国家政府基金的资助。他们希望他们的研究成果能够通过公开发表，以实现共享，促进全社会科技进步。但是，上述生物技术研究工作却具有很大的潜在谬用风险。因此，许多科学家、政治家甚至国际组织对上述研究及公开发表研究成果所带来的后果深为担忧甚至反对。

2002 年，美国《科学》杂志发布了美国纽约州立大学人工合成脊髓灰质炎病毒的文章后，一些学者和政府官员提出了对一些期刊发表此类研究结果的担心，认为“这给恐怖主义者描绘了合成危险病原体的蓝图”[26]。另外，病原微生物基因组数据在生物防御中发挥重要作用，但一些人认为对于是否要在互联网发布天花病毒等基因组序列应当慎重考虑。英国桑格研究所的 Read 和 Parkhill 认为，限制基因组数据并不能阻止生物恐怖，基因组数据对生物防御药物、疫苗研究及病原体监测非常有用，而对生物恐怖所需要的大规模培养、储存、播散等技术没有太大帮助[27]。

2011 年，美国威斯康星大学麦迪逊分校 Kawaoka 和荷兰伊拉斯姆斯医学中心 Fouchier 的 H5N1 禽流感病毒基因突变研究的生物安全问题引起了很大的争论。有人担心，变异的病毒可能会无意中流传出来，或者重要的信息会落入恐怖分子之手，因此呼吁终止研究或者不对公众发布重要信息。在研究引发争议之后，约 40 名来自世界各地的科学家自愿决定暂停他们的工作，让政府有时间重新考虑生物安全性问题并应对公众的焦虑。2011 年 11 月 21 日，美国国家生物安全科学顾问委员会(National Science Advisory Board for Biosecurity，NSABB)

建议期刊重新编辑这两篇论文，只将结论发表，但是不刊载具体的方法和数据。这是该委员会自 2005 年成立以来最为严厉的建议。2012 年 2 月中旬，WHO 在瑞士日内瓦召开了一次会议，会上 Kawaoka 和 Fouchier 介绍了该研究的意义，认为其可以监测自然界中流感病毒的潜在危险突变，并有助于疫苗研究的发展，益处大于风险。参加会议的都是在流感病毒研究领域最有名的专家，他们建议这两篇文章都全文发表。随后，NIH 要求 NSABB 重新考虑其建议。3 月 29～30 日，NSABB 举行了一次会议，参加会议的成员一致同意发表 Kawaoka 的论文，并以 12∶6 的比例同意发表 Fouchier 的论文。2012 年 5 月 2 日，Kawaoka 的文章在《自然》刊出，2012 年 6 月 22 日，Fouchier 的文章在《科学》刊出。

2013 年 1 月，全球 40 名科学家分别在美国《科学》和英国《自然》杂志发表公开信，宣布将重启暂停 12 个月的曾引起争议的有关 H5N1 禽流感病毒的研究[28,29]。重启的一系列实验包括寻找可能使这种病毒在哺乳动物间传播的其他基因突变形式，以及利用更多种类哺乳动物进行实验以评估变异病毒可能在人际间传播的风险等。但也有学者认为，研究仍可能带来负面影响，不应重启。

2013 年 8 月，发表于《自然》和《科学》杂志上的文章中，22 位研究人员主张启动 H7N9 禽流感病毒潜在风险实验[30,31]。文章称，在开展病毒功能获得性研究工作时，科研人员会使用几种不同的技术赋予病毒新的特性，如能够感染新的宿主，或者增强其空气传播能力等。这些研究工作能够帮助我们了解为什么禽流感病毒发生一个小小的突变就可能造成全球性的流感大暴发疫情，有助于人类开发出更好的流感疫苗，同时也有助于人类完善流感的监测工作。另外，此举还有助于研发更好的疫苗和进行更有效的监管。但是，也有人对此表示怀疑。

Kawaoka 近期发表在《细胞宿主与微生物》上的类 1918 流感病毒的研究工作同样引起了一些人员的担心。英国皇家学会前主席罗伯特·梅教授对媒体表示，这一工作“完全疯狂”，整个事件“极度危险”。哈佛大学教授马克·利普西奇同样表示担忧：“即便是在最安全的实验室中，这也是危险行为。”

8.3 生物安全监管

生物技术在快速发展过程中出现了越来越多可能被谬用的潜在生物风险，是国际生物安全面临的最急迫的新型生物威胁。国际社会已经逐步认识到事态的严重性，并通过国际组织等做出了很多努力，同时一些国家也开始采取针对性措施，尽力避免事态失控。但是，由于生物技术发展速度已经“跨界”现有法规的“红线”，很多人也并没有完全意识到问题的迫切性和严峻性，因此，生物技术谬用存在“井喷”失控的风险，这是对国际安全的极大挑战。生物技术发展带来的潜在谬用问题需要国际社会尽快开展相关研究，把生物技术谬用风险或威胁装在

“笼子”里。

8.3.1 《禁止生物武器公约》与生物技术两用性

科学和技术发展对《禁止生物武器公约》的影响是《禁止生物武器公约》历次审议会议的一个重要议题，其第七次审查会议决定，在 2012～2015 年闭会期间纳入一个关于审查与《禁止生物武器公约》相关的科学和技术领域发展的常设议程项目。同时，在历次《禁止生物武器公约》会议上，一些非政府组织针对科学技术发展的两用性问题提交了大量相关建议。

1)全球工程师和科学家责任网络

1991 年全球工程师和科学家责任网络(The International Network of Engineers and Scientists for Global Responsibility，INES)成立于柏林，是一个独立的非营利组织，致力于裁军和国际和平、关注科学家的道德和使用科学技术的责任。在《禁止生物武器公约》第五次审议大会上，该组织提出的主要观点是，科学家在防止生物技术滥用方面具有重要作用，在过去的 30 年中，生物技术发生了深刻的变革，新的分子生物学技术和基因工程技术对于应对感染性疾病是非常重要的，然而，可能的滥用不能被忽视。在《禁止生物武器公约》第六次审议大会上，该组织认为工程和科研人员在发展新的威胁国际安全的技术及提供积极的解决办法方面都发挥着重要的作用。其提出，在《禁止生物武器公约》的第一章中，应考虑过去 10 年生命科学的发展，包括微生物、生物技术、分子生物学、基因工程、系统生物学、合成生物学的发展对《禁止生物武器公约》禁止范围的影响。

2)核查研究，培训和信息中心

核查研究，培训和信息中心是一个独立、非营利性的组织，成立于 1986 年，其通过研究、分析、培训，与政府组织、科研机构和非政府团体进行合作来支持国际公约的执行和核查。在《禁止生物武器公约》第六次审议大会上，该组织认为《禁止生物武器公约》审议会议应当建立科学和技术建议网络，考虑科学和技术的发展对《禁止生物武器公约》及其执行的影响。

8.3.2 WHO 等病原微生物实验室生物安全管理

病原微生物研究存在潜在实验室人员感染的可能性。WHO 及一些国家和地区确定了病原微生物的实验室危险性分类清单，明确了各种病原微生物应在何种生物安全级别的实验室进行操作。WHO 在其 2004 年发布的《实验室生物安全手册》(第三版)中阐述了病原微生物实验室生物安全 4 个类别的分类标准。美国 NIH 于 1994 年发布并随后不断修订了《NIH 涉及重组 DNA 研究的生物安全指南》，其将病原微生物分为 4 类，并公布了各类清单。欧盟(欧洲议会和理事会)在 2000 年 9 月发布的《关于保护从事危险生物剂操作人员安全的第 2000/54/EC

号指令》中将病原微生物分为 4 类，并确定了各类清单。中国于 2004 年由国务院颁布的《病原微生物实验室生物安全管理条例》中将病原微生物分为 4 类，其中，第一类、第二类统称为高致病性病原微生物。中国卫生部于 2006 年公布了《人间传染的病原微生物名录》，确定了各种病原微生物的危害程度分类及不同病原微生物应当在何种生物安全级别的实验室操作。

8.3.3 美国对生物技术谬用的风险管控措施

1. 国家生物安全科学顾问委员会

美国 HHS 于 2005 年成立了 NSABB 对生物两用性研究提供建议[32,33]。其主要任务包括：对生物两用性研究建立一种确定标准；对生物两用性研究提出指导方针；对政府在出版潜在敏感研究成果及对科研人员进行安全教育方面提供建议。

美国 NSABB 由 NIH 进行管理，有 25 名具有投票权的成员，包括的领域有生物伦理学、国家安全、情报、生物防御、出口控制、法律、出版、分子生物学、微生物学、临床感染性疾病、实验室安全、公共卫生、流行病学、药品生产、兽医医学、植物医学、食品生产等方面。另外，这个委员会还包括来自 15 个联邦机构的成员。这些联邦机构包括 HHS、能源部、国土安全部、国防部、内务部、环境保护总局、USDA、国家科学基金、司法部、国务院、商务部(Department of Commerce，DOC)等。

NSABB 第一次会议于 2005 年 6 月 30 日至 7 月 1 日在美国马里兰州贝塞斯达进行。会议内容包括：确定生物两用性研究的标准，生物两用性研究结果、方法和技术的交流，生命科学研究行为守则，生物两用性研究国际展望，化学合成细菌和病毒基因组等。

NSABB 提供了关于出版 1918 流感病毒相关研究结果的建议。在 2005 年 10 月，重新构建 1918 流感病毒的文章发表在《科学》杂志之前，HHS 部长征求了 NSABB 建议，NSABB 一致认为其科学的作用大于潜在滥用的危险。NSABB 对 1918 流感病毒的研究论文的判定被认为是 NSABB 的一个成功的例子。但是，NSABB 的时效性和机制受到了质疑。《科学》杂志首席主编 Kennedy 对 NSABB 提出了质疑，他认为 NSABB 的职责并不应当是针对一个特定的论文下判断，而是提供广泛的原则性的建议。

人们关心的另一个方面是，NSABB 是否有权力来阻止出版某些联邦政府基金支持的生命科学两用性的研究结果。或者，是否这个权力可以扩大到非联邦基金支持的研究项目。

2014 年 7 月，NSABB 进行了大幅度改选，它的作用定位及运作方式可能需要进行改革完善，有原核心成员认为 NSABB 有心无力，空转时候多，难以发挥应有作用，其中的经验教训值得我们研究思考。

2. 威胁病原体和毒素监管

最近几年，人们越来越关注一些生物剂被用于恐怖事件的可能性。美国对持有、使用和运输对公共安全、动物或植物健康具有威胁的病原体或毒素有着严格管理。这些病原体或毒素被称为"select agents"，是指任何对公共健康和安全、动植物健康或产量具有威胁的病原体或毒素，这种威胁包括蓄意的或非蓄意的。美国威胁病原体和毒素监管计划(the select agent program)由美国 HHS 负责。2001 年，"9·11"事件及"炭疽邮件"事件后，布什总统于 2002 年 6 月 12 日签署了《公共卫生安全与生物恐怖应对法》。该法案的主要目的是提高美国预防和应对生物恐怖袭击的能力。该法案增加了对威胁病原体或毒素的管理，并对违反相关规定的实验室进行严厉处罚的内容。根据该法案，美国 CDC 召集了专家研究确定哪些病原体或毒素需要特别管理。这些专家来自美国 NIH、FDA、HHS、陆军、海军、空军、USDA、运输部、联邦调查局和中央情报局等。

在制定清单的过程中，考虑的一些标准包括：病原体或毒素对人、动物、植物的影响；病原体或毒素的毒力及其传播到人、动物或植物的方式；针对病原体或毒素引起疾病的现有有效药物及疫苗情况等。病原体或毒素清单于 2002 年 12 月 13 日发布，随后，根据一些实验室、大学和私人机构的建议，该清单于 2005 年进行了修订(表 8-1)。当前，清单的修订由不同机构组成的一个顾问委员会负责。威胁病原体或毒素监管计划的管理由美国 HHS 的 CDC 及 USDA 的动植物卫生检疫署负责。

表 8-1　威胁病原体和毒素监管清单

监管部门	病原体或毒素
CDC(隶属于 HHS)	相思子毒素、肉毒毒素、肉毒梭状芽孢杆菌、猕猴疱疹病毒、产气荚膜梭菌毒素、巨细胞内孢子菌、芋螺毒素、贝氏柯克斯体、克里米亚-刚果出血热病毒、醋酸藨草镰刀菌烯醇、东方马脑炎病毒、埃博拉病毒、土拉热弗朗西斯菌、拉沙病毒、马尔堡病毒、猴痘病毒、重新构建的具有复制能力的 1918 H1N1 流感病毒、蓖麻毒素、普氏立克次体、立氏立克次体、蛤蚌毒素、志贺样核糖体失活蛋白、志贺毒素、南美出血热病毒、Flexal 病毒、瓜纳里托病毒、胡宁病毒、马丘波病毒、萨比亚出血热病毒、金黄色葡萄球菌毒素、T2 毒素、河豚毒素、蜱媒脑炎病毒、中欧蜱媒脑炎病毒、远东蜱媒脑炎病毒、科萨努尔森林病毒、鄂木斯克出血热病毒、俄罗斯春夏脑炎病毒、天花病毒、类天花病毒、鼠疫耶尔森菌
动植物卫生检疫署(隶属于 USDA)	非洲马瘟病毒、非洲猪瘟病毒、赤羽病病毒、禽流感病毒、蓝舌病病毒、牛海绵状脑病朊病毒、骆驼痘病毒、猪瘟病毒、反刍动物埃立克体、口蹄疫病毒、山羊痘病毒、日本脑炎病毒、牛结节疹病毒、恶性卡他热病毒、梅南高病毒、丝状支原体山羊亚种(山羊传染病胸膜肺炎)、丝状支原体亚种(牛传染性胸膜肺炎)、小反刍兽医病毒、牛瘟病毒、绵羊痘病毒、猪水泡病病毒、水泡性口炎病毒、新城疫病毒

续表

监管部门	病原体或毒素
CDC与动植物卫生检疫署	炭疽芽孢杆菌、布鲁氏菌、羊布鲁氏菌、猪布鲁氏菌、鼻疽伯克霍尔德菌、类鼻疽伯克霍尔德菌、亨德拉病毒、尼巴病毒、裂谷热病毒、委内瑞拉马脑炎病毒

3. 美国政府两用性研究监管政策

针对不断增多的流感病毒功能获得性研究，2013年2月，美国白宫科技政策办公室(Office of Science and Technology Policy，OSTP)发布了《美国政府生命科学两用性研究的监管政策》。其中，监管的主要病原体或毒素包括禽流感病毒(高致病)、炭疽芽孢杆菌、肉毒神经毒素、鼻疽伯克霍尔德菌、类鼻疽伯克霍尔德菌、埃博拉病毒、手足口病病毒、土拉热弗朗西斯菌、马尔堡病毒、重新构建的具有复制能力的1918H1N1流感病毒、牛瘟病毒、肉毒梭状芽孢杆菌产毒株、天花病毒、类天花病毒、鼠疫耶尔森菌。监管的主要研究工作包括：①提高病原体或毒素的致病性；②影响针对病原体或毒素的免疫性；③使病原体或毒素抵抗现有的预防、治疗或诊断措施；④增加病原体的稳定性、传播性或播散能力；⑤改变病原体或毒素的宿主范围或趋向性；⑥提高病原体或毒素对人群的敏感性；⑦产生或重新构建已经灭绝的病原体、毒素。

4. 美国NIH流感病毒功能获得性研究监管措施

为了进一步加强对流感病毒功能获得性研究的监管，2013年2月，美国NIH发布了加强H5N1禽流感病毒功能获得性研究项目经费支持审批的指导意见[34]。该指导意见列出了7条标准，必须同时具备所有的标准才可获得HHS的经费资助。这些标准包括：①这种病毒可以通过自然进化过程产生；②这项研究所解决的科学问题对公共卫生具有重要的意义；③该研究涉及的科学问题没有其他风险更低的解决方法；④实验室研究人员及公众的生物安全(biosafety)风险可以足够地消除或控制；⑤生物安全(biosecurity)风险可以被足够地消除和控制；⑥研究成果可以被广泛地分享，使全球人类健康受益；⑦研究工作可以容易地进行监管。

8.4 启示与展望

生物技术是一把双刃剑，其发展在带给人类社会一些惊喜成果的同时，也可能会给人类社会带来意想不到的威胁。防止与应对生物技术谬用需要国际社会共同努力，中国也需要发挥积极作用[35]。

1. 充分发挥《禁止生物武器公约》的作用

虽然国际社会对《禁止生物武器公约》是否能够有效阻止秘密进行的生物武器研究存在质疑，但是该公约对降低生物武器的威胁还是发挥了重要作用。公约正式实施已近 40 年，在此期间，国际环境发生了很大的变化，人类面临的生物威胁更为复杂，《禁止生物武器公约》不仅需要针对生物武器还要考虑生物恐怖袭击等生物威胁。中国作为一个负责任的大国应当发挥积极的作用：①认真履行公约责任。中国要认真履行公约的有关要求，为其他发展中国家做表率，树立中国的大国形象。②充分表明自身的立场。《禁止生物武器公约》也是各国从各自利益出发博弈的一个舞台，发达国家和发展中国家、不同发展阶段的国家都有各自不同的利益需求。中国作为一个崛起中的大国，应当为建立一个良好的国际环境发挥积极作用，要充分表明自身的立场观点。③分享自身的经验。中国近些年在科学技术发展，尤其是在重大传染病应对方面积累了一些经验，可以分享自身的经验，促进全球生物安全。

2. 加强生物两用性产品与危险病原体管控

中国应当严格执行生物两用性产品的管控措施，避免一些生物两用性设施被恐怖组织获得，同时，应加强危险病原体的管理，防止危险病原体的丢失。第一，加强两用性产品控制。两用性产品管控带有两面性，其虽然可以防止一些技术产品被恶意利用，但是限制了中国等一些发展中国家一些正常用途产品的进口。随着中国国家实力和自主创新能力的提升，中国也需要加强两用性产品的出口管控，防止其被敌对和恐怖分子利用。第二，加强危险病原体的管理。中国科技发展迅速，从事危险病原体研究的科研机构越来越多。中国需要不断完善危险病原体从保存、流通到销毁全过程的管理，防止危险病原体的丢失。第三，中国应加强高等级生物安全实验室管理和加强对实验室从业人员的生物安全培训，防止实验室事故发生。同时，中国需要加强对地方、军队、科研机构、大学、各省市、各部委不同隶属关系的生物安全实验室的资格认定和统一管理。

3. 加强生物两用性研究管控

要加强生物两用性研究的管控，就要对一些敏感的研究加强监管，对一些研究成果的出版严格审批。第一，加强对敏感研究的监管，做到从科研项目立项、实施到成果发布的全过程管理。国家自然科学基金委员会、科技部及相关部委要在科研项目评审中考虑到可能存在的生物安全问题，对于一些敏感研究，要在其实施过程中进行生物安全风险评估与追踪。第二，建立生物安全咨询委员会。国家应建立生物安全咨询委员会，对国家相关管理部门提供建议和指导，如科研论文发表的生物安全评估等。科研机构、大学、医院等管理部门也应当建立生物安全评估委员会或小组对本单位相关研究的生物安全问题进行审核。第三，加强国际合作。中国应加强与 WHO、《禁止生物武器公约》组织等的合作，获得必要的信息。同时，应加强与美国 NSABB 等生物安全监管部门的合作，充分借鉴其经验，掌握它们对一些生物安全问题的观点、发展动态。

4. 提高生物防御能力水平

防止生物技术谬用非常重要，但是如果生物技术蓄意和无意的谬用已经发生，具备有效的应对能力就非常重要。应对生物技术的谬用，需要提高生物防御能力整体水平及加强对未知病原体的应对能力建设。第一，提高整体生物防御能力水平。提高国家整体生物防御能力水平，需要在明确的国家生物防御战略的指导下，有充足的经费投入，具备完善的基础设施，充分发挥各部门的作用，提高侦、检、消、防、治的整体能力水平。第二，两用性技术评估。应对生物技术的两用性，需要对生物技术的两用性，包括其原理、方法、发展趋势等有充分的认识，从全方位对其风险进行评估。第三，加强新型生物剂的防御措施研究。中国应有重点地加强新型生物剂的防御措施研究，包括未知病原体的检测方法研究、广谱性的治疗和预防措施研究等。

参考文献

[1]吕虎，华萍．现代生物技术导论．北京：科学出版社，2011.

[2]Wimmer E, Paul A V. Synthetic poliovirus and other designer viruses: what have we learned from them? Annual Review of Microbiology, 2011, 65: 583～609.

[3]Cello J, Paul A V, Wimmer E. Chemical synthesis of poliovirus cDNA: generation of infectious virus in the absence of natural template. Science, 2002, 297(5583): 1016～1018.

[4]Becker M M, Graham R L, Donaldson E F, et al. Synthetic recombinant bat SARS—like coronavirus is infectious in cultured cells and in mice. Proceedings of the National Academy of Sciences of the United States, 2008, 105(50): 19944～19949.

[5]Annaluru N, Muller H, Mitchell L A, et al. Total synthesis of a functional designer eukaryotic chromosome. Science, 2014 , 344(6179): 55～58.

[6]Tucker J B. Innovation, Dual Use, and Security: Managing the Risks of Emerging Biological and Chemical Technologies. Cambridge: The MIT Press, 2012.

[7]Neumann G, Kawaoka Y. Generation of influenza a viruses entirely from cloned cDNAs. Proceeding of the National Academy of Science of the United States, 1999, 96(16): 9345～9350.

[8]Li J, Arévalo M T, Zeng M. Engineering influenza viral vectors. Bioengineered, 2013, 4(1): 9～14.

[9]Naroditskiĭ B S, Kiselev O I, Gintsburg A L. Recombinant influenza vaccines. Acta Naturae, 2012, 4(4): 17～27.

[10]Ainscough M J. Next generation bioweapons: genetic engineering and BW. http://www.fas.org/irp/threat/cbw/nextgen.pdf, 2002.

[11]Levin D B, de Amorim G V. Potential for aerosol dissemination of biological weapons: lessons from biological control of insects. Biosecur Bioterror, 2003, 1(1): 37～42.

[12]Pomerantsev A P, Staritsin N A, Mockov Y V, et al. Expression of cereolysine AB genes in bacillus anthracis vaccine strain ensures protection against experimental hemolytic anthrax infection. Vaccine, 1997, 15(17～18): 1846～1850.

[13]Gilsdorf J R, Zilinskas R A. New considerations in infectious disease outbreaks: the threat of genetically modified microbes. Clinical Infectious Diseases, 2005, 40(8): 1160～1165.

[14]Udani R A, Levy S B. MarA-like regulator of multidrug resistance in yersiniapestis. Antimicrobial Agents and Chemotherapy, 2006, 50(9): 2971～2975.

[15]林福生．国外生物调节剂威胁评估的研究进展．卫生毒理学杂志，1999，13(3)：173～176.

[16]Jackson R J, Ramsay A J, Christensen C D, et al. Expression of mouse interleukin—4 by a recombinant ectromelia virus suppresses cytolytic lymphocyte responses and overcomes genetic resistance to mousepox. Journal of Virology, 2001, 75(3): 1205～1210.

[17]Rosengard A M, Liu Y, Nie Z P, et al. Variola virus immune evasion design: expression of a highly efficient inhibitor of human complement. PNAS, 2012, 99(13): 8808～8813.

[18]Taubenberger J K, Reid A H, Lourens R M, et al. Characterization of the 1918 influenza virus polymerase genes. Nature, 2005, 437(7060): 889～893.

[19]Tumpey T M, Basler C F, Aguilar P V, et al. Characterization of the reconstructed 1918 Spanish influenza pandemic virus. Science, 2005, 310(5745): 77～80.

[20]Imai M, Watanabe T, Hatta M, et al. Experimental adaptation of an influenza H5 HA confers respiratory droplet transmission to a reassortant H5 HA/H1N1 virus in ferrets. Nature, 2012, 486(7403): 420～428.

[21]Watanabe T, Zhong G, Russell C A, et al. Circulating avian influenza viruses closely related to the 1918 virus have pandemic potential. Cell Host & Microbe, 2014, 15(6): 692～705.

[22]Herfst S, Schrauwen E J, Linster M, et al. Airborne transmission of influenza A/H5N1 virus between ferrets. Science, 2012, 336(6088): 1534～1541.

[23]Russell C A, Fonville J M, Brown A E, et al. The potential for respiratory droplet-transmissible A/H5N1 influenza virus to evolve in a mammalian host. Science, 2012, 336(6088): 1541～1547.

[24]Zhang Y, Zhang Q, Kong H, et al. H5N1 hybrid viruses bearing 2009/H1N1 virus genes transmit in guinea pigs by respiratory droplet. Science, 2013, 340(6139): 1459～1463.

[25]Sutton T C, Finch C, Shao H, et al. Airborne transmission of highly pathogenic H7N1 influenza in ferrets. Journal of Virology, 2014, 88(12): 6623～6635.

[26]Couzin J. A call for restraint on biological data. Science, 2002, 297(5582): 749～751.

[27]Read T D, Parkhill J. Restricting genome data won't stop bioterrorism. Nature, 2002, 417(6887): 379.

[28]Fouchier R A, García-Sastre A, Kawaoka Y, et al. Transmission studies resume for avian flu. Science, 2013, 339(6119): 520～521.

[29]Fouchier R A, García-Sastre A, Kawaoka Y, et al. H5N1 virus: transmission studies resume for avian flu. Nature, 2013, 493(7434): 609.

[30]Fouchier R A, Kawaoka Y, Cardona C, et al. Gain-of-function experiments on H7N9. Science, 2013, 341(6146): 612～613.

[31]Fouchier R A, Kawaoka Y, Cardona C, et al. Avian flu: gain-of-function experiments on H7N9. Nature, 2013, 500(7461): 150～151.

[32]Couzin J. U. S. agencies unveil plan for biosecurity peer review. Science, 2004, 303(5664): 1595.

[33]Kaiser J. New panel to offer guidance on dual-use science. Science, 2005, 309(5732): 230.

[34]Patterson A P, Tabak L A, Fauci A S, et al. Research funding. A framework for decisions about research with HPAI H5N1 viruses. Science, 2013, 339(6123): 1036～1037.

[35]郑涛，黄培堂．生物安全的问题及思考．军事医学，2012，36(10)：725～727.

（田德桥、郑涛）

第 9 章

生物安全产业

“产业”一词最早由重农学派提出，特指农业。在人类迈入资本主义大生产时代后，产业主要是指工业。在英文中，产业与工业的表示方式都是“industry”。马克思主义政治经济学曾将产业表述为从事物质性产品生产的行业，并被人们普遍接受为唯一的定义。目前来说，“产业”泛指各种制造提供物质产品、流通手段、服务劳动等的企业和组织。

9.1 生物安全产业的概述

作为国家安全的主要组成部分，保障国家生物安全对保证人类健康和促进社会发展具有重要意义，制定积极的生物威胁防控策略和措施永远是生物安全工作的核心，并且其中蕴涵极大商机。

2006 年 2 月公开发布的《国家中长期科学和技术发展规划纲要（2006—2020）》在“重点领域及其优先主题”部分把公共安全作为 11 个重点领域之一，另外特别单列生物安全保障主题[1]。在 2011 年 3 月颁布的《中华人民共和国国民经济和社会发展第十二个五年规划纲要》中明确提出，要大力发展生物等七大战略性新兴产业[2]，并且确定生物产业的重点是发展生物医药、生物医学工程产品、生物农业、生物制造等，并要求通过实施产业创新发展工程及加强政策支持和引导，以重大技术突破和重大发展需求为基础，促进新兴科技与新兴产业深度融合，在继续做强做大高技术产业基础上，把战略性新兴产业培育发展成为先导性、支柱性产业。中国共产党第十八届中央委员会第三次全体会议于 2013 年 11 月 12 日通过了《关于全面深化改革若干重大问题的决定》，并决定设立国家安全委员会，体现了我国政府对国家安全能力建设的高度重视，同时也预示着我国生物安全产业的广阔前景。

生物安全是指全球化时代，国家有效应对与生物相关的内外各种损害性、破坏性因素的影响和威胁，维护和保障国家利益和民众健康的状态和能力[3]。生物安全能力建设主要包括监测、预警、鉴别、处置、恢复等方面。生物安全能力不仅包括疫苗、药物和检测诊断等医学应对措施[4~6]，还包括各种各样的监测设施与网络系统、实验室应对网络、海量信息的收集与大型计算机的分析处理系统、各种适应不同场景需要的应急处置与救援装备器械等[7~9]，因此，它是一个类型多、品种多、技术集成含量高的产品体系，也是产业体系。这个体系不仅包括生物安全专用产品，同时也包括生物安全与科学研究、医疗健康、环境保护、工业生产等多个领域的两用产品。生物安全产品代表着一个庞大的产业群，兼有国家经济发展和安全保障的双重功能，属于特种产业。

生物安全产业是以生命科学理论和生物技术为基础，通过改造生物病原体或是对生物病原体及其细胞、亚细胞和分子的组分、结构和功能与作用机理开展研究，制造产品，使其具有所期望的品质特征，或是利用机械工程、信息学、计算机和装备等理论和技术手段来制造用于保障生物安全的产品，为社会提供商品和服务的行业的统称。生物安全产业不仅兼有国家经济发展和安全保障的双重功能，还是生物科技安全的主要内容，因此是战略性支柱产业群。

9.2 安全形势推动生物安全产业加快发展

9.2.1 国际生物安全形势日趋严峻

生物安全是国家安全的重要组成部分[10~15]，特别是2001年美国“炭疽邮件”事件之后，生物安全问题受到世人的普遍关注。从国际形势来看，目前国际社会上也面临着严峻的生物安全形势。一是生物武器研发禁而不止。国际社会生物武器威胁形势依然严峻，许多国家披露了生物武器的研制计划，正在研制各种类型的生物武器，并已经制订或正在制订基因与生物战计划。一些国家出于军事力量扩张的目的，可能会继续发展生物武器，甚至在发展和研制新型生物武器。生物战剂发展的新趋势使人类面临更大挑战。在禁止生物武器上，虽然存在基本共识，但在方式、途径等方面仍分歧严重。二是生物恐怖已成现实威胁。由于生物恐怖剂易于获得、生物恐怖袭击实施更为容易、恐怖活动日益猖獗的特点，国际上生物恐怖的威胁在持续增加。三是疾病预防控制充满变数。新发传染病潜在暴发的可能性仍将客观存在，流行范围可能会继续扩大，且已对国际社会构成严重危害。四是生物技术谬用令人担忧。生物技术误用和谬用危险性已经存在，而随着生物技术门槛的降低，其负面应用的危险性也随之提高，生物技术的监控目前仍面临较大挑战。

从我国面临的生物安全形势来看，我国也面临着各种各样的生物安全问题，生物威胁形势也日益严峻。首先，从国际形势来看，我国还面临着复杂的国际政治、军事、经济斗争形势，局势尚不稳定，我国的和平崛起不可避免地导致矛盾激化甚至国际冲突。其次，从国内形势来看，还存在政治敏感地区及一些不稳定地区，台湾问题久而未决，新疆、西藏等地区民族分裂势力有所抬头，恐怖活动日益猖獗，且有日益国际化的趋势。最后，从国内生物威胁形势发展情况来看，传染病仍是影响我国社会安定和经济发展的重要因素，一些新发传染病的频繁发生，特别是由之引起的突发公共卫生事件，极易造成社会公众健康的严重损害和社会的极大动荡。其中，尤以 2003 年的 SARS 疫情、2004 年的禽流感疫情、2008 年的手足口症疫情、2009 年的甲型 H1N1 流感疫情最为典型。生物恐怖易实施、难防护的特点，使恐怖分子具备了破坏我国社会安定和经济发展的新手段，尤其是“东突”、藏独等恐怖组织的破坏活动倾向日益暴力，大肆公开宣扬对国内发动“运动战”，有组织有计划的恐怖活动也越发猖獗，而“台独”分子将是我国社会安全稳定的长期威胁，对它的威胁活动，我们必须始终保持清醒头脑。周边国家和地区出于军事力量扩张、维持霸权地位等特殊利益目的，可能仍在研制和发展新型生物武器，依然对我国构成潜在威胁。生物技术的普及和发展，以及相关限制措施的缺乏，导致其误用和谬用，大大增强了生物武器的潜在威胁，尤其是新型生物战剂、新型生物武器正朝着难侦检、难防治、提高效能的方向发展，将大大增加其对人类社会的威胁。另外，由于多种因素的影响，我国以应对公共卫生安全问题为重点的技术基础、条件基础还比较落后，应对处置突发事件的相关专业人员的业务经验和广大民众知识素质也还较差，与有效的早期防范能力和生物防御的需要还有一定距离。

9.2.2　生物安全产业满足安全发展需要

随着全球化进程不断加快和生物技术的飞速发展，全球生物安全形势日益严峻，逐渐成为一个涉及政治、军事、经济、科技、文化和社会等诸多领域的世界性安全与发展的基本问题。发展生物安全产业具有重要的意义。

一是维护国家安全。以美国为代表的发达国家，在生物安全领域投入巨资巩固并扩大其优势地位，生物安全综合实力发展迅速。中国也面临着众多的生物安全问题，解决生物安全问题的关键在于加快医药、农业等生物技术的研究开发，以确保国家利益和生物安全。因此，在关系公共卫生安全和国家安全的战略性技术领域，加强生物安全研究，构建国家生物安全产业保障体系，增强生物防御能力已成为世界各国迫在眉睫的重大课题。

二是保障经济发展。生物安全产业蕴涵着较大的经济效益。当前，生物技术正在进入大规模产业化阶段，生物医药、生物农业日趋成熟，生物制造、生物能源、生物环保快速兴起。全球生物产业的销售额每 5 年翻一番，年增长率高达 30%，是世界经济增长率的 10 倍，生物产业已成为增长最快的经济领域。据安永会计师事务所(Ernst & Young)2014 年 7 月 2 日发布的 2014 年全球生物技术产业报告显示：①2013 年全球生物技术行业强劲回升。全球生物技术发展成熟区域(主要是美国、加拿大、欧洲和澳大利亚)产生的收入约为 998 亿美元，较 2012 年增长了 10%。②研发投入回升。研发投入同比增长 14%，增长的 20%主要来自美国，因为研发投入的回升，净收入下降 8 亿美元。③上市公司市值增长了 65%，达到了 7 918 亿美元。④整体融资活跃。2013 年，北美和欧洲的技术公司融资 316 亿美元，与 2012 年的 287 亿美元相比急剧增长[16]。2009 年我国生物产业产值达 1.4 万亿元人民币左右，其中，医药产业产值为10 381亿元。2010 年，我国生物产业产值超过 1.5 万亿元。另外，尽管生物安全能力建设存在着消耗性的特点，即投资大，很少有直接经济效益，但是防止问题或灾难的发生就等于产生巨大的利益。因此，加强国家生物安全能力建设，加大生物防御产品产业化隐含着重大新兴市场机遇。

三是促进科技发展。加强生物安全产业的发展，有助于促进国家生物技术发展，保证国家生命科学与生物技术的国际竞争力，为创新驱动的科技发展提供支持。为抢占生物技术的制高点，世界各国纷纷制定国家战略规划，发布专项政策，大幅度增加资金投入。2009 年美国国家研究理事会发布了《21 世纪的“新生物学”：如何确保美国引领即将到来的生物学革命》的报告，建议采取国家行动以加快发展“新生物学”，重点加强生命科学和生物技术在粮食、能源、环境和健康 4 个领域的应用。2010 年，英国生物技术与生物科学研究理事会(Biotechnology and Biological Sciences Research Council，BBSRC)发布了发展生物技术的 5 年规划《生物科学时代：2010—2015 战略计划》，将尖端生物科学与技术作为首要优先支持领域。日本将生物技术产业上升到国家战略高度，将“生物技术产业立国”战略作为日本新的国家目标，通过强大的财政支持，发展生物技术产业。韩国科技部在公布了长期科技发展规划《2025 年构想》后，又制定了国家规划《Bio-Vision 2016(2006—2016)》，用以指导和推动韩国生物科技的发展。2007 年，印度发布了生物技术发展战略，在 5 年内，把生物技术投资翻 4 倍。中国《国家中长期科学与技术发展规划纲要(2006—2020)》把生物技术作为科技发展的 5 个战略重点之一。同时，《中华人民共和国国民经济和社会发展第十二个五年规划纲要》提出，把生物等战略性新兴产业培育发展成为我国先导性、支柱性产业。

9.2.3 美国把生物安全产业作为战略产业

面对日趋严峻的生物安全形势，特别是生物恐怖袭击和重大疫情的威胁，以美国为代表的西方发达国家高度重视生物安全产业的发展，通过积极纳入国家安全战略，制订系统完整的生物防御计划，加大经费和人力投入，以及持续强化科学研究和体系部署等措施，着力提高生物安全保障能力。

需要说明的是，不仅美国在发展生物安全产业，欧洲等发达国家，如英国、法国、德国等，利用雄厚的科技实力也在此方面得到了稳步发展，取得了巨大成功。但是，上述各国的生物安全产业不像美国是一个全面性产业，而是因地制宜的单系列产品体系，不同国家均有几个典型产品系列，但从欧盟整体看，却又是一个全方位多产品法制体系，从发展思路上看，与美国有异曲同工之妙。因此，在本书中我们以美国为代表介绍其发展生物安全产业的主要做法[17,18]。

1. 纳入国家安全战略[19,20]

美国在生命科学研究和生物技术产业方面始终居于领先地位，与政府长期从国家战略的角度采取措施调节产业发展有关。美国是最早制定国家生物技术发展战略的国家，联邦和州政府均采取各种措施支持产业发展。

美国等发达国家高度重视生物安全，并率先将其纳入国家安全战略[21,22]。2002 年 12 月 11 日美国政府公布了新的《抗击大规模杀伤性武器的国家战略》，报告指出，“敌对的国家和恐怖分子所拥有的大规模杀伤性武器——核武器、生物武器和化学武器——是摆在美国面前的最大的安全挑战之一。美国必须寻求制定一项全面的战略，以便从这一威胁的所有方面加以对抗。对抗大规模杀伤性武器的有效战略是美国国家安全战略一个不可或缺的组成部分”。

2002 年 2 月，美国 HHS、NIH 及其下属国家过敏与传染病研究所联合发布了国家过敏与传染病研究所生物防御研究战略计划，其中，布什总统于 2004 年 7 月 21 日签署生物盾牌计划是美国强化国防科研、抢占战略制高点的重要举措，反映了美国加强防御生物恐怖袭击能力建设的迫切性，体现了美国政府防御生物恐怖袭击的坚定意志，从根本上反映了美国对生物防御能力建设的高度重视，为形成生物安全产业的国际优势地位奠定了基础，意义深远。布什总统在签署 2004 年生物盾牌计划法案时说：“当现代技术可能反过来威胁到我们时，我们不能坐以待毙，而应当重振美国科学和发明界的伟大精神对抗这一巨大威胁。”

2004 年 4 月 28 日，美国政府发布了《21 世纪生物防御》，报告认为，敌对国家或恐怖分子拥有生物武器对美国及其盟国的安全构成独特的和深刻的威胁。生物武器攻击可能引起灾难性的损害，它们能够造成广泛的损害并导致大量人员伤亡和经济损失。生物武器攻击可以发生在美国国内或国外，并且因为有些生物剂具有传染性，在发生袭击后会广泛传播。

2006 年 3 月 16 日布什总统签署了新版《美国国家安全战略报告》，该报告对 2002 年版《美国国家安全战略报告》发布后所取得的进展与经验教训进行了总结，并提出了新的国家安全战略。报告认为，要抵制生物武器传播，需要一种以改进其监测和应对生物进攻的能力、防止危险病原体的传播和限制对生物武器有用的材料的传播为中心的战略。美国正在同与它结成伙伴关系的国家和机构合作来加强全球生物武器监视能力，以尽早发现可疑的疾病暴发。2008 年，Merle D. Kellerhals Jr 受美国国会委托编写并发表在《美国参考》上的一份报告中说，用生物、核和其他非常规武器发动恐怖袭击的威胁切实存在。报告认为，美国以往将防扩散的绝大部分力量和外交行动用于防止核恐怖主义，而现在，必须把重点转向防止生物恐怖主义。美国空军 Ainscough 说："第一次世界大战是化学战，第二次世界大战是核战，而第三次世界大战将是生物战。"前国土安全部助理部长彭罗斯·奥尔布赖特对《华盛顿邮报》说："事实上，我们只有在生物武器防护中心制造武器级病原体，才能研究它们。"

2009 年 11 月，美国政府公布了《应对生物威胁的国家战略》，提出国家或非国家组织拥有和使用生物武器及生物威胁的扩散形势对美国安全构成了重大挑战。报告提出，风险正在以不可预知的方式继续发展，技术发展的成果将继续成为全球性资源，伴随着专业技术门槛和成本费用的降低，对防止生物技术谬用要予以高度重视，必须采取行动减少滥用的风险以确保生命科学的进步惠及所有国家的人民。该报告为美国政府制订行动计划提供了一个框架，也是对现有应对生物威胁的有关战略的进一步完善。

国际消防长官协会主席 Al Gillespie 在 2012 年 4 月 17 日的国会会议上督促美国政府采取有效的行动以保证在发生疫病大流行或生物袭击的情况下第一反应者和他们的家人能够得到有效的医疗救治措施。他建议：①国会应当授权国土安全部和 HHS 为紧急处置人员提供自愿的炭疽免疫计划；②国会应当支持上述部门研发预服抗生素以保护紧急处置人员及其家属；③政府的政策应当进行调整，将那些在国家战略储备中未到有效期的、防护效果明显的、安全的疫苗纳入紧急处置人员的自愿免疫程序。由于欧盟、澳大利亚等与美国是长期的战略盟友关系，美国的上述战略也包括其盟国的有关部署。

2. 确立重点研究计划[19,20]

美国为了应对生物恐怖的威胁，发展了应对生物恐怖的三个技术支撑计划，即生物盾牌计划、生物监测计划和生物传感计划及其他的一些法案。生物盾牌计划主要目标是快速发展疫苗和药品等医学应对措施；生物监测计划主要是通过检测环境中的空气样品，提供生物威胁的早期预警；生物传感计划是通过分析多渠道的信息数据缩短从探测到可能的生物制剂到做出反应的时间。

1)生物盾牌计划

生物盾牌计划产生背景：2001 年"9·11"事件和随后的"炭疽邮件"事件后，美国积极应对生物、化学和放射性物质的袭击，并建立了"国家储备计划"来储备针对恐怖袭击的药品、疫苗等应对物资。但是针对一些威胁病原体的医学应对措施的研究在以前的几十年中进展很小。与此形成对照的是，20 世纪 60 年代后，随着生物医学技术的研究和发展，许多非感染性疾病的治疗取得了巨大的进展[23,24]。

为了有效应对生物恐怖的威胁，美国总统布什在 2003 年的国情咨文中宣布了生物盾牌计划，这是一个为了全面发展药品和疫苗等来应对生物和化学武器袭击的计划。该计划在 2004 年 7 月 21 日以法律的形式(The Project BioShield Act of 2004)通过。2004 年，国土安全部通过另一项法案，决定进一步投入 55.93 亿美元用于 2004～2013 年的生物盾牌计划。此外，还拨款约 23 亿美元用于相关医疗对策的研究。国会还通过法案在 HHS 建立了高级生物医学研究和发展管理局(Biomedical Advanced Research and Development Authority，BARDA)，用以监督和推动“生物盾”项目的执行。在“生物盾”项目的推动下，美国政府于 2007 年设立了一个为期 13 年的研发计划，即“美国 HHS/BARDA 生物恐怖应对执行计划(2007—2020)”。

生物盾牌计划的主要目标如下。

(1)促进现有的应对生物恐怖袭击的预防和治疗措施，包括药物和疫苗的升级换代。2001 年的“炭疽邮件”事件使 5 人死亡，几千人需要接受抗生素的治疗，如果没有有效的医学应对措施，死亡的人数会更高。但是，由于生物恐怖病原体造成的疾病发病率较低，一些应对措施缺乏商业市场，一些公司不愿意投入大量的基金来研究新的应对措施。美国前总统布什建议设立持续的基金来刺激和发展针对生物恐怖的医疗应对措施。这可以使政府在专家判定安全有效的情况下采购疫苗和药品。该计划允许政府购买针对天花、炭疽、肉毒毒素、鼠疫和埃博拉病毒等的改进的疫苗和药品。

(2)开展针对新的医学应对措施的研发活动。CDC 通过新的授权在有希望的领域加速研究和发展新的医学应对措施，同时允许更快地雇到技术专家开展工作，并且能使 CDC 快速地获得需要的研究项目。

(3)授权某些未获 FDA 批准的应对措施在紧急情况下应急使用。当恐怖袭击发生的时候，一些新的治疗措施可能正在 FDA 的审批当中，该计划授权在没有其他替代措施的紧急情况下可以使用这些有效的应对措施。虽然这些措施并没有完全证明适合普通的民众，但其在紧急的情况下可能会拯救许多人的生命。紧急使用需要 HHS 部长的批准，并且根据 FDA 的专家分析，治疗所获得的收益大于其可能的风险性。

(4)确保用于研发新一代的治疗措施的有效性。2004 财年，美国国土安全部获得了一项为期 10 年总额为 100 亿美元的资助计划，用于研发针对天花、炭疽及其他核、化、生、辐射武器的新一代治疗措施。

生物盾牌计划主要计划进展如下。

生物盾牌计划授权从 2004 年到 2013 年共 55.93 亿美元的经费预算，包括

2004 财年 8.9 亿美元的经费投入和 2004～2008 财年的 34.18 亿美元的预算。2004 年，HHS 与加利福尼亚的 VaxGen 公司签订了提供 7 500 万份的重组 PA 炭疽疫苗作为国家药品储备的合同。2005 年 5 月 5 日，HHS 与密歇根的 BioPort 公司签订了 5 000 万剂的炭疽吸附疫苗的合同。2004 年 9 月 14 日，HHS 与加拿大温尼伯的 Cangene 公司签订了 20 万剂的七价肉毒毒素免疫球蛋白合同。2007 年，HHS 与 Bavarian Nordic 公司签订了生产 2 000 万份的改进天花疫苗的合同。

“美国 HHS/BARDA 生物恐怖应对执行计划(2007—2020)”采用“三步走”的策略，依次对以疫苗、中和抗体和广谱治疗药物为主的病原体防治研究予以推动。该计划的多数研究由生物盾计划预案特殊储备基金(APBSRF)资助，除了对广谱抗生素的研究给予特别支持外，还对天花、炭疽和线状病毒的研究给予重点关注。2007～2008 年的近期计划主要资助对天花疫苗、炭疽疫苗及广谱抗生素的研究；2009～2013 年的中期计划对天花抗血清、炭疽抗血清、埃博拉和马尔堡病毒等病毒性出血热的研究给予资助，并增加了对广谱抗生素和感染性疾病诊断方法及临床对策研究的资助，各项款额预计均在 1 亿美元以上，通过 APBSRF 给予持续资金支持并用于政府采购；2014～2020 年的远期规划则主要针对广谱抗病毒药物研究进行资助，其具体实施方案和资金来源尚未落实。

2)生物监测计划

2001 年的“炭疽邮件”事件提高了美国公众和政府对恐怖主义者使用生物武器袭击构成的威胁的认识。隐蔽的生物恐怖袭击，其最早发现很可能是通过对患者的诊断。对许多病原体来说，早期的应对，特别是症状发生前的应对，是非常重要的。如果早期发现，将会减少其造成的危害。

在 2003 年的国情咨文中，布什总统宣布将要发展国家应对生物恐怖袭击的早期监测计划——生物监测计划，这个计划由国土安全部负责。

生物监测计划主要开展监测空气中病原体的释放工作，给政府和公共卫生机构提供潜在的生物恐怖事件的预警。监测设备安装在环境保护总局原来具有的空气监测点，通过过滤空气，利用 PCR 的方法分析潜在的生物武器的袭击。这个项目包括三个主要的组成部分，每一部分由不同的联邦机构完成，包括取样、分析和应对。其中，环境保护总局负责取样，CDC 负责实验室样品检测，如果生物恐怖袭击被监测到，联邦调查局是指定的应对领导机构。

据报道，至少有 31 个城市安置了这些装置，而且今后其总数可能要达到 120 个。生物监测计划的样品检测在实验室应对网络(Laboratory Response Network，LRN)进行。LRN 是一个国家级的实验室网络系统，通过利用地方、州和联邦政府的实验室来对潜在的生物恐怖病原体进行确证。

3)生物传感计划

生物传感计划的主要目的是提高国家快速监测公共卫生紧急事件，特别是生物恐怖事件的能力，包括快速发现、判定数量、确定位置等。生物传感计划通过获得和分析诊断后和诊断前的数据，利用实时的电子传输数据的方式，把数据从国家、地区和地方的数据源传输到地方、州和联邦公共卫生机构。

生物传感计划主要有三个方面的数据来源，即美国国防部、退伍军人事务部和美国实验室协会。

生物传感计划是美国公共卫生信息网络(Public Health Information Network，PHIN)的一个组成部分。PHIN 包括五个主要的组成部分，即早期监测系统、暴发管理、实验室网络系统、应对措施管理和通信交流系统。生物传感计划在美国 PHIN 中负责早期监测。

2004 年 6 月，CDC 建立了一个生物信息中心(BioIntelligence Center)，来支持州和地方的早期监测。生物信息中心的主要功能是负责每天的数据管理和调查，支持州和地方对异常数据的调查，发展标准的数据处理程序和评估等。其早期监测主要集中于诊断前监测或症状监测。生物传感计划希望能同时提高诊断前和诊断后的数据监测水平。根据美国 CDC 公布的数据，生物传感计划中的诊断前症状监测范围包括 11 种症状，这些症状包括肉毒毒素中毒症状、出血性疾病、淋巴腺炎、局部皮肤损伤、胃肠道症状、呼吸系统症状、神经系统症状、皮疹、异常的感染、发烧、感染造成的严重疾病等。

4)《大流行和所有危险物应对法案》

《大流行和所有危险物应对法案》(Pandemic and All Hazards Preparedness Act)主要是促使政府提供财政支持开展一些具有高风险的项目，通过减少与早期生物盾牌计划有关的问题，同时获得制药公司更广泛的加入支持，来应对疾病大流行。

5)《公共卫生安全和生物恐怖准备反应法案》

为了鼓励公司研发应对天花和其他生物恐怖的制剂，美国政府于 2002 年 6 月通过了《公共卫生安全和生物恐怖准备反应法案》(Public Health Security and Bioterrorism Preparedness and Response Act)，为各级政府，包括联邦、州和地方政府提供经费支持，用来开展评价和做好公共卫生应急准备。该行动同时也包括提供手段以研发应对生物恐怖的措施，同时控制生物剂和毒素。

6)《孤儿药品法案》

早在 1982 年，美国国会就颁布了《孤儿药品法案》(Orphan Drug Act)，鼓励制药公司研发一些针对罕见和特定条件下发生的疾病的药品。这些药品之所以被称为孤儿药品，是因为一些制药公司可能缺乏经济利益动力去从事针对小部分人群的药品开发。孤儿药品的市场是排他性的，因此，美国 FDA 可以接受一个相同药用于不同适应证的第二次申请，但不会接受不同公司关于此药物用于同一适应证的申请，最初的生产商同意或不能提供足够的药品时例外。

3. 大力加强基础设施建设[19,20]

为了加强生物安全产业的发展，美国从军地两方面建设了众多的研究中心和高等级生物安全实验室。美国生物防御几乎与所有政府机构有关，其核心是国防部、国土安全部、HHS和能源部。国防部主要担负生物武器防御，而国土安全部和HHS主要担负反生物恐怖和应对重大疫情，能源部则长期负责核武器研制。近年来，它们在生物事件(生物战争、生物恐怖等)的计算机模拟、信息监测技术等方面开展了大量工作，在生物恐怖和重大传染病危害评估方面发挥了重要作用。其实施生物防御涉及军民两个核心研究机构，分别是美国陆军传染病医学研究所和国家过敏与传染病研究所。同时，美国建设了全球最多的BSL-3和BSL-4实验室。根据2007年10月4日美国政府审计署发表的报告，目前美国的高等级生物实验室(BSL-3和BSL-4)正处于快速发展期，已经使用的和在建的BSL-4实验室一共有14个。这些设施本身就是特种设施，也是高技术设备的集中地，需要大量研究用的仪器设备和安全保障用的仪器设备系统。同时，这些设施的建设又进一步促进了仪器设备的改进研究，形成了良性循环。美国通过大力加强基础设施建设，以及利用这些设施开展的应对措施研制了诸多占据较大份额国际市场的产品，获得了巨大的垄断利益。

4. 加强军民融合力度

在对病原体和治疗方案等基础研究进行重点投入的同时，根据《生物盾法案》，HHS加强了对新药产业化和企业的支持。联邦机构和部门正在通过资助有关的生物恐怖防护疫苗和其他治疗手段的合同来帮助国家应对可能的生物恐怖的威胁。2007年制订的“突发公共卫生事件医疗对策企业实施计划”，以CDC病原体清单为基础，确定了“顶级核化生威胁对策方案”，以推动各研究所和制药企业优先的医疗对策研究，重点进行(普通和多耐药性)炭疽芽孢杆菌、A型肉毒毒素、鼻疽及类鼻疽杆菌、线状病毒(包括埃博拉病毒和马尔堡病毒)、土拉热弗朗西斯菌、胡宁病毒(引起阿根廷出血热)、普氏立克次体(引起斑疹伤寒)、天花病毒及鼠疫耶尔森菌9种病原的防治药物和疫苗的研究。以上这9种生物剂，再加上放射性核素和挥发性神经毒剂，是目前美国政府最关心的11种“顶级核化生威胁”。广谱抗生素、免疫球蛋白及广谱抗病毒药物是其药物研发的战略重点。为了配合这一战略目标，政府设立了多项基金吸引各大制药企业参与到这些生物剂疫苗、抗体药物和诊断试剂的研发中来，其中，对病毒或毒素类生物剂、抗体药物的研究是其资助的一个重点。美国NIH下属的NIAID在2008年的“重要病原生物防御治疗研究计划”中，针对炭疽芽孢杆菌、重型天花病毒、线状病毒(包括埃博拉病毒和马尔堡病毒)、流感病毒及革兰氏阴性菌(包括鼠疫杆菌、鼻疽伯克氏菌、类鼻疽伯克氏菌、土拉热弗朗西斯菌及致病性大肠杆菌等)设立了研究基金。2007 年，Emergent BioSolutions 公司从美国 HHS 得到了一个历时 3 年、金额达 4.48 亿美元的合同，用于研发并为国家战略储备提供一种炭疽吸附疫苗 BioTharx；2007 年，国防威胁降解局(Defense Threat Reduction Agency，DTRA)提供了一个为期 4 年、金额达 2 000 万美元的合同给予 Nanotherapeutics 公司；2007 年，DTRA 提供了一个金额达 950 万美元的合同给予 SRI International 公司；2007 年 HHS 提供了一个金额达 1 390 万美元的合同给予 PharmAthene 公司；2008 年 4 月，Acambis 公司从美国 CDC 得到了 4.25 亿美元的合同资助，用于研制一种天花疫苗 ACAM2000™。同时，对于 CDC 清单上的 C 类病原，即新发急性传染病，HHS 也给予特别重视。例如，2005 年 7 月，NIAID 与中国香港中文大学合作进行 SARS 免疫球蛋白的研制，通过收集康复病人血浆，加工成静脉注射免疫球蛋白产品，2007 年年初该项目已经完成。又如，对于 2009 年 H1N1 流感大流行，国会从生物盾资金中划拨了 1.37 亿美元用于紧急应对。

为了鼓励生物安全研究，美国政府和军方除了投入大量资金外，还制定了一系列优惠政策。美国政府分期分批大量采购生物安全相关防治产品作为美国国家战略储备[25]。根据《生物盾法案》，若国家储备的药品在临床研究中确认有效，则无须通过 FDA 批准便可进行采购，并在项目开始时便支付总货款的 50%，完全交货后付清。此举大大解决了制药企业研发和生产的后顾之忧，自此，各大制药企业争相开发生物防御治疗药物。除了疫苗之外，国家储备的采购重点便是免疫球蛋白类抗体药物。其中，Cangene 公司成为美国国家储备抗体药物最重要的供货商，其征集志愿者和疾病痊愈的患者，从他们的血浆中分离免疫球蛋白制备抗体药物。Cangene 公司有三个抗体药物被纳入美国国家储备，分别为肉毒抗毒素、炭疽和天花的免疫球蛋白，订单价值达数亿美元。2002 年 8 月，Cangene 公司的牛痘免疫球蛋白 Vaccinia Immune Globulin Intravenous (Human) (VIG) 获得了美国国家战略储备 5 年的订单，2007 年又续签了 5 年储备项目；2006 年 7 月，炭疽免疫球蛋白 anthrax immune globulin (AIG) 进入国家储备，订单约合 143 833 719 美元。2007 年 9 月，Cangene 公司完成了美国国家战略储备七价肉毒抗毒素(heptavalent botulism antitoxin，BAT)的订单。另外，代表更先进技术的单克隆抗体药物也被美国政府所关注。2009 年 4 月，HGS 公司完成了20 000份吸入性炭疽治疗抗体 Raxibacumab(ABthrax™)(单抗)生产订单。美国政府于 2006 年 6 月和 2009 年 4 月，花费巨资分两批进行了国家储备，该药品直到 2009 年 7 月才被 FDA 优先批准上市[26]。

5. 加大产业扶持举措[27]

通过政策法规的不断调整和更新，政府鼓励发明、创新和技术转让，实施税务优惠对生物安全产业给予重点支持。除联邦R&D课税扣除外，美国各州都有针对研究和开发的课税扣除政策。其主要形式如下：①销售、使用税减免和/或延期。豁免或降低销售和使用税使企业获得R&D额外资本，以支付研发费用和购买原材料。②投资税款减除(investment tax credit，ITCs)，包括生产现代化和产业升级支出、R&D设备购买的销售税免除、设备财产税免除等。③资本收益税裁减。降低个人投资者税率可以刺激民间资金进入生物技术产业，一些州允许符合规定条件的产业延缓交税。④净运营损失基金冲抵。加利福尼亚、康涅狄克等州都允许净运营损失的冲抵可以向后推延，期限是8～20年不等。⑤可转让的课税扣除。康涅狄克、夏威夷和新泽西允许生物技术公司转让其税收优惠来获得资金。

2004年美国生物盾牌计划正式纳入法律，联邦政府在10年内提供56亿美元用于研制疫苗和研究诊断、治疗方法，以加强美国对化学武器、生物武器和核武器侵袭的防御能力。2004年，FDA颁布了《关键路径计划纲要》白皮书，鼓励通过计算机预测技术、生物标记物技术、成像技术等缩短药物开发的过程。2006年统计数据显示，FDA对新药申请和生物制剂审批申请的优先审批平均审批时间缩短了6个月。

除了重视发挥老牌大企业的技术与人力资源优势，形成国家生物安全产业战略骨干网外，美国还特别重视发挥小企业的作用，从有利于国家经济与科技整体发展的高度，尽可能地把分散在众多小企业中的创新产品纳入国家生物安全产业体系。这一方面加快了美国生物安全能力建设步伐，满足了产品需求；另一方面尽可能吸取了社会创新资源，增强了美国生物安全产业科技整体实力，同时也通过促进小企业的发展，加快了美国经济复苏步伐，增加了就业机会，产生了更大的安全、经济和社会效益。

6. 完善产业管理体系

美国总统府和国会均设有专门的生物技术委员会，跟踪生物技术的发展，研究制定相应的财政预算、管理法规和税收政策，并通过高层次的战略规划，领导、协调生物技术及其产业的发展。美国FDA、环境保护总局、USDA、DOC均参与美国生物技术产业的调控和管理。其中，FDA主要负责生物医药产品的审批和监管工作，DOC工业安全局(Bureau of Industry and Security，BIS)、战略性产业和经济安全办公室、技术政策办公室(The Office of Technology Policy，OTP)承担对生物技术产业的政府评估，为政府决策人员提供参考，并协助联邦统计代办处对生物技术相关经济活动进行统计。USDA的动植物健康检查服务局负责美国动植物进口、各州间流动、转基因植物田间试验等方面的管理。此外，HHS、国际开发署等政府部门也对生物技术研究起支撑作用。美国生物技术行业组织——生物技术工业组织(Biotechnology Industry Organization，BIO)一直致力于协调产业和政府之间的关系，推动政府制定有利于生物技术研究、开发和产业发展的政策。2008 年 12 月，BIO 已拥有包括生物技术公司、学术中心、州和地方产业协会等在内的 1 200 余家会员。

7. 加大研究经费投入

生物安全产业多数产品有其特定适用范围，市场范围相对较窄。其产品技术含量高，创新难度大，更新换代需要大量经费支持。同时，生物安全产业的发展与国家军事科技能力密切相关，具有重要的战略意义。它的效益有产品的市场效益，但也因为安全的预防性投入所产生的巨大安全减损收益等因素，需要国家长期稳定的大量经费支持。

考虑到美国可能会成为生物恐怖袭击的目标，美国政府已经投入了大量的经费用于生物防御研究。在过去的几年中，美国政府已经支付了百亿美元用于支持企业和科研机构开展有关生物恐怖防御药物和疫苗的研究。随着生物恐怖防御经费的增长，用于建设生物防护实验室、新的学术研究中心、给予生物技术公司的研究许可合同的经费也在逐年增长[28]。

从总资助经费来看，2001 年“炭疽邮件”事件后，美国高度重视应对生物威胁的生物防御能力建设，并投入了巨额经费。从 2001 财年到 2012 财年，美国政府为生物防御共投入了 669 亿多美元，除对生物盾牌计划的资助和 2005 财年对美国邮政管理局的一次性资助外，自 2004 财年起资助力度相对稳定，基本维持在每年 66 亿美元左右。

在美国的生物防御经费中，生物盾牌计划单独预算、单独拨款。该计划是 2003 年提出的一个十年计划，2004 财年首次获得资助，是美国生物防御计划中最令人关注的一项。该计划的重点目标是研究并生产针对炭疽、埃博拉、鼠疫等生物剂的疫苗及治疗方法，为在发生生物战或生物恐怖的情况下实现快速应对服务。该计划由国土安全部和 HHS 共同负责，具体合同由 HSS 执行。根据 2003 年 10 月 1 日的《国土安全拨款法案》，到 2013 财年为生物盾牌计划拨款 56 亿美元，并且该计划目前已经批准延续。

从资助对象来看，从 2001 财年到 2012 财年，美国生物防御经费拨给了 HHS、国土安全部、国防部、USDA、环境保护总局、国务院、DOC、能源部、退伍军人事务部、邮政管理局和国家科学基金会 11 个部门。

从 2001～ 2012 财年的累计资助情况看，美国生物防御经费主要分配给了 HHS、国防部和国土安全部三个部门，分别占经费总额的 66％ 、10％ 和 16％。

从资助方向来看，美国生物防御经费资助的目标如下：为应对生物战及生物恐怖，全面增强公共卫生准备和应对能力。其具体资助方向包括生物武器防护、阻遏生物武器、药品器材采购和储备、增强医学监测及生物剂的环境检测能力，以及加强州、地方及医院各级的应急准备工作等方面。

9.3 中国生物安全产业发展形势

9.3.1 中国生物安全产品市场庞大

我国经济发展已进入全面建成小康社会和加快现代化的新阶段，为发展生物产业提供了广阔的市场和内在的动力。经过三十多年的改革开放和经济发展，我国人民的生产由消费型向发展型升级，生物医药需求将快速释放。同时，在新形势下，我国所面临的各种生物安全问题的现实威胁日益增大，新发传染病的不断出现及由此引起的突发公共卫生事件已经是我国生物安全的一个重要隐患，这将给人民的健康、经济的发展乃至野外军事行动造成潜在的威胁。生物恐怖所用生物剂的易获取及手段的易实施，使生物恐怖对国家安全的威胁已经现实存在。而随着生物威胁的日益加剧，虽然加强《禁止生物武器公约》的有效性，防范和遏制生物危害，已成为包括我国在内的全球大多数国家的基本共识，但是在加强《禁止生物武器公约》有效性的方式、途径方面还分歧严重，因此，生物军控任务还任重道远。从防止生物技术的负面效应来看，尚缺乏行之有效的控制措施。防治传染病和重大疾病、预防生物恐怖和生物武器袭击的任务将更加迫切，必须大力发展生物安全产业，保障人民的健康安全。

截至“十一五”末，我国进入临床研究的生物药品已达到 150 多种，其中 1/5 为一类新药。国家食品药品监督管理总局已批准 20 种基因工程药物，5 种基因工程疫苗上市，其中具有自主知识产权的基因工程药物有 9 种。从增长速度看，在“十一五”的前四年，生物医药产业的产值比重稳定在 76％左右，从 2006 年到 2009 年，生物医药平均增速为 23％，利润率保持了高速稳定的增长，创新活动活跃，研发经费支出不断增长。2011 年 1～11 月，我国生物药品制造业工业总产值达到1 436.53亿元，同比增长 24％；2011 年全年，生物药品制造业实现工业销售 1 529.69 亿元，同比增长 25.53％，实现利润总额 206.69 亿元，同比增长 6.45％。根据预测，到 2020 年，我国生物产品的市场规模需求将达到 3.5 万亿～4.5 万亿元。

生物安全产业提供的商机和产生的社会与经济效益是非常可观的。在生物防御药物研发方面，2003 年 SARS 流行期间，由军事医学科学院研制的ω干扰素为稳定民众的恐慌心理奠定了坚实的物质基础，在创造了良好社会效益的同时，也创造了良好的经济效益。2005 年 10 月，我国首例人感染高致病性禽流感病例惊现湖南，为了打破瑞士罗氏公司对抗流感药物“达菲”的垄断，解决我国抗击高致病性禽流感无药可用的尴尬和险境，军事医学科学院通过先仿后创的方式，采用新生产工艺和剂型，自主研发成功磷酸奥司他韦颗粒剂(商品名：军科奥伟)，并于 2006 年 6 月正式获得国家新药证书和生产批件，并已列入国家储备，实现了我国防治高致病性禽流感药物的本土化。同时，我国在宜昌长江药业已建有较大规模的生产线，每年生产四吨原料药，为防控流感提供了有力的保障。军科奥伟的研制成功，填补了我国的防疫空白，而且可以降低我国药物防控高致病性禽流感的成本(降低约 80%)，为国家节约了大量的采购经费。

在仪器装备方面，我国起步晚，很长时间里发展缓慢，而西方发达国家对我国的限制输出，使得我国有巨大的市场空间。在生物防御检测和防护装备方面，我国的鼠疫防控系列装备已研制成功，包括用于采集和保存啮齿类动物和体外寄生昆虫等媒介生物、病原宿主标本的“媒介生物采样箱”，用于鼠疫病员现场快速初筛的“UPT 生物传感器”，可在 1 分钟内做出检测结果的“鼠疫病菌快速检测试剂”，专用于鼠疫病员的“运送隔离舱”，具有隔离负压空气过滤等特点的“鼠疫病员救护车”，以及生物防护服、生物防护口罩、生物防护面具、正压头盔等，并先后交接给地方卫生局，为全面构建军民结合的疾病联防联控机制和生物危害应急处置体系发挥了重要的作用，同时创造了良好的经济效益和社会效益。在隔离病房和支持系统的建设上，我国目前有公立医院 13 542 家，民营医院 8 437 家，其中，三级医院 1 399 家(含 881 家三甲医院)，保守估计，如果每家三甲医院投资 1 000 万元改造配置隔离病房和支持系统，那么将有 88.1 亿元市场。

9.3.2　中国生物安全产业发展面临困境

与美国、俄罗斯等世界主要国家相比，中国的生物安全保障工作起步较晚，尽管中国在应对生物安全问题上，无论是在政策法规的制定上，还是在管理和处置机构的设立、应对能力的建设、科研计划的制订、科研经费的投入上，都给予了重视和提高，但是就目前而言，还存在着各种各样的问题需要加以解决[29]。例如，虽然国家对生物安全保障制订了若干科技计划，同时对许多疾病的防治设立了专项基金及首席专家，但是存在的普遍问题是相关研究的资助强度不足，难以保证科研工作的连续性和系统性。即使是许多已立项的课题研究，也存在着国家对研究课题的监管不力现象，存在资金浪费、拿钱不出实效、研究课题达不到预期目标的问题。同时，研究课题和能力建设脱节比较严重，研究成果在需要的时候没有用、不能用、不可用，浪费了国家有限的科技资源，最终损害了国家防御生物安全事件的能力建设。另外，国家尚未健全统筹全国的生物防御专项经费和专管渠道，那些与生物恐怖和生物战相关的病原微生物的疫苗与防治药物，由于平时用量少、研发费用高、危险性大、市场前景不好，企事业单位缺乏进行自主研究的积极性，致使研发进程缓慢，品种单一，国家储备不但量少，而且难以更新换代。

1. 长期稳定支持不足

由于长期处于和平年代等多种因素，我国与生物安全有关的微生物与生物毒素疾病防控、诊断、侦察检验等科学技术研究工作没有得到足够支持，特别是因为稀少的科研经费、研究条件如高等级生物安全实验室、有限的销售市场与经济效益等条件因素，我国一些国家安全很需要的病原体疾病防治药物和疫苗研究得不到应有的重视和支持，一些很重要的研究项目或成果被迫半途而止。而另外一个现象就是，突发疫情时，国家部委、省市等往往多渠道支持迅速启动广泛研究，而疫情一旦过去，这些研究工作往往得不到继续支持，造成大量研究工作重复，大量研究工作被迫停止，许多研究成果不能及时试验、生产和装备，其造成的科技资源损失相当可惜。另外，生物防御产品市场需求大多数有很强的时间性和突然性，长期利润小，应急研制难度大，而应急生产供应难度更大，一般企业难以为继。更重要的是，我国生物产业的管理较为分散，涵盖多个委部局，缺乏良好的对重大问题的协调决策机制，形不成良性发展的产业环境，不能有效地集中力量办大事，不能很好地体现国家战略和国家意志。因此，如何保持我国生物安全能力研究的持续发展、发展壮大我国的生物安全工业是一个复杂而重要的问题。

2. 自主创新能力不足

我国生物防御产业自主创新能力薄弱，生物科技成果转化率低，全国生物医药科技成果转化率仅为0.5%，工程化研究开发薄弱，生物医药中上游技术比国际先进水平落后3～5年，而下游工程技术方面至少落后15年。另外，我国目前拥有自主知识产权的品种很少，反映出我国基础研究水平的薄弱和原始创新能力的不足。我国超级抗生素研制几乎是空白，抗病毒化学药物几乎100%为仿制药，疫苗及免疫球蛋白品种不全，更新换代慢，国家储备不足；生防产品缺项较多，研制滞后；生防产品尚未形成体系化，无法满足部队训练、作战及处置突发事件的需要；侦检装备、疫苗、防护装备等研究任务缺乏连续性，使生防装备的配套性、研发的系统性及针对性都不够，不能满足需求；大学和科研机构的技术转移渠道不畅，技术转移机制尚未形成。

3. 军民融合途径不畅

从军队所担负的历史使命来看，国家防生物武器危害、反生物恐怖袭击和处置突发公共卫生事件不仅是我军承担的历史使命，也是我军履行职责的主要内容。军队在履行生物防御职责和能够履行职责方面产生了越来越大的“缝隙”，心有余而力不足的现象越来越严重。在药品品种选择开发、技术平台建设和推广、关键技术掌握上，和国外发达国家相比还存在着不小的差距。尤其是在军队不搞生产经营的国家宏观政策下，军队科研机构利用通过自筹或者从国家等渠道争取的经费尽心尽力研制的一些新型产品缺乏专门的保障渠道。另外，军队自身缺乏产业化基地，使其产品难以尽快进行扩试和生产，严重影响了我国生物安全能力的提高，从本质上也影响了国家安全和军队安全能力体系发展的步伐。

4. 面临国外垄断威胁

长期以来，美国等西方发达国家在疫苗和药物的研究、生产和储备及诊断措施等方面做了大量工作，实力雄厚。国外一些大型医药企业和设备公司有长期的技术积累，其产品系列化多元化，市场运作经验丰富。鉴于我国国内医药行业和设备行业的大量市场需求，它们利用其自身优势及我国良好的政策和市场环境，大肆进军我国国内市场，挤压国内企业，形成垄断，谋取高利润，甚至为满足其自身国家需要、谋求国际利益最大化、保持技术优势和知识产权而不对我国出口。例如，近几年在我国暴发 SARS、禽流感等疫情期间，在我国面临紧急需要之时，它们却不同意向我国出口有关药物、设备和技术，漠视我国人民的生命财产安全，其落井下石的险恶用心昭然若揭。难以想象，在发生恐怖袭击、战争等特殊时期我国能够从它们那里获得帮助。这种局面不利于我国应对生物威胁的能力建设，阻碍了我国民族生物技术产业的发展，不利于国家生物技术产业化发展，不利于国家生物技术研究的发展和造福人民健康的需要，势必影响国家科学技术发展规划的最终落实。随着我国经济国际化的加快和科技能力的提升，国际发达国家凭借其科技优势，利用知识产权等手段限制和制约我国生物安全产业的发展，利用国际规则强化新的垄断壁垒，对此，我国政府需要高度警惕。

9.4　前瞻

9.4.1　发展生物安全产业是保障国家安全的战略选择

1. 生物安全是国家安全一体化的重要组成

随着全球化进程不断加快和生物技术的飞速发展，生物安全形势日益严峻，逐渐成为一个涉及政治、军事、经济、科技、文化和社会等诸多领域的世界性安全与发展的基本问题。生物安全是国家安全的主要组成部分，对保证人类健康和促进社会发展具有重要意义，建立积极的防控策略和措施永远是生物安全工作的核心。国外发达国家早已将生物安全列入国家的重要安全战略，高度重视生物安全防御能力建设，通过制订系统完整的生物防御计划，加大经费和人力投入，以及持续强化科学研究和体系部署等措施，不断完善法律法规体系，提高生物安全能力，努力减少生物危害。2010 年 6 月 7 日，胡锦涛总书记在两院院士大会上，首次将生物安全提升到国家安全的高度，强调要依靠科技提高国家生物安全能力。十八届三中全会确定设立国家安全委员会，完善国家安全体制和国家安全战略，确保国家安全。我们必须清楚地认识到，面对这种严峻的生物安全形势，必须要建立以防控为核心，发展治疗药物、疫苗及诊断技术和方法等生物医学防护手段为重点的防御体系，这既是各国维护国家生物安全的基本策略，也是我国维护国家生物安全的重要战略举措，具有重大战略意义。

2. 生物技术是生物安全产业的发展基础

科学技术是当今国际科技发展的主要推动力，生物产业已成为国际竞争的焦点，对解决人类面临的人口、健康、粮食、能源、环境等主要问题具有重大战略意义。目前，生物技术是 21 世纪科技发展的制高点，已成为当今世界高技术发展最快的领域之一。同时，生物技术成为世界各国竞争的战略重点，为抢占生物技术的制高点，世界各国纷纷制定国家战略规划，发布专项政策，大幅度增加资金投入，而以生物技术引领的生物产业将成为 21 世纪经济发展的新的增长点。当前，生物技术正在进入大规模产业化阶段，生物医药、生物农业日趋成熟，生物制造、生物能源、生物环保快速兴起。全球生物产业的销售额每 5 年翻一番，年增长率高达 30%，是世界经济增长率的 10 倍，生物产业已成为增长最快的经济领域。同时，生物技术也将成为生物安全的支撑点。解决生物安全问题的关键在于加快医药、农业、环境等生物技术的研究开发，以确保国家利益和生物安全。截至 2010 年，中国生物产业的规模为 1.8 万亿元，其中，生物医药的规模在 1.1 万亿元。生物技术产业，用于重大疾病防治的生物技术药物、新型疫苗和诊断试剂、化学药物、现代中药、先进医疗设备、医用材料等民生产品，具有广阔的市场需求。经济合作与发展组织《2030 年生物经济》报告对对生物技术潜在影响最大的农业、卫生和工业三个部门的未来发展进行了全面分析，预测到 2030 年，生物技术对全球生产总值的贡献率将达到 2.7%以上。我国《国家中长期科学和技术发展规划纲要(2006—2020)》已将生物技术作为科技发展的八大前沿技术之一。2011 年 3 月颁布的《中华人民共和国国民经济和社会发展第十二个五年规划纲要》中明确提出，要大力发展节能环保、新一代信息技术、生物、高端装备制造、新能源、新材料、新能源汽车等战略性新兴产业。生物产业重点发展生物医药、生物医学工程产品、生物农业、生物制造。2010 年 9 月通过的《国务院关于加快培育和发展战略性新兴产业的决定》也将生物产业列入战略性新兴产业。科技部于 2011 年 12 月颁布了《“十二五”生物技术发展规划》，明确提出“生物技术将在保障国家安全、防御生物恐怖威胁中发挥不可替代的作用”[30~32]。

3. 政府支持是发展生物安全产业的保证[33~35]

我们应该看到，国家生物安全能力建设是一项系统工程，生物防御药物、疫苗、诊断试剂和防护装备只是生物医药产业的一小部分，而生物医药产业也仅是生物产业的一小部分，其研制和生产需要国家主管部门及相关企业的密切配合。鉴于生物防御药物、疫苗、诊断试剂应用的局限性和特殊性，这些防护必需的装备、药物和疫苗平时缺乏经济效益，地方企业难以接受和生产，且不太愿意进行开发，因此，必须要从国家层面出发，加强生物安全产业的扶持，保持其良性、健康发展。

9.4.2　中国发展生物安全产业的政策措施

中国生物安全产业尚处于起步性的快速发展阶段，不仅在科技创新能力、国家科技导向、产业环境培育等方面存在影响发展的诸多制约因素，而且在观念理念等方面存在许多误区。为此，我们经过长期研究，就中国发展生物安全产业提出一些基本思路。

1. 指导思想

面对国家生物安全的重大需求，我们应以全面提高国家防御生物武器和生物恐怖威胁及防控突发疫情能力为目标，统筹规划，突出重点，分步实施，系统配套，加速已有生物防御产品的系统集成和补缺配套，使之成系列、成系统，提升国家生物防御战斗力和应急保障力；以产业化、规模化为重点，营造良好发展环境，努力实现关键技术和重要产品研制的新突破。

2. 基本原则

国家生物安全产业发展，必须要坚持“瞄准前沿，自主创新；统筹规划，重点突破；军民融合，平战结合；科企结合，政府推动；转变观念，积极扶持”的基本原则，按照系统工程的理论和方法进行规划。

(1)瞄准前沿，自主创新。我们要跟踪发达国家生物防御产品研发和防护动态与发展趋势，积极学习借鉴国外发达国家先进的关键技术，加强技术的原始创新、集成创新和引进技术消化、吸收、再创新，努力在若干重要领域掌握一批核心技术，拥有一批自主知识产权。同时，应进一步增强产学研合作和科技成果产业化能力，实现技术研发与市场开发有机结合，加速自主研发成果产业化。

(2)统筹规划，重点突破。我们要以提升我国生物防御能力为出发点，加强战略谋划，搞好顶层设计，有机整合，系统集成，围绕提升我国生物防御能力的核心装备和关键技术及其系统配套开展攻关，重点对对我国有重大危害的生物恐怖病原体及现阶段防护基础较差的病原体开展集智攻关，形成综合保障力。

(3)军民融合，平战结合。大力推进体制创新，从体制上解决资源分散、分割等制约生物产业发展的瓶颈性问题，必须要重视平战结合，军民融合，做到反生物战、反生物恐怖袭击和突发疫情应对处置兼容，一体多能。

(4)科企结合，政府推动。政府应坚持企业在生物防御产品技术研发和产业化中的主体地位，在创新能力建设、产业化、基地建设等方面进行引导、推动和扶持，形成生物安全产业良性发展格局，尤其是要加快建立健全有利于生物安全产业化发展的政策和市场环境，大力培育龙头科研单位和企业。

(5)转变观念，积极扶持。客观而言，我国部分生物安全产品在科技水平、质量标准及服务保障等方面与国外发达国家的同类产品还存在一定差距，对此我们无须讳言。研制生产单位只有着力提高科技水平和质量标准，才能使产品具有市场生命力，而用户和管理机构，在满足基本需求要求的前提下，要克服不同程度的“崇洋媚外”心理观念，积极使用国内产品，扶持自主产业，实现我国的战略性长远目标。

3. 政策措施

1)顶层设计，做好战略规划是可持续发展的重要保证

美国等西方发达国家在国家安全包括生物防御产品研究开发与生产装备方面已经形成了相当完整和适应市场机制的运行体系，而且，作为一个战略利益密切的国家团体网络，实际上就是伙伴性联盟，在涉及生物防御的装备、药物、疫苗甚至情报系统方面已经形成了广泛的合作关系，互相支持研究，互相采购物品。“炭疽邮件”事件发生后，美国从其国家战略利益出发，显著加强了对生物安全产业的支持力度，为形成生物安全产业的国际优势地位奠定了基础，其意义深远。而从我国情况来看，生物安全产业创新体制尚不健全，科学技术支撑与保障体系尚不完善，组织协调机制运行不通畅，无论企业还是科研单位，对关系到国家生物安全而多数不具有经济效益的生物安全产品的开发敬而远之。政府如何重点投入、激励创新、鼓励技术研究，建立我国的生物安全医药防御体系仍然是我们面临的重大课题。

因此，我们需要切实把生物安全防御战略纳入国家的安全战略，加强系统规划和顶层设计，健全相关机构，建立高效的组织管理指挥体系，建立国家生物安全产业发展重大问题的协调机制，为生物安全产业发展提供组织保障，将生物安全产业确定为新兴战略性支柱产业，明确我国生物安全产业发展的战略思路，确立战略目标和战略重点，以及相应的战略措施，对生物安全产业实行宏观控制和垂直管理，保证工作的连续性和系统性。

2)政策扶持，完善管理体制是可持续发展的重要手段

美国总统府和国会均设有专门的生物技术委员会，负责跟踪生物技术的发展，研究制定相应的财政预算、管理法规和税收政策，并通过高层次的战略规划，领导、协调生物技术及其产业的发展。通过政策法规的不断调整和更新，政府鼓励发明、创新和技术转让，实施税务优惠对生物安全产业给予重点支持。从我国现有管理体制来看，目前我国生物安全产业的研发、生产监管等管理权分散

在国家各个不同部门，由于管理职能分工不同，认识上存在差异，加上现行管理体制存在的问题，不可避免地政出多门，政策不配套，造成生物产业链条被分割。而且，我国缺乏有效的协调和决策机制，有关规划、政策没有形成合力，有限资源投入分散，企业尚未真正成为技术创新的主体，产学研用紧密结合的机制没有形成，科技与经济脱节的问题仍然突出。

因此，我们需要切实加强政策法规的调整和更新以保障生物安全产业发展的需求。政府应加大财税金融等政策扶持力度，制定相关的税收优惠政策，鼓励创新，对生物安全产业给予重点支持；要优化投资布局，减少浪费；保护好、发挥好和引导好地方发展生物安全产业的积极性，也要高度重视区域间的统筹规划和协调发展。鉴于生物防护装备、药物和疫苗平时缺乏经济效益，政府必须要建立有效动员机制，对小批量生产和应急使用给予特殊审批政策和程序，建立研制、生产、储备和发送系统，以便一旦出现突发事件或发生战争，能够快速形成生防能力。

3)拓展渠道，加强稳定投入是可持续发展的重要基础

自从“炭疽邮件”事件后，美国等西方发达国家持续加大对生物防御产品研发的投入力度。美国2001～2012财年生物防御经费资助已超过669亿美元。正是依靠着长期稳定的经费投入，美国等西方发达国家才能够在生物防御产品市场中占据优势地位。从国内情况来看，我国一些国家安全很需要的病原体疾病防治药物和疫苗得不到应有的重视和支持，更多的是一些应急科研，而一旦应急过去后，又得不到继续支持。因此，如何保持我国生物防御能力研究的持续发展、发展壮大我国的生物安全产业是一个复杂而重要的问题。

因此，需要针对我国现有生物防御产品体系不完善、基础相对薄弱、现实需求与能力差距较大的情况，从多渠道增加对生物安全产业的投入，保持经费投入的力度和持续性，切实解决生物防御产品研制经费渠道不畅、资金短缺问题。首先，政府应加大财政科技投入对生物安全产业的支持力度，整合政府资金，建立稳定的财政投入增长机制。其次，鼓励有关部门和地方政府设立创业投资引导基金，拓展融资渠道，引导社会和民间资本增加对生物防御企业的投资，保证重点骨干产品的研制，尽快形成反应能力；支持金融机构创新信贷品种，改进金融服务，对符合条件的生物安全产业发展项目、生物安全产业基地基础设施提供信贷支持。

4)强化科技创新，增强自主能力是可持续发展的重要保障

强化自主创新能力，强调知识产权保护是国外生物防御企业获取竞争优势的基础，也是其在竞争中保持优势的途径。一些实力雄厚的生物防御企业，基于对未来发展方向的准确预测，抢先研发出富有技术竞争力和市场前景的核心专利产品，从而占领市场并获取超额利润。从国内来看，我国还存在着核心技术缺乏，

产业发展空心化的危险，在技术储备不足的情况下，不能形成有效的市场竞争力。

因此，我们需要充分吸纳前沿生物技术的最新成果，将原始创新与集成创新、引进吸收消化再创新相结合，加强协同创新，形成自主核心技术，培育原始创新成果，形成可持续发展能力。

5)立足长远，瞄准前沿重点是可持续发展的重要方向

当前，功能基因组学、系统生物学、合成生物学、生物信息学等新兴学科带动的病原微生物与宿主相互作用研究、致病机制研究、微生物免疫逃逸等方面的研究不断取得重大进展，为病原微生物防治药物和疫苗的研究提供了新的手段。目前，国际上生物防御预防疫苗和治疗药物研发的重点体现在既重视特异性又重视广谱性。特异性疫苗和药物仍然是生物防御领域的重要研究目标。一些实验室在超级抗生素及单克隆抗体等领域取得了积极进展，而传统药物的挖掘和组合也成为研究热点。由于广谱疫苗、广谱抗生素和抗病毒药物研制难度很大，近年来，国际上特别重视流感广谱疫苗研究，并且多个实验室均取得了重要进展。另外，在仪器装备研制方面，安全操作设备、检测仪器、监测仪器及救援装备等不仅在使用的便捷性、移动的方便性等方面进步很快，而且其信息化集成和灵敏性已经成为国际生物安全产品的研究热点。

因此，为了更快建立生物防御体系，有效应对生物安全威胁，努力突破政策壁垒、技术壁垒和资金壁垒，我国亟须对相关基础研究进行重点投入，加强产学研协作，形成以企业为主体的产业创新体系，提高我国生物安全研究的原始创新能力和国际竞争力。政府应组织相关优势基础单位，定点部署超级抗生素、广谱抗病毒药物、中和抗体及相对广谱疫苗等关系到国家生物安全的前沿药物和疫苗的研制工作，形成自己的优势和特色。另外，应加强实验室研究成果的集成，提高地方工业发展的技术含量，加快装备化进程。

6)科企结合，加强军民融合是可持续发展的重要基石

从国外发达国家的情况来看，其在实施有关生物恐怖防护疫苗和其他治疗手段研发时经常采取军民融合的手段进行，美国联邦机构和部门经常通过资助合同的方式加强对新药产业化和企业的支持，大量科研项目通过军地合作的方式进行，由军队提出需求，提供资助。采用招标的形式，通过军地联合进行项目研究，可以有效地将军队的需求与军地的优势资源结合起来，起到更好的效果。一些重要的企业和科研机构由于得到长期的巨额经费支持，其开展的生物防御治疗药物和疫苗研发的研究得以不断壮大，并取得了领先和优势地位，形成了像美国陆军传染病医学研究所和 NIAID 等研发实力雄厚的科研单位，以及像美国 ICx 技术公司、英国 Acambis 公司、美国 AVI 生物制药公司、美国 DynPort 疫苗公司、美国 Bavarian Nordic 公司、美国 Emergent BioSolutions 公司、美国 Human

Genome Sciences 公司、美国 Madarex 公司、美国 PharmAthene 公司、加拿大 Cangene 公司等重点进行生物防御治疗药物研发和生产的医药公司。相较而言，我国在技术层面的研发水平、产业化水平与发达国家仍有较大差距，生产规模和生产工艺水平均比较落后，尚没有重点进行生物防御治疗药物研发和生产的医药公司。《国家中长期科学和技术发展规划纲要(2006—2020)》中明确提出，要完善军民结合、寓军于民的机制，建立适应国防科研和军民两用科研活动特点的新机制。

因此，我国需要发展与生物防御研究生产相结合的国防产业新路线，建立应急特需药品研发生产平台，加强灾情疫情预测，联合军地科研力量，有计划地对应急特需药品、试剂开展提前研究，形成技术储备；必须加强生防装备、疫苗、药品研制和生产的军地协同；加强全国资源和力量的统筹，充分发挥国家各部门、军队及地方的积极性，集成国家各类科技计划的资金与力量，加强衔接与配合，科学、合理、有效地配置资源。政府要重点扶植研发与生物安全相关、应用范围相对有限的生物防御治疗药物和疫苗的企业，促进生物安全产业的产业化发展。其中，政府应培育生物安全医药龙头企业，形成品牌优势；应加强投入和采购力度，建立生物防护装备药材储备机制，将其纳入军队与国家储备和采办计划，建立定期更新和补充的机制，将经费储备与实物储备相结合。此外，政府应统筹部署和协调军民基础研究，加强军民高技术研究开发力量的集成，建立军民有效互动的协作机制，实现军用产品与民用产品研制生产的协调发展，促进军民科技各环节的有机结合。

参考文献

[1]中华人民共和国科学技术部．国家中长期科学和技术发展规划纲要(2006—2020). http://www.gov.cn，2006-02-09.

[2]中华人民共和国国务院．中华人民共和国国民经济和社会发展第十二个五年规划纲要. http://www.xinhuanet.com，2011-03-16.

[3]郑涛．我国生物安全学科建设与能力发展．军事医学，2011，35(11)：801～804.

[4]Barrett A D T，Stanberry L R. Vaccines for Biodefense and Emerging and Neglected Diseases. San Diego：Academic Press，2009.

[5]Titball R W. Vaccines against intracellular bacterial pathogens. Drug Discovery Today，2008，13：596～600.

[6]闻玉梅．生物安全的目的是人民安全．军事医学，2012，36(10)：10003～10004.

[7]He X，Brandon D L，Chen G Q，et al. Detection of castor contamination by real-time polymerase chain reaction. Journal of Agricultural and Food Chemistry，2007，55：545～550.

[8]朱联辉，郑涛，赵达生．美国反生物恐怖信息系统建设及启示．解放军预防医学杂志，2007，25(4)：309～311.

[9]祖正虎，许晴，张文斗，等．基于现代信息技术的生物灾难事件模拟系统研究．军事医学，2012，35(11)：809～813.
[10]郑涛，黄培堂．生物安全的问题及思考．军事医学，2012，36(10)：725～727.
[11]郑涛，黄培堂，沈倍奋．当前国际生物安全形势与展望．军事医学，2012，36(10)：721～724.
[12]郑涛，黄培堂，沈倍奋．认清形势解决问题，加快我国生物安全能力建设步伐．军事医学，2014，2：4.
[13]郑涛，沈倍奋，黄培堂．我国生物安全能力可持续发展的重点．军事医学，2012，36(10)：728～731.
[14]郑涛，田德桥，孟庆东，等．以能力建设为中心，加快我国生物安全科技发展．军事医学，2014，(2)：86～89.
[15]郑涛，田德桥，祖正虎，等．生物安全是国家战略必需的生命工程．军事医学，2014，(2)：90～93.
[16]安永．2014 全球生物技术报告．http://news.ebioe.com/show/194133.htm，2014-07-28.
[17]Global Industry Analysts Inc. Bioterrorism：A Global Strategic Business Report. San Jose：Global Industry Analysts Inc.，2009.
[18]朱联辉，田德桥，沈倍奋，等．美国生物防御产业政策和管理分析及启示．军事医学，2012，36(10)：768～771，776.
[19]田德桥，朱联辉，黄培堂，等．美国生物防御战略计划分析．军事医学，2012，36(10)：772～776.
[20]田德桥，朱联辉，王玉民，等．美国生物防御能力建设的特点与启示．军事医学，2012，35(11)：824～827.
[21]秦笃烈．透视美国生物国防战略与实施：生物医学 21 世纪将成为国家安全的前沿．科学中国人，2004，2：49～51.
[22]苏格．评美国国家安全战略的调整．国际问题研究，2003，2：5～10.
[23]张俊．美国《生物盾计划》．政策与管理，2004，12：6～9.
[24]Check E. BioShield defence programme set to fund anthrax vaccine. Nature，2004，429(6987)：4.
[25]Gottron F. Project BioShield. CRS report for congress. http://www.upmc-biosecurity.org/pages/resources/RS21507.pdf，2004.
[26]仇玮祎，余云舟，孙志伟，等．美国生物防御对策研究与国家战略储备药物分析．军事医学，2012，36(10)：777～781.
[27]付红波，范明杰，李玉洁，等．美国生物科技及产业发展概况．中国生物工程杂志，2010，30(4)：135～138.
[28]余云舟，孙志伟，郑涛，等．肉毒毒素防治药物的研究进展．军事医学，2013，36(12)：954～958.
[29]田德桥，朱联辉，王玉民，等．美国生物防御经费投入情况分析．军事医学，2013，37(2)：141～145.

[30]朱联辉，郑涛．加强军民结合以促进生物医药成果转化效率的对策分析．科技管理研究，2008，28(5)：63～64.
[31]中华人民共和国科学技术部．关于印发十二五生物技术发展规划的通知(国科发社〔2011〕588 号). http://www.most.gov.cn，2011-11-14.
[32]中华人民共和国国务院办公厅．国务院办公厅关于印发促进生物产业加快发展若干政策的通知(国办发〔2009〕45 号). http://www.gov.cn，2009-06-02.
[33]中华人民共和国国务院．国务院关于加快培育和发展战略性新兴产业的决定(国发〔2010〕32 号). http://www.gov.cn，2010-10-10.
[34]沈倍奋．生物安全与国家安全．军事医学，2012，36(10)：10001～10002.
[35]沈倍奋．发展生物安全技术，有效防控生物威胁．军事医学，2014，2：2.

(朱联辉、郑涛)

第 10 章

生物安全战略管理

战略管理就是组织机构确定其使命，根据外部和内部的环境条件制定战略目标并付诸实施的动态管理过程。战略管理一般包含战略组织、战略分析、战略目标、战略实施和战略评价五个关键要素。战略组织即领导协调机构，战略分析即对内外环境条件进行综合分析及对战略目标进行论证，战略目标即确定发展目标及其步骤，战略实施即实现战略目标的过程，战略评价即对战略目标实施过程进行全方位评估及对战略目标实现程度进行评价。

安全工作头绪多，而且始终处于威胁与安全的动态博弈之中，随着环境条件的发展变化，新的风险与威胁肯定会不断出现，因此，预防和处置能力也要不断发展完善。在这个复杂博弈过程中，管理工作具有特殊重要的地位，尤其是战略管理。当前，不同领域的众多学者和社会人士针对我国发展过程中的现实问题提出的意见中，成立国家级的集中管理机制的建议比较普遍，这一方面说明了我国发展过程中面临的问题的复杂性和艰巨性，另一方面也反映了人们对中央政府的高度信任和依赖，同时也反映了人们对现行管理机制的信心不足甚至不信任。

我国长期重视安全工作，在实践过程中我们已经积累了很多行之有效的宝贵经验，如反恐怖的人民战争，安全工作的预防第一等。新时期国内外安全形势的发展变化，对进一步做好安全工作提出了新要求。2013 年 11 月 12 日党的十八届三中全会通过了《关于全面深化改革若干重大问题的决定》，决定设立中央国家安全委员会[1]。这一决定体现了党中央对国家安全形势的清晰判断和加强国家安全工作的战略决策，反映出我国面临的国际国内安全形势非常复杂严峻，同时也充分体现了党和政府高度重视并突出加强我国安全战略管理的施政思想，是我国安全工作思路的重大变化。该决定也清晰表明，“保障国家安全是头等大事”，安全工作已经不仅是常规日常性的重要工作，而是事关国家安全发展的战略任务；安全工作不再是泛泛要求、各自为政，而是总体国家安全观下的国家安全体系和复杂工程，并且要“建立集中统一、高效权威的国家安全体制”。世界大国，尤其是西方发达国家在安全工作战略管理方面进行了长期探索发展，为我们提供了宝贵经验，我们可以借鉴，兼收并蓄，但根本上是要走中国特色的安全道路，探索发展中国特色的生物安全道路。

10.1　中国面临特殊的生物安全形势

中国面临特殊的生物安全形势主要体现在两个方面：一是面临复杂多样并日趋严峻的生物威胁；二是很多有关人员对我国生物安全尤其是能力建设不同程度地缺乏清醒和全面的认识。

10.1.1　生物威胁形势严峻

生物安全是 21 世纪国际重大安全。我国面临的生物威胁形势与国际生物威胁总体形势相似，但也有自身特点，尤其是我国面临日趋复杂的安全形势而生物安全能力却相对薄弱，使得我国生物威胁形势极其严峻。

第一，生物威胁本质的特殊性。生物威胁所使用的物质主体除由生物产生的毒素外均是活体，这种物质主体区别于其他种类的威胁，如核物质威胁、化学物质威胁、爆炸类物质威胁等。尽管在威胁的主要对象和目标方面，生物威胁与其他威胁类同，大多数是以人为目标，但生物袭击一旦成功，其袭击的目标又往往成为主体物质增殖的载体，成千上万倍的扩增导致产生新的更大的生物恐怖源，SARS 暴发期间的“毒王”就是典型例证。而其他种类的袭击一旦成功，其袭击目标基本上就成为终极目标，不会成为新的危险物质增殖传播源。我国地域宽广，人口众多，流动性强，部分地区和场所人员高度密集，防御生物袭击能力薄弱，因此，如果发生生物事件，极容易迅速扩大影响范围，造成严重的灾难性后果。

第二，生物威胁手段的复杂性。生物威胁涵盖生物战、生物恐怖袭击、突发传染病、生物入侵、实验室意外泄漏等多种形式。这些不同威胁在大多数案例中可以通过多种侦检手段比较快速地判别出来，但有时则需长时间研究才能得出正确结论，而有些案例即使经过长时间研判也难以辨别出事件性质到底是生物恐怖袭击、突发新发传染病还是生物战等。例如，在现代形势下，生物战的表现形式可能是类似生物恐怖，也可能是类似突发传染病或生物入侵等。生物威胁除了形式的多样性之外，威胁物质(生物剂)的多样性及现代生物技术易于制造、便于携带、隐蔽性强等特点，也都有别于其他安全威胁形式，导致防御生物事件的难度很大，对事件的定性也面临很多困难。例如，2001 年美国发生“炭疽邮件”事件后，虽然美国政府投入大量人力物力对炭疽来源进行了两年多的鉴别，但是最终鉴别报告仍然存在许多疑点，导致其对事件缘由和犯罪人的定性意见饱受争议。

2003 年发生于我国的 SARS 重大疫情事件，其病原体来源至今不明，许多人怀疑它是敌对势力恶意施放的。这些怀疑虽然没有确凿证据，但怀疑本身已经提示我们恶意施放在技术上的可能性。

第三，生物威胁影响的深远性。生物威胁使用的生物剂绝大多数是活的生物体，它的目标可能是人，也可能是动物、植物。有的生物剂的环境耐受性很强，并不能被消毒剂即时杀灭，可以在环境中长期存活，产生长期危害，使得污染区成为“死亡之地”，如苏联时期炭疽等生物武器试验场、美国的炭疽生物武器研究实验楼等，最终都被抛弃为废墟。生物剂可以袭击人、畜等目标物的神经系统、免疫系统、呼吸系统、消化系统甚至生殖系统等，对人可以是致死性的，也可以是非致死性的、失能性的。人们担忧转基因食品的安全性的主要原因也在于此。另外，处理生物事件往往可能需要疏散人员、封闭污染区域、限制公交运输、启动紧急医疗救援等，造成巨大的经济损失甚至社会动荡。

第四，生物威胁防御的艰巨性。我国是生物威胁的“重灾户”，不仅疫情多发，有国际背景的暴恐事件增多，而且还是国际敌对势力军事、经济等的“打击”对象，在未来相当长时期内我国自然发生和人为造成的生物事件将很可能增多。从上述生物威胁的 3 种特性可以看出对其进行防御是艰巨的。除此之外，生物威胁使用的主体物质——活的生物体或微生物种类相当繁多，仅我国公布的人间传染的病原微生物就有近 400 种，美国 CDC、NIH 及欧盟等根据反生物恐怖需要提出的重要生物剂有几十种，联合国《禁止生物武器公约》议定书谈判“综合案文”将 51 种生物剂和毒素列入监控和核查清单，而近 40 年来仅新出现的病原体就有 40 余种，且每年有 1～2 种新病原体出现。生物防御的首要任务是侦检，然后才是预防控制和溯源。现在对上述清单中的病原体进行快速侦检仍然难以完全做到，而预防和治疗措施及溯源等难度更大。上述还仅仅是天然的病原体(生物剂)，而目前采用现代生物技术重组的病原微生物的危害程度、防御难度可想而知。

第五，生物威胁发展的高科技性。随着现代科学技术的发展，不同种类的威胁从内容到形式也随之发展和更新，生物威胁在这方面体现得更为明显。现代生物技术从 20 世纪 70 年代初诞生以来，人们就一直担忧其“双刃”性，担忧其谬用。近些年，相继出现了对基因武器、人种特异性基因武器的潜在威胁和转基因农作物安全性的争论等。我们并不清楚国外基因武器、人种特异性基因武器等的研制程度，但可以肯定的是，考虑到发达国家生物技术发展水平，其对经典生物战剂进行提高毒力、改变抗原性、增强(增加)抗生素抗性等改造，从技术手段而言是没有很大困难的。被称为“战争的臭虫”的澳大利亚 IL-4/鼠痘病毒重组体的构建、美国 1918 流感病毒毒株的恢复、可以在哺乳动物间传播的荷兰 H5N1 禽流感病毒毒株的研制等实例至少为那些恶意研制先进生物威胁剂的人们提供了范例。近年来，引发我国几次疫情的病原体到底来自何方至今难有定论，国内外均有人怀疑有人工改构病原体的可能，虽然没有证据证实，但也为我们敲响了生物高科技滥用风险的警钟。

10.1.2 生物安全认识模糊

生物安全关系到国家的长治久安，生物安全的核心是能力。虽然经过多年的努力，我国生物安全能力建设取得了显著成绩，特别是SARS事件后，国家完善了法律法规，强化了指挥与管理体系，投入大量经费支持科技研究与条件建设，取得了抗击SARS的伟大胜利，有效控制了多起禽流感重大疫情的蔓延，表明了我国处置突发公共卫生事件的能力显著提高，体现了我国生物安全能力建设的发展进步。但是总体而言，我国生物安全能力仍然相当薄弱，与发达国家相比差距显著，与满足现实需求差距很大，总体水平不容乐观。影响我国生物安全能力发展的因素很多，不仅是科技发展本身问题，更重要的是认识问题，主要体现在以下几个方面。

第一，对不同生物威胁形式的相互关系认识不清。防御生物武器攻击、防范生物恐怖袭击能力建设与防控传染病疫情能力是生物安全能力建设最重要的三个领域，相互之间有许多相同之处，许多能力是通用的，但也存在显著区别，表现在能力建设的要求和目标不同。2001年美国发生"炭疽邮件"事件后，我国才开始比较关注生物安全，但许多人仍然认为生物威胁距离我们太远。2003年SARS疫情的切身之痛使全国上下普遍认识到生物安全的重要性，但强调更多的是传染病防控能力建设，不同程度地把防控传染病疫情能力建设等同于防御生物武器攻击、防范生物恐怖袭击能力建设。把生物安全能力异化为传染病防控能力，是对生物安全的严重误解，势必造成我国生物安全能力建设缺项。认识的混淆导致部分人认为生物武器防御是军队自己的事情，我国不太可能发生美国"炭疽邮件"事件那种规模的生物恐怖袭击事件，通过传染病防控能力建设就可以替代防范生物恐怖袭击能力建设等。因此，我们有必要完整认识国家生物安全能力建设的内涵，做好顶层设计，加强防御生物武器攻击、防范生物恐怖袭击能力建设。

第二，对军民融合发展的责任权利认识不清。政府部门的利益冲突在任何国家都不同程度地存在。长期以来，我国生物防御分为军地两个系统，互相之间有合作有竞争，总体上是在合作中竞争，共同为维护国家安全稳定、防御外敌袭击、服务军民防病治病、提高国家卫生应急能力等做出了卓越贡献，谱写了军民共建、拥军爱民的佳话。当前，在防生物战、反生物恐怖、处置突发公共卫生事件等生物安全能力建设方面，国家统筹顶层设计、军地之间分工合作、协调配合资源共享是大势所趋，也是国家宏观管理的必然。但是在具体实践中，由于对工作在认识上存在差异，在资源、经费有限的情况下，难免出现尴尬境况。由于历史原因，军队在此方面处于比较被动的状态，人民军队为人民，职责范围没有弱化而且明显增加，“灾情就是命令”，不论是大灾大疫还是反恐维稳，都是军队遂行非战争军事行动的重要任务。但是资源、经费等的短缺，军队履行职责所必需的预置建设被弱化，使军队在需要履行职责和能够履行职责之间不得不面临越来越大的“缝隙”，即脱节。特别是与军队履行防生物武器和生物恐怖袭击职责密切相关的装备、药物、疫苗及诊断试剂等关键物资装备的研发，其市场经济前景很小，但军事效益、社会效益和安全效益很大，在军队无力支持、地方难以支持、国家没有统筹安排的环境下，军队科研单位仅靠自身力量保持发展相当困难。而军队尽心尽力研制的新产品、新装备，由于缺乏专门保障渠道进行扩试、生产和储备，更是严重影响了国家生物安全能力的提高，影响了国家和军队生物安全能力体系的发展步伐。因此，现在有必要研究厘清军地履行国家生物安全的职责范围，合理配置资源。

第三，对长期可持续发展与近期应急能力建设的平衡关系认识不清。“预防第一”是行之有效的安全管理基本原则，一份投入百分收获，但在生物安全领域体现得并不理想。长期处于和平年代、科研经费不足等多种因素，使我国与生物安全密切相关的一些重要病原体基础研究长期得不到应有的重视和支持，导致我国一些疾病防控、诊断、侦察检验等重要研究项目或成果被迫半途而废或处于休眠状态。因此，需要保持我国生物安全能力持续发展与增强应急防控能力的平衡关系，科学配置资源。

第四，对生物安全能力建设的多学科交叉趋势认识不清。生物安全能力既是威慑能力，也是应急处置能力。美国“炭疽邮件”事件后，国际上生物安全能力建设的多学科交叉趋势明显，科学、工程与管理的多学科联合研究成为主流，信息化特征凸显，发展十分迅速。我国 SARS 疫情后建立起来的国家疫情直报系统在后来的疾病监测与趋势分析中发挥了重要作用，但是目前的疫情直报系统相比美国等发达国家，不仅功能比较单一，而且对信息的加工处理也比较落后。目前，西方发达国家多数已经建立国家级、区域级的基于地理信息系统、交通、社会群体行为特征的集多渠道信息收集、模型分析、风险评估、后果预测及辅助决策于一体的综合管理平台，为应急管理甚至国家首脑决策提供了强力科技支撑。但是，我国目前在此领域尚处于探索起步阶段，发展困难重重，因此，我国迫切需要正确认识生物安全能力建设的多学科交叉趋势，积极支持创新研究。

第五，对破解美国等西方发达国家的技术封锁和市场垄断迫切性认识不清。美国等西方发达国家长期以来在疫苗和药物的研究、生产和储备，以及诊断措施等方面做了大量工作，实力雄厚。国外一些大型医药企业和设备公司有长期的技术积累，产品系列化、多元化，市场运作经验丰富。它们鉴于我国医药行业和设备行业的庞大市场需求，利用其技术优势，大肆进军我国市场，挤压我国企业，形成垄断，谋取高利润，甚至为满足其自身利益最大化，刻意保持技术优势和知识产权而不向我国出口。难以想象，在发生恐怖袭击、战争等重大灾难时我们能够依靠它们的支持。这种局面不利于我国应对生物威胁的能力建设，阻碍了我国民族生物技术产业的发展，抑制了国家生物安全科学技术的基础研究与创新发展，也影响了国家科学技术发展规划的最终落实和人民健康安全的需要。因此，我们需要清醒地认识到西方发达国家技术封锁和市场垄断的严酷性，明白依靠引进是幻想，若要实现国家安全，必须立足自我、加快研究。

在这里，我们基于战略管理理论，根据我国生物安全的重要性及面临的形势，结合十八届三中全会提出的总体国家安全观，就国家安全体系下的我国生物安全发展战略目标与发展重点予以阐述。

10.2　战略管理目标

我国国家生物安全战略管理目标应该是坚持总体国家安全观下的国家生物安全发展战略，实行国家安全体系内的顶层设计统筹管理，以能力建设为中心，积极防控和消除各种生物风险和威胁，有力保证国家安全利益和人民安全，促进国际生物安全。

10.3　战略管理原则

根据生物安全的特征及我国面临的生物安全形势，依照党的十八届三中全会通过的《关于全面深化改革若干重大问题的决定》以及习近平主席在主持召开中央国家安全委员会第一次会议上的讲话精神，提出以下原则。

一是集中统一原则。我国的生物安全管理总体上处于初级阶段，与国家面临的内外形势压力、安全利益需求及总体国家安全观的要求还不适应，距离国际发达国家的发展水平还有显著差距。生物安全涉及范围广，责任大，应该有强有力的管理体系。但是目前我国生物安全管理实行的是多部门负责制，存在交叉融合比较严重、不同领域发展不平衡、部分领域政治军事外交等敏感度高却留有管理空白等问题。在现行管理体制上则存在多头管理但又认识不一、职能交叉但又难以协力、权责不一但又勉为其难、效率不高但又无能为力等明显弊端。生物安全与政治安全、国土安全、军事安全、经济安全、文化安全、社会安全、科技安全、信息安全、生态安全、资源安全等一体化的国家安全体系密切相关，对国家安全发展非常重要，因此，应该以成立中央国家安全委员会为契机，遵循国家总体安全观，聚焦重点、抓纲带目，分阶段、分层次推进集中统一管理，为我国生物安全发展提供行政制度保证。

二是积极防御原则。生物安全的核心是生物防御，生物防御的核心是威慑，这是积极防御思想的基线。积极防御才能赢得安全工作的主动权并增强针对性。我国生物安全能力建设历史欠账严重，而且由于生物事件成灾后果往往具有范围大、毁损严重及难以处置和恢复的特点，对健康安全、生态安全、社会稳定和经济发展具有重大影响，必须实施积极防御原则，才能通过早部署、早建设，实现早发现、早预警、早预防和早处置，从而把灾害控制在最低限度，达到防灾减灾、保证安全的根本目的，为我国生物安全发展提供行动指导。

三是科技支撑原则。科学技术是减灾防灾能力的根本保证。生物安全涉及多个不同领域，随着国际国内安全环境的发展变化及生物科学技术的快速发展，我们不仅面临各种各样的内源性和输入性生物威胁，而且还将面临生物技术滥用等事故风险，不仅要面临大量已知风险，而且还将面临不同来源的未知新发风险，因此对生物安全能力建设中的科学技术含量提出了很高要求。进入 21 世纪，以信息化为特征的科学技术发展日新月异，不同学科和技术领域的交叉融合已经成为创新发展的重要途径，定性与定量相结合的管理科学与技术研究和应用蓬勃发展，因此，深入贯彻创新驱动的科技发展战略，大力发展我国生物安全科学技术研究，才能为我国生物事件的预防处置能力建设提供科技保证。

四是法规保障原则。国际上，生物安全在多个领域已有相应的一系列国际公约、履约议定书或行动规划，而我国生物安全的不同领域也基本都有相应的法律法规或指导原则。2001 年美国“炭疽邮件”事件和 2003 年我国 SARS 事件等重大灾难性事件促使我国许多科技人员甚至管理人员急切呼吁国家尽快制定颁布生物安全法。鉴于我国生物安全形势的复杂性、分头管理的特征性和能力建设的艰巨性等因素，现在很快制定覆盖生物安全各领域的统一的生物安全法难度很大，而实际上，在国家尚未就国家生物安全总体思路与发展战略达成一致的情况下，也缺乏必要的立法社会环境和操作可行性。因此，现阶段最可行的是有关部门根据实际情况需求，遵循国家总体安全观，准确把握国家生物安全形势变化的新特点、新趋势，修订完善现行法规，同时可以委托多个研究机构开展必要的前期研究论证工作，从而为我国生物安全发展提供更有力的法律保证。

五是合作共赢原则。促进共同安全，是我国生物安全发展的国际义务和大国责任。生物安全不同领域的诸多国际条约和履约议定书充分表明了生物安全的国际性。无论是反生物恐怖还是《禁止生物武器公约》履约，无论是全球健康安全行动还是全球生态与资源保护，都是 21 世纪最重要的国际合作与交流内容之一。大国应有大国风范，强国应有强国责任，我国生物安全战略必须既要重视自身安全，又要重视国际共同安全，通过多层次、多渠道的交流合作，打造国际社会的安全命运共同体。

10.4　战略管理重点

根据战略管理基本要求及我国面临的生物威胁形势和生物能力建设的实际情况，我们在此提出近几年我国生物安全战略管理工作重点。

10.4.1　研究确定我国生物安全专责机构

事关国家安危的复杂动态的安全工作必须有牵头机构，也就是战略组织机构。中央国家安全委员会作为中共中央关于国家安全工作的决策和议事协调机构，由中央政治局、中央政治局常务委员会负责，统筹协调涉及国家安全的重大事项和重要工作。这个晚到的机构是我们国家专责安全战略管理的最高权利机构，使我国分散多处的有关安全机构有了“齐聚一堂、共谋大事”的机制，而由集中共中央总书记、国家主席、中央军委主席于一身的习近平担任中央国家安全委员会主席，必将最大限度地发挥议事决事效率，对我国安全管理的发展和实践具有非常重要的现实意义。习近平主席指出，中央国家安全委员会要遵循集中统一、科学谋划、统分结合、协调行动、精干高效的原则，聚焦重点，抓纲带目，紧紧围绕国家安全工作的统一部署狠抓落实。从中可以看出，该委员会具有统筹国内和国际两个大局、整合对内对外事务的内外兼顾特点，而习近平主席的“二十字”原则为落实国家总体安全观提供了行动指南，也为做好安全工作上下贯通的“聚焦重点、抓纲带目”施政机制，在专责机构设置上给出了发展创新的改革空间，实现了该委员会顶天立地、承上启下的职责作用。

政府应该研究考虑在中央国家安全委员会下面设立国家生物安全分委员会。中央国家安全委员会的成立首次明确了我国国家安全工作的决策和议事协调机构，但是履行职责的运行机制和战略管理体系尚不清楚，尤其是关于是否需要设立专责机构。由于该委员会负责领导我国综合性安全工作，包括负责制定和实施国家安全战略、推进国家安全法治建设、制定国家安全工作方针政策、研究解决国家安全工作中的重大问题等，内容范围非常庞大，但会商决策制度毕竟不同于职能部门的管理实践，而安全工作已经提高到国家战略层面，可能需要设立政府机构具体负责某些重大安全领域的统筹工作，因此，该委员会可能还有进一步发展完善的空间，尤其是建立完善战略管理组织体系。如果要切实发挥人们所期待的作用，那么可以考虑进一步在中央国家安全委员会下面设立国家生物安全分委员会，并设立专属的生物安全咨询顾问机构。

目前，我国分别在军队、科技部、环境保护部、农业部、外交部、卫生部等多个部委设有生物安全专门处局机构，相互之间有密切联系，但工作中不同程度地存在相互分离甚至抵触的现象，影响了国家生物安全整体工作的发展。美国在这方面的做法和经验值得我们研究参考。美国国土安全部的成立历史就是美国应对国内安全工作专责机构的发展历史。自克林顿执政后，美国对国内安全保障，尤其是应对恐怖活动的组织指挥体系基本尝试摸索了四种办法。

第一种是以单个恐怖事件的处理出发，通过行政命令确定司法部负责国内恐怖事件的处理，国务院负责国外恐怖事件的处理，财政部负责金融系统的恐怖事件处理等，反恐重点在事件发生后的处理上，根据恐怖活动的主要领域确定政府负责处置部门。这种方式存在两个突出弊端：一是忽视了恐怖活动的国际化趋势；二是忽视了具体反恐行动的复杂性，对政府多部门合作缺乏统一指挥调度。

第二种方式是从国家安全防务出发，指定一个主管机构即国防部来负责国内防务。国防部拥有许多与反恐有关或相似的技术措施，也是一个强力部门，好像是一个合理选择。但是，根据美国的法律及美国军队的职责和长期以来军队发展养成的传统，美国军方主要就是对外作战，它既缺乏国内反恐的一些专门技术储备和能力建设，同时也不愿意负责这项有悖于传统职责的任务，但表示可以协助其他部门的反恐行动。

第三种方式就是在白宫任命一个专门的协调员或者全权负责人来负责协调联邦政府各部门的反恐工作。这种方式似乎想法很好，既有协调人，也不会对政府现有部门的组织管理体系做出变动。但是由于这个人不属于任何一个具体政府部门，在实施过程中可能有职无权，很难对相关部门的反恐工作实施管理，其他部门对他的命令很容易产生抵触情绪和消极态度。

第四种方式就是成立一个专门的政府部门负责领导、组织和指挥工作，这就是后来成立的国土安全部。2001 年发生“9 • 11”事件和“炭疽邮件”事件后[2]，美国总统小布什很快于 2001 年 10 月 26 日签署了《美国爱国者法案》，扩展了恐怖活动的定义，扩大了警察机关可管理的活动范围，并且在 2002 年 11 月 25 日签署了《2002 年国土安全法》，宣布成立国土安全部，显示出非常迅速的立法和施政速度。虽然该法至今存在争议，如破坏人权等，但是美国政府扩展恐怖活动定义的举措，使得政府能够尽早发现恐怖迹象苗头、抓捕嫌疑人，对恐怖活动实施及时打击，客观上有利于预防和遏制恐怖犯罪。国土安全部的成立，则使美国政府在预防处置恐怖威胁、维护国土安全的行动中拥有了高度集中有效的专门实施机构，它联合了统筹情报收集分析，国家恐怖犯罪威胁形势分析，危险品保存、运输和进出境管理及制订国家应对安全威胁的战略、规划与计划，国家防御能力的建设与分析评估，主要目标和设施的脆弱性分析等多种职能，具有“龙头”机构和“核心力量”机构的双重角色，在对恐怖风险和威胁的认识、防御能力状况及科学技术研究部署等方面能够更专业、更高效，避免了多种资源的低效运转使用。同时，它的第三方监督机制需要引起我们的注意和重视。美国国土安全部与国防部、HHS 等机构保持密切联系和责任分工，使得威慑、遏制和打击恐怖分子犯罪活动具有强大力量。同时，美国政府具有规范性甚至习惯性“自查自纠”的监督机制，在维护国土安全的能力建设及项目计划的实施方面，不仅有美国审计署等政府机构在发挥监督评估作用，而且有美国科学院(工程院、医学院)、众多大学与科研机构、咨询公司等学术机构与非政府组织机构开展委托和独立研究，及时公开研究评估报告，非常有效地发挥了监督促进作用，有力保证了国家安全能力建设的科学、高效和有序发展[3]。

因此可以想象，在成立中央国家安全委员会之后，我们在对我国面临的包括生物威胁在内的多种威胁进行深入系统的梳理基础上，按照不同安全威胁的特点并结合我国现有部委机构设置及其职责情况，应该在建设安全工作强有力机构体系方面有进一步措施，尤其需要考虑设立牵头机构的责任机制，这样才能更好地符合习近平主席安全工作“二十字”原则，实现“聚焦重点、抓纲带目”的顶层设计目的，从根本上保证全面落实总体国家安全观，避免高层的决策措施因为缺乏承上启下的连接纽带而陷于空转或虚转，同时也避免来自基层的大量信息因为缺乏顶天立地的绿色通道而不能及时上达高层，影响安全工作的良性循环机制，违背成立中央国家安全委员会的初衷，从根本上有损于国家安全工作的发展。

因此，在中央国家安全委员会下面设立国家生物安全牵头机构，并设立专属的生物安全咨询研究机构对统筹我国生物安全这一生命工程应该是有必要的。政府可以考虑按照不同安全领域的特点和我国政府机构现有设置情况，对农业、环保等已有生物安全管理内设部门的部委进行进一步完善，充实其职能，而在生物武器防御、反生物恐怖及应对重大疫情等危害影响大、综合性处置要求高、能力建设相对特殊、直接危及国家安全稳定的领域，应该尽快明确牵头部委，以期在日常能力建设、事件处置及科学技术研究统筹中发挥应有的管理职能。

10.4.2 研究制定我国生物安全总体发展战略

国家安全工作必须有战略指引。党的十八大报告要求“完善国家安全战略和工作机制，高度警惕和坚决防范敌对势力的分裂、渗透、颠覆活动，确保国家安全”。战略起初是军事方面的概念，是指军事将领指挥军队作战的谋略。在现代，“战略”一词被引申至政治和经济领域，其含义演变为泛指统领性的、全局性的、左右胜败的谋略、方案和对策。习近平主席在主持召开中央国家安全委员会第一次会议讲话中指出，当前我国国家安全内涵和外延比历史上任何时候都要丰富，时空领域比历史上任何时候都要宽广，内外因素比历史上任何时候都要复杂，必须坚持总体国家安全观，以人民安全为宗旨，以政治安全为根本，以经济安全为基础，以军事、文化、社会安全为保障，以促进国际安全为依托，走出一条中国特色国家安全道路。习近平主席的讲话已经对我国安全战略目标、原则和要求给予了纲领性阐述。因此，下一步应该是结合国家发展目标和国内外安全形势，制定我国总体安全发展战略，以及围绕构建政治安全、国土安全、军事安全、经济安全、文化安全、社会安全、科技安全、信息安全、生态安全、资源安全、核安全等一体化国家安全体系，分别提出相应的安全战略，从而把中央国家安全委员会第一次会议精神和习主席的要求落到实处。当然，坚持总体国家安全观并不意味着我国仅仅需要构建上述十一种安全体系，而是意味着在实际工作中，我们应该坚持以人民安全为宗旨，根据面临的安全形势及时研究建立新的安全体系，从而丰富总体国家安全观。鉴于我国生物安全形势和美国等国际主要国家的做法，我们有理由把生物安全纳入国家总体安全范畴，确立生物安全的国家战略地位，使之成为走出一条中国特色国家安全道路的重要内涵之一。

国际国内生物安全形势迫切要求我们制定生物安全发展战略。经过 20 世纪两次世界大战的惨痛教训和 20 世纪中后期长期冷战的深刻体念，21 世纪人类社会对安全发展的渴望和期待空前高涨。由于错综复杂的国际环境、霸权国家追逐利益的无限贪婪及极端分子的随时伺机作恶，虽然将来难以发生硝烟弥漫的全球大规模战争是可见的，但是国家间的局部战争和冲突恐将难免，而跨越传统国家概念的恐怖活动和敌对势力渗透威胁势必形成新高潮。进入 21 世纪，不断有国外报道显示包括我国周边在内的某些国家和地区仍然保留有生物武器研究计划或研制能力，这对我国安全尤其是国防安全造成了严重威胁。同时，由于生物战剂研制技术的发展及战争形式的变化，生物恐怖很可能成为生物武器袭击的新手段。我国近年来频发的暴力恐怖袭击事件给我们敲响了警钟，一些分裂分子暗地里得到西方某些国家的支持，国内外恐怖势力正加紧勾结，恐怖袭击手段趋于高端化，目标趋于政治化。我国有暴恐分子与谋求生物恐怖袭击能力的基地组织保持密切联系，外源性生物恐怖威胁增大，而独狼式犯罪分子利用技术手段发动的重大袭击活动可能增多。总之，暴力恐怖分子正伺机利用一切可乘之机给我国制造事端。近几年我国陆续发生了 SARS、H5N1 禽流感、H1N1 流感、H7N9 禽流感等多起重大疫情，以及手足口症、腺病毒等突发新发传染病，这些频发的公共卫生安全问题已经成为严重影响我国民众健康、经济发展、社会稳定的重要因素。总之，来自国内国外的多种因素交织更趋紧密，我们对生物威胁必须保持高度警惕，并迫切需要从国家安全发展战略高度，遵循总体国家安全观，及时制定国家生物安全发展战略。

SARS 疫情之前，我国生物安全能力总体发展水平相当落后。SARS 之后，国家依托军地系统，迅速加强了检测监测技术及疫苗药物等的研究，很快建立起了全球最大的 38 种传染病疫情和突发公共卫生事件网络直报系统，传染病与突发公共卫生事件信息报告管理处于世界领先水平，并建立完善了系列法规制度，建设发展了一支优秀的疾控队伍，兴建了一批国家和省地级先进医疗科研设施，通过国家多个科技计划，扩大了生物安全相关领域资助范围，加大了支持力度，在科学技术研究、产品研制等方面取得了明显进步，经受住了多起重大疫情和自然灾害的考验，疫情处置从被动应对正逐步转向积极主动应对，社会满意度明显提高。但是，目前我国生物安全总体发展水平仍然比较落后。

目前，我国生物安全能力建设已经步入十字路口。一是观念模糊。由于国家对防御生物武器攻击、防范生物恐怖袭击和防控传染病疫情责任主体和职责目标的界定不清晰，部分人员对生物恐怖的认识模糊，如对几次疫情处置的险胜而产生自满情绪，认为不可能发生生物恐怖袭击和生物战争，把防御生物武器攻击和防范生物恐怖袭击等同于防控传染病疫情等，甚至一些人员没有清醒认识到国家应对生物威胁能力的严重失衡。二是能力建设失衡[4]。生物安全能力不仅涉及极其重要的疫苗药物及生物体本身的潜在安全风险评估等传统领域，而且涉及国家级甚至国际合作性的监测预警网络、国家和区域性风险动态评估、应急管理情景重构与策略优化选择及生物事件对经济、社会、环境、外交等影响评估，这些能力是西方发达国家重点发展领域并且已经投入应用，在实践中不断发展完善，但在我国却没有得到应有重视，总体发展还相当薄弱[5~8]。如果生物安全能力建设继续沿袭老的发展思路，不仅与实现强国目标的战略需求极不相称，也与国际主流发展思路相去甚远。

2001年“炭疽邮件”事件后，美国把以生物武器防御和反生物恐怖为重点的生物防御纳入国家安全战略范畴，发布了很多与生物防御相关的战略与法律法规性的文件，其不仅在数量上遥遥领先于其他领域，而且相互衔接组成了完整战略体系。生物防御战略的确定使美国生物防御能力建设有法可依，有据可循，值得我国借鉴。

2002年12月11日，美国政府发布了《抗击大规模杀伤性武器国家战略》，该战略指出：“敌对国家和恐怖分子所拥有的大规模杀伤性武器——核武器、生物武器和化学武器是摆在美国面前最大的安全挑战，对抗大规模杀伤性武器战略是美国国家安全战略一个不可缺少的组成部分。”2004年美国政府发布了《二十一世纪生物防御》，提出了美国生物防御的重点目标，包括威胁感知、预防和保护、监测和检测、应对和恢复等。2009年美国政府发布了《应对生物威胁国家战略》，该战略强调生物威胁不能由联邦政府独自面对，需要国内各阶层及国际伙伴的共同努力。该战略确定了应对生物威胁的七个目标：①促进全球健康安全，包括提高全球疾病的监测检测能力，提高传染病暴发的国际应对能力。②加强安全标准和行为规范建设，包括保证生命科学领域研究活动的安全，并通过法规机制促进对这类活动的社会规范管理。③及时准确地认识已有和新发风险，充分利用生命科学的进步掌握全球疾病的发生发展情况并提高应对能力，加强生物威胁情报的收集能力并加强信息共享。④关注新技术带来的威胁，采取适当措施减少生物技术被滥用的风险，加强对高风险病原体和毒素的安全管理。⑤提高预防、侦检与抓捕能力，确保执法与安全保护及挫败或阻止非法活动的强大能力，提高微生物法医学能力。⑥加强各种力量的沟通交流。⑦加强应对生物威胁的国际对话，发挥《禁止生物武器公约》及国际组织的作用[9~15]。美国颁布的部分与生物防御相关的战略与法律法规包括《罗伯特斯坦福灾难消除和紧急援助法》(1988 年)、《总统令—39 美国反恐政策》(1995 年)、《防御大规模杀伤性武器法》(1996 年)、《总统令—62 应对恐怖主义》(1998 年)、《国土安全总统令—1 国家安全委员会的组成和运作》(2001 年)、《国土安全总统令—3 国土安全预警系统》(2002 年)、《国土安全总统令—4 国家应对大规模杀伤性武器战略》(2002 年)、《2002 国土安全法》(2002 年)、《公共卫生安全与生物恐怖应对法》(2002 年)、《应对大规模杀伤性武器国家军事战略》(2002 年)、《国土安全总统令—5 国内灾难事件管理》(2003 年)、《国土安全总统令—8 国家准备》(2003 年)、《国土安全总统令—9 美国农业与食品防御》(2004 年)、《国土防御和地方支持策略》(2005 年)、《应对恐怖主义国家战略》(2006 年)、《国土安全总统令—18 大规模杀伤性武器医学应对措施》(2007 年)、《国土安全总统令—21 公共卫生与医学准备》(2007 年)、《国土安全战略》(2007 年)、《应对生物威胁国家战略》(2009 年)和《生物监测战略》(2012 年)等。美国军队发布了一些与生物防御相关的战略及指导性文件，如国防部指令 3025.1《对地方机构的军事支持》(1993 年)、国防部指令 2000.18《国防部对于 CBNRE 事件的应对指导》(2002 年)、《应对大规模杀伤性武器国家军事策略》(2006 年)、国防部指令 2000.21《国外结果处置管理》(2006 年)、国防部指令 2060.2《国防部应对大规模杀伤性武器策略》(2007 年)和《国防部对抗大规模杀伤性武器战略》(2014 年)等[16~28]。

生物安全是国家的生命工程，要成为世界强国，必须有充分保护民众安全的强大能力，当然也就必须有充分认识生物风险及应对生物威胁的能力。生物安全能力建设是一项复杂的系统工程[29~33]，涉及国防、公共卫生、公共安全、环境保护及政治、经济、外交、科技、文化等诸多领域。从上可见，美国在应对生物武器和生物恐怖等生物威胁方面是铁了心、下了大功夫、花了大本钱，形成了军民结合，拒绝外部威胁输入和控制内部威胁苗头形成相结合，集威慑、预防、减少威胁和消除危害于一体的多层次生物安全战略体系。我们在研究制定国家生物安全发展战略时必须充分考虑它的复杂性，这是贯彻落实总体国家安全观的必然要求。

10.4.3 深化生物安全军民融合机制

习近平主席在主持召开中央国家安全委员会第一次会议讲话中强调，中央国家安全委员会要遵循集中统一、科学谋划、统分结合、协调行动、精干高效的原则。目前尚不知道该委员会的具体参与单位，也许具体组成和运作机制还处于酝酿完善阶段，但按照本届政府的工作作风，我们可以期待应该很快就会公布更进一步的机构设置和运作信息，这是“安全为人人、人人为安全”、发挥广大群众参与安全工作的需要，也是指导各级政府和单位工作的需要。

在美国联邦政府机构中，参与生物安全的政府机构比较多，主要包括国土安全部、国防部、国务院(类似于我国外交部)、HHS、司法部、联邦紧急事务管理局、能源部、USDA、DOC、运输部、财政部、退伍军人事务部、环境保护总局等，具有战略统筹并与国家总体安全战略最密切的是两驾马车即国土安全部和国防部[34,36]，因此，这两个部也是美国生物防御的核心统筹机构，而国务院和HHS 等其他政府部门则专责各自的具体分工，没有统筹职责。现在我国面临相当复杂的内外生物风险或威胁形势，依靠传统政府架构可能已经难以承担如此繁重的指挥、组织、协调、应对及长期可持续的能力建设等职责，因此，有必要创新安全工作思路，在国家安全委员会下设立生物安全分会或委托实体性政府牵头机构，具体落实总体国家安全观下的生物安全。

党的十八大报告指出“建设与我国国际地位相称、与国家安全和发展利益相适应的巩固国防和强大军队，是我国现代化建设的战略任务。我国面临的生存安全问题和发展安全问题、传统安全威胁和非传统安全威胁相互交织，要求国防和军队现代化建设有一个大的发展……提高以打赢信息化条件下局部战争能力为核心的完成多样化军事任务能力……坚持走中国特色军民融合式发展路子，坚持富国和强军相统一，加强军民融合式发展战略规划、体制机制建设、法规建设”。党的十八届三中全会也强调“要深化军队体制编制调整改革，推进军队政策制度调整改革，推动军民融合深度发展”。总之，党的十八大以来，习近平主席在不同场合多次表明高度重视国防和军队建设，提出建设一支听党指挥、能打胜仗、作风优良的人民军队这一党在新形势下的强军目标。习近平主席有关军队建设的重要论述中，其中一个重要思想就是突出强调军队必须能打仗和打胜仗，对军队职责和建设目标的要求更清晰、更具体、更鲜明、更有力，结合习近平主席有关总体国家安全观的安全思想，我们可以认为，军队在国家安全发展战略中具有更为突出重要的职责作用，即军队不仅有保护主权和领土安全的御敌于国境之外的职责，而且在应对处置国内暴力恐怖袭击、重大突发公共安全事件救援及维护国家安全稳定等多样化军事任务中具有重要职责，因此，我国要走中国特色军民融合式发展道路，加强军民融合式发展战略规划及体制机制和法规建设，推动军民融合深度发展。长期以来，军队在防御生物武器攻击的疫苗药品与装备器械等科技研究、专业救援处置队伍体系建设、训练演习等方面取得了丰硕成果并积累了丰富经验，同时与科技部、卫生部、农业部等有关机构保持了良好的合作关系，在多次重大疫情防控和灾害事件救援中发挥了国家军队的重要作用，因此，在总体国家安全观下的生物安全能力建设过程中，在缺乏国家专责机构的前提下，军队的职责和作用尤为重要。这应该是坚持总体国家安全观，走出一条中国特色国家安全道路的重要内涵之一。

在这里，美国的做法也值得我们研究借鉴。美国十分重视维护和发挥军队在国家生物安全中的核心地位。需要强调的是，虽然传统上美国军队主要负责国家对外敌的安全防御工作，“9·11”事件和“炭疽邮件”事件后，美国专门成立了庞大的国土安全部，重点牵头负责国家反恐怖和重大灾难救援工作，但是美国并没有改变军队在国家生物安全能力建设中的传统主导和战略核心地位。美国的生物安全战略是以维护其世界超级大国地位为出发点，以国家安全(国防部)为核心，以国内安全(国土安全部)和健康安全(HHS)为两翼，以其他有关政府机构的职能作用为外援的综合战略体系。美国仍然十分重视发挥军队在国家应对生物恐怖及重大传染病疫情等生物防御中的传统优势，强调国家利益与国际利益并重，要求为确保美国及其军事力量、盟友、伙伴不受大规模杀伤性武器威胁或攻击，美国军事力量必须做好准备以击败和阻止大规模杀伤性武器的使用，对遭受大规模杀伤性武器威胁做出反应并从遭受大规模杀伤性武器攻击中恢复，防止和制止大规模杀伤性武器的扩散或拥有等。因此，美国对军方发展生物防御能力一直高度重视，持续强力支持烈性病原体基础研究和生物防御核心技术创新研究，并且通过建立海外基地(哨点)加强对全球的监控与资源收集能力。2001 年以来，美国向生物安全领域投入了 600 多亿美元[5,35,36]，在国家全方位生物安全能力建设方面取得了显著进步，遥遥领先于发展中国家。生物袭击并不只会发生在美国。我们需要清醒认识到，“炭疽邮件”事件发生在美国并造成如此大的后果，并不是因为美国生物安全落后导致的。恰恰相反，对灾难的迅速处置和恢复及对事件调查和炭疽溯源的能力证明了美国不愧是世界超级大国，也是生物安全超级强国。虽然冷战中期美国宣布停止研究生物武器，但是坚持保留发展了生物防御能力，进入 21 世纪时其生物防御能力已经处于国际领先水平。“炭疽邮件”事件发生在美国本土城市说明防御生物袭击的难度之大，如果这起事件发生在其他国家特别是发生在发展中国家的城市，那么很可能引起更大的灾难性后果。

10.4.4 夯实生物安全能力的科学技术支撑

科技和管理是安全工作的两个支柱，科技是根本，管理是保证，两者相辅相成，不可偏废。安全工作需要的强有力的龙头机构、明确的总体战略和广泛的参与机构，其总体属性都属于管理层面，对国家生物安全战略管理具有非常重要的软实力支撑作用。科学技术是国家生物安全战略管理的另外一个支柱，是防御、应对和保障能力的具体体现，对国家生物安全战略管理具有非常重要的硬实力支撑作用。同时，理论指导实践，管理也是一门很重要的科学，只有管理科学发展了，才能为科学管理实践提供先进的理论指导。安全工作作为复杂系统工程，科学管理是实现安全工作可持续顺利发展的重要保证。我国的管理科学尤其是安全管理科学发展比较落后，坚持总体国家安全观，走出一条中国特色国家安全道路，为我国管理科学的研究与发展带来了重大挑战与机遇。

生物安全的核心是生物安全能力，主要包括监测、预警、鉴别、处置、恢复等方面[4]。监测主要是在了解和掌握本底资料的基础上，通过持续长期观察记录，对关注对象异常情况的及时发现、分析和汇总，如医院就诊人员、病种及其时间变化等。预警主要是在监测基础上，在对异常情况的态势进行基本判断的基础上，发出警告，如在传染病监测中，医院就诊人员出现本地历史上没有记录或罕见的病例，以及某病例数短期内大幅度增加。鉴别主要是对监测到的异常情况的生物学本质进行鉴定，如新病原体 SARS、生物恐怖剂类别等。其使用的手段包括生物学手段、物理化学手段、光学手段等，而综合多领域技术的集成性仪器设备在生物危险因子的快速和准确鉴别中发挥着越来越重要的作用。处置是指对出现的异常情况及时采取相应处理措施，控制、减轻或消除危害。诊断试剂、预防疫苗和治疗药物的研究、生产能力非常重要。恢复是指及时消除生物安全事件及其处置过程中对人、环境、社会等造成的影响和危害后果。恢复正常是后果处理阶段的重要任务，涉及很多领域。从上可见，生物安全能力不仅包括疫苗、药物和检测诊断等常规内容，还包括风险评估、科学管理、法律法规、资源调度等大量内容，尤其是后者，我国与发达国家相比还存在很大差距。就我国现实情况而言，分析检测和预防处置能力是生物安全尤为关键的核心要素。

生物安全除包括上述具有显性特征的能力外，实际上还包括生物风险管理能力[5~8]。风险管理是社会组织或者个人用以降低风险的消极结果的决策过程。风险管理通过选择与优化组合各种风险管理技术，对风险实施有效控制和妥善处理风险所致损失的后果，从而以最小的成本收获最大的安全保障。风险管理的基本程序包括风险识别、风险估测、风险评价、风险控制和风险管理效果评价等环节。由于我国从事生物安全领域研究和管理的人员主要接受的是强调实证性的生物学、医学等的教育，比较缺乏风险管理及信息与计算机技术等方面的科学训练和思维养成，容易理解生物危险因子的检测鉴别及药物疫苗，但对风险管理不太熟悉且往往忽视，对风险管理中常见的基于数据的数学模型往往抱怀疑甚至拒绝的态度，不仅造成了对风险管理认识上的极大误解，也影响了我国生物风险管理的研究与发展。

风险管理研究需要借助管理科学理论、计算机与信息技术等大量非生物学非医学的理念和科学技术手段。生物风险管理尤其是风险预测与评估主要是基于实际情况对生物威胁的潜在威胁进行评价，对可能发生的生物安全事件和演变过程特别是灾难性重大事件发展态势进行预测。因此，其本质是提供可能性之大小，即体现为概率，其发展只能是无限逼近真实，但不能等同于真实，这与生物学、医学等实证研究具有很大不同。生物事件危害评估就属于风险评估的典型范畴，各种“情景”下形成的危害面积、感染人数或农作物区域、流行趋势等都是主要关心的问题。因此，在信息化时代，生物安全能力具有越来越强的信息化特点，在实践中具有很强的风险管理科学的特点[9~15]。

发达国家在生物安全科技能力方面进展很快[37~44]。在美国发生“9·11”事件和“炭疽邮件”事件后，特别是2003年SARS事件以来，我国为了防范和应对可能发生的重大疫情和生物恐怖袭击事件，部署并开展了一系列生物安全科技研究工作，建立和完善了应急指挥体系和快速反应机制，在生物安全能力建设方面发展比较快，取得了显著进步。但是，总体而言，目前我国防御生物威胁的科技能力与国家发展对安全环境的需要差距还很大，与发达国家的能力建设水平相比还很落后，主要体现在以下五个方面。一是缺乏总体部署和规划。面对严峻的生物安全形势，我国缺乏目标清晰、重点突出、措施配套的生物安全科学技术研究的总体部署、总体规划和具体实施计划与路线图。二是创新研究薄弱。我国基础研究和产品研制跟踪或仿制的多，原始创新或具有自主知识产权的少，病原体基础研究相对薄弱，许多病原体的致病机制不清，许多烈性病原体的特效疫苗药物基本空白，病原体感染的动物模型、相关免疫学和药效学评价系统研究及装备研制严重滞后。同时，政府没有根据国际生命科学和生物技术及医学等相关学科领域最新进展及时调整资助策略和部署新的研究方向及研究领域，创新驱动后劲不足，影响了预期目标的实现。三是科技活动管理体系不完善。目前，我国生物安全职责分散在多个部门，存在不同部门各自为政的弊端，导致研究工作不系统、难持续，甚至存在不同程度的重复研究、重复投资现象，影响了国家科技资源整体使用效益。目前，我国生物安全布局缺乏龙头科技机构，国家有限生物安全科技经费与资源的投向缺乏定向性的重点保障科研机构，造成了许多衍生问题。四是缺乏独立的第三方评估。生物安全能力建设是不断发展的持续动态过程，涉及需求与保障之间的相互关系，国家需要何种程度、范围的生物安全能力，科技人员和研制单位能够提供何种类别、水平的能力，二者之间如何在国家总体部署和科技规划中得到科学体现，以及能力建设是否达到国家安全需要、是否达到国家科技项目目标、是否有长足的前瞻性预研等均需要有第三方评估。五是很多民众特别是一些管理层对生物威胁的长期性、严重性、紧迫性、复杂性认识不足，导致生物安全研究与经济建设和社会发展相互脱离，相当程度上认为生物安全研究是浪费科技资源的活动，不需要长期支持，从而影响了生物安全科技与能力建设的可持续发展。

制定我国生物安全科技战略规划时不我待。明确基本发展思路是制定规划的基础。制定我国生物安全研究战略规划，是从国家安全、社会稳定、民众健康等国家基本安全保障层次明确生物安全的国家地位。这是明确生物安全能力可持续发展的需要，是以类似法规形式规范我国生物安全科技长期部署和活动的需要，是实现军民融合发展我国生物安全综合能力的需要，也是提高国家生物安全科技资源投入效益的需要。因此，要顶层设计，统筹管理，加快研究，科学发展。其具体体现如下：在管理方面，要加强领导，明确责任，完善机制；在研究方面，要加快研究，突出重点，能力优先；在发展布局方面，要坚持反生物恐怖、防控传染病等国家生物安全各领域的相互结合与统筹，以最大限度地降低生物风险，节约国家科技经费、发挥科技资源效益。

制定我国生物安全研究战略规划，应明确发展目标和重点。人民安全是国家安全的根本目的，也是根本保证。我国的生物安全首要目的就是保证人民安全。面对复杂多样的生物威胁，根据习近平主席在主持召开中央国家安全委员会第一次会议讲话中强调的“聚焦重点、抓纲带目”基本原则，我国未来几年应对和处置生物威胁的重点应该是生物防御，更具体而言，应该是生物防御的两个最重要环节，即早期预警和医学应对措施。

目前，我国生物安全能力总体尚处于发展的初期阶段。限于科学技术基础薄弱，我国生物威胁早期预警能力建设尚处于探索阶段，实际应用作用有限，虽然少数技术发展比较快，但总体水平与发达国家差距较大。在早期预警能力有限的情况下，预防和应对生物危害的最有效医学措施就是疫苗的预防作用、药物的治疗作用及快速准确的诊断技术，这也是国家生物安全能力的最重要体现，处于生物防御能力核心地位。我国部分生物安全疫苗、药物研究工作基础相对较好、发展较快，总体水平与发达国家大概存在一代之差，个别产品处于国际先进水平。以生物防御为例，首先要从繁多的病原体目录中论证对我国安全威胁最大的种类，建议参考美国国防部生物战剂防御清单和美国 CDC 反生物恐怖的生物剂清单体系[45~48]，根据我国生物安全能力建设实际和对生物威胁的判断，依照迫切程度等筛选体系进行分类，制定我国生物安全病原体清单，并确定相应科技目标、科技重点等研究计划及临床验证、审批、生产、实物储备计划。在尽快制定我国生物安全病原体清单基础上，以烈性病原体和新发突发传染病的防控为重点，以基础研究为先导，以技术平台建立为支撑，以基础设施建设为保证，力争在 10 年内取得一批重大的基础性研究成果，为我国生物安全能力水平的提高奠定关键基础。到 2025 年，全面建成病原微生物生物安全的检测监测、风险评估、疫苗药物研制等综合技术体系，使我国在该领域跨入国际先进行列。在基础研究方面，要重视基础微生物学和免疫学研究，深刻认识感染与抗感染机制，为广谱性疫苗和药物研究奠定科学基础；重视宿主-病原体相互作用研究，充分利用新兴生物技术手段深刻认识宿主-病原体相互关系和作用机制，为疫苗和药物研究开辟新思路。在应用研究和产品开发方面，要重视并加快烈性病原体医学防御产品的研究、生产和储备；鼓励开发联合诊断试剂、广谱疫苗和药物及有关佐剂；

重视动物模型研究，促进药物和疫苗有效性研究；增强临床前和临床试验能力，促进药物和疫苗规范化评价的效率和速度；重视药物研制的通用平台与规程；建立高效生产平台以满足人用治疗药物和疫苗的快速和高效的大量生产[9,49～52]。

制定我国生物安全研究战略规划，应科学布局，重视基础研究、应用基础研究和产品开发及相关关键技术储备的战略平衡。基础研究是保持自主创新和可持续发展的关键，必须要高度重视，特别是针对传统烈性病原体(多数是经典生物战剂)和新型病原体的研究。我们要高度重视广谱性疫苗和药物的研究及通用技术平台和产品规范化研究工作，同时要重视对检测监测及临床诊断技术的应用基础研究和产品开发。制定我国生物安全研究战略规划，既要重视军民融合体制优势，也要重视民营资源的利用。鉴于我国的客观实际情况，特别是维护安全稳定的重要性，建议将针对高烈性病原体和部分敏感的中等烈性病原体的研究活动主体放在有高安全资质的国家级研究机构，形成高烈性病原体的研究核心基地，而对部分中等烈性和低烈性病原体的研究，则主要分类依托给国家有关部委下属的科研机构和大学，通过资质考核及地理布局等确定一批骨干研究机构，形成国家生物安全科技研究网络。病原体的管理高度复杂敏感，鉴于我国现实环境，建议慎重把民营机构和私企纳入生物安全高风险研究领域。政府要重视生物事件危害模拟仿真与智能决策研究，要根据反生物恐怖和应对突发公共卫生事件能力建设相互结合的需要，重视生物事件风险评估研究，主要以应对生物恐怖和重大疫情为假设，以大城市遭受生物恐怖袭击和发生重大疫情为切入点，开展生物事件危害模拟评估与智能决策研究，形成国家级和省部级模拟、预警、决策、处置、演练为一体的城市生物事件数据挖掘与防控决策软件环境，从整体上提高突发生物事件的综合防控与应急处置能力。

制定我国生物安全研究战略规划，应高度重视生物安全产品产业化培育与发展，要充分认识到发挥国有大型药品生产企业和私营企业的积极性及相互间加强合作的重要性，以促进基础研究成果尽快转化为应用产品，推动我国生物防御战略性新兴产业领域的发展。特别是私营企业，其机制灵活、包袱相对较小，对参与国家安全领域有较高积极性，它们在药物和疫苗等产品从实验室走向市场的过程中可以发挥特殊的重要作用。而且，发挥私营企业在生物安全能力建设中的作用，还可以减轻国家在经费、管理、场地、人员等许多方面的负担。政府要重视建立完善的生物防御产业体系，把生物防御产业发展确定为国家战略性新兴产业，通过优化重点研究领域、部署重点产品的开发和生产、筛选重点科研机构和生产企业、保护生物安全产品研制自主知识产权，促进我国生物安全产品研制生产的产业化发展，落实国家中长期科技规划和产业化政策，推动我国生物防御产业化发展，保证生物安全能力的可持续发展；要充分利用现有资源，选择若干军地优势单位，建设国家生物安全的特殊药品、疫苗、制剂和器材的中试基地、生产基地、储备基地及相关技术的研究发展基地，要有相对充足的救援物资生产能力，以备大规模应急使用。

10.4.5　建立完整的生物威胁防御体系

生物安全能力建设是多体系组合，从产生生物风险物质、形成威胁、发生生物事件到处置恢复是一个完整事件链条，因此必须构建完整的防御体系和健全的运行机制才能确保生物安全。完整的生物安全体系需要包括下列多种体系：①风险的评价鉴别体系，包括确定风险物质的组成、性质、来源、危害途径、危害程度等；②风险目标的防控体系，包括对环境、动植物和人类产生危害的理、化、医学和生物的防控及处置措施等；③风险评估与应对策略优化体系，包括生物事件的发生、发展与成灾的态势分析和预测预警技术、干预措施效益评估与筛选优化技术等；④防御物资与装备研发生产的科学技术支撑及保障体系，包括防控物资研制、关键技术平台建设、研发基地建设、基础设施建设等；⑤人员队伍建设体系，包括专业研究队伍建设、指挥管理人才建设、分析监测预警队伍建设、应急处置队伍建设及科普队伍建设等；⑥信息网络体系，包括分布在全国和重要目标区域的各类信息网点和基础数据库建设，如自然疫源地基础信息库、媒介生物学基础信息库、地理环境数据库，以及应急处置与救援人员、可调用的物资装备等资源数据库；⑦组织指挥体系，包括各级指挥机构、管理机制、协调机制、决策机制、应急预案制订等。当然，上述防御体系要发挥应有的作用必须要有健全的运行机制做保证，二者相辅相成，缺一不可。

生物安全能力建设具有很多特点，主要体现在以下方面：①敏感性。生物安全能力建设涉及国家国防安全、健康安全、环境安全、经济安全和社会稳定等，很容易引起国内民众甚至国际社会关注。②复杂性。生物安全能力建设往往“牵一发而动全身”，它是人、财、物、法规预案、科技等多体系的组合，不同体系之间相互联系，相互影响。③动态性。“道高一尺，魔高一丈”，威胁与安全是一对矛盾，随着国内外环境条件的形势变化，我们面临的生物风险或威胁也在不断发生变化，而且还会不断出现新的不安全因素，因此，生物安全的能力建设始终处于动态发展过程中，不可能一劳永逸，必须不断发展完善。④投资大。“安全第一、预防为主”是我国安全工作的长期基本方针，而对预防工作的日益重视甚至促使了“安全工作、预防第一”的口号的出现。由于生物安全的特点，建设和维护生物安全的“铜墙铁壁”需要巨大的预防性经费投入，且事件发生后的处置恢复往往也需要很大经费保障。但一份投入百分收获，近年来我国多次重大疫情的应对处置和经验总结已经充分证明了生物安全投入在政治、健康、社会和经济等方面的综合高效益。⑤产业性。有需求就有市场，有市场就有效益。生物安全的检测监测预警、诊断防治、救援处置等包含着大量先进技术，许多技术可以转化为普通市场需求，而且疫苗药物及装备等本身在医疗健康领域就有大市场，往往是出口的重要商品，因此，国家生物安全能力建设隐含着重大新兴市场机遇。

我国在生物安全核心能力的监测、预警、鉴别、处置、恢复等方面与国际发达国家相比均存在差距。面对形势需要，我们迫切需要发挥自身优势特色，补缺增优，重视基础研究，积极探索，超前部署，以占据前沿优势，强化生物安全能力的可持续发展，为维护国家生物安全提供科技有力支撑。

生物防御疫苗药物是生物安全能力的核心组成之一，也是发展重点[53,54]。研制生物安全疫苗药物，首先需要明确针对的病原体种类清单。许多国家均制定有需要加强防范的病原体清单。这些清单都是经过专家对各个方面的危害进行评估后确定并由国家发布的，具有很强的科学性和权威性。从应对生物威胁角度考虑，这些病原体均有可能作为生物袭击的武器，也是引起许多突发公共卫生事件的主要病原体，可造成疫情或实验室事故。美国 CDC 根据本国生物防御的需要，要求美国公共卫生系统和提供基本卫生保健的人员一定要准备应对不同的生物剂，包括在美国很少见到的病原体。早在 1998 年，美国就将可能的生物剂按照危害程度分为三类，其中，A 类生物剂包括重型天花病毒（天花）、炭疽芽孢杆菌（炭疽）、鼠疫耶尔森菌（鼠疫）、肉毒梭菌毒素（肉毒毒素中毒）、土拉热弗朗西斯菌（土拉热）、出血热病毒（如埃博拉病毒、马尔堡病毒等）；B 类生物剂包括贝氏柯克斯体（Q 热）、布氏杆菌属（布氏杆菌病）、鼻疽菌（鼻疽）、委内瑞拉马脑炎病毒（委内瑞拉马脑炎）、东方和西方马脑炎病毒（东方和西方马脑炎）、蓖麻毒素、产气荚膜杆菌 ε 毒素、葡萄球菌肠毒素 B、沙门菌属、痢疾志贺菌、大肠杆菌 O157∶H7、霍乱弧菌、小球隐孢子虫等[55]。虽然后来对上述病原体进行了局部调整，但是变化不大，首要应对的主要是烈性和传染性比较强的病原体。美国上述清单实际上已经成为世界各国，特别是西方发达国家普遍采用的清单，对我国具有较强的借鉴意义，当然也必须要结合我国国情及面临的威胁形势予以调整。

研制生物安全疫苗药物，需要坚持科学发展观，紧密围绕防御需求开展研究。首先，为了增强生物安全能力而研发疫苗药物，不同于为预防治疗普通疾病而研发疫苗药物，在弥补短板需求迫切的情况下，需要科学筛选研究对象，即所针对的病原体，立足补齐补全，解决“有”的问题；其次，在有限经费的前提下，需要针对病原体的威胁和危害程度，结合可采取的医疗措施，对现有预防治疗的疫苗药物情况进行梳理，选择重点研制品种，立足方便高效，解决“好”的问题；再次，科学技术的飞速发展和交叉融合，为疫苗药物研究提供了新的理念、新的技术和新的手段，为创新发展提供了强大支持，因此需要重视疫苗药物的基础研究，立足更新换代，解决“优”的问题；最后，需要综合集成现有科学技术，重视疫苗药物的快速研发和制备技术，满足应对不断突然出现的新发病原体威胁的需求，解决“急”的问题。

在信息化时代，生物安全能力建设具有越来越强的信息化趋势。例如，信息化背景下大数据时代的来临，使得分析利用多渠道的海量数据为风险预测和预警提供了新的强力手段，它带来的不仅是技术创新，更是理念创新，极大地扩展了事件风险分析与预警的时空范畴。另外，无论处置重大疫情，还是应对生物恐怖和防御生物武器威胁，决策者都迫切需要随着事态的发展不断获得对事件危害程度、范围等科学的预测分析和评估，即“到底会怎样”。这个问题涉及许多因素，虽然根据经验和简单推理可以获得一些预测，但是对重大事件，仅靠经验和简单推理难以准确回答。危机状态下的重大生物事件(如疫情)应急管理技术是近年来伴随着计算机科学及社会计算科学发展起来的一个新兴交叉学科研究领域，它对预测实时监测下的事件后续时空动态、明确干预措施的有效性及作用机制，从而更好地控制事态发展、减少事件带来的人员伤亡和经济损失具有重要的意义，应用前景十分广阔。因此，信息化时代的生物危害评估与防控技术受到了各国研究人员和防控相关部门的高度重视。因其在生物安全能力的建设上具有巨大的应用前景，也成了国家和军队生物防御能力建设的核心之一。鉴于其重要性，其也是世界各国严格控制扩散的敏感技术。美国 DARPA、美国国防部国防威胁降低局、洛斯·阿拉莫斯国家实验室等美国国家重点实验室及世界上其他的一些国家均开发了自身的预报和评估系统[56～58]。总之，日趋高度信息化是生物安全能力建设的重要特征，也是生物安全核心能力建设的重要体现。

10.4.6 发展我国生物安全工作软实力

建设生物安全强国，要重视人才队伍建设。建设生物安全强国，需要把各方面人才资源汇聚起来，建设一支政治强、业务精、作风好的强大队伍。“千军易得，一将难求”，要培养造就世界水平的生物安全科学家、科技领军人才、高水平创新团队及咨询战略家和管理队伍，应该在大学和研究机构的本科教育和研究生教育阶段，把生物安全作为选修课甚至必修课，普及基础知识，培养后备人才。我国要加快实施创新驱动战略，发挥现有优势单位的潜力，建设国际水平的研发基地，建立产学研用相结合的良性循环机制，保证可持续发展的强劲动力。

建设生物安全强国，需要重视决策咨询工作。党的十八大报告的“在改善民生和创新管理中加强社会建设”部分，要求“建立健全重大决策社会稳定风险评估机制”。鉴于我国生物安全工作形势和战略管理的重要性，还需要进一步重视决策咨询制度化。党的十八大和十八届三中全会要求的加强中国特色新型智库建设，建立健全决策咨询制度，是以习近平为总书记的党中央确定的执政思路之一。广泛听取各方面专家学者意见并使之制度化，对提高国家统筹生物安全、提高政府生物安全管理能力、促进我国生物安全工作长期可持续发展具有重要意义，希望国家有关部门能够充分发挥政府机构、研究机构等的生物安全管理研究积极性，不断增强咨询能力，并使咨询工作制度化。

建设生物安全强国，需要重视生物安全国际合作。生物安全能力建设有赖于国际间的团结与协作，有赖于明确及共同的行动，有赖于切实以公认的国际法准则为指导。我国要以负责任大国的角色，重视与国际组织的密切合作，积极履行成员国职责，借鉴国外先进科学技术和经验，拓宽我国生物安全能力建设的国际化发展渠道，共同维护国际生物安全。

建设生物安全强国，需要重视中高级领导干部生物安全知识培训。在一定程度上说，领导干部缺乏生物威胁意识是我国目前生物安全能力建设中存在的严重问题。我们建议利用有条件的优势机构建立生物安全高级培训基地，对国家中高级领导干部设立专门课程进行学习培训，促使领导干部了解生物安全基本知识，认识生物事件的危害，熟悉我国生物防御的组织体系、管理体系及有关技术能力，提高他们自觉应对生物事件的施政能力。

参考文献

[1]中国共产党第十八届中央委员会．中国共产党第十八届中央委员会第三次全体会议公报. http://news.xinhuanet.com/politics/2013-11/12/c_118113455.htm，2013-11-16.

[2]National Research Council. Review of the Scientific Approaches Used During the FBI's Investigation of the 2001 Anthrax Letters. Washington D C: The National Academies Press，2011.

[3]U. S. Government Accountability Office (GAO). National preparedness: DHS and HHS can further strengthen coordination for chemical, biological, radiological, and nuclear risk assessments. http://www.gao.gov/products/GAO-11-606，2011-06-21.

[4]Wenger A，Mauer V，Dunn M. International Biodefense Handbook. ETH Zurich: Center for Security Studies，2007.

[5]U. S. Government Accountability Office (GAO). Biosurveillance: nonfederal capabilities should be considered in creating a national biosurveillance strategy. http://www.gao.gov/products/GAO-12-55，2011-10-31.

[6]The White House. National strategy for biosurveillance. http://www.whitehouse.gov/sites/default/files/National_Strategy_for_Biosurveillance_July_2012.pdf，2012.

[7]Lipsitch M，Finelli L，Heffernan R T，et al. Improving the evidence base for decision making during a pandemic: the example of 2009 influenza A/H1N1. Biosecur Bioterror，2011，9(2)：89～115.

[8]Institute of Medicine. The Smallpox Vaccination Program: Public Health in an Age of Terrorism. Washington D C: The National Academies Press，2005.

[9]Institute of Medicine. Prepositioning Antibiotics for Anthrax. Washington D C: The National Academies Press，2012.

[10]National Research Council. Modeling and Simulation：Linking Entertainment and Defense. Washington D C：National Academy Press，1997.

[11] National Research Council. Defense Modeling，Simulation and Analysis：Meeting the Challange. Washington D C：National Academy Press，2006.

[12] U. S. Government Accountability Office（GAO）. Bioterrorism：information technology strategy could strengthen federal agencies' abilities to respond to public health emergencies. http://www. gao. gov/products/GAO-03-139，2003-05-30.

[13]U. S. Government Accountability Office(GAO). Bioterrorism：preparedness varied across state and local jurisdictions. http://www. gao. gov/products/GAO-03-373，2003-04-07.

[14]U. S. Government Accountability Office (GAO). Chemical，biological，radiological，and nuclear risk assessments：DHS should establish more specific guidance for their use. http://www. gao. gov/assets/590/587674. pdf，2012.

[15]U. S. Government Accountability Office (GAO). Information technology：DHS needs to enhance management of cost and schedule for major investments. http://www. gao. gov/assets/650/648888. pdf，2012.

[16]The White House. HSPD-1：organization and operation of the homeland security council. http://www. fas. org/irp/offdocs/nspd/hspd-1. htm，2013-11-16.

[17]The White House. HSPD-3：the homeland security advisory system. http://www. fas. org/irp/offdocs/nspd/hspd-3. htm，2013-11-16.

[18]The White House. HSPD-4：national strategy to combat weapons of mass destruction. http://www. state. gov/documents/organization/16092. pdf，2013.

[19]U. S. 107th Congress. The Homeland Security Act of 2002. http://www. dhs. gov/xlibrary/assets/hr _ 5005 _ enr. pdf，2013.

[20]U. S. 107th Congress. Public health security and bioterrorism preparedness and response act of 2002. http://www. fda. gov/Food/Guidance Regulation/Guidance Documents Regulatory Information/Food Defense/ucm111086. htm，2013-11-16.

[21]The White House. HSPD-5：management of domestic incidents. http://www. fas. org/irp/offdocs/nspd/hspd-5. html，2013-11-16.

[22]The White House. HSPD-9：defense of United States agriculture and food. http://www. fas. org/irp/offdocs/nspd/hspd-9. html，2013-11-16.

[23]The White House. HSPD-10：biodefense for the 21st century. https://www. fas. org/irp/offdocs/nspd/hspd-10. html，2013-11-16.

[24]The White House. National strategy for combating terrorism. http://www. fas. org/sgp/crs/terror/RL34230. pdf，2013.

[25]The White House. HSPD-18：medical countermeasures against weapons of mass destruction. http://www. fas. org/irp/offdocs/nspd/hspd-18. html，2013-11-16.

[26]The White House. HSPD-21：public health and medical preparedness. http://www. fas. org/irp/offdocs/nspd/hspd-21. htm，2013-11-16.

[27]The White House. The national strategy for homeland security. http://www.dhs.gov/xlibrary/assets/nat_strat_homelandsecurity_2007.pdf，2013.

[28]U. S. National Security Council. National strategy for countering biological threats. http://www.whitehouse.gov/sites/default/files/National_Strategy_for_Countering_BioThreats.pdf，2013.

[29]U. S. Government Accountability Office (GAO). Anthrax: DHS faces challenges in validating methods for sample collection and analysis. http://www.gao.gov/assets/600/593194.pdf，2012.

[30]U. S. Government Accountability Office (GAO). Biosurveillance: DHS should reevaluate mission need and alternatives before proceeding with BioWatch generation-3 acquisition. http://www.gao.gov/assets/650/648025.pdf，2012.

[31]Wenger A，Wollenmann R. Bioterrorism: Confronting a Complex Threat. London: Lynne Rienner Publishers，2007.

[32]National Research Council. Reopening Public Facilities After a Biological Attack: A Decision-Making Framework. Washington D C: The National Academies Press，2005.

[33]National Research Council. An All-of-Government Approach to Increase Resilience for International Chemical，Biological，Radiological，Nuclear，and Explosive (CBRNE) Events. Washington D C: The National Academies Press，2014.

[34]The White House. National strategy for countering biological threats. http://www.whitehouse.gov/sites/default/files/National_Strategy_for_Countering_BioThreats.pdf，2009.

[35]National Research Council. Countering Biological Threats: Challenges for the Department of Defense's Nonproliferation Program Beyond the Former Soviet Union. Washington D C: The National Academies Press，2009.

[36]National Research Council. Protecting the Frontline in Biodefense Research: The Special Immunizations Program. Washington D C: The National Academies Press，2011.

[37]Franco C，Sell T K. Federal agency biodefense funding，FY2012-FY2013. Biosecur Bioterror，2012，10(2): 162～181.

[38]U. S. Government Accountability Office (GAO). Biological defense: DoD has strengthened coordination on medical countermeasures but can improve its process for threat prioritization. http://www.gao.gov/assets/670/663212.pdf，2014.

[39]U. S. Government Accountability Office (GAO). National preparedness: HHS has funded flexible manufacturing activities for medical countermeasures，but it is too soon to assess their effect. http://www.gao.gov/products/GAO-14-329，2014-03-31.

[40]National Research Council. Countering Bioterrorism: The Role of Science and Technology. Washington D C: The National Academies Press，2002.

[41]Institute of Medicine，National Research Council. BioWatch and Public Health Surveillance: Evaluating Systems for the Early Detection of Biological Threats: Abbreviated Version. Washington D C: The National Academies Press，2011.

[42]Institute of Medicine，National Research Council. Technologies to Enable Autonomous De-

tection for BioWatch：Ensuring Timely and Accurate Information for Public Health Officials：Workshop Summary. Washington D C：The National Academies Press，2014.

[43]National Research Council. Making the Nation Safer：The Role of Science and Technology in Countering Terrorism. Washington D C：The National Academies Press，2002.

[44]U. S. Government Accountability Office (GAO). Bioterrorism：a threat to agriculture and the food supply. http：//www. gao. gov/products/GAO-04-259T，2003-11-09.

[45]U. S. Government Accountability Office (GAO). High-containment laboratories：assessment of the nation's need is missing. http：//www. gao. gov/products/GAO-13-466R，2013-03-25.

[46]U. S. Government Accountability Office (GAO). Homeland security：an overall strategy is needed to strengthen disease surveillance in livestock and poultry. http：//www. gao. gov/products/GAO-13-424，2013-05-21.

[47]U. S. Government Accountability Office (GAO). High-containment laboratories：recent incidents of biosafety lapses. http：//www. gao. gov/products/GAO-14-785T，2014-07-16.

[48]National Research Council. Biological Threats and Terrorism：Assessing the Science and Response Capabilities：Workshop Summary. Washington D C：The National Academies Press，2002.

[49]Joellenbeck L M，Durch J S，Benet L Z. Giving Full Measure to Countermeasures：Addressing Problems in the DoD Program to Develop Medical Countermeasure Against Biological Warfare Agents. Washington D C：National Academies Press，2004.

[50]U. S. Centers for Disease Control and Prevention. Bioterrorism agents/diseases (by category). http：//www. bt. cdc. gov/agent/agentlist-category. asp，2013-11-01.

[51]U. S. Government Accountability Office (GAO). High-containment biosafety laboratories：preliminary observations on the oversight of the proliferation of BSL-3 and BSL-4 laboratories in the United States. http：//www. gao. gov/products/GAO-08-108T，2007-10-04.

[52]U. S. Government Accountability Office (GAO). Global health：U. S. agencies support programs to build overseas capacity for onfectious disease surveillance. http：//www. gao. gov/new. items/d08138t. pdf，2007.

[53]U. S. Government Accountability Office (GAO). Biological research laboratories：issues associated with the expansion of laboratories funded by the national institute of allergy and infectious diseases. http：//www. gao. gov/assets/100/94639. pdf，2007.

[54]U. S. Government Accountability Office (GAO). Project bioshield：actions needed to avoid repeating past problems with procuring new anthrax vaccine and managing the stockpile of licensed vaccine. http：//www. gao. gov/assets/270/268295. pdf，2007.

[55]U. S. Government Accountability Office (GAO). National preparedness：improvements needed for acquiring medical countermeasures to threats from terrorism and pther sources. http：//www. gao. gov/new. items/d12121. pdf，2011.

[56]Institute of Medicine. Ranking vaccines：a prioritization framework：phase Ⅰ：demonstration of concept and a software blueprint. http：//www. nap. edu /catalog /13382. html，2012-05-10.

[57]Russell P K，Gronvall G K. U. S. medical countermeasure development since 2001：a long way yet to go. Biosecur Bioterror，2012，10(1)：66～76.
[58]National Research Council. Department of Homeland Security Bioterrorism Risk Assessment：A Call for Change. Washington D C：The National Academies Press，2008.

（郑涛）

后　记

立意撰写本书，经历了十年的发酵酝酿过程，此中兴奋、顿挫、甘甜、苦涩、忐忑、退缩、激情、孤寂，真可谓五味杂陈，现水到渠成，方稍感释然。

在大师林立的年代，把问题研究提升为一门显学，何其难也；把生物安全研究凝练为生物安全学，何其险也，然则责任感所致，权当尝试。

进入 21 世纪，因为七个炭疽信封和一个 SARS 病毒，生物安全陡然成为国际社会普遍关注的重要领域，也成为我国高度重视的新兴安全领域。它的范围之广泛，发展之快速，危害之深远，认识之混乱，争议之多见，未来之难料，当居各安全领域之首。探究监测生物风险与威胁的来源与成因，分析刻画生物事件成灾规律，研制有效防治救援器材，筛选优化防控策略措施，统筹日常建设与应急能力发展，实现管理与科学技术的完美结合，成为生物安全研究与发展的主流。我们院长期开展生物安全若干领域研究，并开始筹划“十三五”发展规划，时值建所 30 周年，我组织几位同事把自己的研究积累和心得总结出来编写了这本书，希望能够为感兴趣的同志提供一些参考，同时也表达我们对所庆的祝贺之意。

本书突出了生物安全发展中管理科学的重要性。生物安全是国家的生命工程，也是一项庞大的系统工程。生物安全本质是规避生物风险和消除生物威胁的状态和能力，体现了管理和科技的高度融合。管理与科技如同人与工具，战略管理是科学制定规划并有效组织和发挥各种资源，确保实现国家目标的重要管理过程，而这恰是我国生物安全领域的最大弱项。至此，本书与 2005 年出版的《生物恐怖防御》及我们编写完毕并计划于今年年底出版的《生物事件应急管理》共同组成了一个集理论、实践、专题于一体的生物安全研究体系，感谢科学出版社为此给予的支持。

在此，我要感谢我们院的土壤。1994 年 7 月 6 日，我从南京大学来我们院报到，从此作为一个像素点融入了我们院灿烂宏伟的发展蓝图之中。时光荏苒，到今年已整整过去了 20 年，而今年也恰好是我们所建所 30 年。在这 20 年的国防事业坚守中，我一方面从事科研管理工作而乐在服务之中，另一方面也把握着对科研的执着，见证更亲历了我们所建立以来三分之二时间的发展变化史，一路踏实，为此我感到骄傲；在这 20 年的单位事业发展中，与许多同志一样，我几乎没有周末，没有假期，把青春年华深深融入单位的呼吸中，一路怡然，为此我感到亲切；在这20年的科研事业追求中，与许多同事一样，我几乎没多少时间陪家人，也几乎没有休闲爱好，把孜孜以求的精神深深嵌入国防事业的使命中，一路沉重，为此我感到责任。感谢这些经历，感谢我们院的土壤，它们是我酝酿这本书的基础。

师恩如山。我特别感谢黄培堂老师和沈倍奋院士、黄翠芬院士。他们胸怀国防事业，严谨细致、甘为人梯、儒雅豁达的大师风范，使我受益良多，对我影响深远。仰之弥高，钻之弥坚。在他们直接教导、引导和鼓励中，多年来我一直思考着生物技术的发展对人类社会的影响、我国该如何避免和防范生物风险或威胁、我们的生物防御能力建设到底该怎么做、生物安全路在何方等有些虚渺但又非常现实的问题。在他们的指导下，1995年我开始接触生物军控研究，2001年开始比较系统地研究生物恐怖防御问题，并协助黄培堂研究员和沈倍奋院士(主编)完成了国内第一部反生物恐怖专著《生物恐怖防御》。该书于2005年由科学出版社出版，并三次再版。这期间的工作使我逐步开始厘清生物安全等有关概念及其范畴，并在他们指导下继续就生物安全不同专题领域开展了综合研究，界定了生物安全范畴，提出了生物安全概念，分析了生物安全所属不同领域的发展脉络，这些工作都为本书奠定了非常重要的基础。

相助之恩铭记。在这里，我非常感谢在我科研道路上给予宝贵帮助的专家们，尤其是贺福初院士、夏咸柱院士、张学敏院士、王正国院士、闻玉梅院士、侯云德院士、赵凯院士、刘德培院士、陈志南院士、王红阳院士、徐建国院士、高福院士、范维澄院士、李逸民研究员、马清钧研究员、于公义研究员、张兆山研究员、俞炜源研究员、徐卸古研究员、李瑞兴研究员、徐天昊研究员、张永祥研究员、吴乐山研究员、毛军文研究员、孙岩松研究员、何跃忠研究员、吴东研究员、王松俊研究员、王升启研究员、刘少君研究员、杜新安研究员、杨瑞馥研究员、曹务春研究员、李劲松研究员、李松研究员、王政研究员、徐新喜研究员、陈惠鹏研究员、杨晓研究员、曹诚研究员、章金刚研究员、冯书章研究员、金宁一研究员、钱军研究员、仇志华高级兽医师以及总后机关刘久成研究员、滕光生研究员、李瑞研究员等。他们的一个引导、一句鼓励、一次扶持、一句应允、一次修改、一个评语甚至一次争议、一句警示、一句批评，都是我学业中的台阶，都为本书的酝酿做出了贡献。

我特别感谢老院长赵达生研究员、孙建中研究员，老部长王淑兰研究员、王玉民研究员及老政委李宗澍、边兆明和高福锁，他们给我的一份材料、一个任务甚至是他们寥寥数语的点拨都使我如饮醍醐，都为本书的立意做出了贡献。

我非常感谢我们所提供的优越环境。不羡人家好颜色，但留清气满乾坤。我们所是一个朴实中饱含锐气、竞争中饱含宽容、疾步中饱含闲逸、沉静中饱含拼搏、成就中饱含淡然的优秀集体。身处这样的环境，使人不待扬鞭自奋蹄，催人奋进不敢怠。

此外，陈薇研究员对本书的编写倾心倾力，给予了很多关照和支持，使我备受鼓舞，甚为感谢。王武选同志、韩铁研究员及谢英华、孟庆东等同志也给予了很多支持帮助，使我受益匪浅。科学出版社刘晓宇编辑作为本书的责任编辑，在时间特别紧张的情况下，加班加点，字斟句酌，并协调出版社保证进度要求，付出了艰辛劳动。我们所刘巾杰助研放弃休假，积极统稿编辑和审校，令人感动，在此向他们表示诚挚谢意。

这本书编写时正值炎炎暑期和夏休阶段，在此向编写组所有同志的家人表示衷心感谢，他们的理解和支持是这本书最终得以完成的重要基础。

今天，是我国生物防御重要奠基人黄翠芬院士离开我们三年整的日子，我们深切怀念她。

登高必自卑，行远必自迩。学海无涯，豪气挥书，忐忑成稿，书中如有不当之处均由我负责，诚挚期待读者的批评指正。

郑涛

2014 年 8 月 9 日